JEAN-PIERRE LUMINET

La Discorde céleste

Kepler et le trésor de Tycho Brahé

Les Bâtisseurs du ciel * *

JC LATTÈS

ISBN : 978-2-253-12646-1 – 1re publication LGF

« Grâce à la rigueur des calculs, sont honorés à demeure, sur la barre de bois du Trapèze, cerveaux et corps célestes : Copernic, Galilée, Kepler, Newton. »

René CHAR.

Les Bâtisseurs du ciel

Le roman que vous tenez en main a été écrit pour divertir, mais aussi pour instruire. Instruire en divertissant, tel était déjà le projet d'Alexandre Dumas lorsqu'il conta l'histoire de France dans ses romans inimitables.

L'histoire des sciences, et surtout celle des grands hommes qui l'ont forgée, reste quant à elle largement ignorée du public. Elle fourmille pourtant de grandes et de petites âmes, de héros et de traîtres, de princes et de gueux, d'aventuriers et de craintifs, bref, d'hommes et de femmes animés de passions célestes autant que terrestres, intellectuelles autant que matérielles, spirituelles autant que charnelles. Dans la grande quête des mystères de l'univers, jalousie, soif de pouvoir et de reconnaissance, cupidité, lâcheté voisinent avec hauteur de vue, désintéressement, abnégation, fulgurances de l'esprit.

Au cours des XVIe et XVIIe siècles, une poignée d'hommes étranges, des savants astronomes, ont changé de fond en comble notre façon de voir et de penser le monde. Ils ont été des précurseurs, des inventeurs, des inspirateurs, des agitateurs de génie... Mais pas seulement. Ce qu'on ignore généralement – peut-être parce que leurs découvertes sont tellement extraordinaires qu'elles éclipsent les péripéties de leur existence –, c'est qu'ils ont été aussi des personnages hors du commun, des caractères d'exception, de véritables figures romanesques dont la vie fourmille en intrigues, en suspenses, en coups de théâtre…

La série « Les Bâtisseurs du ciel », inaugurée par un premier volume consacré à Copernic (2006) et poursuivie par ce second tome, illustre et développe l'aphorisme que lance Shéhérazade au sultan en leur 849e nuit : « Mais les savants, ô mon seigneur, et les astronomes en particulier, ne suivent pas les usages de tout le monde. C'est pourquoi les aventures qui leur arrivent ne sont pas celles de tout le monde. » Elle redonne chair, sang et esprit à ces héros de l'humanité que sont Nicolas Copernic, Tycho Brahé, Johann Kepler, Galilée, Isaac Newton et quelques autres figures de moindre renom… En façonnant une nouvelle vision de l'univers, tous ont contribué à bâtir le socle de notre civilisation moderne, au même titre que Christophe Colomb ou Gutenberg.

Pourquoi ce choix plutôt que Darwin, Pasteur, Maxwell ou Einstein ? Parce que les XVIe et XVIIe siècles marquent une étape essentielle de l'histoire des sciences, de l'astronomie en particulier et de la civilisation en général.

Quelles étaient les connaissances et les polémiques sur la nature et l'organisation du monde à cette époque ?

La cosmologie d'Aristote, perfectionnée par l'astronomie de Ptolémée, a été aménagée au Moyen Âge pour satisfaire aux exigences des théologiens. L'Univers antique et médiéval est considéré comme fini, très petit, centré sur la Terre. Le pouvoir temporel et spirituel trouve naturellement sa place au centre de cette construction, de sorte que ce modèle d'univers s'impose et conserve une indiscutable suprématie jusqu'au XVIIe siècle.

La première faille apparaît avec le chanoine polonais Nicolas Copernic (1473-1543). Il propose un système « héliocentrique », c'est-à-dire dans lequel le Soleil est au centre géométrique du monde tandis que la Terre tourne autour de lui et sur elle-même. Mais il conserve l'idée d'un cosmos clos, borné par la sphère des étoiles.

Copernic ne sera pas compris ni lu de son vivant. Plusieurs décennies s'écouleront avant que de nouvelles failles lézardent l'édifice aristotélicien. En 1572, une étoile nouvelle est observée par le Danois Tycho Brahé (1546-1601), qui démontre qu'elle est située dans les régions célestes lointaines, jusqu'alors présumées immuables. Il observe aussi des comètes, fait bâtir le premier observatoire européen – un incroyable palais baroque nommé Uraniborg, et accumule pendant trente ans les meilleures observations sur le mouvement des planètes.

L'Allemand Johann Kepler (1571-1630) est le grand artisan de la révolution astronomique. Utilisant les données de Tycho Brahé, il découvre la nature elliptique des trajectoires planétaires, et renverse le dogme aristotélicien du mouvement circulaire et uniforme comme explication des mouvements célestes.

En Italie, à partir de 1609, les observations télescopiques de Galileo Galilei (1564-1642) ouvrent définitivement la voie à une nouvelle vision de l'univers, construite sur la base d'un espace infini. Son contemporain et compatriote Giordano Bruno (1548-1600) paiera de sa vie sa passion de l'infini et son obstination à ne pas abjurer sa philosophie devant l'Inquisition. En France, René Descartes (1596-1650) élabore un système philosophique nouveau d'une portée considérable, qui prône la mathématisation des sciences physiques et la séparation du corps et de l'esprit. Selon lui, l'Univers s'étend dans toutes les directions jusqu'à des distances indéfinies et est entièrement rempli d'une matière continue et tourbillonnaire.

Ce changement radical de conception cosmologique est achevé par l'Anglais Isaac Newton (1642-1727). Il explique la mécanique céleste en termes d'une loi d'attraction universelle, agissant au sein d'un espace infini, selon lui « l'organe sensible » de Dieu.

Cette succession d'idées a révolutionné l'astronomie et la science en général. Mais surtout, par imprégnation dans les autres domaines de l'activité humaine, elle a conditionné l'éclosion et l'évolution de notre société occidentale moderne.

L'enjeu de la fiction

Chaque volume narre donc la vie exceptionnelle de l'un de ces aventuriers du savoir, chacun restitué dans sa personnalité profonde à travers son œuvre, bien sûr, mais aussi et surtout par ses relations passionnées et conflictuelles avec ses proches, la société, la politique, les mœurs et les conventions de son temps. Chaque étape du savoir se situe en effet dans le contexte bien précis de la société de l'époque ; le génie de quelques individus entre en résonance avec l'histoire politique, religieuse et culturelle de leur temps, et ce processus engendre un progrès soudain et décisif des connaissances.

Dans ces romans biographiques en forme de réflexion sur la science, ce n'est pas de vulgarisation qu'il s'agit, mais de sensibilisation. La fiction permet de mettre de la chair sur des personnages historiques et des concepts à première vue abstraits, parce que « scientifiques ». La fiction humanise le propos et démontre que le savoir n'est jamais séparé de l'émotion.

Les récits restent profondément ancrés dans la réalité historique et scientifique de l'époque. Le lecteur parcourt l'Europe toutes voiles dehors en compagnie de savants-aventuriers, liés au pouvoir politique et religieux. Intrépides, érudits, intègres mais habiles négociateurs, carriéristes parfois, les savants sont avant tout humanistes. Tous sont universalistes, en contact avec d'autres cultures, tous ont conscience d'œuvrer au progrès de l'humanité. Ainsi, au fil des pages, le lecteur découvre à la fois les avancées de la science mais aussi les progrès des idées d'une Europe en train de se faire.

La série « Les Bâtisseurs du ciel » est un hymne à la science, au plaisir et à la hardiesse d'esprit. Car c'est à ces hommes d'exception que nous devons la première image d'un cosmos qui est toujours le nôtre – celle d'un univers démesuré, et cependant mesurable par l'intelligence et l'imagination créatrice.

La discorde céleste

LE SAINT EMPIRE ROMAIN GERMANIQUE EN 1595

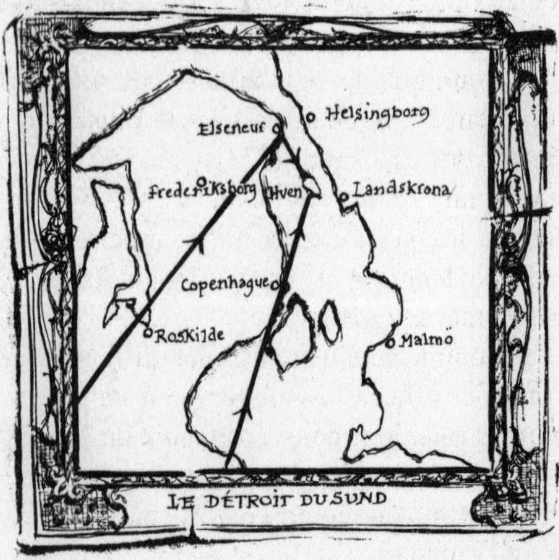

LE DÉTROIT DU SUND

Prologue

Grantham, Angleterre, 1655

J'étais revenu d'un long périple sur le continent qui m'avait mené de Genève à Stockholm, en passant par une Allemagne à feu et à sang. Trois ans durant, j'y avais joué au voyageur anglais excentrique et fortuné, comme on en croise tant sur les routes et sur les mers. Mais ce voyage-là, entre 1629 et 1632, je ne l'avais pas décidé de moi-même pour mon seul agrément. Sa Majesté Charles Ier m'avait chargé d'une discrète mission diplomatique : il s'agissait d'encourager princes et rois protestants à la guerre contre la puissante maison d'Autriche des Habsbourg. Mission fort bien menée puisque, durant les dix-huit années qui suivirent, on ne compta plus les morts dans ce qu'on appelle aujourd'hui la guerre de Trente Ans. Et moi, John Askew, j'y eus sans me vanter ma petite part.

La soixantaine venant, je décidai qu'il était temps de me retirer des affaires du monde pour ne plus m'occuper que des miennes, dans ce manoir de Harlaxton où j'écris maintenant, gérant au mieux mes fermes, vergers et troupeaux disséminés dans la paisible campagne autour de Grantham.

Quelque temps après, l'un de mes nombreux petits-enfants me rendit visite. Il voulait que je l'introduise auprès d'un ami que j'avais à l'Amirauté. Ce garçon de quinze ans rêvait de devenir marin. Je lui expliquai qu'avant de monter sur le pont d'un navire, il lui faudrait étudier les mathématiques et l'astronomie. Puis, de fil en aiguille, je racontai comment j'avais eu moi-même, à son âge, la révélation de la science des astres. Page dans la suite de Jacques VI d'Écosse, notre futur Jacques Ier d'Angleterre, j'avais eu l'occasion de visiter, derrière mon roi, l'île de Venusia, où le fameux Tycho Brahé avait bâti sa prodigieuse cité des Étoiles.

Depuis lors, je n'avais eu de cesse, durant mes voyages, que de rencontrer ces hommes extraordinaires, ces bâtisseurs du ciel qui, par le calcul et l'observation, ont reconstruit l'univers non pas tel que nous le voyons, mais tel qu'il est. J'évoquai à mon petit-fils ma visite chez Galilée à Florence, chez Maestlin à Tübingen, chez Descartes à Amsterdam, chez Gassendi à Paris. Et surtout, oh oui surtout, les nombreux entretiens que m'accorda, à Prague et ailleurs, ce géant parmi les géants, l'astronome de l'empereur, l'empereur de l'astronomie : Johann Kepler.

J'en étais là de mon récit quand le garnement s'exclama : « À l'abordage ! » Le crétin s'était endormi et rêvait tout haut. Furieux, je levai ma lourde canne en bois d'olivier et menaçai l'impertinent de lui briser les reins s'il ne disparaissait pas à l'instant. Je ne l'ai pas revu de sitôt. Il est maintenant employé à l'Amirauté, sous-chef adjoint du contentieux, et n'a jamais mis les pieds sur le pont d'un navire, sauf peut-être sur les quais de la Tamise afin d'y empocher discrètement une enveloppe offerte par le capitaine…

Ma tendre épouse Helen me calma comme elle put :

— Dear John, pourquoi ne coucheriez-vous pas vos souvenirs par écrit, puisque personne ne vous écoute ?

L'idée me plut, mais je n'en fis rien sur le moment. Puis, quelques années après, je reçus un ouvrage de mon ami français Pierre Gassendi, un esprit fort auprès duquel je passerais pour un bigot. Son petit livre racontait la vie et l'œuvre de Tycho Brahé. Comme le dédicataire de l'ouvrage n'était autre que le roi Frédéric III du Danemark, dont le père, Christian IV, avait eu avec Tycho une fameuse querelle, le style en était fort convenu : l'astronome et son monarque y étaient présentés comme des anges. Dans la lettre qui accompagnait son envoi, Gassendi s'en excusait avec ironie.

Me vint alors l'idée de m'y mettre à mon tour et de peindre un Tycho sans fard, tel que je l'avais connu et tel qu'on m'en avait parlé. Que voulais-je faire au juste ? Enseigner aux plus humbles, de façon simple, que la Terre tourne autour du Soleil comme les autres planètes, et qu'elle tourne également sur son axe. Si mes domestiques, mes valets de ferme, mes vachers et mes bergers pouvaient comprendre cela, pourquoi pas ma descendance ignare ?

Je me remémorai comment mon compatriote William Shakespeare avait déjà décrit, avec force masques et allégories, la rivalité qui opposait dans l'Angleterre de l'époque le système du monde copernicien et le système de Tycho Brahé. C'était en 1601, j'avais à peine vingt-cinq ans, je débutais une carrière prometteuse de diplomate et, la veille de partir en mission vers les Provinces-Unies, j'eus la chance d'assister à une représentation de *Hamlet* par la troupe de Lord Chamberlain. Shakespeare lui-même était en scène, campant sombrement le rôle du spectre. Complètement transporté par la force du drame, je fis des pieds et des mains pour rencontrer, à la sortie du théâtre, le fameux dramaturge. Mais comment capter son attention au milieu des nombreux solliciteurs qui faisaient cercle autour de lui, dont beaucoup de jolies femmes ? J'eus soudain une vague intuition. Il ne m'avait bien sûr pas échappé que le lieu de l'action, la forteresse de Kronborg à Elseneur, avait un temps été administrée par la famille Brahé. Je m'accrochai donc à ce maigre indice pour glisser, dans le brouhaha des conversations, que moi, dix ans plus tôt, j'avais vu de mes propres yeux la citadelle céleste de Tycho Brahé à Uraniborg. Shakespeare coupa net ses civilités avec deux avenantes demoiselles ; il tourna la tête vers moi, me regarda fixement quelques secondes, puis me prit par la manche et, quittant le groupe sans dire un mot à quiconque, m'entraîna à pas vifs dans une taverne où il avait ses habitudes. Là, il se débonda et raconta comment, dans sa propre jeunesse, il avait fréquenté régulièrement la maison de l'astronome Thomas Digges, lequel en ses vieux jours tenait salon. Ce célèbre auteur d'une *Parfaite description des orbes célestes*, publiée l'année qui me vit naître, 1575, s'était révélé très tôt un ardent copernicien, défendant avec brio le système héliocentrique du chanoine polonais. Shakespeare aimait discuter avec le vieillard toujours vif d'esprit, se régalant de ses vues originales et quelque peu iconoclastes sur l'infini du ciel et l'organisation de l'univers. Dans sa salle à manger, Digges avait accroché un grand portrait de Tycho Brahé. C'est dans cette pièce et sous le regard figé de l'imposant Danois que Shakespeare s'initia aux subtilités de l'astronomie, et aux grands débats qui agitaient les philosophes sur le mystère cosmographique. C'est là aussi que germa dans sa tête, me confessa-t-il, l'idée d'une pièce où il conterait un épisode sanglant de la geste danoise, mais dans laquelle il placerait nombre de références plus ou moins cachées aux sulfureux débats cosmologiques de notre époque, que seul saurait reconnaître le public averti. Il choisit ainsi pour patronyme de deux de ses personnages, Rosencrantz et Guildenstern, celui de deux arrière-grands-parents de Tycho. Dans la pièce de théâtre, ils étaient censés être les messagers du puissant mais fourbe roi Claudius : Claude Ptolémée, bien sûr. Hamlet avait fait ses études à Wittenberg : ville où Rheticus avait enseigné le système copernicien. Et quand Fortinbras était revenu de Pologne pour saluer l'ambassadeur d'Angleterre, il fallait y voir l'accord final entre le modèle polonais de Copernic et celui, anglais, de Digges, qui tous deux l'emportaient sur le système danois de Tycho...

Ébahi par ces révélations, j'avouai à Shakespeare que je devais être stupide, car toutes ces allusions m'avaient échappé. Il me rassura d'un grand rire, m'avouant à son tour que jusqu'à présent, personne n'avait perçu la moindre allégorie, et que j'avais même été le premier à prononcer devant lui le nom de Tycho ! D'où la faveur de l'entretien particulier qu'il venait de m'accorder...

Bref, trente ans après cet épisode, je jugeai bon d'utiliser à mon tour le langage du théâtre pour mettre à bien mon projet pédagogique. Oh, bien entendu, mon propos à moi serait considérablement plus modeste sur le plan dramaturgique que celui de mon glorieux aîné ; toutefois, il devrait être plus explicite pour ce qui concernait la fable astronomique. Je composai donc une farce représentant la rencontre tumultueuse entre les deux plus grands astronomes de tous les temps : Johann Kepler et Tycho Brahé, dans un château de Bohême. Je fis aménager une écurie désaffectée dans les communs du manoir. Mon forgeron, un colosse, joua Tycho ; mon majordome, efflanqué à souhait, Kepler ; une de mes chambrières, qui a pour moi quelques indulgences, Élisabeth, la fille de Tycho ; ma ronde cuisinière, Barbara Kepler ; et moi-même, l'empereur Rodolphe bien sûr. On vint nombreux, même des châteaux et cottages alentour. On rit beaucoup. Mais pas de ce que je voulais. Ils riaient de ce fou de Kepler qui voulait que la Terre tournât sur elle-même, et applaudissaient au bon sens de son épouse qui, tout en le battant comme plâtre, lui répliquait que si cette diablerie était vraie, hommes et bêtes s'envoleraient dans l'espace pour ne plus en revenir.

Ma carrière de dramaturge s'arrêta là. Je me résignai à oublier mes velléités plumassières, me réfugiant le plus souvent dans mon pigeonnier, l'œil vissé dans la mauvaise lunette astronomique fabriquée de mes mains.

Au printemps de l'an passé, toute ma parentèle vint me rendre visite pour fêter l'anniversaire de mes quatre fois vingt ans. Fêter, verbe incongru pour un tel âge ! Fatigué de leurs bavardages, vers les 14 heures, je demandai qu'on m'installât dehors une chaise longue, à côté du perron, à ma place habituelle d'où je jouis d'une belle vue sur le parc et les bois. Enveloppé dans ma couverture, le visage chauffé par les timides rayons du soleil d'avril, je ne tardai pas à entrer dans un voluptueux état de somnolence, à mi-chemin entre le rêve et la conscience. À un moment, je perçus des rires étouffés, des chuchotements et un bruit de papier froissé. J'ouvris les yeux et je vis, en contrebas sur la pelouse, deux de mes arrière-petites-filles, allongées sur le ventre dans l'herbe, en train de lire un épais rouleau de manuscrits jaunis. Le spectacle était charmant, mais je pris ma voix sévère d'aïeul pour leur demander de m'apporter ce qui les amusait tant. Effrayées, elles m'obéirent précipitamment, comme si elles avaient commis une faute grave.

Je jetai un œil sur la première page de ce manuscrit et je fus stupéfait : il s'agissait d'une lettre vieille de soixante ans, écrite en latin, que le professeur de mathématiques à Tübingen Michael Maestlin avait adressée à son ancien étudiant Johann Kepler.

— Qui vous a permis, mesdemoiselles, de pénétrer dans ma bibliothèque ? Vos parents ne vous ont donc pas dit que c'était formellement interdit ?

Cette fois, ma colère n'était pas feinte. La plus grande des deux, les yeux brouillés de larmes, protesta qu'elle n'était pas entrée dans mon sanctuaire et me désigna ma canne, gisant là-bas sur la pelouse, apparemment brisée puisque le pommeau avait roulé quelques pas plus loin. Je leur ordonnai sans aménité de me rapporter les deux morceaux de cet objet cher à mon cœur et de déguerpir.

Par bonheur, la canne était intacte. Les deux petites pestes avaient découvert son secret : le pommeau, un bel ivoire ancien représentant un sphinx, se dévissait. Elle était creuse et dans cette excavation, on pouvait y dissimuler de très épais rouleaux de papier.

Je me remémorai les circonstances dans lesquelles Kepler m'avait confié cet objet dont il ne se séparait jamais. Il aimait à en raconter l'histoire, y ajoutant mille et une variantes selon son humeur. Avec ce diable d'homme, on ne savait jamais s'il plaisantait ou s'il parlait sérieusement. Le bois d'olivier, disait-il, avait été taillé dans le bâton avec lequel Euclide dessinait ses figures géométriques sur la plage d'Alexandrie ; sa niche avait été creusée par Aristarque de Samos pour y dissimuler un dangereux papyrus, le pommeau d'ivoire avait été sculpté par je ne sais quel mage babylonien ou persan, le légendaire docteur Faust, à moins que ce fût Paracelse, l'avait offert à son ami Copernic, Michael Maestlin l'avait volé dans la maison de feu Copernic pour le revendre à Tycho Brahé, lequel enfin, sur son lit de mort, l'avait légué à lui-même, Kepler.

Il ne fallait pas, bien sûr, prendre au pied de la lettre ces fables qu'il se plaisait à nous raconter, comme son voyage sur Mars ou sur la Lune. Nous étions à Sagan, sinistre cité de la Voïvodie, au début de l'année 1629. Je faisais partie des discrets émissaires étrangers négociant les préliminaires de la paix devant être signée entre le Danemark et l'empereur germanique. Kepler était alors le mathématicien et astrologue du général Wallenstein. Il était las de ce pays, las de son nouveau maître aussi, craignant pour lui-même et sa famille. Je lui réitérai, au nom du roi Charles d'Angleterre, l'invitation à venir dans mon île. Il me répondit qu'il se pourrait bien qu'il vienne rechercher un jour à Londres son « bâton d'Euclide ». L'eût-il voulu vraiment, le prodigieux astronome n'en eut jamais l'occasion, puisqu'il mourut quelques mois plus tard en de pitoyables circonstances.

Mais hélas, voilà que je mets la charrue avant les bœufs ! Revenons à mon prologue. Une fois mon envahissante tribu enfuie, je me précipitai dans ma bibliothèque, canne en avant comme une rapière, dévissai à nouveau le pommeau et en ressortis le manuscrit que j'avais remis dans sa niche. Il s'agissait d'une douzaine de lettres que Maestlin avait adressées à Kepler en 1595. Comment avaient-elles pu m'échapper ? À la dernière, il manquait un ou deux feuillets, mais ils n'avaient apparemment aucune importance. Le professeur de Tübingen y racontait la vie, moitié réelle, moitié imaginée, de celui sans lequel ils n'auraient peut-être jamais rien été, celui qui avait mis le Soleil au centre de l'univers : Nicolas Copernic.

Ma lecture fut agréable. J'y reconnus le professeur enjoué que j'avais rencontré à Stuttgart après une audience que m'avait accordée le grand-duc de Wurtemberg. Je rends grâce à Maestlin, car ses lettres m'ont montré comment je pouvais respecter le désir de ma défunte épouse, en racontant par écrit ce que personne ne voulait écouter. Je décidai donc que le jeu serait le même que celui de cet éminent professeur pour Copernic : percer les secrets de Kepler et de Tycho, comme eux-mêmes avaient percé les secrets du ciel. J'avais un gros avantage sur Maestlin : celui de posséder une énorme quantité de documents relatifs aux deux astronomes, dont leurs propres écrits. Les piles de dossiers qui font crouler ma bibliothèque en attestent.

Tycho, Kepler... Ces deux-là n'étaient certes pas faits pour se rencontrer. Tout les opposait : l'âge, la naissance, la fortune, la pensée, le caractère, jusqu'à leur apparence physique. Même le plus subtil des astrologues, art auquel ils croyaient tous deux, n'aurait pu lire dans les astres qu'ils allaient un jour se retrouver face à face.

Le plus âgé était un lion, le plus jeune un renard. L'un était né au Nord, sur une terre gelée hérissée de tours et de forteresses, ceinte de mers furieuses ; ses ancêtres avaient navigué loin sur leurs drakkars pour semer la mort, remontant les fleuves jusqu'à Londres et Paris, franchissant les colonnes d'Hercule et parvenant en Sicile, jusqu'en Terre sainte. De ses ancêtres vikings, Tycho avait gardé le cheveu flamboyant, l'œil d'océan, la stature imposante, la gloutonnerie d'un ogre et la violence barbare prête à éclater à la moindre occasion.

L'autre avait vu le jour un quart de siècle plus tard, sous le toit d'une auberge misérable, dans un pauvre village du Wurtemberg au pied de la Forêt-Noire. Les nuits de solstice étaient nuits de sabbat où dansaient sorcières, goules, ectoplasmes et démons, tandis que, cloîtrés dans leurs chaumières, les paysans tremblaient, craignant Dieu autant que le Diable. Lui, Johann Kepler, en naissant, était presque mort ; chez ces humbles gens, on multipliait les grossesses en espérant que parmi les nourrissons apparaissant chaque année, deux ou trois survivraient pour aller aux champs, bûcher dans la forêt, tenir l'auberge, faire marcher la tannerie ou tourner le moulin. Kepler survécut, le visage et les mains grêlés de petite vérole, le regard myope voilé d'une étrange profondeur, maigre plus que mince, élancé mais voûté, mangeant peu, buvant moins encore et ne riant jamais, toujours hanté par le spectre de la misère, rusant avec elle autant qu'avec les puissants. Il frémissait toujours d'une sorte de fièvre qui avait pour nom « révolte ».

Non, décidément, les deux plus grands astronomes de ce temps-là, et peut-être de tous les temps, Tycho Brahé et Johann Kepler, ne pouvaient se rencontrer. Pourtant, ils se rencontrèrent. Mais que de chemin ils durent parcourir pour aller l'un vers l'autre ! Tycho dans un carrosse d'or, au milieu d'une large allée plantée d'ormeaux vénérables, croisant sur cette avenue rectiligne princes et rois ; Kepler, à pied sur des sentiers montueux et caillouteux perdus dans la broussaille, d'où pouvaient surgir à chaque instant le voleur ou la bête féroce. Et leur rencontre fut si brève, si violente, chargée de tant d'incompréhension mutuelle, qu'on aurait pu croire qu'il s'agissait là d'une de ces innombrables querelles de savants. De ce duel fugace sortit pourtant un grand vainqueur : la vérité de l'univers.

Comment mettre en ordre tout cela ? La première tâche que je me fixai fut d'essarter ces monceaux de manuscrits et de livres qui leur étaient consacrés. À la fin de cet obscur travail, j'enroulai sur elles-mêmes mes quelque cinquante feuilles manuscrites et les enfouis dans le bâton d'Euclide, au-dessus des lettres de Maestlin. Puis, canne en main, je partis vaquer à mes affaires, que j'avais singulièrement négligées ces derniers temps. Flânant ainsi dans le bocage, en quête d'un berger ou d'un métayer avec lequel je prenais plaisir à bavarder, je sentais persister en moi un vague malaise.

Soudain, alors que j'étais sur le chemin menant à Woolsthorpe pour y régler je ne sais plus quel problème de bornage avec une vague cousine, je perçus dans la main tenant ma canne une vive brûlure. Je lâchai cette troisième jambe des vieillards, qui tomba à terre ; les deux rouleaux de papier en sortirent. Et moi qui ne crois ni à Dieu ni à Diable, moi qui ai banni de ma pensée et de ma conduite toute forme de superstition, j'y vis un signe. Je ramassai le bâton d'Euclide, remis les deux rouleaux dans leur cache et revissai le pommeau. Je m'apprêtai à poursuivre mon chemin quand j'entendis une voix, je le jure, une voix qui me disait haut et fort :

— Finis ta tâche, John Askew. Dis-leur tout, dis-leur la vérité. Témoigne !

C'était la voix de Johann Kepler. Je crus alors, et je le crois encore, que j'étais atteint du même mal sénile que mon père, qui, peu de temps avant sa mort, dialoguait avec les portraits de nos ancêtres dans la grande galerie du manoir. Tantôt il les insultait, tantôt il leur tenait de longs discours incohérents. Un jour même, il frappa l'un d'entre eux et creva la toile.

Je rentrai à Harlaxton aussi précipitamment que mes vieilles jambes me le permettaient. « Dis-leur tout ! » Leur… Qui sont-ils ? Maestlin, au moins, savait à qui il adressait son discours. Mais moi, le vieux misanthrope solitaire que d'aucuns nomment l'ours du Lincolnshire, à qui parlerai-je ? Pourquoi était-ce à moi, médiocre parmi les médiocres, de transmettre aux générations futures la parole et les actions de ces génies parmi les génies ? Et à qui, surtout, à qui ? Sur le moment, je ne me posai même pas la question. Pris d'une sorte de transe, je ne mis que trois mois à rédiger le texte qui suit.

Et me voilà maintenant, douillettement installé sous le perron de mon manoir, chauffé par les tendres rayons du soleil de printemps, à attendre que l'encre sèche avant d'enrouler ce manuscrit pour le cacher au creux du bâton d'Euclide.

I

Le prince

1

C'étaient des jumeaux. L'événement était d'importance, et tout ce que le royaume du Danemark et de Norvège comptait d'astrologues s'agita autour de cette date : mardi 13 décembre 1546, 22 h 47 et 22 h 48.

Les Brahé étaient l'une des trois plus puissantes familles du royaume, avec celle des Oxe et celle des Bille, derrière celle du monarque régnant bien sûr, Christian III, et à coup sûr la plus riche. Mais cette lignée menaçait de disparaître. Jorgen Brahé, l'aîné, avait déjà passé la trentaine et son épouse Inger, une Oxe, ne lui avait toujours pas donné de progéniture. Il en était de même, jusqu'à ce fameux soir, avec Beate, une Bille, mariée à Otto Brahé, le cadet, et dont le ventre ne lui avait donné qu'une fille, Elizabeth. La rumeur se faisait de plus en plus forte : cette stérilité ne venait pas des Oxe et des Bille, mais des Brahé. Enfin, les jumeaux mâles apparurent chez Otto ; son cri de soulagement fit vibrer les lourds moellons de la forteresse d'Helsingborg, dont il était le bailli.

Toute la famille s'était réunie au cœur du puissant château dominant le détroit du Sund et faisant face, de l'autre côté, à celui d'Elseneur. Quand la nourrice entra, portant les jumeaux, dans la grande salle où ils attendaient, l'oncle Jorgen se leva et demanda :

— Quel est celui qui est apparu le premier ?

De son double menton, la grosse femme désigna le nourrisson niché dans son bras droit.

— Alors, je le prends, décréta l'aîné des Brahé.

La face de son frère, hilare l'instant d'avant, se congestionna de colère :

— Me prends-tu pour un imbécile, Jorgen ? Crois-tu que j'ignore la coutume ? Je t'ai promis mon second garçon. Tu l'auras, mais tu sais aussi bien que moi que c'est celui-là, le cadet.

Et l'index d'Otto, chargé d'une grosse chevalière d'or, pointa le front du nouveau-né de gauche. Jorgen haussa les épaules. Un aussi beau jour ne pouvait se terminer par un duel. En ce temps-là, la noblesse danoise s'égorgeait de la même façon qu'ils s'épousaient : en famille. Ils n'avaient guère le choix, ils étaient tous du même sang. Et c'eût été déchoir que d'aller chercher dans un pays étranger femme ou querelle.

Jorgen préféra garder son épée au fourreau et accepta d'adopter le cadet. Il lui donna le prénom du père de son épouse : Tyge Ottensen Brahé. Un nom que plus tard, le jeune homme latiniserait en « Tychonis Brahénsis », bientôt abrégé en Tycho Brahé, sous lequel il est désormais immortalisé.

Une fois conclu le pacte d'adoption avunculaire, coutumier à ces régions boréales, Otto et Jorgen festoyèrent jusqu'au petit matin. On les retrouva, ronflant le front sur la table, dans la même posture. On aurait dit des jumeaux. Dès qu'il fut réveillé, Jorgen décida de repartir sur-le-champ à Copenhague. Il voulait emporter celui qui était désormais son fils, le petit Tycho à peine âgé de quelques heures. La tempête faisait rage dans le détroit, charriant d'énormes blocs de glace dans la mer Baltique. Dans l'air gelé, la neige tourbillonnait. Son épouse Inger, qui s'était déjà attachée au petit Tycho comme s'il était né de ses flancs, supplia son mari de ne pas entreprendre la traversée, non pas tant pour elle et lui, que pour le nourrisson. Jorgen y consentit. Une fois la tempête calmée, vers le milieu de la journée, l'aîné des Brahé, son épouse et leur suite repartirent pour Copenhague sans l'enfant, comptant bien venir le rechercher dès le retour du printemps.

Les deux frères se revirent un mois après à la cour du roi Christian III, à la sortie d'une réunion du grand conseil à laquelle ils avaient assisté. Otto apprit à son aîné que l'un des jumeaux était mort.

— Et naturellement, répliqua un Jorgen sarcastique, c'était celui qui m'était destiné…

Otto prit un air embarrassé. En d'autres circonstances, un mensonge ne l'aurait pas plus gêné que de fouetter à mort un de ses laquais, mais pour la disparition d'un enfant, les obscures superstitions lui interdirent toute réponse catégorique.

— Comment pourrait-on le savoir ? À cet âge-là, ils se ressemblent tous. Alors, des jumeaux… Même la nourrice a été incapable de le dire. De toute façon, le survivant est désormais l'aîné. Jorgen, il te faudra patienter encore…

— Menteur ! Tu bafoues les choses les plus sacrées !

Et Jorgen Brahé sortit de son fourreau une courte épée à la pointe arrondie et à la taille tranchante comme un rasoir, arme qui était déjà celle de ses ancêtres normands, mais dont la poignée et la garde étaient couvertes de pierres précieuses. Otto l'imita. Les membres du Conseil firent cercle autour d'eux, ravis de cette distraction : ce n'était pas tous les jours qu'un duel avait lieu dans l'enceinte du palais royal. Le roi avait demandé à ses feudataires de régler leurs différends à l'abri des regards indiscrets, c'est-à-dire ceux des diplomates étrangers, qui riaient sous cape des mœurs barbares des Danois.

— Eh bien, messieurs, que se passe-t-il encore ?

Christian III, alerté par son secrétaire, venait de fendre la haie de spectateurs, à qui il demanda de s'éparpiller. Il s'isola dans un petit cabinet avec les deux frères et, posant au roi Salomon, ordonna que le nourrisson, dont on ne saurait jamais s'il était l'aîné ou le cadet, restât chez son père, le temps que vienne un autre garçon qui deviendrait alors le premier de la branche cadette, tandis que le jumeau survivant serait l'héritier de Jorgen, sous le nom de Tycho. Ainsi, personne ne perdrait la face. Sous les yeux du monarque épanoui, les deux frères s'embrassèrent, moustache blonde sur moustache fauve.

Jorgen dut ronger son frein dix-huit mois durant, avant que sa belle-sœur consentît enfin à mettre au monde un autre garçon, et quelques semaines supplémentaires avant de pouvoir arracher Tycho à son géniteur. En effet, Otto s'était attaché plus que de raison à cet enfant qui grandissait en vigueur, comme s'il avait puisé force et santé dans l'âme de son défunt jumeau. Le père s'émerveillait du moindre de ses babillements ou de la vigueur de son petit poing quand il serrait le doigt qu'il lui tendait. Il le voyait déjà amiral de la flotte, grand bailli comme lui et régnant sur le détroit du Sund, du haut des deux forteresses qui se faisaient face : Helsingborg et Elseneur.

Alors, quand l'autre garçon vint au monde, qu'il fit baptiser Steen, il proposa à Jorgen d'adopter celui-ci au lieu de Tycho. Qu'est-ce que cela changeait ? Jorgen rétorqua qu'un enfant de dix-huit mois avait plus de chance d'atteindre l'âge adulte qu'un nourrisson de quelques jours. Aussi, c'est doté d'un rescrit royal et de deux navires que Jorgen partit de Copenhague, remonta le détroit et jeta l'ancre dans le goulet au pied de la forteresse. Otto fut bien obligé de céder, la rage au cœur. Et l'on s'étonna longtemps, au Danemark, que les deux frères Brahé n'aient jamais réglé leur contentieux à coups d'épée.

2

Tycho passa les premières années de sa vie dans le château de son oncle, à Tostrup, lieu autrement moins sévère que le donjon de Helsingborg. Fenêtres et colonnades y remplaçaient avantageusement meurtrières et échauguettes. L'oncle Jorgen avait des prétentions italiennes, et son épouse Inger de plus grandes tendresses pour l'enfant qu'en aurait eues sa mère naturelle.

Le roi Christian III avait décrété la couronne du Danemark et de Norvège héréditaire, au grand dam des princes. En contrepartie, il avait converti son royaume à la Réforme afin de redistribuer généreusement à ses feudataires les riches biens du clergé catholique, offrant à ces grandes familles nouvelles charges et nouveaux honneurs. Ainsi Jorgen Brahé devint amiral et gouverneur du port de Vordingborg, qui contrôlait l'autre détroit entre la Baltique et la mer libre. Navires de la Hanse et suédois ne pouvaient plus faire leur négoce sans verser des octrois exorbitants aux péages danois. Les Brahé étaient devenus les douaniers des portes océanes. Mais plus d'un marin ou d'un marchand qui avaient eu affaire avec leur juridiction les auraient plutôt appelés pirates.

Christian III était non seulement le maître de la plus grande puissance boréale, mais aussi celui de la plus forte nation ralliée à la Réforme. Il se chagrinait pourtant : alors que dans les principautés et les grands duchés allemands de cette confession florissaient des universités où les plus prestigieux professeurs formaient ceux qui deviendraient un jour de célèbres théologiens, philosophes, juristes, mathématiciens et artistes, le semblant de collège que le roi s'était échiné à ouvrir à Copenhague restait singulièrement désert. Les écoliers de bonne lignée et leurs parents jugeaient qu'il n'était nul besoin de connaître Platon, Euclide ou Ptolémée pour naviguer, commercer et guerroyer. Le roi ne pouvait les y forcer. Aussi demanda-t-il à son épouse de convaincre les mères. La première d'entre elles fut Inger Brahé, pour qui rien ne serait trop beau pour son fils adoptif. Elle n'eut guère de mal à obtenir l'accord de son mari Jorgen, car celui-ci, malgré sa rusticité, avait compris que pour gouverner une nation, il ne suffisait pas de savoir se battre.

Il fit venir de Rostock un jeune pasteur désargenté, qui inculqua tout ce qu'un enfant de bonne famille devait savoir pour tenir son rang. Jorgen le tenait cloîtré afin que nul ne sût à la cour, et surtout Otto, que son fils adoptif apprenait le latin. Durant six ans, les précepteurs se succédèrent. Ils ne restaient que quelques mois avant de s'enfuir, car, même si Tycho se montrait fort doué en toutes les matières, ces malheureux étaient traités par Jorgen comme les plus vils des domestiques. Il allait même jusqu'à les fouetter, pour les mater disait-il.

Le roi Christian III mourut au printemps 1559. Ses funérailles eurent lieu à la cathédrale de Roskilde, à deux lieues de Copenhague, qui est un peu aux Danois ce que Westminster est aux Anglais et Saint-Denis aux Français, mais en bien plus rustique. Son fils Frédéric II lui succéda sans que les Oxe, les Bille ou les Brahé eussent leur mot à dire. Le nouveau monarque avait eu droit à un précepteur italien et épousé la princesse prussienne Sophie de Mecklembourg, ce qui avait poli chez lui quelques rugosités normandes. Aussi, avec le zèle des néophytes, voulait-il hisser Copenhague au niveau des grandes universités réformées par Melanchthon, telles Wittenberg et Tübingen. Lors des nombreuses audiences qu'il accorda aux grands feudataires, puis à la petite noblesse, enfin aux marchands, il demanda à chaque chef de ces familles de permettre à leur rejeton de suivre leurs études à la toute nouvelle université de Copenhague, pour leur inculquer ne fût-ce que des notions de droit. Dans la domination de la mer Baltique, Frédéric II voulait aller beaucoup plus loin que son père, qui s'était contenté d'en être le douanier. Il voulait surtout s'accaparer du royaume de Suède, le vieil ennemi. Pour ces conquêtes, il possédait à satiété navires et soldats. Mais, parmi ces marins et guerriers, bien peu seraient aptes à administrer ces immenses étendues qu'il rêvait de constituer en un empire boréal, un empire Scand.

Les marchands acceptèrent d'enthousiasme de confier l'un de leurs rejetons à cette université qui s'ouvrait enfin à eux. La petite noblesse les imita. Parmi les grands feudataires, il n'y en eut cependant qu'un à confier son unique héritier aux mains de ces professeurs qu'on avait fait venir à grands frais de l'Allemagne réformée : Jorgen Brahé, bien sûr, qui fit de son fils adoptif Tycho un étudiant de treize ans.

Quand Otto apprit la nouvelle, il surgit comme un furieux dans le palais de Tostrup et hurla à son aîné qu'il voulait faire de son fils un clerc, une mauviette. Peu de temps auparavant, ils auraient sorti l'épée pour s'entretuer fraternellement, mais, avec l'avènement du nouveau roi, les deux Brahé étaient devenus les bras armés du royaume, l'un sur terre, l'autre sur mer. Aussi décidèrent-ils de régler cela à coups de poing, puis, quand ils furent bien étourdis et sanguinolents, à coups de chopes de bière, dont ils vidèrent la moitié d'un tonneau. Une fois apaisés, ils conclurent un accord : Tycho suivrait ces études, mais ne négligerait pas pour autant le métier des armes. Quant au frère cadet de Tycho, Steen, il lui faudrait aussi apprendre un peu de droit, de rhétorique et de philosophie. Ils feraient de Tycho l'homme politique le plus puissant du royaume, et de Steen le maître de l'armée et de la marine.

Tout alla pour le mieux durant les trois années qui suivirent. Tycho et Steen entrèrent à l'université âgés respectivement de treize et douze ans, et dans la même classe, sans tenir compte de la considérable avance intellectuelle qu'avait prise l'aîné. Cela faisait partie de l'accord passé entre Otto et Jorgen. Les deux garçons se vouèrent dès lors une haine mortelle. Quand ils ne se bagarraient pas, ils s'ignoraient. Et comme il leur était interdit de frayer avec des élèves d'une caste inférieure, ils passèrent une scolarité bien solitaire.

Le 14 août 1560, leur professeur de mathématiques, un homme tout de noir vêtu, le visage jaune enfoui sous une barbe épaisse, pénétra dans la salle de classe en se frottant les mains, l'air béat. Ce diacre bavarois avait dû quitter son Augsbourg natale, où les autorités catholiques n'aimaient guère les luthériens malgré la paix qui venait d'être signée dans cette cité par les deux confessions.

— Messieurs, annonça-t-il, nous assisterons la semaine prochaine à un événement céleste rare : une éclipse. Le Soleil passera derrière la Lune et nous serons plongés durant de longs moments dans la plus grande obscurité.

Tycho leva le doigt et dit avec une insolence que ne lui permettait certes pas sa grande jeunesse, mais bien plutôt ses quartiers de noblesse :

— Vous prenez-vous pour Dieu, maître, en décidant ainsi de ce que fera le ciel dans le futur ?

Le professeur ne s'était toujours pas habitué à cette morgue. Dans son collège d'Augsbourg, le garçon aurait eu droit, quelle qu'eût été sa naissance, à la férule et au cachot. Mais ici, chez ces brutes, il dut se contenter de cette petite vengeance :

— Certes non, monsieur Steen…

— Mon nom est Tycho !

— Excusez cette confusion. Votre frère et vous, vous vous ressemblez tellement !

— Ce n'est pas mon frère, mais mon cousin !

Le maître savoura un instant la fureur de son élève et poursuivit mielleusement :

— Qui serais-je, moi, pour tenter de gravir ne serait-ce qu'un échelon vers le Seigneur de toute chose ? Non, si je puis proférer une telle prédiction, c'est grâce aux Anciens, qui depuis la nuit des temps, de Babylone à Alexandrie, ont observé le ciel et calculé le temps que mettaient les planètes et le Soleil à tourner, sur leurs orbes cristallins, autour de la Terre.

Il se tourna vers le tableau noir et dessina à la craie un cercle, au centre duquel il écrivit « Terre ». Quelques légers traits courbes suffirent à créer un effet de perspective qui en fit un globe. D'une main sûre, il traça autour de la Terre un autre cercle dans lequel il dessina un petit croissant.

— Branle-bas de combat, voilà les Turcs ! lança Steen.

La classe partit d'un grand éclat de rire.

— Silence ! cria Tycho. Laissez-le finir ! J'assomme le premier qui osera proférer le moindre murmure.

— Merci de votre intervention, dit le maître sans se retourner. Mais la remarque de votre frère… Pardon ! de votre cousin, était tout aussi pertinente qu'impertinente. Les sectateurs de Mahomet se servent en effet des phases de la Lune pour établir leur calendrier annuel, alors que les chrétiens utilisent le temps que met le Soleil à se retrouver à la même place dans le ciel, et selon le même angle par rapport à l'horizon, c'est-à-dire un peu plus de trois cent soixante-cinq jours. Comme vous le voyez, ce que je vous enseigne n'est pas tout à fait inutile, de même que l'art des nombres. Mais avant d'en arriver au Soleil, je dois d'abord tracer encore deux orbes où sont comme incrustées deux autres étoiles que l'on dit à tort errantes, car elles parcourent toujours le même chemin, et que nous appelons plus justement « planètes » : voici Mercure, et voici Vénus l'émeraude.

Le bâton de craie se brisa en un crissement qui fit murmurer certains élèves. Un regard menaçant de Tycho les fit taire immédiatement.

— … Et enfin, l'astre des jours qui tourne autour de la Terre en une journée et une nuit, brève période découpée en vingt-quatre heures. Derrière le Soleil, c'est-à-dire encore plus loin de nous, les trois dernières planètes : Mars la rouge, Jupiter et Saturne.

Son bras s'allongea plus encore pour parcourir un plus large cercle qui touchait presque les bords du tableau.

— Et ceci, messieurs, c'est l'enveloppe, la voûte dans laquelle le monde se tient et se meut, vaste sphère creuse piquée d'un millier d'étoiles fixes.

— Qu'y a-t-il derrière ? demanda Tycho.

— Cela, monsieur, est hors de mes compétences. Vous le demanderez à votre professeur de théologie. Mais je doute qu'il puisse vous répondre.

— Bon, alors revenons aux éclipses, bougonna Tycho.

— Eh bien, reprit le diacre d'un ton pénétré, vous pouvez constater que les cercles que parcourent les planètes sont de plus en plus grands au fur et à mesure qu'ils sont éloignés de la Terre. Donc que plus les planètes sont proches, moins elles mettent de temps à en faire le tour. Et il arrive forcément un moment où, comme dans une course de chevaux, l'un rattrape l'autre et le dépasse. À ce moment précis, pour le spectateur, s'il est placé du bon côté, le cheval plus rapide masque le plus lent. Il l'éclipse.

— Mais alors, il fait nuit en plein jour ? questionna Tycho qui semblait le seul à être intéressé.

— Parfois seulement, l'occultation est totale, de sorte que la nuit surgit en effet en plein jour, le temps que le disque de la Lune masque exactement celui du Soleil, ce qui ne dépasse jamais sept minutes. Mais plus souvent, l'occultation n'est que partielle, la lumière du jour ne diminue que faiblement, et il faut s'équiper de verres fumés pour apprécier le spectacle du Soleil partiellement occulté.

— Et comment peut-on savoir si l'éclipse sera totale ou partielle ? s'enquit Tycho de plus en plus sceptique.

— Comme les vitesses des planètes sont constantes, comme, depuis la nuit des temps, les hommes ont observé le phénomène, comme ils savent que tel jour à telle heure de tel mois de telle année la Lune sera à telle hauteur de l'horizon et à telle place dans le ciel, il est possible, à force de calculs, de déterminer le moment où elle masquera tout ou partie du Soleil, et à quel endroit de la Terre cette occultation sera visible. Voilà pourquoi, monsieur Tycho, je peux vous affirmer que dans une semaine exactement, à 13 heures précises, il fera peut-être nuit à Copenhague durant trois minutes et trente secondes !

— Et c'est vous qui l'avez calculé ? demanda Tycho avec dédain.

— J'en serais bien incapable. Je l'ai appris dans ces quelques feuilles que l'on appelle almanachs, diaires ou éphémérides, selon leur complexité, et qui annoncent tout ce qui va se passer dans le ciel, ici ou ailleurs, pour l'année en cours. Mais comme je vois que le sujet vous intéresse, je vous propose de m'accompagner pour observer le phénomène.

Tycho accepta, tout en laissant planer la menace que si l'éclipse n'avait pas lieu, il ne donnerait pas cher de la place du mathématicien au collège de Copenhague. Elle eut lieu, bien sûr, et même si elle ne fut que partielle à Copenhague, l'adolescent s'en émerveilla. Ainsi, l'on pouvait prédire des siècles à l'avance ce qui se passerait dans le ciel, et l'on pouvait dire aussi ce qui s'y était passé jadis. Toutefois la prédiction n'était pas parfaite : il y avait encore une incertitude sur les lieux de la Terre où l'éclipse serait vue totale. Le destin des hommes et celui des empires ne pouvaient que plier sous ces lois immuables, qui étaient celles du temps.

Et son destin à lui, Tycho, était écrit là-haut. Mais était-ce bien Tycho ? N'était-il pas *l'autre* ? Ce jumeau dont on avait toujours refusé de lui donner le prénom ? Il fallait qu'il sache. Brûlant de deviner lui-même aussi le futur, il entreprit de s'imprégner de mécanique céleste. Il s'empara pour lui seul de son professeur de mathématiques, le harcelant en permanence, ne lui laissant jamais un moment de répit. Surgissant chez lui à la nuit tombée, tandis que le pauvre homme trouvait un peu de tranquillité en famille, il l'entraînait observer la voûte étoilée jusqu'à l'aube. Le malheureux diacre bavarois aurait voulu fuir, mais comment, par la mer, avec quatre enfants ?

Il n'eut pas à risquer cette dangereuse entreprise. Steen, qui partageait au collège la même chambre que son aîné, l'espionnait. Il constata facilement que Tycho négligeait le reste de ses études, surtout le droit et la rhétorique, pour ne plus se consacrer qu'à l'astronomie, toujours accroché aux basques de son professeur. Le jeune garçon en parla à son père Otto dès qu'il en eut l'occasion. La chaire de mathématiques fut très vite vacante et son titulaire, accusé de dépraver la belle jeunesse danoise, expulsé *manu militari*.

Perte nulle : Tycho n'en avait plus besoin. Tel un lion, il avait dépecé le Bavarois de tout son savoir jusqu'à le transformer en squelette. Mais il était de plus en plus affamé. Partout où il le pouvait, il récoltait cartes marines, planisphères célestes, tables astronomiques, diaires, éphémérides périmés. Otto était satisfait : son fils serait amiral. Jorgen l'était moins ; si Tycho ne suivait pas une carrière diplomatique, il risquait de n'être jamais Maître de la Cour, c'est-à-dire Premier ministre à la danoise.

L'un et l'autre se trompaient. Tycho, tout à sa hantise de découvrir sa vérité dans les étoiles, s'aboucha avec un de ses oncles, frère de sa mère naturelle : Steen Bille. C'était le mouton noir du clan ; au lieu de s'occuper de guerre et de navigation, cet extravagant avait installé dans un ancien monastère la première imprimerie, la première verrerie et la première papeterie du Danemark, malgré les sarcasmes de la haute aristocratie, mais avec les encouragements des rois Christian et Frédéric. Dans cet endroit d'où les moines avaient été chassés et que les paysans croyaient hanté par les trolls, Steen se livrait à des expériences mystérieuses. Souvent, de l'ancien réfectoire, s'élevaient de lourdes fumées chargées d'étincelles sanglantes qui, lorsque le vent soufflait du nord, traversaient le détroit et allaient empester en face le château d'Elseneur d'odeurs méphitiques.

Profitant de la rivalité dont il faisait l'objet entre son père et son oncle, Tycho put jouir, dans sa quinzième année, d'une grande liberté. Désormais, au lieu de s'entredéchirer, Jorgen et Otto se disputaient ses faveurs en une véritable surenchère. Le cadet des Brahé crut l'avoir emporté quand il s'imagina que son fils s'intéressait aux choses de la mer, et qu'il se rendait plus volontiers chez lui, sur la côte suédoise du détroit, que dans la forteresse de son aîné, au sud de la grande île de Copenhague. Il s'aperçut bientôt que ce n'était pas lui que Tycho venait visiter, mais son beau-frère Steen Bille, l'alchimiste. Le jeune homme s'enfermait des journées entières avec lui dans l'ancien monastère d'Herrevad, cet antre du diable. Otto songea à aller défier ce fou de Steen, mais son épouse le retint. Non qu'elle eût un quelconque attachement pour son frère, mais un duel, expliqua-t-elle à son époux, risquerait de détruire la fragile alliance entre les Bille et les Brahé, et provoquer un conflit entre les deux plus puissantes familles du pays.

Otto ravala son orgueil et se rendit chez son aîné afin d'y régler le cas de « leur » fils. Il voulait exiger de Jorgen que celui-ci, désormais grand amiral, cantonnât le garçon dans ses arsenaux de Vordingborg, ou en fasse un enseigne à bord de l'un de ses vaisseaux. Mais Jorgen n'avait pas du tout la même idée du destin de Tycho. Ce serait son unique héritier, et il ne tenait pas à ce qu'un boulet brise la nouvelle lignée qu'il voulait forger. Les deux frères étaient d'accord sur un point : il fallait arracher Tycho, destiné à devenir le chef du clan Brahé, à la néfaste influence de Steen. Finalement, Jorgen, plus subtil que son cadet, réussit à lui imposer une idée qu'il méditait depuis longtemps : faire quitter le Danemark quelque temps à Tycho. Le cadet se rebiffa d'abord. Quoi, abandonner le pays alors que la guerre couvait ? Cela équivalait à une désertion.

Il fallut une grande quantité de pintes de bière pour que Jorgen convainque Otto : à l'heure où le Danemark, maître de l'Islande, du Groenland, de la Norvège et de toute la péninsule du Jütland, avait toutes les capacités pour devenir à la Réforme ce que l'empire des Habsbourg était aux papistes, ce n'était pas d'amiraux dont cette grande puissance aurait le plus besoin, mais d'administrateurs. Et, dernier argument qui fit céder Otto, la connaissance des lois et des autres princes de ce monde enrichirait Tycho, donc le clan tout entier. Le cadet se résigna donc à faire suivre à « leur » fils des études en Allemagne.

Mais quelle université choisir ? Ils n'y connaissaient rien. Seule celle de Rostock leur vint à l'esprit. C'était le port continental le plus proche de Copenhague, et qui appartenait pour le moment au prince de Mecklembourg, père de la reine du Danemark. Autant dire qu'on le considérait à Copenhague sinon comme une possession danoise, du moins comme un comptoir.

Sans attendre que la mer fût libre de toute glace, Jorgen accompagna son neveu dans la brève traversée.

Le doyen vint accueillir au port ce très puissant personnage. Mais les choses étaient plus compliquées que l'aîné des Brahé ne le pensait. Il apprit que la faculté de Rostock dépendait de celle de Leipzig, en Saxe, à une bonne semaine de voyage. Tycho devrait impérativement y suivre au moins sa première année d'étude. Jorgen eut beau vitupérer, puis tenter de soudoyer le doyen, rien n'y fit. Les règles universitaires instaurées par le réformateur Melanchthon ne souffraient aucune exception. Le jeune homme devrait partir là-bas, loin de tout contrôle tutorial. Le doyen proposa alors à Jorgen de lui adjoindre un précepteur au-dessus de tout soupçon, qui veillerait à ce que le nouvel étudiant ne s'écarte en rien du programme fixé par son oncle : le droit, la rhétorique, la théologie, sans jamais vaticiner du côté de l'alchimie et de l'astrologie, ces calembredaines que lui avaient inculquées son premier professeur de mathématiques et cet énergumène de Steen.

Le précepteur présenté par le doyen sembla à Jorgen une perle rare. Anders Sorensen Vedel avait le premier avantage d'être danois : son avenir, sa fortune, sa vie même dépendraient donc de son zèle à servir la famille Brahé. Il n'avait que vingt ans, on ne lui connaissait aucun vice, aucune maîtresse. Ce jeune homme maigre et fiévreux était dévoré d'une seule ambition : devenir le chantre des temps nouveaux au Danemark, le prince des poètes normands chantant la saga de la dynastie des Oldenbourg. Seule la grandeur de sa patrie comptait pour lui. Que le chef des Brahé lui confiât son héritier pour en faire un Médicis viking dont il serait le Marsile Ficin comblait sa vanité. En plus, Jorgen, qui s'y connaissait en hommes, lui trouva un autre avantage : Vedel avait mauvaise haleine, il était donc vertueux. Il fut même inutile de lui verser un salaire élevé ;

le précepteur obéirait et lui enverrait chaque semaine un rapport circonstancié sur les activités et les dépenses de Tycho. D'ailleurs, par précaution, les quatre serviteurs de la suite attachée à son neveu étaient tous chargés de surveiller Vedel, tout en se surveillant les uns les autres.

Tycho ne fut pas dupe, mais il fit le dos rond. Plus il serait loin de son pays natal, plus il aurait les coudées franches. Comment Vedel pourrait-il lire par-dessus son épaule quand il demanderait tel livre de mathématiques ou d'astronomie à la bibliothèque de son collège ? Et puis, avant son départ, il avait réussi à soutirer en secret une jolie somme d'argent à sa tante, qui ne lui refusait rien.

3

Le 24 mars 1562, Vedel et Tycho s'installèrent à Leipzig dans une belle maison plutôt éloignée du collège, pour que Tycho eût le moins de contacts possible avec ses condisciples. Vedel lui établit un programme détaillé qui ne laissait aucune marge à une quelconque escapade dans les étoiles. Le seigneur de seize ans parut se soumettre sans broncher à cette discipline de fer. Il attendait son heure. Elle vint vite. Le précepteur, en effet, s'était lui-même inscrit à l'université, mais il ne put se retrouver dans la même classe que son élève : il avait décroché à Rostock, un an auparavant, une maîtrise de théologie. Ainsi, Tycho échappait-il à sa surveillance pendant que Vedel était lui-même en cours. En plus, il eut de la chance. Lors de son premier cours de rhétorique, le jeune prince se retrouva à côté d'un compatriote qui avait été dans sa classe au collège de Copenhague. Là-bas, il n'avait même pas remarqué ce Joan Feldman, fils de marchands de trop petite condition. Mais ici, en terre étrangère, les barrières de la naissance s'effondrèrent, et ils devinrent tout de suite les meilleurs amis du monde. Feldman avait latinisé son nom en Pratensis, Tyge Ottensen Brahé latinisa le sien en Tychonis Brahénsis.

Pratensis partageait la même passion que Tycho pour l'astronomie et les mathématiques, mais leur pratique et leur étude ne lui étaient pas interdites. Au bout d'une semaine, les deux amis avaient peaufiné leur tactique pour que Tycho puisse suivre les leçons d'astronomie du professeur Johannes Homelius. Une nouvelle fois, la chance fut avec lui, car le cours avait lieu à la même heure que celui de poésie latine suivi par Vedel.

C'est avec une grande impatience que Tycho se rendit à la leçon inaugurale de ce maître, fameux dans toute l'Europe pour ses cartes. Mais, à sa grande surprise, ce fut le doyen de la Faculté qui monta en chaire pour leur annoncer la mort, la nuit passée, du vieil Homelius. Après un bref hommage, il annonça qu'en attendant qu'un nouveau maître vienne de Wittenberg, seuls les cours de mathématiques seraient maintenus, mais pas ceux d'astronomie.

La chance avait-elle tourné ? Tycho le crut jusqu'à l'office funèbre, qui eut lieu le surlendemain dans le temple du collège. L'homélie fut prononcée par l'assistant du défunt, Bartholomé Schultz, alias Scultetus, qui aurait dû légitimement prendre la succession de son maître ; mais ses vingt-deux ans et l'attente de sa soutenance de thèse le rendaient trop tendre pour une telle charge. « Il me faut cet homme-là », songea Tycho durant l'office. Une fois la cérémonie finie, il voulut l'aborder, mais Vedel ne le lâchait pas d'un pouce. Il lança un regard désespéré à Pratensis. Celui-ci comprit et aborda Vedel en lui parlant danois. Le précepteur sursauta, car tout le monde ici ne conversait qu'en latin. Ils se trouvèrent vite des connaissances communes et même quelques cousins. Tycho avait décrit dans les détails à son ami le caractère de son geôlier. Celui-ci avait un vice, un seul, une passion exclusive : Saxo

Grammaticus, un moine auteur, quatre siècles auparavant, de la *Geste des Danois*. Ce livre racontait, en latin, la vie des rois anciens ou mythiques de la Scandinavie, tel Hadingus le fort, Frodi le généreux ou Hamlet le prudent, qui inspirerait plus tard notre Shakespeare. Il suffit d'une allusion de Pratensis pour qu'aussitôt Vedel se mît à gesticuler d'excitation, parlant haut et fort de son sujet favori, sans remarquer les regards de réprobation pour cette conduite inconvenante un jour de funérailles.

Tycho en profita pour s'éclipser, prendre à part le jeune assistant Scultetus et le supplier de lui accorder un entretien le lendemain, à une heure où Vedel ne pourrait pas l'espionner. Aussitôt obtenu ce rendez-vous, il revint vers son précepteur, qui, tout à son Saxo, ne s'était aperçu de rien. Il eut en plus la satisfaction d'entendre Vedel lui demander de prendre pour exemple Pratensis, qui, en bon Danois, s'intéressait à l'histoire glorieuse de leur patrie. Tycho comprit comment il pourrait désormais circonvenir l'espion de son oncle. Tous les soirs, au retour du collège, il fit mine de se passionner pour la poésie épique. Il finit même par prendre plaisir à jongler avec les dactyles et les spondées.

C'est ainsi qu'il apprivoisa patiemment Vedel, lequel finit par lui avouer au bout d'un an, avec des rougeurs de jeune fille, que lui-même composait des vers à la manière des Anciens. L'homme avait de réels talents de poète. Il en possédait surtout la vanité. En fait, le malheureux était dans une position très délicate. Son sort dépendait entièrement de Jorgen Brahé. Le moindre manquement à la mission dont il était chargé, l'achat d'un livre d'astronomie par exemple, et il se retrouvait sur le pavé. En même temps, il ne devait pas se faire un ennemi de Tycho, qui serait un jour le chef de la plus puissante dynastie danoise.

Or Tycho avait obtenu tout ce qu'il désirait lors de son premier entretien avec Scultetus. Il lui avait exposé franchement la situation : sa soif inextinguible d'astronomie et d'astrologie, le refus catégorique de sa famille à le voir poursuivre dans cette voie, la surveillance de tout instant dont il était l'objet, et la menace d'être rapatrié immédiatement à Copenhague s'il était surpris à observer le ciel, ou à étudier Ptolémée et Regiomontanus.

Donner à ce garçon de six ans son cadet des cours clandestins amusa beaucoup Bartholomé Schultz. Ce natif de Görlitz, prospère cité de haute Lusace, n'avait rien à craindre ni à espérer de la parentèle de Tycho. Il était l'aîné d'une riche famille de propriétaires terriens dont le moindre bien n'était pas une brasserie fabriquant une bière de haute réputation dans tout l'empire. Le jus du houblon laissant autant de loisirs que de bénéfices, on s'intéressait bien plus, chez les Schultz, à la philosophie naturelle et aux machines nouvelles. Bartholomé, qui comptait bien revenir chez lui une fois son doctorat en poche, trouva donc plaisant de former auparavant un disciple, qui, en plus, pourrait devenir un jour un client; mieux, une succursale : la bière Schultz & fils, fournisseur exclusif du roi du Danemark, voilà qui ne serait pas négligeable…

C'est ainsi que, pendant trois ans, Tycho et Pratensis furent les deux seuls étudiants d'un maître qui n'était même pas professeur. Étudiants, et bientôt assistants. Car Scultetus s'était donné pour tâche de poursuivre l'œuvre du défunt Homelius. Tycho fut surpris, pour ne pas dire déçu, de la teneur de cet enseignement. Lui qui pensait partager son temps entre l'observation de la voûte céleste, les spéculations sur la marche des astres et les messages qu'envoyaient aux hommes le zodiaque, les éclipses, les comètes ou les étoiles filantes, devait maintenant se consacrer à la géographie, la cartographie, l'art de la navigation, et même la fabrication de cadrans solaires et de bâtons de Jacob. Certes, les travaux manuels l'amusaient beaucoup ; mais ce qu'il voulait, c'était aller là-haut, sur l'ultime sphère où s'accrochaient les étoiles fixes, pour y trouver quelle était la sienne, ou celle de son frère jumeau.

Faute de jumeau, il s'était trouvé un frère en la personne de Scultetus. Le bourgeois de Lusace et l'aristocrate danois n'avaient nul besoin l'un de l'autre. Ils étaient sur un pied d'égalité. Le savoir seul donnait un semblant de supériorité au plus âgé des deux, dont il n'abusait pas. Aussi devinrent-ils camarades.

La guerre tant annoncée entre le Danemark et la Suèdc éclata. L'amiral Jorgen se mit à la tête de la flotte, tandis que son frère, le bailli Otto, prenait la maîtrise de toutes les forteresses, dont Copenhague défendant le détroit du Sund, principal objet du litige entre les deux royaumes boréaux.

Tycho venait d'avoir dix-sept ans, l'âge de se battre, et il n'en avait aucune envie. Vedel, lui, jubilait. Il allait pouvoir chanter la grande geste de Frédéric II, et composait déjà dans sa tête les vers louant les actions héroïques de son élève, Tycho Brahé. Il avait envoyé une lettre en ce sens à Jorgen. Alors, l'étudiant paniqua. Se serait-il trompé en traçant son horoscope à partir des quelques notions qu'il avait déjà acquises de façon brouillonne ? Un horoscope qui lui disait, forcément, que sa naissance, le mardi 13 décembre 1546 à 22 h 47, le destinait à devenir le nouveau Ptolémée. Et si ce n'était pas le sien, d'horoscope, si c'était celui de son jumeau défunt, tandis que lui serait destiné à mourir à la guerre ?

Il alla consulter la seule personne à qui il pouvait se confier : Scultetus. Ce dernier tenta de le rassurer en lui expliquant que l'art divinatoire demandait une longue pratique, et qu'il se prêtait plus au destin des empires qu'à celui des individus. Dans son for intérieur, le fils du brasseur de Görlitz s'étonnait que le jeune prince danois soit terrorisé à l'idée de combattre. Cela provoquait en lui également une sourde satisfaction : que ce colosse aux allures arrogantes, dont l'épée battait toujours la cuisse, qui ne se faisait jamais faute de rappeler qu'il était le rejeton d'une longue lignée de guerriers, dissimulât aussi mal, derrière ses spéculations astrales, sa peur de la douleur et de la mort, réjouissait le pacifique bourgeois qu'il entendait devenir. En même temps, il aurait trouvé dommageable pour l'art astronomique qu'un garçon qui montrait de tels dons de calculateur et une telle gloutonnerie à découvrir et à apprendre ne puisse répondre aux espérances qu'il mettait en lui par la faute d'un boulet suédois. Aussi proposa-t-il le stratagème suivant : que Tycho et lui dressent une carte des côtes de la Baltique, la plus précise possible, qu'ils rédigent un manuel pratique du maniement de l'astrolabe et du bâton de Jacob destiné aux marins, et enfin qu'ils élaborent, de façon évasive, un horoscope de la guerre.

Durant une semaine, jour et nuit, ils se consacrèrent à cette tâche dans une petite maison que Bartholomé possédait hors de la ville, tandis que Vedel, affolé, sûr qu'il allait perdre son emploi, cherchait partout son élève, guidé sur des fausses pistes par un Pratensis qui jubilait. Puis Tycho expédia le fruit de leur travail en double exemplaire, l'un à Sa Majesté le roi de Norvège et du Danemark, l'autre à son amiral. Frédéric II et Jorgen comprirent alors que l'extravagant étudiant leur serait plus utile à Leipzig que sur le château arrière d'un de leurs vaisseaux.

Dès lors, Tycho put se consacrer entièrement à sa passion. Vedel, de son côté, avait reçu de nouvelles consignes de Jorgen, lui enjoignant de laisser son élève travailler les mathématiques et l'astronomie à la seule condition qu'il en sorte immédiatement des résultats pratiques : cartes et art de la navigation. Le précepteur n'y connaissait rien en ces matières. Aussi passa-t-il un accord avec Tycho : que celui-ci donne des gages à son oncle en passant un ou deux grades de rhétorique et de droit ; en échange, lui, Vedel, fermerait les yeux sur ses activités nocturnes, l'observation des étoiles.

Ainsi, Tycho eut droit à deux autres années de séjour à Leipzig dans des conditions fort agréables. Pour complaire à son oncle, il lui expédiait parfois le mode d'emploi d'un instrument de marine, astrolabe, bâton de Jacob ou boussole, et en riait très fort avec Bartholomé, à qui il avait appris que, depuis toujours dans cette mer fermée qu'est la Baltique, on naviguait à l'estime. Et jamais un descendant des Vikings ne se serait abaissé à utiliser ces appareils par crainte de la seule chose qu'ils redoutaient : le ridicule.

Il passait ses nuits sur la terrasse de sa maison à récolter des étoiles. Le jour, il étudiait et corrigeait les tables astronomiques dressées à partir de Hipparque et Ptolémée par un aréopage de savants chrétiens, juifs et maures plus de trois siècles auparavant en Espagne, sous le règne d'Alphonse X de Castille dit le Sage ; puis ces autres tables de calculs, fort récentes et dites pruténiques ou prussiennes, car élaborées par Érasme Rheinhold, mort dix ans auparavant, sur la base des observations de Copernic. Tycho eut-il alors connaissance de la théorie héliocentrique du savant polonais ?

Sans doute pas, ou bien la prit-il pour des vaticinations de vieil homme fatigué. D'ailleurs, savoir comment tournait l'univers ne l'intéressait pas. Il accumulait les observations comme un avare entasse les pièces d'or dans un coffre et ne les dépense jamais.

4

La bataille avait été rude. Les Suédois avaient cherché à s'emparer de l'île de Bornholm, avant-poste danois de la Baltique. La garnison avait résisté vaillamment, permettant à la flotte d'accourir de Copenhague. Voyant leur coup manqué, les Suédois brassèrent en fuite. Au lieu de réinvestir l'île forteresse, le Grand Amiral Trolle ordonna qu'on les poursuive, alors que l'ennemi se repliait vers ses côtes bien protégées. Trolle en effet se sentait menacé dans son titre par un concurrent redoutable, Jorgen Brahé. Aussi, quand ils rattrapèrent un bateau ennemi attardé d'avoir perdu l'un de ses mâts, il fut le premier à se lancer à l'abordage. Mal lui en prit : c'était un transporteur de troupes, et ses piétons se ruèrent sur lui pour le tailler en pièces. Les hommes de Trolle parvinrent à le dégager, saignant de toutes parts. Une fois l'amiral en sécurité dans sa cabine, le capitaine, qui avait pris le commandement, ordonna sagement la retraite et envoya en avant une barque rapide pour informer le roi de la libération de l'île de Bornholm ainsi que de la blessure mortelle du Grand Amiral.

Frédéric II embarqua sur son navire d'apparat pour aller à la rencontre de son armada, et assister aux derniers moments de l'amiral. Le successeur de celui-ci l'accompagnait : Jorgen Brahé. Gisant dans sa cabine, la jambe coupée mais encore lucide, Trolle commanda qu'on servît à boire à son hôte royal et à Jorgen, selon l'ancienne tradition, la liqueur nationale : l'hydromel. Il mourut ivre.

Le monarque et son nouveau grand amiral étaient eux-mêmes dans un état d'ébriété avancé quand le vaisseau aborda le port de la capitale, sous le pont reliant le palais royal à l'île d'Amager. Au pied de la passerelle, des écuyers avaient amené les chevaux du roi et de sa suite. L'ivresse donna des ailes à Frédéric, qui, sans souci du protocole et de son amiral défunt, sauta sur sa monture comme l'eût fait une jeune estafette. Puis il éperonna le cheval, bien décidé à galoper sur le pont en chantier jusqu'aux portes du palais. Mais le palefroi, surpris car habitué depuis toujours au pas digne et lent de la parade, se cabra et s'emballa. Son sabot heurta un tas de pavés. Le roi déchaussa et chuta dans l'eau froide du port. Jorgen le suivait de près ; sans hésiter, il sauta de sa selle et plongea. Il saisit au collet un Frédéric paniqué pour tenter de le ramener au rivage, mais le nouveau grand amiral était lui-même trop pris de boisson. Son visage se violaça, ses gestes devinrent incohérents, l'eau du port entra à flots dans sa bouche grande ouverte. Là-haut, la suite royale reprit enfin ses esprits ; ils furent nombreux à barboter dans le bassin pour être le premier à en sortir le monarque et Jorgen. Les deux corps inanimés furent remontés sur la grève. Au bout d'une demi-heure, ils se retrouvèrent alités au palais royal, entourés d'une kyrielle de médecins.

Le lendemain, Frédéric II, qui n'avait pas trente ans, était déjà sur pied. Jorgen, qui en avait vingt de plus, mourut dix-sept jours plus tard. Il resterait dans l'Histoire comme l'héroïque amiral qui avait sacrifié sa vie en sauvant son roi de la noyade.

Peu de jours après la baignade forcée de Frédéric et Jorgen, Tycho, alerté que son oncle était au plus mal, galopait pour franchir la centaine de lieues séparant Leipzig de Rostock, où il embarquerait pour Copenhague. Il voulait rejoindre au plus vite le chevet de son oncle avant le décès de celui-ci, non par un amour immodéré pour son tuteur, mais parce qu'il savait que recouvrer son considérable héritage ne serait pas chose aisée. Quelques jours avant ce message, Jorgen lui avait en effet ordonné de revenir au pays pour combattre à ses côtés : un des domestiques que l'amiral avait chargé de surveiller tant Tycho que Vedel lui avait rapporté que le premier ne se consacrait plus qu'à l'observation du ciel, et le second à la poésie.

De fait, Tycho s'était fortement impliqué dans un événement astronomique assez rare car ne se produisant que tous les vingt ans : une Grande Conjonction des deux planètes supérieures, Saturne et Jupiter. Elle eut lieu à la fin août de l'année 1563, tandis que ces planètes se trouvaient à la fin du Cancer et au début du Lion. Tycho ne disposait pas d'instruments grâce auxquels la Conjonction et son moment pourraient être scrupuleusement sondés ; il lui vint à l'esprit d'utiliser un grand compas, dont il appliquerait la commissure à son œil, les jambages étant dirigés vers les deux planètes. À l'issue de ces manœuvres, il constata de façon manifeste que le moment supputé par les tables alphonsines et pruténiques ne s'accordait pas avec la réalité céleste : les chiffres alphonsins différaient du vrai chiffre de la Conjonction d'un mois plein, et ceux de Copernic de quelques jours. Singulièrement mis en appétit par sa découverte, Tycho s'était ensuite attaqué à la plus capricieuse des planètes : Mars, qui avait failli rendre fou, disait-on, Rheticus lui-même. Il ne mettait plus aucune précaution à assouvir sa passion de l'observation céleste, sûr d'avoir circonvenu Vedel. Et voilà qu'un mouchard de laquais... La chute dans le canal du roi et de son amiral arrivait à temps...

Tycho put recueillir les dernières volontés de son oncle, en présence du roi, et lui fermer les yeux. À nouveau, songea-t-il, les astres étaient avec lui. Il était devenu légataire universel des terres et de la fortune de son oncle. Ou plutôt, il le deviendrait à sa majorité, dans trois ans. Pour le moment, il ne pourrait que bénéficier d'une rente considérable, léguée par le défunt afin qu'il puisse achever ses études.

Cependant son père naturel, Otto, devenu le chef du clan Brahé, réunit le conseil de famille afin de frapper son fils d'irresponsabilité et prolonger ainsi sa minorité de quatre années supplémentaires. Plaider lui parut aisé : il savait parfaitement à quoi Tycho avait consacré son temps et ses études à Leipzig, malgré la surveillance de son précepteur. D'ailleurs, la nuit qui suivit les funérailles de Jorgen, le jeune homme était déjà perché sur une terrasse, un compas astronomique en main, en compagnie de ce jeune roturier qui se faisait appeler Pratensis, ainsi que de son oncle Steen, le sorcier qui déshonorait la noblesse danoise, et que pourtant le roi avait choisi comme grand chambellan.

Le conseil de famille s'éternisa. Contre lui, Otto avait les Oxe et les Bille, qui avaient intérêt à voir affaiblir leur puissant cousin. Il ne pouvait imaginer avoir un autre adversaire, dont il ignorait même l'existence : un poète famélique nommé Anders Sorensen Vedel. Le jeune précepteur avait en effet compris que la cause de Tycho était devenue la sienne. Si le père gagnait, il serait écrasé comme une mouche. Il se plongea donc dans de vieux grimoires où s'égrenaient, au milieu des sagas, de longues généalogies. Et il finit par s'apercevoir que, dans les temps les plus anciens, c'était souvent le neveu qui succédait à l'oncle. Quant aux oncles et aux neveux royaux qui s'emparaient des trônes scandinaves de façon pas toujours légitime, on les comptait par dizaines – le fondateur de la dynastie régnante des Oldenbourg en étant lui-même un exemple. Alors, en y mettant le mot savant et latin d'« avunculaire », Vedel rédigea un long rapport qu'il communiqua à Steen Bille, le grand chambellan, qui, lui-même, le remit au roi.

Frédéric II trancha. Son cœur penchait-il du côté de Tycho, par gratitude posthume pour son oncle qui lui avait sauvé la vie ? On peut en douter, la gratitude n'étant pas la plus grande vertu des rois. Mais, pour ne pas s'aliéner un général aussi puissant qu'Otto Brahé, il fallut trouver un compromis : Tycho serait mis sous tutelle jusqu'à ses vingt-cinq ans. Durant cette période, son père administrerait les biens du défunt, tandis que le jeune homme irait poursuivre ses études sur le continent, de la façon dont il l'entendait. Ainsi l'affaire fut conclue. Le père ne se priva pas de traiter son fils de lâche, et le fils de répliquer au père qu'il n'était qu'une brute. Le roi, alors présent, ordonna à Otto de rengainer sa dague, arme inutile d'ailleurs car Tycho fut assez prudent pour s'enfuir avant de se battre avec son géniteur.

5

L'hiver était venu, et la mer prise par les glaces. Tycho aurait pu repartir à pied sec par la presqu'île du Jütland, mais il trouva le périple trop risqué. Aussi préféra-t-il attendre le dégel. Il ne rejoignit Rostock qu'au début du printemps, ne s'y attarda pas et se retrouva dès avril à Wittenberg.

Wittenberg ! La première et la plus prestigieuse université du monde de la Réforme ! Celle que dirigea Melanchthon, celle où enseignèrent Érasme Reinhold, Rheticus et bien d'autres. Tycho Brahé, que tenaillait la volonté de devenir le nouveau Ptolémée, n'aurait jamais pu tolérer un autre lieu pour y achever ses études en mathématiques et en astronomie. Il fut pourtant déçu : ici, on observait peu, mais on théorisait beaucoup. Il avait lu, à Leipzig, le *Narratio Prima* de Rheticus, mais n'avait trouvé que peu d'intérêt aux hypothèses héliocentriques. Que la Terre tournât avec les autres planètes autour du Soleil, ou qu'ici-bas fût le centre de l'Univers, ne changeait rien pour lui : ce que l'on enseignait depuis Ptolémée facilitait autrement les calculs et les prévisions que ce chambardement incongru.

Tycho balaya donc de son esprit ces élucubrations qui ne servaient à rien pour lire les messages délivrés par les phénomènes célestes. Ce qu'il cherchait, c'était posséder les meilleurs outils possibles afin de les observer. Il trouva son miel dans un livre paru deux décennies auparavant, et qui avait eu un grand succès : *L'Astronomie des Césars* de Petrus Apianus, qui avait été professeur à Ingolstadt. Y étaient décrits notamment nombre d'instruments destinés à reproduire les mouvements des corps célestes. Chaque planche, conçue comme un astrolabe de papier, était d'une ingéniosité extraordinaire. Hélas Apianus, alias Peter Bienewitz, était mort depuis près de quinze ans, et son fils Philipp, qui tenait la chaire de mathématiques à Tübingen, n'était qu'un médiocre. Il chercha alors où enseignaient les meilleurs astronomes du temps. Un homme comme lui n'était certes pas en quête d'un maître, plutôt de quelqu'un qui l'aiderait à le devenir très vite, malgré ses vingt ans.

Décidément, Wittenberg s'était vidée de tout ce qui pouvait avoir un peu d'envergure dans ces arts. Tycho devait aller les chercher ailleurs, au sud, dans le Wurtemberg, en Bavière, en Suisse même. Ici, on ne s'occupait plus guère que de théologie et de droit. Il décida donc, après seulement six mois d'études, de partir et de se convertir au calvinisme. Il ne put mener à bien ce projet. En effet, des bruits coururent que dans la campagne environnant Wittenberg, la peste se propageait. Or, dans l'horoscope qu'il avait dressé avant son départ du Danemark, il avait écrit qu'en septembre de l'année 1566, un grand de ce monde, infidèle à son maître, pourrait bien mourir brutalement. Il ne pouvait s'agir que de lui. Abandonnant tout, il s'enfuit de l'université et partit se réfugier à Rostock. Là, il s'inscrivit en faculté de droit. À la moindre alerte, il pourrait se replier sur son pays natal, en une journée de traversée.

En ces temps de guerre, Rostock était pratiquement devenue un arsenal danois. Tycho n'avait aucune envie de croiser dans la rue ses compatriotes, qui paradaient dans leur tenue d'officiers de marine, pourpoint de cuir ou d'acier, large dague battant sur les hautes bottes, tandis que lui, l'astrologue, se vêtait à la mode de Paris, veste rouge à rubans verts et chapeau à plume, dentelles en cascade, grosse fraise empesée sur laquelle son visage rubicond à la longue moustache semblait une citrouille posée sur un plat d'argent.

Le premier jour de son installation, Tycho avait surpris quelques sourires méprisants sur son passage et des chuchotements derrière son dos. Le fils d'Otto Brahé aurait dû immédiatement sortir son épée, mais une certaine configuration de Mars et des Gémeaux, ainsi qu'un chat noir qui avait traversé la rue devant lui, l'avaient convaincu de ne pas se battre ce jour-là.

Il n'y avait plus en ville et alentours un logement digne d'héberger un Brahé. La garnison danoise occupait tout. Tycho dut se résigner à faire comme les autres étudiants : devenir le locataire d'un de ses professeurs. Il posa sa malle sous le toit du professeur de théologie de la faculté de Rostock, Lucas Bachmeister. Un lit, une table, une chaise : triste demeure pour un garçon qui avait passé son enfance dans le palais de son oncle, puis dans de belles maisons pour lui seul, à Leipzig. Il dut même renvoyer à Copenhague son dernier domestique.

Il passa ainsi de longues semaines moroses, s'appliquant à suivre les cours de rhétorique et de droit pour qu'au moins ce séjour forcé dans ce port sinistre lui soit d'une quelconque utilité.

6

Un matin d'octobre, en descendant à la table d'hôte, il eut la surprise d'y voir assis un compatriote, son vague cousin Manderup Parsberg, issu par les femmes d'une branche cadette, donc nettement inférieure. Il avait suivi, comme Tycho, ses études à Leipzig puis à Wittenberg, mais le fils Brahé ne le fréquentait pas. On ne se commettait pas avec un Parsberg… Il ne put cependant s'empêcher d'être chaleureux :

— Par exemple, Manderup ! Je l'avais dit, je l'avais prévu ! Tous les signes concordaient : la peste devait aller s'amplifiant et tout le monde devait fuir Wittenberg sous peine de la mort noire !

— Un Parsberg ne fuit jamais, mon cousin, fusse devant le Diable. L'épidémie n'a été pour moi qu'un prétexte afin d'abandonner des études qui ne me servent à rien, alors que mon devoir est de combattre auprès de mon roi.

Manderup était un jeune homme très mince, presque maigre, à la blondeur et au teint de fille. Tycho le dépassait d'une tête, large d'épaules, cheveux et moustache couleur de flamme, moustache qui contrastait diablement avec le pâle duvet que son lointain parent tentait de faire pousser sous son nez fin et pointu. Entre l'athlète et le freluquet, personne n'aurait parié pour ce dernier.

La sèche repartie chargée d'allusions aurait dû voir deux épées jaillir de leur fourreau. Heureusement, le maître de maison apparut dans la salle à manger, accompagné de son épouse, de sa fille de dix-huit ans et de ses trois garçons. Ils s'assirent autour de la table ; la servante servit la soupe aux choux, et le professeur de théologie dit la prière. Puis ils se restaurèrent en silence, alors que Manderup lançait des regards froids et bleus comme l'acier à un Tycho dont les yeux se perdaient dans ceux du bouillon. Lucas Bachmeister perçut l'ambiance belliqueuse qui régnait sous son toit. Aussi, une fois le déjeuner achevé, annonça-t-il d'un ton jovial les prochaines fiançailles de sa fille, invitant les deux gentilshommes danois au bal qui suivrait la cérémonie. Soudain très détendu, Tycho lança de sa voix tonitruante :

— Ce sera pour moi un grand honneur, mais en même temps un immense désespoir puisque je ne serai pas l'heureux élu.

— Pourtant, épouser une roturière n'aurait pas été la première dérogation du fils Brahé, siffla Manderup en danois, pour ne pas être compris de ses hôtes.

— Je vous rappelle, messieurs, que sous mon toit ou dans ma classe, on ne parle qu'en latin, dit d'une voix douce le professeur de théologie.

Tycho partit se réfugier dans sa chambre et épia par la fenêtre le moment où Manderup sortirait.

Dans les semaines qui suivirent, au collège, il le fuyait, tandis que l'autre le cherchait partout. La ville et le port ne parlaient plus que du prochain duel entre les deux cousins. La nouvelle parvint vite à Copenhague. Vers la fin du mois de novembre, Tycho reçut de son père Otto une lettre truffée de fautes d'orthographe lui enjoignant d'en finir, et une autre de sa tante, des supplications pour qu'il fuie à Wittenberg et préfère la peste à l'épée. Lui-même hésitait, faisant et refaisant sans cesse son horoscope qui lui ressassait toujours la même recommandation : ne pas se lancer dans des aventures périlleuses d'ici à fin de cette année 1566.

Ce jour-là, le 10 décembre, il se demandait s'il allait se rendre aux fiançailles de la fille de son hôte ou s'il resterait cloîtré pendant les trois semaines restant avant l'an nouveau. Soudain, il eut une illumination : en combinant le calendrier lunaire en pratique chez les musulmans et le calendrier chrétien, il s'aperçut qu'il était né sous le même signe astral que Soliman le Magnifique, mort deux mois auparavant, la veille d'une bataille en Hongrie. Bien sûr ! Ce n'était pas lui le puissant personnage qui devait périr, mais le Grand Turc ! Alors il se vêtit de ses plus beaux habits et se rendit d'un pas assuré jusqu'à la salle des fêtes de l'université, où se dérouleraient la cérémonie et le bal.

Depuis qu'il avait commencé ses études allemandes, il avait totalement négligé l'escrime, comme d'ailleurs tout exercice martial : le futur nouvel Hercule de l'astronomie se devait de faire abstraction de son corps. Aussi, malgré ses vingt ans, sa solide carcasse s'empâtait un peu. Mais, trop sûr de sa supériorité physique sur ce freluquet de Manderup, il ne jugea pas nécessaire de reprendre quelques leçons chez le maître d'armes de Rostock. Simplement, s'il fallait que le duel eût lieu, il ferait en sorte qu'on sursoie jusqu'au 1er janvier.

Durant la cérémonie religieuse, son regard chercha partout dans le temple mais, à son grand soulagement, son colocataire était absent. Il songea avec satisfaction que plus la noblesse était petite, moins ses rejetons consentaient à se mêler aux bourgeois : un Parsberg aurait bien trop peur d'être confondu avec eux, tandis qu'un Brahé aurait beau se déguiser en paysan, l'œil le moins exercé décèlerait toujours en lui le grand seigneur.

Dans la salle des fêtes, à l'exception de quelques officiers en tenue de parade, ce n'étaient qu'habits sombres de professeurs et d'étudiants, à peine rehaussés d'hermine et, pour les femmes, de chastes robes vertes ou bleues, cachées sous les fourrures : malgré le feu d'enfer ronflant dans les cheminées, il faisait un froid glacial. Après que le père de la fiancée eut ouvert le bal avec sa fille, Tycho, dont les habits rouges et la lourde fraise faisaient l'admiration des jeunes filles et froncer le sourcil du pasteur, invita la cadette de son hôte à un *ländler*, danse grave et lente qu'on appelle aujourd'hui « allemande » ; les trois luths faisant office d'orchestre l'interprétèrent tant bien que mal, cherchant en vain à s'accorder. Sa partenaire n'avait que le charme de ses quinze ans, mais le Danois savait qu'il satisfaisait le digne professeur de théologie, en le faisant rêver d'un beau mariage. Dès qu'il le put, Tycho abandonna la jeune fille et rejoignit, du côté des tables de jeu, un groupe d'hommes en grande discussion, parmi lesquels il reconnut le professeur de mathématiques.

On y parlait de haute politique, en particulier des conséquences que pourrait avoir sur l'empire la mort de Soliman le Magnifique au siège de Szitgetvár.

— Ce n'est pas l'Histoire qui peut décider de cela, mais ce que nous disent de l'avenir les astres et le ciel, intervint Tycho avec la suffisance de son âge et la morgue de sa naissance.

— Vous pratiquez donc l'art astrologique ? demanda le professeur de mathématiques, avec un soupçon d'ironie dans la voix. J'y use moi-même mes yeux depuis fort longtemps et j'avoue n'en avoir sorti jusqu'à présent rien de très probant.

— Eh bien moi, si ! Il était facile de prévoir que Soliman le Magnifique mourrait quarante-neuf jours avant l'éclipse de Lune du mois d'octobre dernier.

— Et vous l'aviez prédit ? Expliquez-nous cela, je vous prie.

— Le quatre et le neuf, en s'additionnant, font bien treize, n'est-ce pas ? De même que la somme des lettres hébraïques formant les mots Jéhovah, Abraham, Sinaï, Joseph, Jacob, Isaac, Moïse, Israël et Thora. De même qu'à la Cène, ils étaient treize, dont Judas, figure divine des sectateurs de Mahomet.

— Félicitations, monsieur Brahé, vous maîtrisez parfaitement la langue des prophètes, salua le docteur astronome, de plus en plus caustique. J'ignorais que notre petite université possédait un aussi éminent kabbaliste.

Tycho ne démentit pas, mais rosit légèrement : il avait lu cela dans un fascicule en danois, une compilation que lui avait offerte son oncle Steen l'alchimiste. Mais quoi ? Lui, un Brahé, n'avait pas à se justifier devant un roturier. Lequel poursuivit cependant :

— Cela, c'est de la numérologie. Où est là-dedans l'art des Babyloniens ?

— Dans Sélène, la déesse des nuits. Et dans la superbe éclipse qui eut lieu au soir du 28 octobre dernier[1]. Comme vous le savez, l'oriflamme des Ottomans représente un croissant de lune blanche sur fond rouge. Or ce soir-là, elle était de sang. De plus Mars,

1. En fait le 7 novembre 1566 dans notre calendrier grégorien. Le calendrier en vigueur était alors le calendrier julien, comptant dix jours de retard sur le calendrier grégorien, lequel ne sera instauré qu'à partir de 1582 dans l'Europe catholique, et bien plus tard dans l'Europe luthérienne et anglicane.

Dieu de la guerre auquel Soliman a consacré sa détestable vie, et Vénus, qu'il enfermait par centaines dans son sérail, étaient alors dans une certaine configuration qui…

Un léger applaudissement l'interrompit et le fit se retourner. Manderup Parsberg claquait ses gants de cuir dont tous les doigts étaient bagués. Il fixait Tycho de ses yeux délavés, et son sourire découvrait de longues dents carnassières.

— Félicitations, mon cousin. J'ai prévu moi aussi la mort de Soliman, mais avec moins de précision. Je m'étais seulement dit qu'à soixante-dix ans, Grand Turc ou pas, on n'a guère de chances de survivre longtemps. Il est vrai, je n'avais pas, quant à moi, à compter sur l'aide des Juifs et des Sarrasins pour calculer cela, fusse *a posteriori*, comme dirait le maître Bachmeister.

Tycho, cramoisi, faillit lui sauter à la gorge. Qu'on insinuât qu'il fût un lâche ou un traître à sa patrie en guerre, il l'acceptait ; il saurait montrer un jour que la grandeur de son génie apporterait au Danemark davantage de gloire que le plus acharné de ses guerriers. Mais qu'on ose affirmer qu'il aurait triché avec les astres en ayant prédit la mort du Sultan après que celle-ci avait eu lieu, non, cela il ne pouvait le tolérer. Mais comment expliquer à ce cuistre que tout était affaire d'interprétation ? Il préféra gronder :

— Pauvre Manderup ! Tu penses faire de l'esprit. Pourtant, je n'ai entendu sortir de ta bouche que des pets puants.

L'autre posa la main sur la garde de son épée. On fit cercle autour d'eux. Enfin, le duel allait avoir lieu, et plus d'un cachait mal son contentement de voir deux ressortissants de ce pays qui se comportait ici en force occupante s'entretuer un peu. Le doyen intervint :

— Je vous rappelle, jeunes gens, que vous vous trouvez dans l'enceinte de la faculté. Et que, selon les règles instaurées par Philippe Melanchthon, il est interdit de se battre, non seulement dans les murs de toute ville universitaire, mais en plus entre coreligionnaires. Je serais fâché d'expliquer à Sa Majesté Frédéric II les raisons pour lesquelles j'ai dû mettre deux de ses sujets dans les geôles de Rostock.

— Sortons donc de la ville, Tycho, et battons-nous sous les remparts !

— Par ce froid, dans cette tempête ? Tu es encore plus stupide que je le pensais.

— Soit, j'attendrai la première éclaircie pour t'envoyer mes témoins.

L'éclaircie se fit attendre deux semaines. Ce n'était pas un temps à mettre deux duellistes dehors, ni un astronome d'ailleurs. Le ciel se dégagea enfin la veille de Noël, au soir. Compas dans une main et écritoire dans l'autre, Tycho se précipita en haut du pigeonnier de son hôte. Il y passa la nuit, longue nuit boréale si limpide, si pure, qui pouvait justifier la passion déraisonnable du Danois à collectionner les étoiles. Enfoui sous ses fourrures, il tenta de rattraper le temps perdu : la tempête ne lui avait pas permis, onze jours auparavant, de scruter, à 22 h 47 minutes, les configurations astrales de ses vingt ans et de son jumeau.

Il dormit très tard, oublieux de la célébration de la Nativité. Quand il descendit en fin d'après-midi, son hôte, qui ne plaisantait pas avec ces choses-là, lui rappela vertement ses devoirs religieux. Mais la naissance du Seigneur se devait d'être joyeuse : le copieux souper le fut. L'heure était au pardon, Tycho et Manderup s'embrassèrent, à la grande satisfaction de maître

Bachmeister et sous l'œil mouillé de sa fille cadette. Soulagé, Tycho remonta dans son pigeonnier. La journée du lendemain fut paisible, Manderup étant absent. Mais le 27, il surgit au matin dans la chambre d'un Tycho qui venait tout juste de s'endormir après une longue nuit sous les étoiles.

— La trêve de Noël est terminée, Brahé. Une escadre part dans trois jours à la reconquête du Gotland. Mon frère la commande et nous recrute tous deux comme enseignes. Ce sera un coup d'audace extraordinaire. Les Suédois ne nous attendent pas au cœur de l'hiver. Mais le temps a été tellement doux que la mer est libre de glace. Prépare-toi ! Nous nous présenterons sur le pont du *Dragon d'Elseneur* demain à l'aurore.

— Que me chantes-tu là ? Qui te permet de décider pour moi ? grogna Tycho encore embrumé de sommeil.

— Serais-tu lâche, Tyge Brahé ? Refuserais-tu de combattre pour ton roi et ton pays ?

Fou de colère, Tycho bondit hors de son lit, saisit Manderup au collet, le souleva comme une plume et le jeta en bas de l'escalier.

— Cette fois, nous nous battrons, Brahé, dit l'autre en se redressant. Dès demain, je t'envoie mes témoins.

— Je ne veux pas de tes témoins. Ce duel, tu l'auras. Mais le 1er janvier prochain. Pas avant !

Manderup se releva, cracha à terre et s'en fut. La colère de Tycho retomba aussi vite qu'elle était montée. Ses mains se mirent à trembler. Il ouvrit un gros dossier, en sortit les cartes astrales qu'il avait tracées depuis l'âge de seize ans, les compara avec les éphémérides de cette année 1566, les recoupa… Rien n'y faisait : c'était toujours la même chose, Soliman et lui risquaient de mourir la même année. Pourrait-il changer cela ? Cinq jours, il lui restait cinq jours. Ensuite, tous les espoirs lui seraient permis. Mais Manderup lui en laisserait-il le temps ? Il fallait que, d'ici à la fin de l'année, il disparaisse. Partir… Mais où ? Le seul refuge possible était Wittenberg. Hélas, la peste lui en interdisait l'accès. Il se cloîtra dans sa chambre, n'y laissant entrer, au soir, que la cadette de son hôte, qui était allé voler pour lui un quignon de pain à la cuisine. Mais le lendemain, elle ne revint pas : un de ses jeunes frères l'avait dénoncée. Alors, le ventre tenaillé par la faim, il se résigna à descendre à l'heure du souper. Dans la salle à manger déserte, Manderup l'attendait.

— Il n'y a donc personne ici ? bredouilla Tycho.

— Hélas, murmura une petite voix timide, ils sont partis souper chez mon oncle…

Il se retourna. C'était la fille cadette, couvée par le regard sévère d'une vieille gouvernante. Celle-ci ajouta sèchement :

— Mademoiselle est punie pour avoir volé du pain.

Manderup, les bras croisés sur sa poitrine, ricana :

— Quel courage, fils Brahé ! Tu te réfugies maintenant dans le jupon des femmes. Allons, tout cela a assez traîné. Sortons maintenant, et battons-nous !

— Es-tu donc si pressé de mourir ? rugit Tycho. Patiente encore, et nous nous affronterons, en plein jour, le 1er janvier.

— Impossible, pleutre ! Je serai alors en mer, pour combattre au nom du roi de Norvège et du Danemark. Va chercher ton épée et suis-moi !

— Mais… Nous n'avons même pas de témoins…

— Serais-tu italien ou français pour t'encombrer de ce genre de cérémonial efféminé ? Je serai le témoin de ma loyauté, et toi de la tienne, si tu en as encore.

La nuit, d'un noir d'encre, était seulement éclairée par un tapis de neige. Les épées se cherchèrent un moment en aveugles. Enfin, elles se heurtèrent et firent jaillir une gerbe d'étincelles. Sous le choc, Tycho pivota sur lui-même. Manderup leva son arme et l'abattit comme une hache, dans le but de lui fendre le crâne en deux. Il manqua son coup et la lame fila sur le front et le visage. Tycho s'effondra. Manderup rengaina et attendit, bras croisés. Dix torches illuminaient maintenant le bout de la rue. C'était maître Bachmeister et ses domestiques qui criaient, tout en courant :

— Arrêtez ! Bas les armes !

La fille cadette avait échappé à sa gouvernante et était partie alerter son père. Éclairé par ces flammes, le professeur de théologie se pencha sur Tycho, dont la face n'était plus qu'une bouillie sanglante, baignant dans la neige rougie. Il lui tâta le cou. Le cœur battait. Bachmeister se redressa.

— Vous deux, ordonna-t-il à ses domestiques, transportez-le dans le grand salon et couchez-le sur la table. Toi, Kurt, file réveiller le docteur Levin Batto. Et plus vite que ça. Quant à vous, monsieur Parsberg, je convoquerai demain le grand Conseil de l'université, qui vous jugera pour ce grave manquement à nos lois.

Manderup haussa les épaules et disparut dans la nuit. On ne le revit plus à Rostock : à l'aurore, il était en mer, il était en guerre.

7

On a beaucoup glosé sur les raisons de ce duel. Certains affirment que la querelle eut pour origine un point de mathématiques. Pour qui a rencontré les Danois de ce temps-là, l'hypothèse prête à sourire. Il n'y avait d'autre raison au duel que le duel lui-même.

Tycho resta plus de deux mois le visage entièrement bandé, avec seulement une ouverture pour les yeux et la bouche. Le docteur Batto, dit Levinus Battus, l'avait pris en amitié, ayant constaté que l'esprit vif de Tycho portait beaucoup d'intérêt à la religion juive, et surtout à la kabbale. Le jeune médecin le forçait à prendre l'air tous les jours et l'accompagnait dans de longues promenades sur le port. En voyant l'homme sans visage, les enfants s'enfuyaient en hurlant de peur, et Batto s'esclaffait :

— Ils vous prennent pour le Golem, et moi pour le rabbin Ben Levi qui le façonna !

Le médecin lui raconta cette légende d'un prêtre juif du temps des Macchabées qui aurait fabriqué avec de l'argile un être vivant aux apparences humaines et qui obéissait en tout à son créateur. Tycho y crut dur comme fer.

Quand il contempla dans un miroir son visage débarrassé de pansements, il fut horrifié : à la place du nez il n'y avait plus qu'un trou. Une cicatrice rose barrait aussi son front. Il noua sur sa face la pochette de cuir noir que Levinus Battus avait fait fabriquer par un cordonnier. Cela lui donnait un air de guerrier barbare, comme son père et son oncle. Cela, non, il ne le voulait pas. Il rêvait tant de ressembler à ces philosophes dont le portrait figurait en frontispice de leurs œuvres, longue barbe noire, regard sage et profond, sourire pacifique ébauché sous la moustache. Le médecin juif lui proposa de l'accompagner dans son laboratoire, afin de lui façonner un nez artificiel et de lui inculquer en même temps quelques notions d'alchimie.

On ne sut jamais quelle fut la composition du célèbre postiche de Tycho. On parlait de mercure et d'or, et il le laissait dire. Parfois, il l'ôtait en public, ce qui lui donnait effectivement l'aspect du Golem, et d'aucuns lisaient dans la cicatrice de son front le mot hébreu « Emeth », la vie, ou peut-être « Meth », la mort. On a prétendu qu'il mettait dans cette opération beaucoup d'ostentation. Mais quand il le fit devant le roi d'Écosse, futur roi d'Angleterre, un page de quatorze ans qui assistait à la scène, votre serviteur, vit nettement sur son visage plat, percé de deux petits trous comme le groin d'un cochon, une terrible grimace de douleur, tandis qu'il enduisait l'intérieur de ce petit masque d'un certain baume. L'extérieur était en cire, d'un rose tendre voulant imiter celui de la peau. Mais, pour qu'il soit le plus léger possible, Tycho l'avait fait très court, et ce petit appendice poupin contrastait singulièrement avec la longue cicatrice frontale qu'il tâchait en vain de dissimuler sous des onguents, avec le regard bleu très pâle et très froid, avec enfin la longue moustache rousse – Tycho ne réussit jamais à faire pousser sur son menton et ses joues glabres la barbe en éventail étalée sur la poitrine qui sied aux savants et aux philosophes.

Une fois remis sur pied, il décida d'en finir avec ses études de droit et de rhétorique pour être définitivement à l'abri des harcèlements familiaux. Il ne fut interrompu dans cette corvée qu'au mois d'avril, lors d'une éclipse de Soleil. Mais le temps perdu avec le duel et sa convalescence ne lui permirent pas d'obtenir sa maîtrise avant la fermeture estivale de l'université. Il lui faudrait une année de plus.

Sept mois seulement s'étaient écoulés depuis le duel, et la légende de l'homme au nez d'or courait déjà tout le royaume. Manderup, en homme d'honneur, et surtout parce que cela aurait abaissé la valeur de sa victoire, n'avait pas évoqué les tergiversations de son adversaire. Du coup, toute la gloire de ce combat rejaillit sur Tycho et sa prestigieuse blessure. Otto, son père, clamait partout son soulagement d'avoir désormais un fils qui avait payé au prix du sang le droit d'être un Brahé. Il regrettait toutefois qu'il n'arborât pas ce fait d'armes et préférât le dissimuler sous un postiche. Mais qu'importait ! Son fils avait goûté des armes, il en était certain. Finis le latin, les mathématiques et autres passe-temps indignes ! Tycho, enfin, combattrait.

Le grand bailli fut déçu. Avant qu'ait lieu la nouvelle séance du conseil de famille qui déterminerait ou non le renouvellement de sa pension, Tycho demanda audience au roi, qui le reçut immédiatement. Frédéric II n'avait rien à refuser au neveu de celui qui lui avait sauvé la vie. Par ailleurs, il était curieux d'examiner ce nez amovible dont tout le monde parlait. Tycho plaida avec une grande fougue et un drôle de nasillement pour la fondation d'une société savante à Copenhague, qui, œuvrant dans les domaines des arts géographique, mathématique, alchimique et architectural, concourrait à bâtir la plus puissante des forces navales, à forger la plus moderne des artilleries, à ériger d'indestructibles forteresses…

Frédéric fut séduit par cet enthousiasme juvénile, qui tranchait face aux permanentes revendications des chefs de grandes familles avec lesquels il devait sans cesse composer, et dont les caprices faisaient traîner la guerre suédoise en longueur. Mais il n'oubliait pas non plus qu'il avait en face de lui un Brahé.

— Tu me sembles bien jeune, gentil Tycho, pour mener à bien une telle entreprise. Et avec qui ? Mon royaume a trop de bras mais pas assez de cervelles.

— Je ne demande rien, Sire, sinon poursuivre mes études aussi longtemps qu'il le faudra. Quant aux cervelles, Sa Majesté n'en manque pas, mais Elle ne les voit pas, car elles sont de trop humble condition.

Et il nomma Joan Feldman Pratensis, son ami de Leipzig, Jan Alborg, dit Johannes Alburgens, un professeur de mathématiques à l'université de Copenhague, sans oublier Anders Vedel, son ancien précepteur et censeur, le poète qui chanterait en langue vulgaire les hauts faits des rois danois. Quant à lui, Tycho, il profiterait de ses études en Allemagne pour attirer les plus grands savants et artistes dans le royaume, comme les monarques de France et de Pologne avaient drainé vers leurs pays ceux de l'Italie. Frédéric accepta ; de plus, il offrit au jeune homme une charge fort enviée : le gouvernement bien doté de la cathédrale de Roskilde, mausolée de la dynastie régnante des Oldenbourg. La charge était vacante depuis la mort de l'oncle Jorgen, et les grandes familles se la disputaient à coups d'intrigues et d'épée. En dotant Tycho de cette prébende, le roi espérait désamorcer tout conflit : le canonicat de Roskilde devenait en quelque sorte une charge héréditaire, une marque de reconnaissance post mortem du monarque à celui qui lui avait sauvé la vie. Toutefois, Frédéric ordonna à l'étudiant de passer les derniers grades lui permettant d'être docteur en droit.

Alors, malgré les vitupérations de son père, Tycho embarqua au printemps pour Rostock. Là, au lieu de réintégrer sa chambre chez son ancien maître de théologie, il se fit héberger par le fabricant de son nez, le docteur Levin Batto. La nouvelle traversa très vite la Baltique et fit scandale à Copenhague : Tycho Brahé vivait avec un sorcier juif !

Disciple de Paracelse, Batto enseigna des notions de médecine à son locataire, mais aussi d'alchimie. En revanche, en matière d'astronomie, Tycho le dépassait de cent coudées. Et il n'y avait personne à Rostock, ni même à Wittenberg, pour faire progresser le jeune Danois dans ce domaine, qu'il aimait désormais avec plus de passion qu'une femme inaccessible. Il fit cependant des séjours prolongés à la prestigieuse université pour en finir avec ses études de droit et obtenir le canonicat promis par Frédéric II. Une fois cela accompli, il partit.

Les fontes de sa monture, de celle de son valet et de leur cheval de bât étaient gonflées de ses cahiers dans lesquels il avait accumulé, depuis bientôt dix ans, une quantité considérable d'observations, mais aussi de lettres de change lui donnant un crédit pratiquement illimité dans toutes les succursales des banquiers Fugger. Au flanc de sa bête, bien protégé dans sa gaine de cuir, le bâton de Jacob qu'il avait fabriqué lui-même battait comme une épée. Il ne se séparerait jamais de ce grossier instrument de mesure, son fétiche. Il traversa presque toute l'Allemagne, du nord au sud, sans s'attarder dans les belles cités de Magdebourg et de Leipzig, où il apprit que son ami de jadis, Scultetus, était retourné dans sa ville natale pour en devenir le bourgmestre.

8

À Nuremberg, la nuit tombée, Tycho sortit de l'auberge et se rendit sur les remparts, son engin cruciforme en main. Un jeune homme, étudiant lui-même et qui avait soupé à une table voisine, le suivait. Tycho avait déjà repoussé quelques manœuvres d'approche de l'inconnu. Un prince danois se devait de ne pas frayer avec n'importe qui, même si celui-ci était de bonne mine. Il commença à gravir les escaliers menant au chemin de ronde. L'autre était toujours accroché à ses basques. Excédé, Tycho se retourna et dit :

— Que me voulez-vous à la fin ?

— Excusez-moi, seigneur Brahé, mais…

Tycho comprit comment l'étudiant l'avait reconnu à la façon dont son regard gêné avait glissé sur son nez postiche. Il en avait l'habitude.

— … mais, poursuivit l'inconnu, nous avons un ami commun, qui m'a dit que je pourrais vous rencontrer en chemin : Bartholomeus Scultetus.

— Schultz ? En passant par Leipzig, je l'ai manqué de peu : il venait de repartir chez lui.

— C'est précisément là que je l'ai visité, et il m'a affirmé que j'avais quelque chance de vous rencontrer en chemin. Pardon, je ne me suis pas présenté… Michael Maestlin, maître ès arts à l'université de Heidelberg, géomètre, et surtout aussi amoureux d'Uranie que vous et que Scultetus. Mais si nous allions parler de tout cela ailleurs que dans un escalier ?

Comme Tycho désignait son bâton de Jacob, Maestlin haussa les épaules et affirma légèrement que les étoiles ne bougeraient pas d'ici à la nuit prochaine. Cette remarque déplut au Danois, choqué qu'un étudiant, visiblement plus jeune que lui, roturier et impécunieux, s'adressât de façon aussi désinvolte à quelqu'un de son rang. De plus, l'autre était diplômé dans des matières qui lui étaient interdites, et à Heidelberg, de surcroît. Une pincée de jalousie accrut son antipathie instinctive pour ce garçon rieur, dont les traits n'étaient pas encore sortis de l'enfance. Et pourquoi ce Maestlin n'avait-il pas cru bon de se présenter sous la traduction latine de son patronyme, comme c'était l'usage ? Pourquoi était-il vêtu d'un habit noir de pasteur ? Pourquoi ne portait-il d'autre arme que cette énorme canne au pommeau d'ivoire ? Toutefois, piqué par la curiosité pour cet autre « amoureux d'Uranie », Tycho le suivit jusqu'à un cabaret voisin de la maison de Dürer, pèlerinage obligé pour tout étudiant passant par Nuremberg.

Maestlin entra dans la taverne comme un familier des lieux et s'installa à une table qu'il affirma être celle où Behaim, Dürer, Paracelse, Copernic et Rheticus avaient coutume de s'asseoir. Tycho tenta d'ironiser en demandant si Pythagore y consommait de l'ambroisie en compagnie d'Aristote, et n'eut pour toute réponse qu'un sourire poli. Quand la serveuse vint à eux, alors que le Danois s'apprêtait à commander deux chopes de bière, elle demanda si « monsieur Michael désirait sa bouteille de tokay habituelle », et celui-ci lui répondit d'un baiser lancé au bout de l'index.

Maestlin était bavard. Il raconta avec verve comment il avait fait le voyage de Heidelberg à Cracovie pour y suivre les cours de Rheticus ; il l'appelait « mon maître » avec une telle fierté que Tycho s'en vint à se demander si par hasard son interlocuteur n'avait pas des penchants sodomites, ce qui lui semblait le pire des crimes. Puis, sur le chemin du retour, l'étudiant allemand avait fait un détour par la Prusse pour un pèlerinage chez « le maître des maîtres », Nicolas Copernic, mort il y avait presque trente ans de cela. Ce nom ne disait pas grand-chose à Tycho : un chanoine polonais un peu fou qui aurait été à l'origine des tables pruténiques, voilà tout. Mais pour rien au monde il aurait avoué son ignorance à Maestlin. De toute façon, entre Ptolémée et lui, il n'y avait personne.

Après cela, Maestlin annonça qu'il s'apprêtait à faire le voyage d'Italie : Padoue, Bologne, Florence, Rome… « Papiste et sodomite, le portrait est complet », songea Tycho, même si l'autre, dans ses volubiles incises, protesta de son amour des femmes et de sa foi luthérienne.

Ce vin se buvait comme de l'eau. Tycho commanda d'un ton brutal une bouteille d'alcool de poire dont il but trois verres coup sur coup. Il en avait assez. Avec son accent rhénan que le Danois trouvait efféminé, Maestlin s'amusait beaucoup de ses propres mots d'esprit. Tycho ne les comprenait pas et les trouvait donc stupides. Maestlin osait s'y moquer des Anciens, dont il semblait avoir de grandes connaissances, ridiculisant leurs superstitions, leur opposant la sagesse et le génie de son Copernic dans sa découverte de la Vérité divine. Comment contredire ce moulin à paroles sans révéler son ignorance ? Il fit mine de boire ses paroles avec autant d'avidité que l'alcool de poire, l'approuvant parfois d'un hochement de tête ou d'une moue.

De son côté, Maestlin allait patiemment vers son but. Scultetus l'avait prévenu : Tycho était un ogre, un dévoreur d'étoiles. Il accumulait leurs coordonnées, non comme un écureuil entassant les noisettes dans un tronc d'arbre en prévision d'un hiver rigoureux, mais tel l'avare de *La Marmite* de Plaute : par manie. Le Danois ne cherchait en rien le secret de l'Univers, ne se posait jamais la question du pourquoi et du comment des choses. Non, il collectait les données. Bref, selon Scultetus, Tycho était un imbécile ; une brute imbue de son rang et de sa richesse, sûre que cela lui donnait une supériorité innée sur ses condisciples roturiers, qui n'existaient que pour le servir. D'ailleurs, si son appétit glouton de l'observation céleste avait une raison, ce n'était pas pour y lire les messages de Dieu sur la destinée des empires, mais sur sa vie seule, comme si le ciel n'avait été construit que pour lui.

Maestlin n'était pas loin de penser que Scultetus avait raison. Et cette ignorance flagrante de Copernic, malgré la mauvaise comédie que l'autre jouait, accroissait encore son désir d'emmener le Danois jusqu'où il voulait. Et ce qu'il voulait, c'était de l'argent. Mais comment le faire comprendre à cet ivrogne sans avoir l'air de quémander ? Maestlin devait en effet recevoir d'un de ses parents vivant à Nuremberg une assez jolie somme qui lui permettrait de rallier Padoue sans encombre. Or ce parent s'était absenté à Ratisbonne pour affaires. Et le détour qu'il avait fait jusqu'à l'observatoire de Copernic, à Frauenburg, avait aplati sa bourse. Il décida donc de raconter son voyage, de façon légère et drolatique, comme n'importe quel bachelier le raconte à un autre rencontré dans une auberge. Pour éviter tout malentendu à propos de ses rapports avec Rheticus, il évoqua gaillardement, en exagérant un peu, les filles d'auberge et les prostituées troussées à l'étape. Il imaginait que, comme tout fils de grande famille, Tycho n'était qu'un débauché, usant et abusant du droit de courte cuisse. La sanguine apparence du Danois confirmait une telle impression.

Il se trompait. Tycho était chaste et pudibond. Sa passion exclusive de l'observation et du calcul astronomiques lui faisait juger toute autre forme de plaisir inintéressante, en somme une perte de temps. La bonne chère, la bière et l'alcool seuls avaient ses faveurs, mais pour stimuler ses forces, durant les longues nuits passées au-dehors ou les journées à aligner des colonnes de chiffres. Pour le reste, il était possible qu'à vingt-trois ans, le fils d'Otto Brahé n'ait toujours pas jeté sa gourme.

Maestlin finit par comprendre qu'il n'employait pas la bonne manière pour ouvrir la bourse de son interlocuteur. Il changea de tactique :

— En montant l'escalier de cette tour de Frauenburg menant au cabinet de travail du maître des maîtres, je fus pris du sentiment sacré de pénétrer dans un temple. L'ombre de Copernic rôdait partout. Je savais en plus, par Rheticus, que la vieille dame qui me guidait avait été la compagne de ses instants les plus difficiles. Dans cette vaste salle, tout était en ordre, comme si le nouveau Ptolémée allait s'y installer d'un moment à l'autre. La vieille dame me laissa consulter, moyennant une grosse somme pour un bachelier démuni, les manuscrits originaux de ses *Révolutions des orbes* et de ses tables de calcul que l'on dit pruténiques ou prussiennes, mais qu'il aurait mieux valu appeler « coperniciennes ».

Enfin, Tycho avait une indication sur ce Copernic dont l'autre lui rebattait les oreilles : il avait aidé Rheticus et Reinhold à élaborer ces fameuses tables.

Et il ne put s'empêcher d'interrompre l'intarissable bavard :

— Je les ai étudiées, et j'y ai décelé un nombre incroyable d'erreurs, plus que dans les alexandrines ou les alphonsines. Revenez aux Anciens, mon vieux Maestlin.

C'était en effet là où le bât blessait, et Maestlin avait appris par son maître Rheticus que Copernic avait sciemment pipé les dés pour sauver les apparences, et démontrer que la Terre tournait autour du Soleil ainsi que les autres planètes. Visiblement, Tycho ignorait tout de l'héliocentrisme, la géniale découverte de Copernic ayant été étouffée, au lendemain de sa mort, par la conspiration du silence fomentée par les papistes et les luthériens, frères ennemis cette fois unis dans leur lutte contre la vérité de l'Univers.

Depuis que Rheticus, à Cracovie, l'avait initié, Maestlin, malgré ses dix-neuf ans, s'était donné pour mission de révéler au monde cette Vérité, non pas en la criant sur les toits, mais en la réservant, selon les préceptes de Pythagore, aux rares élus susceptibles d'admirer cette harmonie voulue par le Créateur, sans jamais jeter ces perles rares aux pourceaux. Il avait commencé l'évangélisation copernicienne avec Bartholomé Scultetus ; les débats avaient été longs, car l'ancien assistant d'Homelius persévérait à suivre l'enseignement de son maître qui, en son temps, s'était opposé avec force à un Copernic toujours vivant. Mais tenter d'enseigner le « grand déménagement » copernicien à ce Tycho campé sur ses certitudes, empli de suffisance, superstitieux comme une vieille paysanne, imperméable au doute tel le plus fanatique des moines, était une tâche impossible à accomplir. D'ailleurs, ce n'était pas cela que Maestlin cherchait, c'était de l'argent. Il poursuivit donc sa narration sans relever le propos vaniteux de son interlocuteur :

— Je n'ai pas voulu quitter ce lieu sacré sans emporter une relique. Et cette relique, la voici !

Il désigna du doigt la grosse et longue canne à pommeau d'ivoire qu'il avait posée, intentionnellement, sur la table.

— C'est un objet splendide, apprécia Tycho en connaisseur. Ce sphinx sculpté me paraît fort ancien, ajouta-t-il en caressant l'ivoire jauni par le temps.

— Bien plus ancien que vous le croyez, rétorqua Maestlin. La légende dit que le bois d'olivier dans lequel cet objet a été taillé servait à Euclide pour dessiner ses figures de géométrie sur le sable. On dit aussi que c'est Archimède qui façonna cette canne avant de l'offrir à Aristarque de Samos.

— Vous voulez dire Aristarque de Samothrace, le grammairien et bibliothécaire d'Alexandrie..., dit Tycho, ravi de prendre en faute le pédant.

Le poisson mordait. De plus, songea Maestlin, cet ignare, qui semblait gober comme parole d'évangile la légende du bâton d'Euclide, ne connaissait pas non plus Aristarque de Samos, le lointain précurseur de Copernic, que l'on avait pourtant redécouvert au lendemain de la mort de l'astronome polonais. Il fit mine d'accepter la correction de Tycho et poursuivit son récit. Des mains d'un Aristarque maintenant originaire d'une autre île grecque, le bâton était passé dans celles de mages babyloniens, puis de mathématiciens arabes avant d'être la propriété de Paracelse, de Rheticus, et enfin de Copernic.

— Pour l'obtenir à mon tour de la vieille dame de Frauenburg, j'ai vidé ma bourse, mentit Maestlin, et je ne sais comment j'ai réussi à atteindre Görlitz. Là, j'ai accompli un plus grand exploit encore : emprunter à Scultetus la somme qui me permettrait de faire le voyage jusqu'à Nuremberg où de l'argent devait m'attendre. Mais, voyez-vous, j'ai découvert auprès de notre ami une loi mathématique que n'aurait pas reniée Euclide lui-même : la générosité d'un créancier est inversement proportionnelle à sa richesse.

Si Tycho n'avait pas compris l'allusion, soit il était stupide, soit il était pingre. Ou les deux.

— Continuez donc le voyage avec moi, proposa le Danois. Je dois rendre visite à Cyprianus Leovitius, puis à des mécaniciens d'Augsbourg qui, m'a-t-on dit, ont construit des instruments de mesure exceptionnels. Ce serait un plaisir d'avoir comme compagnon quelqu'un comme vous, qui pourrait en outre m'être fort utile à m'assister.

Utile... Assister... Devenir le secrétaire de ce prince hautain, donc le servir, n'était pas la plus réjouissante des perspectives pour quelqu'un d'aussi farouchement indépendant que Michael Maestlin. En d'autres circonstances, il l'aurait planté là. Tout en l'agrémentant de mille et une excuses, il refusa donc cette proposition. Après tout, expliqua-t-il, il n'avait que deux semaines à tenir avant le retour de son oncle de Ratisbonne, et surtout de son argent. En attendant, ajouta-t-il avec désinvolture, il se contenterait de pain et d'eau, et dormirait sur la paille des écuries du collège.

De son côté, Tycho avait parfaitement compris ce que voulait de lui son interlocuteur. Il y en avait tant eu, des étudiants qui ne s'intéressaient à lui que pour son argent... D'ordinaire, il se contentait de leur jeter dédaigneusement quelques pièces afin que ces parasites le laissent en paix. Pourtant, cette fois, il sentait que celui-là pouvait lui être utile. Maestlin avait démontré ses bonnes connaissances en astronomie. Mais, puisqu'il refusait de le servir, comme déjà Scultetus avant lui, il fallait qu'au moins il lui soit redevable. Et l'autre lui tendait la perche, ou du moins la canne.

— Et votre bâton d'Euclide, là, n'est-ce qu'un symbole, ou a-t-il d'autres secrets ? demanda-t-il en faisant mine d'être un peu ivre.

Avec des gestes d'escamoteur de foire, Maestlin dévissa le pommeau d'ivoire. La canne était creuse.

— Cette excavation servait aux Pythagoriciens à se transmettre les secrets de l'univers, quand ils se résignèrent à constater que la mémoire et le verbe s'étaient émoussés au plus grand profit de l'écriture.

Tycho sentit soudain qu'une porte s'ouvrait sur le Grand Mystère. Il lui fallait cet objet. Le blason des Brahé n'était-il pas déjà représenté par un bâton doré sur un bouclier bleu ? Que ce bâton soit donc celui d'Euclide ; ce serait son sceptre à lui, le futur empereur de l'astronomie. Maestlin n'était qu'un truchement, un signe du destin, rien d'autre.

Tycho saisit le bois et plongea la main, qu'il avait fine et pâle comme celle d'une fille, dans le trou.

— Elle est vide ! constata-t-il sans pouvoir cacher sa déception.

— Bien sûr ! Sitôt que j'y ai découvert ce que mon maître Rheticus, sur son lit de mort, m'avait dit que j'y trouverais, je l'ai expédié à la bibliothèque de l'université de Tübingen, où l'on m'a promis une chaire à mon retour d'Italie.

— Et qu'y avez-vous trouvé ?

— *La vie et l'œuvre de Copernic racontée par son disciple Rheticus*.

Encore ce Copernic. Il n'a que ce type-là à la bouche, songea Tycho, dépité. Et il dit à voix haute, sur le ton de commandement qu'employait son père vis-à-vis de ses soldats :

— Vendez-moi cette canne. Votre prix sera le mien.

Il posa sur la table une bourse très ronde, brodée de fils d'or.

— Je ne m'en séparerai pour rien au monde, se récria Maestlin de manière théâtrale.

Il était arrivé à ses fins, mais il ne put s'empêcher de lorgner l'index ganté de rouge de son interlocuteur. Y brillait un joli diamant. Tycho perçut ce regard. Négligemment, il ôta de son doigt cette pierre que les Brahé se transmettaient de père en fils et que l'on disait rapportée des îles lointaines par un ancêtre, compagnon d'Erik le Rouge. Le marché fut conclu. Maestlin et Tycho pouvaient se séparer satisfaits, le premier sûr maintenant de faire un très beau voyage en Italie, l'autre éperdu d'orgueil de tenir en main le bâton d'Euclide, persuadé que cette canne le mènerait très haut, jusqu'au royaume d'Uranie, où son jumeau l'attendait.

Maestlin eut toutefois un scrupule. En se dessaisissant de cette relique pour de basses questions matérielles, il avait l'impression de faillir à la mission sacrée qu'il s'était donnée : propager la gigantesque découverte de Copernic, mise sous le boisseau depuis la mort du chanoine polonais par les théologiens de tout bord, et réveiller par le débat une astronomie singulièrement endormie depuis trente ans, ainsi d'ailleurs que toute la philosophie naturelle.

— Je sais que la chose est discourtoise, mais j'aimerais vous reprendre cette canne qui m'est plus précieuse que tout. Le manque d'argent mène parfois à des actes irréfléchis, des crimes peut-être…

— Un crime, vous exagérez, répliqua Tycho, qui retira quand même la main du pommeau comme s'il s'y était brûlé.

— Le crime de simonie, en l'occurrence. Ce bâton d'Euclide est pour moi une véritable relique. J'avais appris la formidable découverte de Copernic à l'université de Wittenberg, en compagnie de deux amis, lorsque...

— Eh bien moi, coupa Tycho, ce fut lors d'une éclipse de Soleil que je découvris ma vocation, je n'étais encore qu'un enfant.

— Contez-moi cela, dit suavement Maestlin, ravi que l'autre, malgré sa pédanterie, s'humanise un peu.

Le récit que fit Tycho de sa révélation de l'astronomie fut tout en naïveté vantarde. Ainsi, il affirma que l'éclipse qui avait été à l'origine de sa vocation était totale, ce qui était faux, du moins au Danemark, mais Maestlin se garda bien de le lui faire remarquer. Puis le Danois amplifia la solitude de ses études. Quelqu'un de plus crédule que Maestlin aurait pu s'imaginer que son interlocuteur avait découvert seul les mathématiques sans l'aide des Anciens ni d'un maître.

— Vous êtes bien heureux de ne pas être né danois, mon vieux Maestlin, soupira Tycho, car vous n'avez pas eu à souffrir le martyre pour votre art. À Copenhague, croyez-moi, c'est tous les jours l'autodafé de la philosophie naturelle ! Que n'ai-je eu comme vous de savants professeurs et des condisciples aimants. Je n'aurais pas perdu autant de temps à me battre contre ma famille, mon pays, et même mon roi.

Maestlin, qui dormait souvent à l'enseigne de la bourse plate, ne sentait guère de compassion pour les prétendus malheurs du grand seigneur. Il n'en laissa rien paraître. Il lui fallait à son tour raconter son entrée en astronomie, pour y trouver l'occasion d'exposer la théorie héliocentrique.

À Wittenberg, raconta-t-il, ils formaient, avec Paul Wittich, un Prussien de Breslau, et le fils d'Érasme Reinhold, l'auteur des tables pruténiques, un de ces trios de bacheliers que l'on jurerait inséparables. Reinhold fils vouait à son père un véritable culte. Dans la bibliothèque familiale, il dénicha un jour un ouvrage manuscrit enfoui sous une épaisse couche de poussière : le *De Revolutionibus* de Copernic. Ce fut une véritable révélation.

— Tout l'univers de Ptolémée qu'on nous avait enseigné depuis trois ans tombait en poussière. Le Soleil, tabernacle de Dieu, était désormais au centre de l'univers et la Terre, notre planète, tournait autour de lui et sur son axe. C'était tellement plus simple, tellement plus beau que nos âmes encore vierges de tout préjugé en furent comme illuminées…

Du coin de l'œil, Maestlin observait le visage de Tycho, mais celui-ci restait de marbre. Dissimulait-il ? Était-ce son nez de cire planté entre ses deux yeux pâles qui lui donnait cette mine figée, ou bien l'alcool de poire ? Il fallait poursuivre le récit.

— Forts de cette découverte, nous nous rendîmes chez notre professeur de mathématiques, prêts à en découdre. Celui-ci, effrayé, nous raconta que ces thèses avaient été condamnées par Luther et Melanchthon, et que nous ferions mieux de continuer à étudier les Anciens au lieu de ces élucubrations diaboliques. Puis, se tournant vers Reinhold, il le sermonna en invoquant les mânes de son père, qui avait été le plus farouche opposant à cette théorie et avait même chassé de Wittenberg le seul disciple de Copernic, Rheticus. Nous nous le tînmes pour dit et n'évoquâmes plus, même entre nous, la sulfureuse théorie…

Tycho continuait à écouter sans prononcer un mot. Maestlin poursuivit :

— Notre amitié en pâtit. Reinhold, surtout, prit ses distances. Wittich, à son tour, se mit à me fuir, craignant que cette fréquentation ne nuise à son cursus.

— C'est toujours chez ceux qu'on croit les plus proches que l'on découvre la vilenie de l'âme, dit Tycho, montrant qu'il avait parfaitement suivi le récit et faisant preuve d'une inhabituelle perspicacité sur la nature humaine.

— En effet, approuva Maestlin. Une fois mes deux maîtrises de mathématiques et de théologie en poche, je décidai de commencer mon périple de fin d'études par Cracovie, afin de rencontrer l'homme qui avait connu Copernic : Rheticus.

— Il ne devait plus être très jeune, ironisa Tycho.

— En effet, le malheureux n'avait plus rien du flamboyant chevalier que ses étudiants appelaient l'Orphée de l'astronomie. Oublié de tous, sinon de son disciple et amant le jeune Valentin Otho…

Tycho fit une moue de désapprobation. Maestlin poursuivit :

— J'arrivai à un très mauvais moment : les persécutions des Jésuites se faisaient de plus en plus fortes et Rheticus devait fuir à nouveau. Il eut toutefois le temps de me raconter qu'Érasme Reinhold avait été, en effet, à l'origine de ses malheurs.

— Comment cela ? fit Tycho qui s'impatientait.

— Eh bien, les deux hommes étaient en concurrence pour succéder à Melanchthon et diriger la prestigieuse université de Wittenberg. Reinhold usa de tous les coups bas, jusqu'à dénoncer anonymement les relations sodomites de son adversaire avec plusieurs étudiants, ce qui était exagéré, mais aussi de judaïser en secret, rappelant ainsi les lointaines origines du chevalier.

Tycho, féru de Kabbale depuis sa rencontre avec Levinus Battus, reprit de l'intérêt au récit :

— Rheticus fut donc contraint à l'exil ?

— Exactement, mais il laissa dans sa fuite le spicilège considérable d'observations, calculs et compilations qu'il avait accumulé jadis à Frauenburg sous la houlette de Copernic. Reinhold s'en empara, les mit en forme et les fit imprimer sous le nom de tables pruténiques, ou prussiennes.

— C'est donc cela ! s'exclama Tycho, pour qui beaucoup de choses s'éclairaient soudain. Mais, si je me souviens bien, les tables rendent hommage au grand-duc Albert de Prusse, et non à Copernic…

— Très juste. Or Albert avait été en son temps l'ennemi mortel de Copernic et de sa famille. C'est pourquoi je compris que Reinhold le jeune avait appris la forfaiture de son père, et que la honte seule était la cause de sa rupture avec nous…

— Tout cela me paraît fort embrouillé, et parfaitement inutile, fit Tycho en bâillant ostensiblement.

— Pas si sûr, rétorqua Maestlin. Reinhold est devenu pasteur à Saalfeld, au cœur des forêts de Thuringe. Il détient les secrets de son père et des tables pruténiques, tel le nain Alberich assis au fond de sa grotte sur le trésor des Nibelungen… Et toi, Tycho, tu pourrais, tel ton ancêtre Sigurd, t'emparer du trésor…

9

— Le bâton d'Euclide ! D'où tenez-vous cela, jeune homme ?

À cinquante-cinq ans, Cyprianus Leovitius s'était composé le personnage que tout visiteur attendait : celui du devin à qui l'on ne devait pas donner d'âge, comme s'il était aussi vieux que le père Adam. Quelqu'un de plus avisé que Tycho aurait perçu immédiatement que la large barbe s'épanouissant sur un ventre replet ainsi que la chevelure savamment déroulée sur les épaules avaient été enfarinées avec soin pour leur donner l'aspect le plus chenu possible, comme le prouvait une traînée blanchâtre oubliée sur la manche de sa robe noir et rouge.

Leovitius avait la réputation d'être le meilleur astrologue de la Chrétienté. Pourtant, jadis, stimulé sans doute par sa concurrence avec le Français Nostradamus, il s'était hasardé à commettre des prédictions pour des dates trop rapprochées, ce qui le mit dans une situation embarrassante quand vint l'échéance. Cela avait été le cas quand il avait proclamé que l'apocalypse aurait lieu en 1584. Il avait pu rétablir la situation en accusant l'imprimeur d'avoir inversé les chiffres cinq et huit. Il faudrait donc patienter encore une pincée de siècles avant la parousie. Depuis, il avait usé du même procédé que son ennemi Notre-Dame en donnant à ses *Grandes Conjonctions* une écriture tellement biscornue qu'on pouvait l'interpréter à sa guise, soit pour le monde, soit pour son propre avenir, soit pour dans mille ans, soit pour demain.

Tycho avait lu et relu ses ouvrages, y croyant dur comme fer. Au demeurant, Leovitius était un honnête mathématicien doublé d'un médecin habile, même s'il était sûr d'être avant tout un prophète astral. Un charlatan qui ne croit pas un peu à ses impostures n'est pas un bon charlatan.

Tycho, quant à lui, n'avait rien d'un charlatan. Il possédait seulement cette foi têtue, que jamais le doute n'effleurait, en ce que son destin était écrit dans les cieux. Dans la paisible chevauchée qui avait mené son équipage de Nuremberg à ce coquet manoir de Lauingen paresseusement niché dans un méandre du Danube, il n'avait cessé de dévisser et revisser le bâton d'Euclide. Il voyait déjà l'embout d'argent de cette lourde canne marteler le sol dallé du palais royal de Copenhague, comme pour annoncer au monarque l'arrivée de l'empereur de l'astronomie.

Comment lui était-elle parvenue ? Il lui était intolérable de penser que c'était ce godelureau de Maestlin qui lui avait transmis ce symbole du savoir des Anciens. Aussi, au pas de son cheval, il s'était construit une histoire plus digne de l'objet sacré et de son nouveau propriétaire. Il en avait fait de même avec son duel : il avait changé la date de l'affrontement et de la perte de son nez afin que l'événement soit en accord avec son thème astral. Puis, par un bizarre cheminement de la pensée, il avait fini par se convaincre que c'était bel et bien la réalité. Il fut donc d'une absolue sincérité quand il raconta à Leovitius :

— Le grand Rheticus, mon maître, m'en a fait don lors de mon séjour à Cracovie.

L'astrologue n'y crut pas, lui qui connaissait bien l'histoire du bâton d'Euclide, car il avait été le condisciple de Rheticus à Wittenberg et avait gardé avec lui une correspondance assidue. Il lui aurait été facile de piéger le jeune Danois, mais un menteur ne peut dénoncer un affabulateur sous peine de voir se détruire le monde irréel qu'il s'est lui-même érigé. Il n'insista pas :

— Et comment va ce cher docteur Levinus, qui vous a chaleureusement recommandé auprès de moi ?

Tycho, dont l'ingratitude n'était pas le moindre défaut, se contenta de répondre avec suffisance :

— Mon ancien logeur à Rostock m'a donné quelques conseils pour fabriquer ce nez d'or et d'argent qui me vaut désormais quelque réputation... Mais ce n'est pas pour vous entretenir de ce brave homme parfaitement ignare en matière d'astronomie que j'ai fait le voyage jusqu'à vous. Voyez-vous, depuis le temps que je travaille sur cette question, je ne sais que penser des contradictions flagrantes entre les tables alphonsines et les tables pruténiques. En plus, elles sont chacune remplies d'erreurs, comme j'ai pu le constater en multipliant les observations !

Qu'un autre bachelier lui eût adressé la parole de cette façon, et celui que l'on disait le plus grand astrologue du moment l'aurait fait jeter dehors par ses laquais. Mais le fameux duel où Tycho avait perdu son nez lui avait donné une réputation de bretteur telle que Leovitius préféra s'abstenir. Il se fit insidieux :

— Mais... Vous n'avez pas évoqué cette question devant mon grand ami Rheticus ?

— La vieillesse, hélas, a fait son ouvrage, et le pauvre homme n'a plus toute sa tête, répliqua Tycho sans se démonter. Dans sa concupiscence sénile et contre nature à mon égard, il ne s'intéressait plus à la philosophie de la nature.

« Grossier personnage », gronda Leovitius dans son for intérieur : il était né la même année 1514 que l'exilé de Cracovie, et partageait les mêmes goûts que lui pour les jeunes gens.

Le souper fut servi. L'astrologue se demandait ce que son visiteur venait chercher auprès de lui. Tycho ne semblait pas s'intéresser à l'art des prédictions astrales, alors que d'ordinaire, à la plus petite étoile filante, on accourait de partout pour consulter le concurrent de Nostradamus.

— La nuit promet d'être très claire, dit Tycho à un moment. Qu'avez-vous comme instruments d'observation ?

— Pas grand-chose, mais je m'en contente. Quelques horloges qui me servent à surveiller les éclipses de Soleil et de Lune. Je me fonde sur les tables alphonsines pour déterminer ces dernières et en publier la date dans mes éphémérides. Quant aux éclipses de Soleil, les calculs de Copernic sont beaucoup plus fiables.

— De Copernic ? ne put s'empêcher de s'écrier Tycho.

— Oui. Les tables pruténiques, si vous préférez. C'est d'ailleurs sur ces bases qu'il a déterminé l'orbe de la Terre et des planètes, ainsi que leurs épicycles, autour du Soleil.

C'était donc ça ! Cet obscur chanoine polonais avait chamboulé l'univers tel qu'on le voyait depuis Ptolémée. Pour cacher son trouble, Tycho ôta son nez, sortit une petite boîte en argent de sa poche, y prit avec le bout de l'index le mélange d'onguent et de colle qu'elle contenait et en enduisit l'intérieur du postiche.

Il avait remarqué en effet que, durant cette opération, les gens détournaient leur regard. D'ailleurs, il était fort rare qu'on le dévisageât, la gêne que suscitait son étrange appendice étant généralement plus forte que la curiosité. Seul cet insolent de Maestlin s'était permis de le regarder en face. Cependant Leovitius poursuivit, les yeux plongés dans son assiette et quelque peu dégoûté par la manipulation de son convive, tandis qu'il tentait de savourer un délicieux jambon en croûte :

— Les calculs de Copernic sont par ailleurs remarquables pour les trois planètes supérieures, alors que ceux qui furent composés jadis à la cour du roi Alphonse d'Espagne sont le meilleur outil pour les trois planètes inférieures.

— Et vous vous contentez de cela ! répliqua un Tycho qui en savait assez. Ces outils, comme vous dites, ne sont jamais qu'un rabot élimé et un marteau branlant. Si, malgré mon jeune âge, j'ai pu relever quelques-unes de leurs erreurs, c'est en passant le plus clair de mes nuits les mains figées par le froid sur mon compas à regarder là-haut, et non dans des grimoires.

— Voyez-vous ça, fit Leovitius de plus en plus agacé.

— Parfaitement ! s'emporta Tycho, se lançant dans une longue diatribe qui avait tout d'un manifeste. Il en est qui passent pour pratiquer l'astronomie, mais ne la mettent pas en œuvre sur le ciel lui-même. Travaillant à huis clos sur fiches, tables et cartes, ils estiment qu'ils se sont acquittés de leur devoir ; au point que beaucoup d'entre eux ignorent toute connaissance des étoiles, croyant qu'il suffit d'apprendre à rédiger des calendriers et des horoscopes d'après des tables et des éphémérides. Ces prétendus astronomes exercent cette science sublime non pas sur le ciel, mais sous leur tente ! Que dis-je, au hammam, près de la chaudière, ou à l'estaminet ! Ils se sont fait astronomes comme on se fait commerçant ou notaire. Ils prennent l'astronomie pour un traité de chiffres, et ils meurent sans se douter de la beauté de l'univers ! Or c'est là-haut qu'est la Vérité des astres, là-haut que les Anciens ont découvert ce qu'ils nous ont transmis, et non le ventre plein, bien au chaud devant une cheminée à se demander si c'est la Terre qui tourne autour du Soleil ou le contraire !

Tycho ne se contenait plus devant un Leovitius estomaqué. Ce n'était pas tant contre le vénérable astrologue qu'il éclatait, ni même contre les astronomes de cabinet, mais contre ce Copernic qui avait osé, un demi-siècle avant lui, bouleverser l'univers, alors que tel aurait dû être son destin à lui, d'être le phénix des temps modernes. Entre le prince danois au nez d'or et le défunt chanoine polonais, la lutte serait désormais inexpiable. Du moins pour le seigneur danois. Car Copernic, cela faisait longtemps que les os ne lui faisaient plus mal…

Tycho continua longtemps à plaider pour le seul travail d'observation, le plus scrupuleux possible et avec les meilleurs instruments. Comment pouvait-on se satisfaire d'une erreur allant souvent jusqu'à dix minutes d'angle, et prétendre ensuite lire les messages délivrés par le ciel ?

En s'étonnant de cela, il enfonçait le fer loin dans la plaie car Leovitius, comme d'ailleurs tous ses prédécesseurs, avait délibérément forcé la réalité des chiffres pour les faire coïncider à leurs hypothèses, ou à leurs explications et datations de la Bible. Tous n'avaient jamais eu le sentiment de tricher avec la réalité, mais seulement de s'efforcer de sauver les apparences. Pour se débarrasser du Danois, l'astrologue prétexta une grande fatigue, mais se permit avant de lui donner un conseil :

— Vous me paraissez être un excellent philosophe, monsieur Brahé, et un fin calculateur. De plus, et c'est naturel à votre âge, vous vous intéressez aux inventions nouvelles, aux machines, à la mécanique. Je vais vous écrire demain une lettre de recommandation auprès d'amis qui se passionnent pour ce genre de choses. Ce sont deux frères, et de très importants personnages de la cité d'Augsbourg.

— Ne prenez pas cette peine. Messieurs Paul et Jean-Baptiste Hainzel m'attendent déjà, et je compte bien leur rendre visite dès demain.

L'arrogance avec laquelle Tycho avait prononcé ces mots fit sourire Leovitius dans sa barbe enfarinée. Si ce garçon s'attendait à être partout reçu comme le messie, il aurait des surprises. Tout étudiant, quelle que fût sa naissance ou sa fortune, se devait d'aller d'université en université, de sage en savant, en un voyage d'initiation au bout duquel il trouvait son maître. Tycho, lui, avec ses questions inquisitoriales et ses affirmations péremptoires, semblait un collecteur d'impôts faisant irruption dans le paisible manoir de l'astrologue pour réclamer son dû. Qu'il s'en aille ! Et s'il se comportait de la même manière chez les Hainzel, ces puissants notables, il ne serait pas aussi bien reçu qu'un prince du Danemark aurait désiré l'être.

Tycho partit tôt le lendemain. Il estimait n'avoir rien appris de son hôte d'une nuit. Certes, il savait enfin pourquoi Maestlin puis Leovitius faisaient aussi grand cas de Copernic. Mais, maintenant qu'il y pensait, il se disait qu'il aurait fort bien pu découvrir l'hypothèse du chanoine par lui-même, lorsqu'il avait étudié le *Narratio Prima* de Rheticus. Puis, au pas de son cheval, il se convainquit qu'il l'avait découverte, mais qu'il n'y avait pas attaché d'importance. Donc que ça n'en avait pas.

Ce qui en avait, en revanche, c'était qu'on apprît à Copenhague que Tycho Brahé avait rencontré le plus fameux astrologue du temps. Frédéric II en était féru, et la plupart des grands du royaume auraient payé très cher pour que Cyprianus Leovitius dessine leur thème astral. Il suffirait que l'on sache, au Danemark, qu'il avait arraché de lui ses secrets, et on ne le considérerait plus, à son retour, comme le rejeton taré des Brahé. Au contraire, s'il s'y prenait bien, ses pouvoirs mystérieux pourraient leur inspirer une terreur autrement plus efficace que son épée, qu'il maniait si mal. Oui, c'était cela qu'il fallait qu'il se bâtisse : une réputation. Il ne doutait pas qu'on épiait chacun de ses faits et gestes ; chaque fois qu'il pénétrait dans une auberge ou dans la bibliothèque d'un collège, il voyait dans tout regard se levant sur lui celui d'un mouchard. Eh bien, que les espions attachés à ses basques aillent donc raconter à son père ou au roi que lui, Tycho, était devenu le détenteur des mystères du ciel et des quatre éléments !

10

Après une demi-journée de route, Tycho pénétra dans Augsbourg. Il n'eut aucun mal à trouver la maison des frères Hainzel : c'était la plus belle de la ville, un petit palais.

Les deux frères lui plurent tout de suite; aucune condescendance professorale dans leur attitude, mais une subtile nuance de respect pour l'aristocrate, teintée de chaleur fraternelle pour le collègue philosophe de la nature. Ces deux membres importants du conseil de la cité impériale d'Augsbourg vivaient en famille, sans luxe apparent, partageant leur temps entre l'étude, l'administration de leurs concitoyens et le temple. Cette modestie enchanta Tycho. Paul, le cadet, était encore plus passionné que son frère par l'astronomie. Il possédait dans ses cartons mille et un projets d'instruments d'observation, dessins et plans de quadrants et de sextants, plus grands et plus précis les uns que les autres. Le Danois, qui n'avait jamais scruté le ciel que grâce à son bâton de Jacob façonné de ses mains, en eut comme une révélation.

— Il faut les fabriquer, lança-t-il à Paul.

— Sans doute, mais je ne suis pas sûr que les libres citoyens de ma ville apprécieront la façon dont leur édile utilise leurs impôts.

— De l'argent? Mais j'en ai, moi! Donnez-moi un terrain assez grand et nous construirons ces merveilles.

Paul possédait une propriété à une demi-lieue au sud de la ville, qu'il appelait son palais d'été. Dominée par une colline, observatoire idéal, elle était dotée d'un vaste jardin qui se transforma bien vite en chantier. Tycho ne lésina pas et demanda qu'on choisît les meilleurs artisans de la ville, ferronniers, orfèvres, menuisiers. Ils sculptèrent dans le chêne un gigantesque quart de cercle. Il fallut vingt hommes pour hisser ce quadrant jusqu'en haut de la colline et le fixer à une robuste colonne de bois sur laquelle l'appareil pouvait pivoter. L'ensemble était lié par des joints de métal. Au-dessus de l'arc on avait jeté, tel un pont de laiton, une longue règle graduée en pas moins de cinq mille quatre cents minutes, prodige jamais réalisé sinon, peut-être, au temps des mages de Samarcande. Le quadrant ne servant qu'à mesurer les hauteurs, Tycho et Paul bâtirent également un sextant de grandes proportions, mais tout en bois, et qui fut halé aussi en haut de la colline, avec une grosse sphère armillaire également de bois. En un mois fut achevé ce qui aurait pu être le plus grand observatoire de tous les temps. Mais le ciel ne voulait pas se dévoiler à ces appareils impudiques. Il resta couvert de longs jours et de longues nuits. Pire encore, il pleuvait et, sous les bâches, le vernis ne séchait pas.

Le temps, enfin, sembla se mettre au beau. Ce matin-là, en déjeunant dans le jardin de la propriété Hainzel, Tycho et Paul se réjouissaient d'étrenner, la nuit prochaine, leur splendide observatoire. Un laquais de Jean-Baptiste apparut, porteur d'un message du frère aîné : Ramus était en ville. À cette nouvelle, Paul se leva dans un grand état d'excitation :

— Ramus, le grand Ramus ! À Augsbourg ! Partons, Tycho, nous devons le rencontrer !

Tycho avait entendu parler de ce Ramus, ou Pierre de la Ramée, durant les cours de rhétorique à Leipzig et à Wittenberg. C'était une sorte de Melanchthon français qui préconisait une réforme totale de l'enseignement scolastique en Sorbonne, et qui avait été obligé de fuir les persécutions en ces temps de guerre civile. Tycho ne voyait pas en quoi la venue de ce monsieur provoquait un tel enthousiasme chez son hôte. Pourtant, comme toujours, pour ne pas avouer son ignorance, il s'abstint de poser la moindre question et renchérit en affirmant qu'il avait hâte de rencontrer le grand homme.

On aurait dit que toute la ville s'était donné rendez-vous dans la petite faculté d'Augsbourg pour y écouter Pierre de la Ramée. C'était un homme chétif, tout de noir vêtu, mais avec ce on ne sait quoi dans le geste et la voix qui fleurait l'élégance de la cour du roi Charles IX de France. Et l'auditoire savourait bien plus ce raffinement que la virulence de son réquisitoire contre Aristote et l'enseignement scolastique tel qu'il était pratiqué en France. Seul Tycho s'agaçait de ces manières, qu'il jugeait efféminées et pédantes.

Le lendemain, le philosophe français, qui avait passé la nuit chez les Hainzel, montra son vif désir de visiter cet observatoire dont toute la ville parlait. En chemin, il s'enquit poliment de l'étrange nez de Tycho, mais, une fois que celui-ci lui eut conté, en l'embellissant, l'histoire de son duel, le Français se désintéressa du jeune homme et n'adressa plus la parole qu'aux deux frères.

En haut de la colline, le quadrant se dessinait dans un ciel d'un bleu parfait, comme une nouvelle lune. Ramus cria bien fort son admiration et Paul Hainzel lui répondit que sans l'argent de Tycho, rien n'aurait pu être fait.

— Merci, jeune homme, au nom de la philosophie. Car c'est par la logique mathématique et l'observation que l'astronomie progressera. Mieux vaut l'usage sans art que l'art sans usage.

Puis, prenant le bras de Paul Hainzel, il commença l'escalade de la colline.

— Certes, je l'avoue, mon désir du beau me fait pencher vers un système héliocentrique de l'univers. Mais Copernic, ah, Copernic ! S'il s'était d'abord penché sur la constitution d'une astronomie sans hypothèse, sans doute aurait-il pu démontrer par de nouvelles lois la réalité du monde. C'est une fantaisie parfaitement absurde que de vouloir démontrer par de faux arguments la vérité des choses de la nature.

Dans son for intérieur, Tycho partageait entièrement ces propos, mais, puisque l'autre le tenait pour quantité négligeable, il eut envie de lui porter la contradiction. Il se retint cependant, craignant d'être réduit en poussière par cet homme passé maître dans l'art oratoire et la controverse. Pendant qu'il manipulait le gigantesque quadrant, Paul expliquait la façon dont l'appareil avait été construit.

Un domestique grimpa la colline au grand galop de son cheval en sueur.

— Seigneur Brahé, dit-il en sautant de sa selle et en tendant une grande enveloppe, un messager vient d'arriver du Danemark et m'a chargé de vous remettre ceci.

Tycho brisa à la hâte le cachet aux armes de son oncle maternel, l'alchimiste, qui lui annonçait la mort brutale de son père. Son messager avait fait vite : huit jours de course. Il lui en faudrait huit autres pour revenir au pays. Plus de deux semaines après le décès. Largement le temps pour la famille de manigancer quelque chose contre lui. Il fallait partir maintenant et voyager jour et nuit. Prenant la mine la plus affligée qu'il put, il annonça la nouvelle à ses hôtes et s'en fut.

11

Enfin, il fut maître de son destin. Après les grandioses funérailles d'Otto Brahé, où toute la noblesse danoise était présente, Tycho avait dû encore patienter six mois avant d'avoir vingt-cinq ans, sa majorité pleine et entière. Il avait consacré ce temps à bâtir sa réputation. La rumeur le faisait déjà passer pour le disciple favori de l'astrologue Leovitius et du grand Ramus de France, avec lequel il avait entamé une brillante correspondance. Plus que ces personnages remarquables qu'il avait rencontrés, son nez postiche, qu'il ôtait et oignait devant un public choisi, contribuait à sa légende. Son ancien adversaire, Manderup Parsberg, ne faisait rien pour le contredire, au contraire. Ses exploits guerriers contre les Suédois n'avaient été que piteuses retraites ; une passe d'armes de quelques secondes contre un maladroit n'aurait en rien redoré son blason. Et puis, Manderup avait deux sœurs à marier et l'aîné des Brahé était devenu le meilleur parti du pays. Toutes les grandes familles, d'ailleurs, avaient une jouvencelle à offrir à Tycho.

Au lieu de profiter de sa vogue à la cour et à la ville, le jeune prince décida de s'en éloigner, tant pour fuir marieuses et entremetteuses, que pour profiter de sa liberté et construire son observatoire – un Augsbourg plus grand, plus majestueux, qui n'appartiendrait qu'à lui seul. Il savait déjà où il le bâtirait : dans la plus grande des trois îles jalonnant le détroit du Sund, sur laquelle il était venu parfois quand son père ou son oncle y faisaient une tournée d'inspection : Venusia, appelée Hven par les indigènes, et Scarlatine par les marins étrangers, en raison des rochers rouges qui bordaient une partie de son littoral.

Profitant de sa faveur auprès de Frédéric II et de la nouvelle charge de grand chambellan que le monarque avait accordée à son oncle Steen Bille, il en sollicita l'apanage. Cela lui fut refusé. Le roi ne pouvait lui céder, si peu de temps après la guerre, ce haut lieu stratégique défendant la capitale. Steen Bille, présent à cette audience, proposa à son neveu la jouissance de l'ancien monastère d'Herrevad, dont son clan avait été bénéficiaire quand les biens du clergé avaient été confisqués, et où il avait installé son laboratoire d'alchimie.

La proposition était tentante. Les terres dont disposait maintenant Tycho étaient, pour les unes trop proches de Copenhague, pour les autres trop au sud et donc souvent en proie aux brouillards et aux nuages. Faute d'une île, il se contenterait de cette grande propriété balayée par les vents, non loin du cimetière où reposaient ses ancêtres et son jumeau sans nom.

Sa rencontre avec Ramus lui avait fait comprendre que dans le monde des savants, une réputation se taillait par lettres. Tycho commença donc par les gens qu'il avait rencontrés durant son séjour en Allemagne, puis, de fil en aiguille, à d'autres grands noms des arts libéraux, n'évitant plus d'affronter les professeurs des universités les plus renommées. Ce qu'avait dit Ramus n'était pas tombé dans l'oreille d'un sourd : « Mieux vaut la pratique sans art que l'art sans pratique. » Il plaida donc pour l'abandon de toute hypothèse, héliocentrique ou géocentrique, appelant avec ferveur les humanistes et autres philosophes de la nature à ne se fier qu'à la seule observation. Il décrivait sa propre méthode, rappelait les erreurs et les approximations qu'il avait relevées dans les tables alphonsines et pruténiques, grâce à cette méthode d'où était exclu tout recours à la géométrie. On lui répondit. Il en fut ainsi de Rheticus et de Maestlin, qui venait de prendre sa chaire de mathématiques à l'université de Tübingen, à son retour d'Italie.

Le premier, vieil astronome en exil, lui envoya les *Révolutions*, la seule œuvre de Copernic ; quant au jeune Michael Maestlin, il lui expliquait lettre après lettre les beautés du système héliocentrique, avec le zèle du pédagogue débutant. C'était fort agaçant. En tout cas, on commença à parler, entre Londres et Venise, de l'astronome danois au nez d'or et à l'étrange prénom.

Le monarque était assez content que, grâce à l'aîné des Brahé, les autres cours européennes commencent à considérer son royaume comme autre chose qu'un repaire de brutes. Mais d'abord, il lui fallait marier Tycho. Les épousailles d'un Brahé étaient une affaire d'État. Sa Majesté aurait aimé qu'on lui dénichât un parti à l'étranger. Mais il lui fallait ménager sa propre noblesse qu'il avait déjà trop rudement étrillée. De son côté, Tycho refusait systématiquement, arguant qu'épouser telle ou telle cousine ne produirait que des rejetons tarés. Ce n'était que prétexte. Il savait que ses activités d'astronome et d'alchimiste seraient incompatibles avec le rôle de chef d'une des plus grandes familles du pays, qu'il devrait se cacher de son épouse et de sa belle-famille comme jadis de son précepteur, bref, qu'il perdrait sa liberté.

Puisque toute sa vie, sa conduite était objet de scandale, il pousserait le scandale jusqu'au bout. Il fut un jour convoqué devant le Rigsraad, conseil privé réunissant un membre de chaque grande famille, qui avait pouvoir d'arbitrer ce genre d'affaires matrimoniales.

— Quand te décideras-tu enfin, Tycho, lui demanda le roi, à choisir une épouse digne de ton rang et de ton nom ?

— Le rang et le nom d'un Brahé réclament seulement une fille de roi, répliqua Tycho non sans panache.

À l'exception de l'oncle Steen, qui sourit dans sa barbe, les conseillers se mirent à gronder. Même le plus obtus d'entre eux avait compris que la fille de roi en question était ni plus ni moins celle de Frédéric, pour laquelle les ambassadeurs danois sillonnaient l'Europe entière afin de lui trouver le meilleur parti possible. Le roi ne pouvait laisser passer cette insolence. Déjà, un des plus jeunes membres du conseil avait posé la main sur la garde de son épée, prêt à en découdre : Manderup Parsberg, le coupeur de nez, dont Tycho avait débouté la sœur.

— N'abuse pas de ma patience, Tycho, gronda le monarque. La gratitude que je dois à ton défunt oncle, qui sauva ma vie aux dépens de la sienne, pourrait bien s'épuiser.

— La gratitude envers les morts, sire, est chose bien plus aisée pour les rois que de récompenser le talent des meilleurs de ses sujets, bien vivants ceux-là.

— Ce n'est pas ton nez que j'aurais dû couper, mais ta langue, gronda Parsberg.

— Silence, baron, ordonna Frédéric. Quant à toi, Tycho, je veux oublier ces propos. Mais je t'ordonne de repartir pour Herrevad. Je me désigne comme ton tuteur. À ce titre, je réunirai un conseil de famille qui te choisira une épouse.

Tycho se sentit pris au piège. Il avait reçu récemment une lettre de ses amis d'Augsbourg, les frères Hainzel, l'informant que le cadet avait abandonné ses charges pour s'installer en Suisse, dans la petite république de Bâle. Ils ne tarissaient pas d'éloges sur la grande liberté dont on y jouissait, de la pureté de l'air qui permettrait d'y bâtir un observatoire formidable. Un autre de ses correspondants n'était autre que le comte Guillaume de Hesse-Kassel, autre grand seigneur féru d'astronomie, qui l'invitait dans sa principauté. Le troisième enfin, quoique catholique, était le plus prestigieux de tous : le roi de Hongrie, Rodolphe de Habsbourg, probable héritier de la couronne du Saint Empire romain germanique, et qu'on appelait déjà le nouveau Mécène.

Tycho rôdait dans son monastère, entre observatoire et laboratoire, n'ayant plus de goût à rien, sursoyant toujours à construire l'énorme sextant qu'il avait mille fois dessiné. C'est à peine s'il remarqua, en ce dimanche d'été, une jeune fille qui cueillait des mûres sur le bord du chemin. Elle le salua profondément, il ôta machinalement son chapeau, poursuivit sa route, puis s'arrêta et se retourna :

— Dis-moi, petite, nous sommes bien dimanche, aujourd'hui, le jour du Seigneur. Que dirait ton pasteur s'il te voyait travailler ?

— Oh, monseigneur, cueillir quelques mûres pour une tarte, est-ce bien un travail ? répondit la paysanne avec un air malicieux.

Elle était jolie, avec ses yeux d'un noir profond, ses cheveux couleur d'or, sa grâce épanouie, solaire. Mais Tycho ne s'intéressait que peu aux choses du sexe. Sa passion pour l'observation des étoiles était trop exclusive et toute autre forme de plaisir lui semblait fade en comparaison. Certes, il lui arrivait de louer une fille de taverne, mais comme on se décharge d'un fardeau, pour calmer durablement ce qu'il appelait ses instincts animaux, au même titre que les boissons alcoolisées. Et aussi peut-être desserrer l'obscure angoisse qui l'étreignait souvent, en pensant à son jumeau mort. Lui vint alors une idée. On voulait qu'il se marie ? Eh bien, il se marierait !

— Je t'achète tes mûres, petite. Remplis ton panier et apporte-les-moi dans mon laboratoire.

Elle rougit, baissa les paupières et fit la révérence. Il tourna longtemps en rond dans la grande salle aux fourneaux éteints et aux étagères remplies de bocaux d'herbes sèches, de salpêtre, de poudres d'or et d'argent. Pour se stimuler, il but coup sur coup, alors qu'il avait le ventre creux, deux rasades d'eau-de-vie. Son visage s'inonda de sueur. Il ôta son nez pour l'enduire de glu.

— Voici vos mûres, monseigneur…

Il se retourna. Elle était dans l'embrasure de la porte. Son visage charmant se décomposa sous la frayeur. Elle laissa tomber son panier et les baies s'épandirent à terre. Tycho était horrible à voir. Sa face s'ouvrait sur un trou noir entouré de boursouflures rosâtres. Sur son front dégoulinant, la longue cicatrice vermeille lui donnait un air furieux, accentué par les yeux d'un bleu clair, injectés de sang. En deux pas, il fut sur elle. Il la saisit violemment par les bras et l'entraîna vers le lit de camp qu'il avait fait dresser pour s'y reposer, en fin d'après-midi, entre alchimie et astronomie. Ses bottes piétinèrent les mûres et laissèrent sur les dalles des traces sanglantes. Il la poussa sur la couche. Ce ne fut que quand il troussa son jupon qu'elle comprit ce qui lui arrivait. Elle supplia :

— Pitié, monseigneur !

Il abattit sa braguette en arrachant quelques boutons et se jeta sur elle en lui maintenant les bras pour ne pas qu'elle se débatte. Elle eut un cri de douleur. Elle était vierge. Il s'agita un peu, puis fut pris d'un spasme et retomba à ses côtés, avec un gros soupir. Elle pleurait en silence. Il dit :

— Dimanche prochain, nous nous marierons.

Puis il s'enquit de sa famille. Son père était métayer d'une ferme de la famille Brahé, depuis des générations. Il éclata de rire : ainsi il épouserait une plébéienne, une vilaine. Au moins il serait sûr d'avoir une servante plutôt qu'une maîtresse. Quelqu'un aussi à qui ne déplairaient pas ses études, et qui ne l'importunerait pas de ne point séjourner à la cour, ni de ne pas accompagner son mari dans ses voyages hors de la patrie.

Ce ne fut qu'une semaine après qu'il apprit le prénom de sa femme : Christine.

Le scandale fut énorme. Toute l'aristocratie danoise se sentit éclaboussée. On réclama, à commencer par les autres Brahé, la déchéance, le bannissement et la confiscation des biens de ce rejeton indigne. Frédéric II tergiversa : par cette union, le clan le plus puissant du royaume était décapité, car les enfants qui en seraient issus ne seraient que bâtards. Et la puissance royale s'en accroîtrait d'autant…

Dès lors, Tycho fut considéré comme un pestiféré, à isoler dans son monastère d'Herrevad. Lui aurait préféré l'exil. Un jour, oui, il partirait de ce pays qu'il méprisait. Mais il fallait d'abord que le ciel lui donne un signe.

Pendant des semaines, il se consacra entièrement à l'alchimie, dans le laboratoire qu'il avait installé dans un bâtiment à l'écart. Et il allait répétant qu'il pratiquait ainsi l'astronomie dans sa totalité, car, de son observatoire, il pouvait contempler les astres célestes et dans son laboratoire les astres terrestres, qui bénéficiaient des mêmes noms : soleil, lune, mercure. Sa nouvelle passion lui fit oublier le reste. En même temps, il profitait du secret induit par le travail des métaux pour fabriquer enfin de ses mains un nouveau sextant plus grand que celui d'Augsbourg, en bois de noyer, en bronze et en laiton.

Bien lui en prit.

12

Le soir du 11 novembre 1572, Tycho sortit de son laboratoire où il avait passé sa journée à tenter de mélanger l'or fondu au mercure. Comme d'habitude, il leva les yeux au ciel, un firmament serein parfaitement pur de tout nuage. Il se dit qu'après souper, il consacrerait sa nuit aux étoiles, pour étrenner son beau sextant. Il en était là de ses pensées quand, machinalement, il se frotta les yeux. Étaient-ce les vapeurs de soufre respirées toute la journée ? Il fixa à nouveau le ciel. Dans la constellation de Cassiopée, une étoile qui n'existait pas auparavant brillait comme une escarboucle. Il eut peur. Sa vue lui jouerait-elle des tours ? Allait-il devenir aveugle ? Il partit d'un grand pas. Devant une cahute, un pêcheur ravaudait ses filets.

— Eh, toi ! Regarde là-haut ! Tu ne vois rien d'anormal ?

Le vieux pêcheur plissa ses yeux d'océan et ne mit pas longtemps à répondre :

— Comme elle brille, celle-là ! J'en ai vu des pareilles quand je naviguais pour les Anglais, dans le sud…

Furieux qu'un être aussi vil ait pu observer les cieux des antipodes, alors que lui, depuis qu'il avait perdu son nez, souffrait des pires nausées sitôt qu'il mettait le pied sur le pont d'un bateau, Tycho s'en fut sans un merci. Il croisa plus loin un paysan tirant une gerbière pleine de foin, lui posa la même question en tentant d'orienter brutalement son regard vers le phénomène. Le pauvre homme, terrorisé par celui que tout le monde en Scanie appelait le sorcier ou le fou, reconnut tout ce que l'autre voulait. Arrivé enfin dans sa demeure, une sorte de grosse ferme fortifiée, Tycho héla depuis le vestibule toute la maisonnée, jusqu'au palefrenier et la cuisinière. Tous confirmèrent ; ce n'était pas un trouble de sa vision, mais bel et bien un astre d'une brillance inaccoutumée.

— L'étoile de Bethléem, murmura Christine.

Elle était enceinte. Une étoile ? Son mari haussa les épaules. La sphère des fixes qui portait les étoiles était absolument immuable, tournant en bloc sans que jamais changent les formes dessinées par les étoiles, fixées par la main de Dieu depuis la création du monde. Un astre nouveau ne pouvait être une étoile. Une planète ? Tycho savait bien où les errantes se situaient cette nuit-là, et de toute façon Cassiopée est près du pôle, où ne passait jamais de planète. Une comète ? L'astre nouveau n'était pas du tout flou, n'avait ni barbe ni queue, ne déployait pas de chevelure. Mais il jetait des scintillements de forte brillance, comme c'est le propre des fixes. Il était plus grand, semblait-il, que la Lyre, la Canicule, et *a fortiori* qu'aucune autre fixe. Bien plus, Jupiter étant alors très proche de la Terre et donc spécialement brillant, l'astre nouveau paraissait plus éclatant que lui ! C'était à n'y rien comprendre…

De toute façon, il n'y avait pas à comprendre, mais à mesurer. Tycho ordonna que l'on vienne lui servir son souper à l'observatoire. Mats, le valet qui l'avait suivi lors de son périple allemand et s'était ainsi formé à la manipulation d'appareils, comprit qu'il allait passer une nouvelle nuit blanche. Il aida son maître à installer son nouveau sextant. Tycho préféra d'abord, par superstition, se servir de son vieux et rustique bâton de Jacob. Il mesura la distance de l'astre nouveau par rapport aux étoiles à l'entour, celles de Cassiopée, pour pouvoir ensuite parfaitement définir son site. Il nota sa forme, sa grandeur, son éclat, sa couleur, refit ses calculs avec son sextant, les reprit à nouveau, les vérifia et les revérifia dix fois, un œil toujours fixé sur le sablier que Mats veillait à retourner au dernier grain ; la moindre inattention et c'était une volée de coups de canne : le bâton d'Euclide avait trouvé un autre usage que de dessiner des figures sur la plage d'Alexandrie !

Les nuits de novembre sont longues en ces contrées boréales. Au bout de huit heures, l'étoile n'avait pas bougé d'un pouce. Le ciel commençait enfin à pâlir. Les nerfs de Tycho se dénouèrent, toute son excitation tomba d'un coup, il s'effondra dans un fauteuil et se mit à grelotter malgré les quatre fourrures qui le couvraient entièrement à l'exception des yeux. On aurait dit un lycanthrope blessé par la lumière du jour. Mats vint lui suggérer de rentrer : il avait préparé une grande flambée et dressé le lit devant la cheminée. Il obéit, s'étendit, ferma les yeux, tenta de dormir. En vain. Serait-elle là la nuit prochaine ? Pourquoi ne bougeait-elle pas, pourquoi n'avait-elle pas une chevelure ? Si cette comète masquait ainsi sa queue, était-ce parce qu'elle fonçait tout droit sur la Terre ? Pourquoi, alors, n'avait-elle pas grossi durant toute cette nuit ?

— N'y touchez pas ! Elle est à moi !

Dans son rêve, il avait vu tous les astronomes d'aujourd'hui et des temps passés entourant l'étoile couteau en main, et la contemplant comme un gâteau avec des mines gourmandes. « Elle est à moi ! » Il avait crié cela dans son sommeil ; il le murmurait maintenant en se dirigeant vers sa table de travail où s'entassaient éphémérides, diaires et horoscopes qui, tous, le concernaient, sans cesse modifiés pour mieux faire correspondre les épisodes de son passé, les événements de son présent et les perspectives de son futur, avec les phénomènes célestes calculés et répertoriés par les Anciens, les Modernes et par lui-même. Le jour était déjà haut quand il s'était éveillé ; la nuit tombait quand il acheva sa tâche. Tout coïncidait : cette étoile nouvelle était bien la sienne. Encore faudrait-il qu'elle soit restée en place. Il sortit. Elle était là. Elle n'avait pas bougé, ni grossi. Son étoile. Sa bonne étoile. Son jumeau.

L'hiver fut particulièrement froid, mais le ciel plutôt clément, malgré quelques tempêtes qui avaient, pour la plupart, l'heureuse idée d'être diurnes. L'étoile nouvelle, la *Stella Nova*, était toujours présente, au même endroit. Qu'annonçait-elle ? Tycho s'en occuperait plus tard. Il comprit que ce n'était pas, pour le moment, la plus grande priorité. Tel un ours, le Danemark hibernait. Lui seul, Tycho, restait éveillé. Il décida de repartir de rien, de tout réapprendre, de retrouver le jeune garçon de quatorze ans s'émerveillant qu'une éclipse puisse être prévue des siècles à l'avance. Même ses propres calculs et ses propres observations, il les reprit comme si c'était l'œuvre d'un autre. Mais, nuit après nuit, il constatait que la *Stella Nova* ne bougeait pas d'un iota par rapport à sa constellation. Il en fut profondément bouleversé. En démontrant que la Nova ne pouvait se situer entre la Terre et la Lune, mais bien au-delà, dans la sphère des fixes supposée immuable, il ébranlait la construction parfaite érigée par Aristote et

Ptolémée, que nul n'avait contesté depuis… À l'exception de Copernic et de ses disciples.

La Nova lui imposait un exercice auquel il avait toujours répugné : disposer tous ces astres tant observés, fixes ou errants, dans une construction globale, dans un système hélas indémontrable, donc accepter de réfléchir sur ces « hypothèses » qui lui étaient aussi odieuses qu'à Ramus. Le géocentrisme, cette évidence acceptée par les plus grands esprits depuis la nuit des temps, convenait à son esprit épris d'ordre et respectueux des traditions.

La *Stella Nova* s'installait à la place que le ciel lui avait assignée. En revanche, au fil des jours, sa brillance diminuait, au début de façon tellement infime qu'il mit cela sur le compte d'une nappe de brouillard, des perturbations de la lumière causées par la neige ou d'autres phénomènes qui l'amenèrent à déduire que ces aberrations étaient probablement la cause de certaines erreurs des Anciens. Mais, dès le deuxième mois, Tycho mesura qu'elle ne brillait plus que comme Jupiter ; au troisième, un peu moins ; au quatrième, qu'elle avait diminué au niveau de Sirius la Canicule, au cinquième à celui de Véga dans la Lyre. Il constata également un changement de couleur. Alors qu'elle était au début d'une lumière très blanche et claire, elle commença à blondir au troisième mois, ensuite à rosir quelque peu et à rougir comme Aldébaran.

Malgré son impatience à dévoiler sa découverte, Tycho ne pouvait se résoudre à descendre le détroit jusqu'à Copenhague tant que l'eau n'y serait pas parfaitement libre du plus petit glaçon. Et puis, affronter là-bas les sarcasmes de sa caste le terrorisait plus encore que la pire des tempêtes. Enfin, lui qui avait été à l'écart des nouvelles du monde pendant tout cet hiver, il craignait d'être confronté à une évidence : d'autres, ailleurs, avaient forcément vu et observé sa découverte, l'étoile de Tycho, et l'en avaient dépossédé.

Durant les mois de février et mars, il se força à la patience, reprit toutes les notes jetées sur le papier, les mit en forme, les relut et s'aperçut qu'il venait de rédiger un ouvrage cohérent, précis, digne d'être imprimé. Lui, Tycho Brahé, avait écrit un livre ! Un livre qui ne vagabondait pas dans les hypothèses, mais s'étayait sur de solides et irréfutables démonstrations : *« Donc nous trouverons nécessaire de placer cette étoile, non pas dans la région des éléments, en dessous de la Lune, ni parmi les orbites des sept astres errants, mais bien au-dessus, dans la huitième sphère, parmi les autres étoiles fixes, sur une orbite par rapport à laquelle la Terre n'est qu'un point. »* Il l'intitula *Stella Nova*. Il n'avait plus qu'une hâte : confier ce manuscrit à un imprimeur et clouer ainsi cette pancarte dans le ciel : « Étoile Nouvelle, propriété de Tycho Brahé, défense d'entrer. »

Vers la fin mars 1573, il put quitter son repaire. En effet, un messager du roi vint le convoquer pour le bal de printemps, en lui spécifiant bien que son épouse Christine était loin d'y être désirée. Quand il fut reçu en audience, il préféra s'abstenir d'évoquer l'étoile nouvelle ni de demander une quelconque autorisation de publier son ouvrage : inutile de s'attirer les quolibets.

Dès qu'il le put, après l'ouverture du bal par le roi et la reine, il s'éclipsa sous les regards réprobateurs de ses pairs. Il se rendit le soir chez son ami Pratensis, qui s'était institué secrétaire de la petite académie danoise. C'était chez lui que Tycho se faisait héberger quand il descendait dans la capitale, car partout ailleurs et même dans sa famille, depuis son mariage, il était *persona non grata*.

Tycho espérait que nul autre que lui, au Danemark, n'avait observé la Nova. Il dut déchanter : la poignée d'érudits locaux l'avait vue et revue. Mais tous s'étaient impatientés du retour de Tycho pour avoir son opinion sur le sujet. De retour à Copenhague, il constata également que les autres savants d'Europe avaient aussi observé le phénomène, et, le plus souvent, une semaine avant lui.

Maigre consolation : ni Wolfgang Schuler à Wittenberg, qui l'avait vue le premier, le 6 novembre, ni son ami Paul Hainzel à Augsbourg, qui l'avait vue le 7, ni surtout Maestlin à Tübingen n'avaient, faute d'instruments fiables, de patience, voire de compétence, réussi à calculer sa distance avec autant de finesse que lui. Tycho conjectura qu'elle s'était manifestée d'abord le 5, au moment de la nouvelle Lune ; car Jérôme Munoz, de Valence, ne l'avait pas remarquée le 2 novembre, alors qu'il se trouvait montrer à ses élèves les emplacements des étoiles de Cassiopée…

Par ailleurs, ils s'étaient tous lancés, à l'exception de Maestlin, dans des prédictions affirmant que la Nova annonçait tantôt la fin du monde, tantôt celle de l'Empire ottoman, tantôt celle du pape pour les réformés, tantôt celle de Luther pour les catholiques. Dans ses réponses, Tycho s'abstint de toute référence au zodiaque : il était persuadé que ce message divin ne s'adressait qu'à lui. Certitude renforcée quand, le lendemain de leur première observation en commun, Pratensis revint tout excité en brandissant le catalogue du millier d'étoiles relevées il y avait près de mille sept cents ans par le fameux Hipparque de Rhodes :

— Hipparque l'avait déjà observée. Lisez, seigneur Tycho, lisez !

Comment n'avait-il pu voir cela avant cet incapable ? Furieux contre lui-même, il relut le passage en question, qu'il connaissait pourtant, mais qu'il avait réfuté comme tout le monde avant lui, pensant à une des innombrables erreurs du maître grec et que rectifia Ptolémée. Un Ptolémée qui, d'ailleurs, n'avait même pas pris soin de mentionner cette nouvelle étoile, disparue à son époque et qui, du vivant de Hipparque, s'était déjà éteinte, fort peu de temps après son apparition. Comme la Nova de Tycho, l'étoile du Grec, tout aussi fixe, avait changé de brillance, de couleur, de volume… Celle de Tycho aussi disparaîtrait…

À la hâte, en une nuit, il modifia son manuscrit en ce sens. Et le lendemain, il le lut devant les « académiciens ». On se pâma d'admiration. On se récria qu'il fallait l'imprimer. Tycho fit des mines, protesta qu'apposer son nom sur un ouvrage livré en pâture au monde pourrait être une souillure sur son blason… Charles de Danzay, l'ambassadeur du roi de France qui avait pris Tycho en grande estime, proposa d'intercéder auprès de Frédéric II pour obtenir une dérogation. Il suffirait qu'il rappelle à Frédéric qu'en France on ne comptait plus les reines et les princes dont le nom et le portrait figuraient au frontispice de toutes sortes d'ouvrages. Dès le lendemain, la dispense était obtenue. Aussitôt, Tycho ordonna à Pratensis de porter le manuscrit à une imprimerie de Rostock. Un Brahé n'avait pas à se commettre avec un artisan. Et la modeste imprimerie de Copenhague, créée par son oncle pourtant, était indigne de presser *De Stella Nova*.

L'ouvrage vit le jour trois mois après. Tycho, dont les hésitations à laisser paraître son nom n'avaient pas été aussi douloureuses qu'il voulait bien le dire, envoya la plus grande partie de cette première édition à tout ce qui comptait dans le domaine de la philosophie de la nature et des mathématiques. S'il avait connu le nom de l'astrologue du Grand Turc, de l'Empereur de Chine ou du vice-roi du Pérou, il leur aurait rédigé à eux aussi une jolie dédicace en vers latins. Les réponses affluèrent tant au collège qu'au monastère. Ce n'étaient qu'éloges et félicitations, invitations à venir travailler ensemble : le roi de Hongrie Rodolphe de Habsbourg, Guillaume de Hesse, la ville libre de Bâle à l'instigation de son ami Paul Hainzel, et même la Sérénissime de Venise.

Ses calculs étaient parfaits, incontestables. Ils avaient surtout l'avantage de ne pas se laisser aller, comme les autres, à mille et une prédictions astrologiques, car, à l'apparition de cet astre étrange, ces austères mathématiciens semblaient avoir tout oublié d'Euclide et de Thalès, au profit de Jean de l'Apocalypse et autres prophètes bibliques. Tycho lui-même, pourtant le plus superstitieux de tous, lui qui tremblait au passage d'un chat noir ou d'une vieille femme, ne se laissa pas prendre à ce vent de folie zodiacal. Il faillit néanmoins s'y laisser emporter quand, au début septembre, l'ambassadeur de France, en larmes, vint lui annoncer qu'à Paris, le jour de la Saint-Barthélemy, des milliers de leurs coreligionnaires avaient été massacrés. Il se reprit vite : c'était son étoile, et non celle d'un roi ou d'un pape. Ni celle de Ramus, dont on avait retrouvé le corps mutilé dans la Seine, sans que l'on sût jamais s'il avait été assassiné par la populace catholique ou par ses ennemis sorbonnards.

Il avait enfin trouvé ce que lui disait la Nova : « Hipparque avait répertorié mille et vingt-cinq étoiles réparties dans quarante-huit constellations. Toi, Tycho, tu seras l'ultime cartographe, celui qui établira une fois pour toutes la voûte céleste. » Entre Hipparque et lui, il n'y avait plus rien, ni personne. Nul Ptolémée, nul

Copernic. Un jour, il serait assez puissant pour faire venir à lui les meilleurs de ces faiseurs d'hypothèses. Ils travailleraient sous ses ordres.

En attendant, il négociait avec le roi. Ou plutôt, il s'était choisi le plus subtil des intermédiaires, le comte de Danzay. Le vieux diplomate, qui l'aimait beaucoup, se considérait comme en exil, désormais déchargé de tout devoir envers son roi, fourbe massacreur de ses frères depuis la tuerie de la Saint-Barthélemy. Il avait pour idée d'attirer au Danemark tout ce que les réformés français comptaient de savants, médecins, apothicaires, philosophes de la nature, mais aussi artistes, imprimeurs, horlogers, ébénistes, financiers... Le royaume de France serait ainsi vidé de toute son intelligence. Il n'y serait plus resté, à en croire Danzay, que la soldatesque et les paysans. Tycho serait pour eux comme une pierre d'aimant, et la munificence de son suzerain plus attirante encore.

Frédéric II trouva l'idée fort séduisante : faire de son pays une Venise du Nord ! Hélas, par l'intermédiaire de l'ambassadeur, Tycho faisait preuve d'immenses exigences. Il voulait que le roi lui délivre, en pleine et entière suzeraineté, la grande île du détroit, Hven, afin d'y ériger le plus beau des observatoires que l'histoire des hommes eût jamais connus. La *Stella Nova* méritait cela. Maintenant que la paix régnait en Baltique, Frédéric II aurait volontiers cédé à cette demande. Mais, pour financer son projet, l'insolent réclamait un autre canonicat, celui d'une basilique de la côte norvégienne, sépulture de toutes les précédentes dynasties. Ainsi, Tycho aurait été le gardien des rois morts, mais surtout le Danois le plus prébendé. Trop, c'était trop. Le roi rusa : il exigea que le gourmand quémandeur fasse d'abord ses preuves. S'il était aussi bon mathématicien et astronome qu'il le disait, eh bien, qu'il fasse bénéficier de son savoir les étudiants du collège de Copenhague. Ainsi l'aîné des Brahé, déjà déconsidéré par sa mésalliance avec une vilaine, ne pourrait plus espérer, en devenant professeur, la moindre charge réservée à l'aristocratie. Et grâce à Tycho, l'université royale de Norvège et du Danemark pourrait s'élever au niveau de ses homologues allemandes, tandis que la puissance des Brahé s'en abaisserait d'autant.

Tycho tomba dans le piège, peut-être de façon délibérée. Comprenant que le roi ne céderait pas à ses prétentions exorbitantes, il fallait démontrer que son savoir était indispensable au royaume. En sujet obéissant, et bien que cela coûtât cher à son orgueil, il se transforma en enseignant et donna plusieurs conférences d'astronomie aux jeunes gens de bonne famille, curieux de voir leur oncle ou cousin plus ou moins éloigné pérorer en chaire. Lors de la leçon inaugurale, il déclara avec emphase : « Travaillez, jeunes gens qui possédez une vigueur fougueuse et l'insondable atout de l'intelligence et du talent ; ne vous souciez ni des jugements du vulgaire ni des clameurs sordides des ignorants, renvoyez les taupes vivre en leurs antres obscurs pour qu'à jamais elles y demeurent aveugles. Maintenant est ouverte la route auparavant interdite pendant de nombreux siècles, achevée au prix d'un grand travail de veilles. Que par elle il soit permis de gravir les sommets du ciel encore inaccessibles et de pénétrer les demeures suprêmes où résident les dieux. »

Il brossait là son propre parcours, en butte à l'incompréhension et à l'ignorance aveugle de sa caste, ce qui fit murmurer l'auditoire. Par la suite, il eut l'habileté de s'en tenir aux applications pratiques de son art, dans le domaine de la navigation. C'était exactement ce que désirait le roi : que son peuple, peuple de marins s'il en fut, ne vive plus seulement sur son passé glorieux et reparte à la conquête du monde doté de ces armes modernes et redoutables que sont le sextant et la carte marine.

Mais il fallait aussi que les voiles se gonflent sous le souffle des ancêtres. Aussi Frédéric II ordonna-t-il que l'on traduise en langue vulgaire *La Geste danoise* du moine Saxo Grammaticus. Il demanda conseil à Tycho, qui fit appel à l'unique professeur de latin de l'université : Anders Sorensen Vedel. Il montra ainsi ostensiblement qu'il ne gardait pas rancune à son ancien précepteur et espion qui, lors de ses études, lui avait jadis interdit le ciel. Puis il cessa ses cours et partit se réfugier dans son monastère pour poursuivre les observations de sa chère *Stella Nova*.

13

L'étoile nouvelle disparut au début du printemps 1574. L'heure de Tycho était venue. Il décida de se passer de l'intermédiaire de Danzay, car il se sentait désormais assez fort pour traiter directement avec le roi. Il fut fort éloquent : tel Ptolémée Soter offrant à Euclide sa bibliothèque d'Alexandrie, tel Laurent de Médicis ouvrant l'un de ses palais à Ficin, tel François Ier de France hébergeant Léonard dans l'un de ses châteaux, que Frédéric II de Norvège et du Danemark abandonne à Tycho son île de Venusia. Là se dresserait bientôt un temple voué tout entier à l'observation des phénomènes célestes ; là s'inventeraient les instruments les plus précis, se dessinerait la grande carte de l'univers qui permettrait aux marins danois de rouvrir le sillage de leurs ancêtres et de prendre leur part dans la conquête des Indes et du Nouveau Monde. Puis il déroula, sous les yeux d'un monarque enivré, plans et dessins de ce qu'il appelait déjà Uraniborg, le château des étoiles.

— De plus, Majesté, en m'aidant à ériger ce palais dédié à la philosophie naturelle, vous rappellerez au monde et à vos sujets que les rois savent montrer leur gratitude à ceux qui leur ont permis, au sacrifice de leur vie, de poursuivre un aussi grand règne que le vôtre. Quand mon oncle Jorgen…

Un murmure rageur des conseillers entourant le roi l'interrompit. Le monarque lui-même blêmit. Tous connaissaient les circonstances du drame, quand Frédéric et Jorgen Brahé, pris de boisson, étaient tombés à l'eau. On ne rappelle pas à un roi les services rendus, car ces services ne sont que des devoirs. Très embarrassé malgré tout, Frédéric confia à son grand argentier le soin d'estimer le coût de ce mirifique projet. Un grand argentier qui n'était autre que le seigneur Parsberg, père du coupeur de nez, et le plus farouche détracteur des activités roturières de Tycho.

L'hiver se passa et Tycho s'impatientait, reclus dans son monastère d'Herrevad. Le vieil ambassadeur Danzay affirmait qu'Uraniborg faisait l'objet de débats entre le chambellan, le chancelier, le grand bailli et le doyen de l'université, mais que l'affaire était en bonne voie. Tycho en doutait : ce cénacle était entièrement composé de ses ennemis, ou qu'il croyait tels. La décision viendrait du roi seul, et le roi se taisait.

Humilié, Tycho fit mine de tomber malade, faisant savoir que sa fièvre quarte était provoquée par le chagrin consécutif à l'ingratitude de son suzerain. On le vit pourtant une fois à Copenhague, en compagnie de sa femme, quand il vint déposer sur les fonts baptismaux sa fille Madeleine. Nul, dans sa famille, ne daigna assister à la cérémonie de la petite bâtarde ; mais Pratensis, le parrain, rapporta à Frédéric II que le père se portait comme un charme.

Tycho se résigna alors à l'exil, laissant derrière lui son épouse une nouvelle fois enceinte et sa petite fille. Un matin d'avril 1575, un gros navire hissa la voile peinte au blason des Brahé. Il longea au plus près le port de Copenhague, dernière et vaine tentative de Tycho pour qu'on le retienne. Après une traversée paisible dont seul lui et les chevaux eurent à souffrir, son bateau pénétra dans l'avant-port de Rostock. Pendant qu'on attelait sa voiture et que l'on remplissait un chariot de ses bagages, dont son énorme sextant et d'autres instruments de mesure qu'il avait lui-même fabriqués, il partit au pas de sa monture visiter ceux qu'il avait connus au temps de ce qui lui semblait maintenant la plus belle période de sa vie.

Chez son ancien hôte, Lucas Bachmeister, rien ne semblait avoir changé. Le vieux professeur de théologie, malgré la chaleur de son accueil et ses félicitations pour la *Stella Nova*, s'excusa de ne pouvoir l'héberger. Tycho s'esclaffa qu'il n'avait pas besoin de sa chambre, la faculté mettant à sa disposition les appartements qu'elle réservait d'ordinaire aux rois et aux princes de passage. Cela dit avec tant de morgue que Bachmeister ne put s'empêcher de répliquer, mi-figue mi-raisin :

— Vous étrennerez donc ces lieux, sire Tycho, car jamais Rostock n'eut l'occasion d'accueillir un aussi haut personnage que vous.

Tycho ne perçut pas le trait. L'ironie n'avait jamais été son point fort. Il s'en fut, saisfait d'avoir mouché le bourgeois en lui montrant quelle distance désormais il y avait entre eux. Il s'abstint en revanche de rendre visite à Levinus Battus. Il était trop redevable à l'homme qui lui avait façonné son nez, appris l'alchimie kabbaliste et ouvert les portes des savants rencontrés lors de son premier voyage. Un Brahé ne remercie pas : toute faveur qu'on lui fait est un dû.

Il ne s'attarda pas à Rostock. Son convoi de trois voitures, la première pour lui-même, la seconde pour sa domesticité et la troisième pour les bagages, s'ébranla deux jours après son débarquement. À Wittenberg, il apprit que Rheticus était mort en Pologne, l'année précédente. Ce fut pour lui plus qu'un soulagement : une délivrance. Avec la disparition du principal disciple de Copernic, il n'y avait désormais plus rien ni personne entre Ptolémée et Tycho. Il resta quelques semaines dans la fameuse cité universitaire à tenir quelques causeries sur l'étoile nouvelle et ce qu'il en avait déduit, devant un public choisi de professeurs et d'érudits. Malgré l'insistance du doyen, il refusa de se commettre devant de vulgaires étudiants.

À la sortie d'une de ces leçons, un homme de son âge se présenta à lui comme le fils d'Érasme Reinhold, qui avait élaboré, plus d'un demi-siècle auparavant, les célèbres tables pruténiques à partir des observations de Copernic et Rheticus. Tycho les avait longuement étudiées, corrigées et complétées. Le Danois eut un mouvement de recul et dit, en s'efforçant à prendre un air bonhomme :

— J'ai beaucoup d'estime pour votre père. A-t-il travaillé sur la Nova, lui aussi ?

— Sans doute, répliqua Reinhold avec un sourire, car le Paradis, où il demeure depuis maintenant vingt-trois ans, est le meilleur observatoire que l'on puisse rêver…

Cette boutade macabre voulait désamorcer la bourde de Tycho. C'était mal connaître le caractère de ce grand seigneur, qui ne tolérait pas d'être pris en faute. Et puis, un esprit aussi superstitieux ne supportait pas que l'on plaisante avec la mort. Il s'excusa sèchement, tout en cherchant du regard un autre interlocuteur pour rompre avec celui-là, mais Reinhold le retint par la manche :

— On dit, monsieur, que vous allez vous rendre à Augsbourg. Ce serait un immense honneur pour moi de vous recevoir dans ma maison familiale de Saalfeld. C'est sur le chemin. J'y conserve tous les travaux de mon père. Mais je ne suis qu'un piètre géomètre. Vous seul pourriez en estimer la valeur.

— Vous me flattez, monsieur. Votre père n'était-il pas un ami de Rethicus, dont je viens d'apprendre le décès ?

— « Ami » est un bien grand mot, répliqua sèchement Rheinold. Ils ont effectivement enseigné en même temps, ici même à Wittenberg, mais mon père ne partageait ni ses théories ni… ses penchants.

— Que voulez-vous dire ?

— Mon père aimait beaucoup les femmes. J'en suis la preuve vivante.

Cette légèreté agaça Tycho et le mit mal à l'aise. Alors, pour écraser l'autre de son importance :

— Je ne sais si je pourrai me rendre à votre invitation. Son Excellence le comte Guillaume de Hesse-Kassel me réclame auprès de lui. Mais ensuite, si je vais à Prague, où Sa Majesté le roi de Hongrie s'intéresse à mes travaux, ce sera avec plaisir que je ferai une halte chez vous. Veuillez m'excuser. J'ai deux mots à dire à M. le Doyen…

Et il lui tourna le dos, content de lui. Depuis le début de son séjour à Wittenberg, Tycho allait répétant à qui voulait l'entendre que ces grands personnages attendaient sa venue avec impatience. Ce n'était pas seulement par vanité, mais aussi pour que le roi du Danemark s'en inquiète et comprenne enfin que le plus capricieux de ses sujets lui était indispensable. Au prix fixé. Tycho se doutait bien que, parmi sa suite, il y avait quelqu'un qui rapportait à Copenhague le moindre de ses faits et gestes. En revanche, les lettres qu'il recevait de son ami Pratensis le désespéraient : Frédéric II et les Brahé s'arrangeaient fort bien de son absence. La pauvre Christine, qui venait de perdre en couches le garçon que Tycho lui avait fait, avait été chassée du monastère de Herrevad, et obligée de retourner dans la ferme paternelle, avec la petite Madeleine.

14

Le château de Kassel avait été construit sur le modèle des palais italiens. Il se déployait en arc de cercle sur une butte artificielle, déroulant ses péristyles sous d'immenses fenêtres. Aussi surprenant que cela puisse paraître sous des climats pluvieux et neigeux, les toits n'étaient qu'une immense terrasse plate qu'ourlait une longue balustrade, derrière laquelle Tycho put apercevoir de grands instruments de mesure. En haut du perron, un jeune homme l'attendait, qui se présenta sous le nom de Christophe Rothmann. Il était le mathématicien personnel du comte Guillaume IV de Hesse-Kassel. Rothmann prit familièrement le visiteur par le bras et l'entraîna vers les appartements qui lui étaient réservés.

— Nous ne serons pas trop de deux, cher collègue, pour accomplir la tâche que nous demande Son Altesse. Le prince est en effet extrêmement exigeant. Je vous propose donc de vous occuper avant tout de l'observatoire. C'est bien le moins pour l'auteur de l'admirable *Stella Nova*. Quant à moi, je connais suffisamment bien Son Altesse pour pouvoir lui dessiner des horoscopes selon ses espérances.

Tycho se débarrassa sans aménité de l'étreinte du médecin et dit avec hauteur :

— Je crains, mon garçon, qu'il y ait un malentendu. Je n'ai pas fait tout ce voyage pour entrer dans la domesticité du comte de Hesse. Le nom de Brahé vaut bien le sien. Comment se fait-il d'ailleurs qu'il ne soit pas venu m'accueillir en personne ? Ignore-t-on les lois de l'hospitalité, à Kassel ?

Décontenancé par une telle arrogance, le jeune astronome s'inclina comme devant un prince, et bredouilla des excuses avant d'expliquer que le comte avait dû rester au chevet de sa fille agonisante. Tycho le renvoya comme on renvoie un laquais, exigeant qu'on le laisse se reposer des fatigues du voyage et qu'on lui serve à souper dans sa chambre.

— La nuit promet d'être belle. Revenez ensuite me faire visiter l'observatoire.

Tandis que ses valets installaient son appartement, Tycho tournait furieusement en rond dans sa chambre, ôtant son nez, l'enduisant de baume, le remettant, frappant du poing sur la table en grommelant :

— Qu'est-ce que ça me fait, à moi, que sa fille soit malade ? Où sont ses belles promesses ? Je ne resterai pas une nuit de plus dans cet endroit.

À l'heure du souper, un majordome en grande livrée vint lui annoncer que le comte l'invitait à sa table. Le palais, désert à son arrivée, s'était rempli d'une foule de courtisans compassés et déjà en tenue de deuil. Seul Tycho était vêtu de ses habits rouge et or, qui mettaient en valeur sa chevelure et sa longue moustache tombante au roux flamboyant. Le comte Guillaume trônait au centre d'une longue table. Avec un triste sourire, il désigna à Tycho la place à sa droite, ce qui contribua à faire tomber la mauvaise humeur de son hôte, car le jeune Rothmann, qui l'avait accueilli, était relégué tout au bout à gauche.

— Hélas, soupira le comte, ce n'est plus l'ami attendant naguère vos lettres avec impatience qui vous reçoit aujourd'hui. C'est un père au désespoir. Les médecins ne donnent plus que quelques jours de vie à ma pauvre enfant.

Tycho émit quelques mots de consolation d'une grande platitude et ajouta qu'il quitterait Kassel dès le lendemain, pour ne pas troubler le recueillement d'une famille dans le chagrin.

— Au contraire, cher Tycho, répliqua Guillaume, restez, je vous en supplie. Scruter l'infini du ciel et de la création divine est ma seule consolation. Avoir à mes côtés, dans mon observatoire, un philosophe aussi savant que vous m'aidera, j'en suis sûr, à surmonter une telle épreuve. Restez, j'ai besoin de vous.

Le Danois se sentit pris au piège. Son esprit superstitieux s'affolait à l'idée de vivre sous un toit où la mort rôdait. En plus, c'était une vierge qui agonisait au-dessus de sa tête. S'il demeurait ici, tous les malheurs du monde s'abattraient sur lui, il en était sûr.

Le comte, Rothmann et lui passèrent une bonne partie de la nuit sur la grande terrasse du palais à mesurer les astres. Tycho constata avec satisfaction qu'il était, et de loin, le meilleur manipulateur et calculateur des trois. Il se sentit flatté par la déférente attention avec laquelle le jeune mathématicien lui posait des questions, mais inquiet de la fébrilité brouillonne du comte. Dans l'une de ses lettres, Ramus lui avait raconté qu'une nuit de 1556, alors que passait une comète, le feu avait pris au palais. Ses serviteurs avaient tenté de faire fuir Guillaume de sa terrasse, mais il s'y refusa avant d'avoir fini son observation. Le philosophe français, qui parlait de Kassel comme d'une « Nouvelle Alexandrie », avait d'ailleurs chaudement recommandé Tycho auprès du comte et c'est ainsi qu'avait commencé la correspondance entre le Danois et le maître de la Hesse.

Le lendemain, il retrouva Guillaume et Rothmann dans la bibliothèque devant des piles de papiers noircis.

— Jetez donc un œil à cela et dites-moi ce que vous en pensez, lui demanda Guillaume.

Le comte avait dit cela comme un professeur s'adressant à son élève ou un maître à son secrétaire. Tycho eut envie de tourner aussitôt les talons et de quitter ces lieux. Il se retint : les documents que son hôte l'invitait à examiner étaient le relevé de toutes les hauteurs méridiennes du Soleil depuis plus de vingt ans. Il fallait qu'il s'en empare, car ce serait d'une autre utilité qu'entre les mains de cet amateur prétentieux. Pour bien marquer toutefois sa colère, il ne remercia pas le grand électeur de cette proposition, ne s'enquit pas non plus de la santé de sa fille, s'assit en grognant et commença sa lecture, en prenant des notes. En fait, il recopiait. Peu avant midi, Guillaume lui proposa de l'accompagner pour faire les relevés du jour.

— Allez devant, je vous rejoindrai, répliqua Tycho comme s'il avait une tâche urgente à finir.

Dès que les deux autres furent sortis, il enfouit précipitamment les dernières feuilles de la pile dans son pourpoint et les remplaça par du papier vierge pour qu'elle garde la même hauteur. Il refit le même manège le lendemain et le surlendemain, de sorte qu'avec ce qu'il avait copié, il possédait deux décennies d'observations du Soleil à son zénith sur la longitude de Kassel, qui était, à trois degrés près, celle de Copenhague. Il procéda de la même façon avec les autres observations de Guillaume, bien plus précises que les siennes car faites avec de meilleurs instruments.

Quelques jours se passèrent ainsi. Entre les deux grands seigneurs, des orages s'amoncelaient, sans toutefois éclater. Rothmann, qui avait observé le manège de Tycho, préféra s'abstenir de rapporter ces vols à son maître pour ne pas envenimer les choses. Un matin, un majordome éploré vint annoncer que la fille du comte venait de rendre son âme à Dieu. Une heure plus tard, Tycho avait disparu du palais, sans avoir pris la peine de présenter ses condoléances à celui qui avait été son hôte dix jours durant.

15

À Francfort venait de s'ouvrir la prestigieuse foire annuelle, par la grâce des Fugger, banquiers des rois et des empereurs. Outre tout ce que la Chrétienté catholique et réformée comportait de financiers et de négociants, affluaient dans la puissante cité imprimeurs, libraires, savants, philosophes et poètes, venant célébrer le dieu qu'ils avaient créé : le Livre. Devant les échoppes de libraires, des groupes d'hommes barbus, tout habillés de noir, discutaient en latin avec animation. Sous ses vêtements rouge et or de grand seigneur, large bonnet écarlate et emplumé sur la tête, épée battant la cuisse et suivi de quatre valets en livrée, Tycho se sentait un intrus. Comme un naufragé cherchant un bout de bois où s'accrocher, il s'enquit timidement de l'imprimeur de Rostock qui lui avait fabriqué sa *Stella Nova*.

L'échoppe, fort peu achalandée, était dressée au bout d'une allée secondaire. Tycho renvoya sa suite et se pencha sur les livres exposés, tel un simple badaud. Hormis un ouvrage d'astrologie du médecin qui lui avait fabriqué son nez, Levinus Battus, ce n'était qu'almanachs, ouvrages de vénerie, préceptes moraux. Au milieu de cela, le seul auteur danois n'était autre qu'Anders Vedel, son ancien précepteur.

L'imprimeur observait son manège d'un œil narquois, en prenant bien garde de ne pas intervenir. Enfin, Tycho lança en allemand, sur un ton qu'il voulait désinvolte :

— Holà, mon ami ! Ne possèdes-tu pas un ouvrage sur l'étoile nouvelle ? On m'en a dit le plus grand bien, et j'aimerais le consulter.

— Hélas, maître Tycho, répondit en latin l'artisan. Votre ami Pratensis m'avait racheté, selon votre demande, les cinq cents exemplaires que vous aviez commandés. Depuis, je n'ai pas reçu d'ordre de vous pour une nouvelle édition.

Le sang monta au visage de Tycho, qui se retint de demander comment l'autre l'avait reconnu. Son nez, bien sûr… Une main se posant familièrement sur son épaule le fit sursauter. Il se retourna. C'était Maestlin. Le nouveau professeur de mathématiques à Tübingen n'avait guère changé depuis leur première rencontre, plus de six ans auparavant, quand, dans une taverne de Nuremberg, le jeune maître ès arts lui avait vendu le bâton d'Euclide. Sa toge noire d'universitaire, dont les galons d'hermine montraient son grade, et sa barbe savamment taillée lui donnaient tout à la fois charme, jeunesse et prestance. Sa voix semblait glisser sur du velours :

— Toi aussi, mon cher frère, tu cherches ta *Stella Nova* ? Ton œuvre est introuvable. Ceux qui ont eu l'honneur de la recevoir de ta part m'en ont parlé avec tant d'éloges que je brûle d'impatience de la lire à mon tour.

Comme à chaque fois qu'il était dans l'embarras, Tycho sentit des démangeaisons dans son nez. Ce « cher frère » surtout le choquait. Certes, la plupart du temps, ceux de la religion réformée s'appelaient ainsi.

Mais Tycho était prisonnier des préjugés de sa caste. Même dans la langue de Cicéron, le « cher frère » ne passait pas. Il décida donc d'appeler Maestlin par son prénom. Et il mentit :

— Michael ! Tu n'as donc pas reçu mon ouvrage ? Je te l'avais pourtant envoyé. Il est vrai que bien des lieues séparent Copenhague de Heidelberg…

— Tübingen, corrigea Maestlin, toujours aussi affable. Je professe à Tübingen. Je comprends maintenant la raison de…

Et il lança un clin d'œil complice à l'imprimeur, qui avait écouté sans aucune gêne cet échange, ce qui offusqua également Tycho. Un boutiquier se mêlant d'une conversation de docteurs ! Et en latin en plus.

— Nous avons désobéi, Pratensis et moi, à tes consignes, frère Tycho. Et j'ai imprimé une vingtaine d'exemplaires en plus. À mes frais, bien sûr.

— Eh bien, offre donc l'un d'entre eux à maître Maestlin ! répliqua Tycho en allemand. À tes frais, bien sûr.

Maestlin se retint de souffleter cet odieux personnage plein de morgue. Mais la foire de Francfort se devait d'être un havre de paix, trêve du livre comme il y avait jadis trêve de Dieu. Aussi décida-t-il de lui enseigner les bonnes manières régissant la République philosophique. Il empocha le livre, salua l'imprimeur après l'avoir payé et saisit amicalement le bras du Danois, qui se raidit.

— Permets-moi, lui dit-il, de te rendre ton invitation de jadis. Un aubergiste astucieux avait, lors de la fondation de la foire du Livre en 1480, rebaptisé son établissement à l'enseigne de *L'Aristote rôti*. Joli, n'est-ce pas ? Naturellement, depuis, les *Platon braisé* et autres *Démosthène à l'étouffé* ont proliféré, mais tout ce qu'attire Francfort en cette saison reste fidèle à l'*Aristote*. On appelle maintenant l'endroit « le Collège ». Et crois-moi, on ne s'y nourrit pas que de métaphysique et d'eau fraîche !

Il sentit à son bras Tycho se détendre, et sa voix prendre enfin un ton enjoué :

— Je devrais peut-être changer de vêtements pour ne pas…

— Tu as tout compris. Au « Collège », ni prince ni serf, ni docteur ni imprimeur, rien que des philosophes. Nul ne se goinfrera là-bas s'il n'est géomètre !

— Ma foi, cela me plaît. Accompagne-moi donc d'abord dans ma demeure, nous continuerons à causer.

Tycho avait loué tout le premier étage de la plus belle hostellerie de la ville. Pendant que, dans sa garde-robe, Tycho choisissait une tenue moins voyante, Maestlin, à qui un domestique avait servi un vin de France et des biscuits, songeait que la fortune et la philosophie pouvaient faire bon ménage. Il avait lu le *Stella Nova*, que lui avait prêté un de ses confrères, et l'avait trouvé remarquable. Comme tous les astronomes du monde, il avait observé l'étoile nouvelle, mais sans pouvoir en mesurer les angles autrement qu'avec une ficelle et un bout de bois : l'université de Tübingen n'avait ni les moyens ni l'envie de procurer des instruments modernes à un professeur aussi hétérodoxe.

La démonstration par Tycho que l'étoile nouvelle n'était pas un phénomène sublunaire l'avait enthousiasmé, car elle abondait dans le sens d'une vision copernicienne du monde. Ils n'étaient plus que quelques-uns à défendre l'hypothèse du chanoine polonais. Ce bataillon, dispersé depuis la mort de leur général Rheticus, était en grand danger ; les Églises catholique et réformée, pour une fois en accord, faisaient tout pour entraver l'enseignement de l'héliocentrisme. De cette poignée de coperniciens, Maestlin était le plus en sûreté. Protégé par sa chaire, il se résignait à ânonner Ptolémée.

Alors, malgré l'antipathie qu'il portait envers cet homme arrogant, Maestlin décida de le rallier à la cause de Copernic. Quelqu'un d'aussi bien né ouvrirait aux grands de ce monde les portes de l'héliocentrisme. L'enjeu était considérable : qu'un roi ou qu'un prince, danois ou allemand, s'avise d'appeler auprès de lui un astrologue qui dessinerait ses horoscopes avec un soleil au centre de l'univers, et les universités tomberaient à leur tour. Tycho, pensait Maestlin, était sans doute un observateur méticuleux et un calculateur hors pair, mais son esprit peu porté à la métaphysique en ferait une proie facile à convaincre.

Maestlin se trompait. Lors du repas à l'auberge, Tycho fut immédiatement entouré par les plus traditionalistes des convives : géomètres médiocres, ils faisaient surtout profession de prédictions astrales. Le moindre hobereau, le plus obscur prélat se devaient en effet de pensionner un astrologue dont le titre officiel était *mathematicus*, comme il y avait à l'office un échanson, un cuisinier et un palefrenier. Qu'importait que le mathématicien en question fût un charlatan ou un imbécile.

Michael Maestlin, même s'il pensait fermement que la marche des astres régissait le destin des hommes et des nations, se dégoûtait de l'usage qu'on en faisait. On lui avait déjà proposé de devenir le *mathematicus* officiel de telle ou de telle cour allemande ou italienne. Chaque fois, usant de cette charmante courtoisie qui lui était propre, il s'était dérobé. Rien ne lui était plus cher que sa liberté, et seul l'enseignement la lui donnait. Du moins s'il était assez prudent pour ne pas chanter du Copernic en chaire, et de ne l'évoquer qu'entre les lignes de ses écrits. Il espérait vaguement rencontrer ici cet apôtre de Copernic qu'était Giordano Bruno. Ce moine illuminé était chassé de tous les pays catholiques, poursuivi par les jésuites et les familiers du Saint-Office. On lui avait dit que le « prophète de l'infini » avait quitté son refuge de Londres pour Augsbourg, ou peut-être Bâle. Hélas, de Bruno point, mais un ramassis de médiocres et de renégats.

La première personne qui vint le saluer fut son ancien condisciple Paul Wittich, avec qui il s'était enflammé jadis pour l'héliocentrisme. Depuis, Paul était devenu astrologue de cour. En le présentant à Tycho, Maestlin espérait assister à une jolie querelle.

Il n'en fut rien. Les deux s'entendirent comme larrons en foire. Durant tout le repas, Maestlin se sentit mis à l'écart. Toutes les attentions étaient tournées vers le Danois. Sa *Stella Nova* avait certes eu un grand retentissement dans le monde universitaire, mais la plupart des convives, astrologues de cour, n'en faisaient pas partie. En l'occurrence, c'était plutôt une basse-cour qui caquetait autour de Tycho. Chacun avait sa petite prédiction rétroactive sur l'apparition et la disparition de l'étoile nouvelle, et qui concernait pour la plupart le destin du grand-duc, de l'évêque ou du baron qui les employaient. Ce qui étonnait le plus Maestlin, c'est qu'ils y croyaient. Lui-même se sentait trop humble pour avoir l'audace de tenter de déchiffrer les messages des étoiles. Mais Tycho ? se demanda-t-il en regardant le Danois pérorer au milieu de ces courtisans, qui s'intéressaient plus à sa bourse qu'à son savoir. Il chercha à croiser son regard. Enfin, un clin d'œil de cette face que le nez de cire rendait inexpressive lui fit comprendre que l'autre n'était point dupe.

Le repas s'éternisait. Soudain, sans que rien le laissât prévoir, Tycho se leva de table, en fit le tour, posa la main sur l'épaule de Maestlin et dit d'une voix forte :

— Je perds mon temps, ici. Allons-nous-en, Michael, j'ai à te parler de choses importantes.

Et sans un adieu, il entraîna Maestlin hors de l'auberge.

— Ah, les ânes, les imbéciles ! clama-t-il sitôt qu'ils furent dehors. Pas un pour racheter l'autre ! Ils passent leur temps à s'empiffrer, ce ne sont pas des astrologues, mais des astrologastres ! Mais laissons cela. Parle-moi plutôt de l'Italie. Figure-toi que je veux laisser croire à mon roi que je m'éloigne le plus possible de lui, afin qu'il me rappelle et tienne enfin ses promesses.

— Tiens donc ! Et quelles promesses ?

— Une île au-dessus de laquelle pas un nuage ne peut s'accrocher, pas la moindre nappe de brume ne peut rôder. Éole et Neptune s'y sont alliés pour offrir ce champ élyséen à Uranie. Là-bas, je construirai le plus grand des observatoires célestes qu'on ait vus depuis Babylone. J'en ai déjà dressé les plans. Il faut que je te montre ça.

— Alors, fit Maestlin dont le visage s'illumina, pour inciter ton ingrat suzerain à tenir ses promesses, tu fais mine de chercher un prince assez éclairé pour t'accueillir et t'offrir ta cité des étoiles… C'est ça ?

— À Venise, ou plutôt à Padoue, on m'a fait miroiter… commença Tycho en se rengorgeant.

— Jean-Baptiste Benedetti ? Remarquable professeur. Un ami, en plus. Malheureusement pour toi, j'ai donné là-bas une conférence où je l'ai converti à Copernic.

Il avait tellement pris Tycho en flagrant délit de mensonge que Maestlin se demandait si le Danois n'affabulait pas. Au fond, Tycho l'amusait. Aussi ajouta-t-il :

— Benedetti m'a d'ailleurs informé qu'il ne pourrait pas venir à Francfort. Les frontières sont fermées. La Sérénissime est en quarantaine. Un de ses navires venus du Levant en a rapporté une nouvelle épidémie de peste, qui pourrait bien être la pire qu'on ait connue depuis deux siècles.

Tycho fut pris de la même panique que jadis, la veille de son duel où il perdit son nez. Rien dans l'horoscope qu'il avait dressé avant son départ du Danemark n'avait laissé prévoir cela. Il prit Maestlin par les épaules et bredouilla :

— Mais alors que puis-je faire ? Ils ne croiront jamais, là-bas, que le doge a fait appel à moi. Pourtant, c'est vrai, je te le jure ! *Stella Nova* a eu dans la Sérénissime un retentissement incroyable, il faut me croire !

Maestlin eut pitié :

— Mon ami, comment peut-on ignorer que la renommée de ton œuvre a franchi toutes les frontières ? T'ai-je dit que, grâce à la lecture de ta *Nova*, j'entreprends actuellement un ouvrage sur les comètes ? Qu'as-tu à faire, voyons, de ces rois, de ces princes, de ces doges ? Viens donc parmi tes frères, ceux qui regardent plus haut que les trônes, là-haut, le tabernacle de Dieu, et qui chantent les beautés de son œuvre en cherchant la vérité.

Frères... L'esprit tourmenté de Tycho vit alors le sien, de frère, non celui qui paradait à la cour de Frédéric, mais l'autre, celui qu'il regardait chaque nuit à s'en crever les yeux, dans la constellation des Gémeaux. Était-ce un peu de son âme qui s'était glissée dans celle de ce brave garçon sans malice pendu à son bras ?

Sans qu'il pût se retenir, il se jeta dans les bras de Maestlin et se mit à pleurer. Il sentit son nez se décoller légèrement mais il n'en avait cure. Comme il était nettement plus grand que l'autre, ils formaient au milieu de la rue un triangle rectangle, car l'hypoténuse Tycho, dos et jambes raides, était littéralement tombée, comme un arbre abattu, sur l'épaule d'un Maestlin plus petit que lui et surtout bien plus maigre. Un Maestlin au demeurant fort gêné du ridicule de la situation, et qui se retint de lui taper dans le dos comme à un camarade de collège ivre ou pris d'un chagrin d'amour.

Finalement, il préféra se débarrasser de l'étreinte et entraîner Tycho vers une taverne de sa connaissance, où au moins il était sûr de ne pas rencontrer un collègue. Maestlin se dit qu'il lui fallait profiter vite de cet instant de faiblesse pour mener les opérations. Il commanda deux chopes de bière et demanda :

— Qui renseigne Sa Majesté Frédéric sur tes voyages et tes rencontres ?

— J'en tiens au courant mon secrétaire particulier, le brave Pratensis, qui répand à la cour les rumeurs que je veux bien y faire courir… Pourquoi cette question ?

Pratensis, son secrétaire… Encore une rodomontade ! L'homme était le correspondant attitré du Danemark pour toutes les universités réformées allemandes ! Maestlin préféra ne pas relever. Il poursuivit :

— Soupçonnes-tu ta famille ou l'entourage du roi d'avoir attaché un espion à tes basques ?

— Sans doute, dans ma suite, il doit bien y avoir un mouchard ou deux, mais qu'importe !

— Renvoie-les tous. Je me fais fort de te trouver dans cette ville un bachelier désargenté qui les vaudra bien. Et tu écris à ton… secrétaire que tu pars pour Venise.

— Mais la peste ?

— Qui te parle de franchir les Alpes ? Il suffira de laisser croire que les propositions de la Sérénissime sont tellement énormes que tu es capable d'affronter l'épidémie, et même de devenir papiste !

Tycho allait se récrier que c'était une supercherie, mais il se retint, se rendant compte soudain que sa vie entière en était une et que Maestlin semblait s'en être aperçu.

— Tout de même, Michael, il va falloir que je me cache, moi, un Brahé.

— Un ou deux mois seulement, le temps de faire peur à ton roi, qui se rendra compte alors combien la perte d'un homme tel que toi nuit à la gloire de son royaume. Pendant ce temps, je t'emmènerai au paradis des philosophes.

— Que veux-tu dire ?

— Dans la plus belle bibliothèque du monde, en comparaison de laquelle celle d'Alexandrie aurait passé pour un étal de colporteurs d'almanachs. J'ai nommé : l'université de Tübingen, dont j'ai l'honneur d'être le professeur de mathématiques et d'arts libéraux. Nul ne te remarquera parmi les étudiants que je loge.

Tycho éclata de rire :

— Vous êtes un petit malin, docteur Maestlin ! Tu veux m'entraîner dans ton antre pour m'y convertir à ton dieu Copernic. Mais tu n'y arriveras pas, je suis coriace. En tout cas, ça nous promet de chaudes controverses. Je m'en régale à l'avance. Quand partons-nous ?

— Demain, si tu veux. Une journée de marche jusqu'à Mayence d'où nous remonterons le Rhin. À Mannheim et à Strasbourg, je connais du monde, et nous ne nous ferons pas faute de répéter que tu descends vers l'Italie.

— Mais… Je voulais d'abord visiter mes amis Hainzel, et surtout le grand observatoire que je leur ai fabriqué à Augsbourg.

— Figure-toi que je voulais aussi me rendre chez eux, pour bénéficier de leur quadrant géant et observer là-bas la *Stella Nova*, mais cet hiver-là, une tempête extrêmement violente a réduit en miettes tous ces prodigieux instruments !

Maestlin faillit ajouter que les deux frères n'avaient jamais évoqué Tycho comme l'architecte de leur observatoire, mais seulement comme leur bailleur de fonds… Il préféra s'abstenir : son étrange interlocuteur semblait s'apprivoiser. Inutile de braquer celui qui était considéré comme le meilleur des observateurs. Et ce nouvel Hipparque, il fallait le mettre au service du nouveau Ptolémée : Nicolas Copernic. Il poursuivit donc :

— Paul, surtout, était au désespoir. Il voulait reconstruire l'œuvre anéantie, mais le conseil des édiles d'Augsbourg, dont lui et son frère faisaient pourtant partie, s'y est opposé avec force. On l'a pris pour un fou, murmuré contre lui la terrible accusation de sorcellerie. Contraint à l'exil, il est passé par Tübingen et m'a rendu visite, pour m'informer qu'il se rendait à Bâle, chez les disciples de Calvin. Il paraît qu'il y construit aujourd'hui un splendide observatoire, qui n'aura rien à envier à celui d'Augsbourg. Bâle est à trois jours de voyage de Tübingen.

— Alors qu'est-ce que nous attendons ? Partons, Michael, partons…

16

Jamais, peut-être, Tycho ne fut aussi heureux que lors de cette remontée du Rhin. Sentiment nouveau chez lui, il considérait Maestlin sur un pied d'égalité, comme un ami en somme, que l'on ne cherche pas à dominer et dont on ne veut rien obtenir. À Strasbourg, il abandonna le fleuve à contrecœur. La sérénité qu'il avait ressentie durant tout le voyage, malgré de fréquentes nausées sur un pont pourtant stable, la beauté de cette ville qui semblait attirer comme un aimant tous les savoirs du monde, les discussions animées de Maestlin avec ses doctes amis – Maestlin semblait avoir des amis partout dans l'empire – émoussaient ses appétits de domination. Pris d'une indulgence universelle, enivré par cette liberté qui soufflait autour de lui, il était prêt à se convertir à l'héliocentrisme. Une seule chose pourtant l'en empêchait : cette distance presque infinie qui en résulterait, entre les dernières planètes et la sphère des étoiles fixes.

— Tu comprends, Michael, argumentait Tycho, si la Terre se déplaçait dans l'univers, les étoiles devraient changer de position au cours de l'année, par effet de parallaxe…

— À moins qu'elles ne fussent très éloignées, tu le sais aussi bien que moi, rétorqua Maestlin. Et c'est justement pour expliquer l'absence de parallaxe stellaire que Copernic a agrandi les dimensions du monde.

— J'avais bien compris, fit Tycho avec morgue. J'ai même calculé que, selon ton Copernic, le volume de l'univers serait multiplié par quarante mille ! C'est absurde !

— Bah, pourquoi pas ? Un de nos confrères anglais, Thomas Digges, vient même de publier un ouvrage où il suggère que les étoiles s'étendent dans un espace infini ! De toute façon, chez maître Copernic, le monde reste clos, et son augmentation porte surtout sur la distance qui sépare la plus lointaine des planètes, Saturne, des étoiles fixes.

— Moi, ces hypothèses gratuites, je les laisse aux métaphysiciens dans ton genre ! Pourquoi ce vide immense ? Je n'en vois ni la raison ni l'utilité. La Création serait irrégulière et dépourvue d'ordre, sans harmonie ni proportion. À quel dessein pourrait bien correspondre ce grand vide, dans un monde créé à l'intention de l'homme ?

— Ce que tu affirmes là est ce que j'appelle, moi, une hypothèse métaphysique !

— Pas du tout ! Je m'en tiens aux données concrètes, mathématiques ! Tiens, j'ai calculé que, toujours selon ton fou de Copernic, non seulement il faudrait accorder aux étoiles une distance énorme, mais encore une taille monstrueuse !

— Que veux-tu dire exactement ?

— Je veux dire, fit triomphalement Tycho, que pour expliquer que les étoiles de troisième grandeur soient visibles malgré leur éloignement, il faudrait admettre que leur volume soit égal à celui de l'orbe terrestre ! Tu vois bien que c'est absurde ! Comment attribuer à la Création du monde de si grandes asymétries ?

— Eh bien moi je crois, tout comme Giordano Bruno, que cet infini est justement le témoignage de l'omnipotence divine… Et puis qui es-tu, Tycho, pour juger du plan divin du Créateur à partir de ton préjugé humain ? Peut-on prescrire des lois au Créateur omniscient ? Est-ce que l'homme mortel a assisté l'Esprit de Dieu, as-tu été son conseiller ?

De fait, Tycho ne pouvait avouer que le vertige qu'il ressentait était surtout une douleur physique, comme quand il s'accoudait à la balustrade d'une terrasse. Vertiges qui le prenaient depuis ce fameux duel où il avait perdu son nez, et qui pourtant ne l'assaillaient jamais quand il tournait son sextant vers le ciel.

Tycho quitta Strasbourg à regret, non sans avoir une nouvelle fois écrit à Pratensis pour lui signaler que bientôt, tel Hannibal, il franchirait les Alpes à la conquête de l'Italie. Ils abandonnèrent les rives du Rhin pour franchir la Forêt-Noire. Au soir d'une longue journée de cheval, ils arrivèrent à Tübingen. Les deux semaines qui suivirent, ravalant son orgueil, Tycho se vêtit d'habits moins voyants, afin de passer auprès des professeurs de l'université pour le discret secrétaire de son compagnon de voyage. Cela lui donnait libre accès à la bibliothèque, qui était fort riche. Lieu empreint de mystères et qui lui faisait peur, car on disait qu'un siècle auparavant, elle aurait bénéficié de manuscrits sauvés d'un incendie provoqué par Satan lui-même, et qui avait détruit un monastère voisin. Tout, d'ailleurs, dans ce grand-duché du Wurtemberg, n'était que légendes et superstitions, nuits du Walpurgis, sorcières et elfes. Au milieu de ce monde obscur, tissé de peurs immémoriales, l'université de Tübingen était un havre de raison. Et Tycho regrettait de n'y avoir pas suivi ses études, au lieu de Wittenberg où semblait toujours rôder l'ombre austère de Melanchthon.

Pour que le Danemark croie qu'il s'était rendu en Italie, Maestlin fit parvenir à un ami de confiance résidant à Padoue un courrier contenant une lettre antidatée de Tycho destinée à Pratensis, où il racontait qu'il n'avait pu rester qu'une dizaine de jours à Venise avant de fuir devant la peste. À rédiger un tel faux, Tycho ne s'étouffa pas sous les scrupules : il avait tant menti dans sa vie qu'il finissait par être le premier dupe de ses affabulations. Dans quelques années, il parlerait de son voyage à Venise, entièrement convaincu qu'il l'avait fait. En attendant, ce qui le tourmentait, c'était que Maestlin fût son complice : il dépendait de lui.

C'est pourquoi un matin, sans même en avertir son hôte, il partit comme un voleur. Il se rendit à Bâle dans l'espoir d'y rencontrer Paul Hainzel. Maestlin s'était toutefois trompé en lui affirmant qu'il vivait ici. L'ancien notable d'Augsbourg s'était bien installé en Suisse, mais loin d'ici, dans le canton de Zurich, héritier d'un château perdu dans les montagnes, où il se livrait à des expériences mystérieuses, de la magie noire sans doute, car on l'appelait désormais « l'étrange seigneur de Elgg ». Prétextant la longueur du voyage, Tycho préféra rester à Bâle quelque temps. De nombreux réformés français y avaient trouvé refuge. Médecins, mécaniciens, herboristes, tous connaissaient Tycho par l'intermédiaire de feu Ramus, mais aussi de sa *Stella Nova*. Il constata qu'il était, dans cette cité savante, le seul astronome digne de ce nom. On s'y intéressait plutôt aux autres branches de la philosophie naturelle : les plantes, les animaux, les minéraux, en évitant toutefois de pratiquer l'alchimie, art qu'on ne trouvait pas raisonnable. Quant à l'astrologie, on la tenait également en grande méfiance. Alors, Tycho passa l'hiver à étudier et classifier les plantes médicinales en compagnie du fameux disciple de Paracelse et de Ramus : Théodore Zwinger, ainsi que des botanistes français réfugiés, les frères Bauhin. Il n'oublia pas de poursuivre ses travaux d'observation et de compléter sa carte de la sphère des étoiles fixes. L'air, ici, était d'une pureté parfaite car le Rhin bouillonnant ne permettait pas aux brouillards de s'accrocher à lui. Et Tycho fut presque sincère en annonçant à Pratensis son désir de s'installer à Bâle, tout en demandant de préparer la venue de sa femme et de ses enfants pour le printemps prochain.

Contrairement à son attente, le roi ne réagit toujours pas. Tycho n'aurait jamais son île, sa patrie le rejetait. Faudrait-il donc qu'il reste ici, parmi ces bourgeois, lui, un Brahé ? Il écrivit à Guillaume de Hesse-Kassel pour s'excuser de son départ précipité quand celui-ci avait perdu sa fille, expliquant qu'il ne voulait pas le troubler dans son deuil avec des histoires d'étoiles. La réponse du comte fut très sèche, l'informant qu'il avait rapporté au roi Frédéric sa conduite inqualifiable. Tycho se crut perdu. Il se plongea dans les étoiles.

Puis la chance lui revint : Rodolphe de Habsbourg, fils aîné de l'empereur Maximilien, déjà roi de Hongrie, venait de se faire couronner roi de Bohême. Et la Diète était convoquée à Ratisbonne pour l'élire roi de Germanie. La triple couronne le désignait évidemment comme successeur de Maximilien, malade, pour prendre la tête du Saint Empire romain germanique. Rodolphe, protecteur des arts, nouveau mécène, avait été enthousiasmé par la *Stella Nova* de Tycho et l'avait supplié de lui en donner la signification. Le Danois lui avait envoyé un horoscope à la taille de son correspondant, lequel avait répondu en lui demandant de devenir son mathématicien et astrologue personnel.

Maintenant, oui, Tycho pouvait consentir à se mettre au service du futur empereur. Trois couronnes en attendant une quatrième lui paraissaient bien plus à sa mesure que celle du roi du Danemark. Et Prague, le joyau de l'empire, une cité des étoiles autrement adaptée à son génie qu'un îlot perdu dans un détroit.

Il partit donc de Bâle pour Ratisbonne, après bien des promesses de retrouvailles à ses amis savants. Il s'abstint toutefois de leur donner son lieu de destination : un repaire de papistes. Certes, la paix d'Augsbourg autorisait, dans l'empire, la pratique de son culte, mais exclusivement dans les fiefs dont le seigneur sacrifiait, qui au pape, qui à Luther. Cette construction bancale tenait tant bien que mal, car nul ne songeait à l'appliquer dans toute sa rigueur. Mais qu'un aussi haut sujet du roi réformé Frédéric II de Norvège et du Danemark aille assister au couronnement du rejeton de cette famille papiste tant honnie des Habsbourg aurait été fort mal vu des austères calvinistes bâlois. Ici, on appelait la plus puissante dynastie d'Europe du nom de leur fief suisse d'origine : Habichtburg, le château des Vautours.

Tycho quitta donc Bâle en catimini, fit un détour pour éviter Tübingen et un certain professeur de mathématiques, se ruina presque, à Ulm, pour se procurer un train d'équipage et une domesticité dignes de son rang et des cérémonies auxquelles il allait assister, expédia un courrier à Frédéric II pour lui demander des lettres de créances d'ambassadeur auprès de la Diète, et parvint à Ratisbonne.

Dans l'antique cité de Marc Aurèle, tout ce que le Saint Empire romain germanique comptait de grands électeurs devait se réunir pour donner sa troisième couronne à Rodolphe de Habsbourg. Mais ledit Saint Empire n'était plus vraiment celui de Charles Quint, sur lequel le soleil ne se couchait jamais. Il ressemblait plutôt à une toile d'Arcimboldo, portraitiste favori du couronné. De loin, on pouvait voir une figure cohérente, mais en se rapprochant, ce n'était plus qu'un amas confus de raisins et d'orties, de roses et de ronces, de feuilles de vigne et de branches d'ormeaux, de poules et de renards, de carpes et de lapins, de réformés et de catholiques.

Tycho se rendit directement à la résidence du Danemark, où il eut la désagréable surprise de constater que l'ambassadeur n'était autre que son frère cadet Steen. Les deux Brahé se firent malgré tout bonne figure : ils étaient en terre étrangère. Dès qu'il fut installé, la première chose fut de demander une audience à Rodolphe. Non pas en tant que représentant du Danemark, mais en tant qu'astronome. Dès le lendemain, on vint le chercher pour l'emmener au palais.

Comme tous les Habsbourg, Rodolphe était un gros homme de petite taille aux traits lourds et au teint rubicond. Il n'avait jamais pu se débarrasser de son accent castillan, car il avait vécu une bonne part de son enfance à Madrid, chez son oncle Philippe II. À cause de toutes ces années passées à l'Escurial, tandis que brûlaient les bûchers de l'Inquisition, les réformés tenaient en grande méfiance celui qui serait leur futur empereur. Quant à l'Église catholique, elle voyait en lui un excentrique, peu soucieux du dogme, épris d'arts profanes, de divination, d'alchimie et de sorcellerie. Et elle avait dépêché dans sa ville de prédilection, Prague, toute une armée de jésuites chargés de le surveiller.

— Tycho, cher Tycho, empereur des étoiles, dit le monarque en se levant de son siège, les bras tendus vers son visiteur qui avait posé le genou à terre quand il était parvenu au pied du trône.

Rodolphe le redressa, l'enlaça, puis, le prenant par le bras, l'entraîna sans façon jusqu'à l'estrade où il lui fit signe de s'asseoir à sa droite. Ils bavardèrent longtemps comme deux vieux amis, au grand dam des courtisans obligés de rester debout sans entendre leur conversation. Toutefois, certains propos furent vite rapportés, amplifiés, déformés un peu partout de Ratisbonne à Prague, mais surtout à Copenhague. Rodolphe aurait demandé à Tycho de devenir son mathématicien, celui-ci aurait accepté, en se plaignant de l'ingratitude de Frédéric II et de la sottise du comte Guillaume de Hesse-Kassel, qui n'avait pas daigné se déplacer à Ratisbonne, comme d'ailleurs d'autres grands électeurs luthériens. Tycho, lui au moins, savait se mettre au-dessus des querelles partisanes.

Le roi du Danemark fut informé de cette audience par son ambassadeur Steen Brahé, qui espérait bien que son frère fût déchu de ses privilèges et banni à tout jamais. Ce fut tout le contraire qui se produisit. Un matin, deux heures avant l'aube, un coursier royal vint apporter un pli urgent à Tycho. Ce dernier saisit fébrilement la lettre, brisa le cachet et commença à lire. Son visage s'illumina progressivement. Le roi Frédéric capitulait. Mais, pour ne pas perdre la face, il reprenait à son compte l'idée de bâtir un observatoire sur l'île de Venusia : « Comme je me trouvais récemment, écrivait-il, dans ma résidence de Kronborg, j'ai aperçu au loin, à travers l'une des fenêtres du château, la petite île de Hven, au milieu du détroit du Sund entre Zélande et Scanie. Aucune famille noble ne la possède. Ton oncle Steen Bille m'a dit une fois, avant ton départ pour l'Allemagne, combien tu aimais cet endroit. Comme le lieu est isolé et pourvu d'une éminence, il m'est apparu qu'il pourrait fort bien convenir pour y poursuivre des études d'astronomie et de chimie. Bien entendu, il ne comporte encore aucune demeure convenable, mais je puis y pourvoir en t'offrant une rente annuelle de 500 dalers, plus une dotation de 400 dalers pour l'établissement de ta résidence. Tu pourras t'y installer durablement et conduire en toute quiétude les études qui t'intéressent, sans être dérangé par personne. Et maintenant que j'ai établi ma propre demeure à Elseneur, nous serons voisins et je ne manquerai pas l'occasion de venir te visiter régulièrement, pour voir l'avancement de ton travail et soutenir tes recherches. Non point que je m'y entende en ces matières, mais parce que je suis ton roi et tu es mon sujet, qui appartient à une famille qui m'a toujours été chère. Il est de mon devoir de souverain de promouvoir une telle entreprise. Je te commande donc de revenir au plus tôt d'Allemagne, ce pays où tu n'es qu'un étranger, pour prendre possession du bien que je t'octroie par décret, honorer ta patrie et y attirer les savants des autres nations. »

C'est ainsi qu'au mois d'août 1576, après une étape à Saalfeld, auprès du fils d'Érasme Reinhold à qui il acheta à prix d'or le manuscrit original des tables pruténiques, le jeune astronome de trente ans remonta vers le nord, vers son île tant espérée, pour y bâtir sa cité des étoiles.

17

L'île de Venusia, Hven pour les autochtones, semblait prédisposée par la nature à l'observation des phénomènes célestes. Telle une montagne, elle se dressait en effet au milieu de la mer, mais s'abaissait en un plateau sur son sommet, offrant un horizon dégagé et un emplacement idéal pour l'installation d'un observatoire. Par rapport aux sites plus méridionaux de Hesse ou d'Augsbourg, cet emplacement boréal avait ses avantages, à cause de la plus grande durée des nuits et de ce que, avec l'intensité du gel et surtout les vents du nord qui y soufflaient, il épurait l'air et l'allégeait au point que souvent, sur de nombreuses nuits consécutives, les étoiles scintillaient au maximum dans une atmosphère d'une transparence parfaite.

Nulle autre part rocheuse, Venusia était couverte de pâturages plantés d'arbustes, de prés marécageux où poussaient des aulnes, tandis qu'une petite forêt de noisetiers grimpait sur une pente vers le nord-est. Féconde en fruits, elle abondait en bestiaux, nourrissait quantité de daims, lièvres, lapins et perdrix, et les eaux qui la ceignaient était poissonneuses. Bref, son unique village d'une quarantaine de paysans et de pêcheurs subsistait fort bien, et ne vit pas forcément d'un bon œil l'arrivée d'une armée d'architectes, maçons, charpentiers, orfèvres et peintres lorsque commença la construction du château d'Uranie.

Uraniborg ne se fit pas en un jour. Après que la première pierre eut été posée en grande pompe le 8 septembre 1572 par l'ambassadeur de France Charles de Danzay, il fallut neuf ans pour que l'édifice fût achevé, permettant enfin à Tycho d'y héberger sa famille au complet. Même sa plus jeune sœur, la docte Sophie, vint s'installer à demeure pour l'assister dans ses travaux astronomiques et se livrer à l'étude de la botanique. Bien entendu, lui-même était resté sur le chantier durant toute la construction, tant pour en surveiller l'avancement dans ses moindres détails que pour y accomplir d'innombrables observations célestes, à l'aide d'instruments installés de façon provisoire.

Inspiré par la Villa Rotonda, que le célèbre architecte Palladio avait bâtie près de Vicence, Uraniborg était un étrange palais rond tout hérissé de clochers, clochetons, tours et tourelles, de bulbes et de dômes à toits mobiles, de terrasses entourant une vaste place centrale, cloître couvert dont les transepts, les absidioles, les croisillons et jusqu'aux dessins du dallage représentaient le monde selon Tycho. On y pénétrait par la Terre, orientée à l'ouest, c'est-à-dire en bas selon la géographie ancienne ; et de là, on pouvait voir, clairement désignés, le Soleil et les cinq autres planètes autour de lui, suggérant que cet ensemble tournait autour d'une Terre fixe.

Ce palais n'était pas, du moins dans ses parties décoratives, exclusivement dédié à Uranie, muse de l'astronomie, mais aussi au plaisir et à la gloire de Tycho. Dans l'enceinte, le prince danois avait fait installer un herbarium et un jardin horticole comprenant trois cents espèces d'arbres. Le sous-sol était occupé par une imprimerie, une papeterie, le laboratoire d'alchimie, et surtout une grosse fontaine tournante dont les pompes et les tuyaux distribuaient l'eau courante dans les chambres du rez-de-chaussée, même jusqu'aux étages. Un luxe que ne connaissaient ni la reine Élisabeth dans son glacial château de Hampton Court, ni Henri III de France en son démesuré palais du Louvre.

Le parcours dans cet étrange temple était jalonné de bustes, statues, toiles et fresques, représentant les philosophes et les astronomes du temps passé. Les portraits de Tycho revenaient partout, dans chaque escalier, au centre, toujours au centre, en haut, toujours en haut. La statue colossale qu'il avait fait ériger de son roi et mécène Frédéric II en semblait même rabougrie.

Inscriptions, maximes, éloges et épitaphes aux personnages représentés couvraient les murs. Tycho se disait signataire de ces vers latins, car il se prétendait aussi grand poète qu'astronome. Auprès d'une de ses effigies, le visiteur pouvait lire : « Ici se montre la beauté physique de Tycho Brahé ; que brille, plus belle, celle qui se cache : la beauté morale. » Ailleurs : « Les armes, la race, les biens périssent ; la vertu et la science possèdent la gloire durable de la célébrité. » Ailleurs encore, sur un socle à la base d'un arc entre colonnes où étaient appendues les armes de sa famille : « Très rares sont ceux qui ont l'âme assez pure pour avoir élu comme vénérable entre tous le métier de contempler le ciel. »

La vie diurne à Uraniborg ne manquait pas de divertissements, à commencer par les fastueux banquets où l'on festoyait plus que de raison. Il est vrai que chez les Brahé, la beuverie était une habitude de famille. Tycho avait fait installer çà et là divers automates, dont une statue mobile de Mercure ; il s'en amusait, et se divertissait de ce que des paysans, voire de plus augustes visiteurs, soupçonnaient qu'il y avait des démons là-dessous. À cause de sa passion pour les choses célestes, il était réputé connaître l'avenir ; il entretenait volontiers cette croyance, et c'était pour lui une jubilation de rendre admiratifs les crédules qui venaient le voir, en proférant des oracles qui passaient pour des prophéties.

Chacun de ses assistants disposait de chambres au deuxième étage ; pour les convoquer, il avait installé des clochettes, et il avait dévidé par conduits secrets des cordons en direction soit de sa chambre, soit du réfectoire, soit de la bibliothèque, si bien que, aux lieux où ils aboutissaient camouflés, il suffisait qu'ils soient légèrement touchés pour qu'ils émettent dans les chambres leur signal. Dès lors, la plaisanterie favorite de Tycho, lorsque des visiteurs se trouvaient avec lui, consistait à convoquer l'un de ses assistants occupé aux étages : « Viens Franz, viens Christian », chuchotait-il tout en le prévenant subrepticement par le système mécanique de clochettes et de fils ; et il pouffait de rire devant la stupéfaction de ses visiteurs lorsque l'assistant arrivait en courant au bout de quelques minutes.

Il protégeait un fou du nom de Jeppe, à qui de sa main il tendait de la nourriture. Toutes les fois qu'il prenait place à table, l'autre, assis à ses pieds, jasait en de multiples propos délirants, certains d'entre eux parfois liés à l'instant ; et Tycho, persuadé de ce que Jeppe, dans l'obscurité de son esprit, était capable de présages, surveillait attentivement ce qui était proféré par ce nain ridicule.

La vie nocturne, elle, était tout entière consacrée au travail. Le génie de Tycho s'était puissamment manifesté dans la conception et la fabrication de merveilleux instruments astronomiques : semi-cercle azimuthal, règle ptolémaïque, cercle parallactique, armilles zodiacales, sextant de cuivre, quadrant azimuthal. Le plus monumental d'entre eux était un grand quadrant mural de dix pieds de rayon, capable de mesurer la position du Soleil avec une précision jamais atteinte grâce à la finesse extrême de ses graduations. Tycho était si fier de ce quadrant entièrement conçu par lui qu'il voulut que son effigie en taille réelle fût peinte sur l'aire du quadrant. Le peintre Tobias Gemperlin, un natif d'Augsbourg à qui fut confié ce travail, représenta l'astronome couvert d'un lourd manteau et d'un bonnet, vêtements appropriés pour un personnage en observation nocturne. Tycho effectuait une visée en direction d'une étroite lucarne percée dans l'un des hauts murs du palais, afin de repérer l'instant précis du passage du Soleil au méridien d'Uraniborg. L'un de ses assistants prenait note du temps à l'horloge murale, tandis qu'un autre transcrivait sur un registre la hauteur d'angle que le maître lui dictait.

Tycho avait vite compris que la mesure précise du temps était ce qui avait le plus fait défaut aux anciens astronomes. Aussi essaya-t-il des clepsydres et diverses horloges de sa conception. Dans les premiers de ces instruments, du mercure purifié et revivifié s'échappait par un petit orifice, en conservant toujours la même hauteur dans le vase conique qui le renfermait ; le poids du mercure écoulé devait donner le temps. Tycho tenta aussi le plomb saturnien, purifié et réduit en poudre très subtile. « Mais, pour confesser la vérité, écrivit-il plus tard, le rusé Mercure, qui est en mesure de se moquer des astronomes autant que des chimistes, s'est ri de mes efforts ; quant à Saturne, quoique ami du travail, il n'a pas mieux secondé celui que je m'étais imposé. »

Il opta finalement pour une grande horloge de cuivre, dont la roue principale large de deux coudées et marquée de mille deux cents dents permettait de marquer les secondes.

Dans la bibliothèque trônait un grand globe de bois de cinq pieds de diamètre, gravé du zodiaque, de l'équateur, des cercles tropiques et méridiens. Durant quinze années, Tycho y reporta patiemment, semaine après semaine, les positions des mille étoiles fixes qu'il avait observées, ainsi que les trajets planétaires et cométaires.

Comme Uraniborg ne paraissait pas devoir suffire pour tous les équipements que Tycho envisageait au fil des jours, surtout pour les plus grands qu'il désirait installer de manière plus sûre, plus solide, et rendre en conséquence abrités des vents, il se mit en tête de bâtir un observatoire souterrain divisé en plusieurs cryptes aux murailles épaisses. Après l'achèvement d'Uraniborg, il fit ainsi construire en 1584 un bâtiment séparé, qu'il nomma Stjerneborg, le « Château des Étoiles ». Entouré d'une aire carrée dont les côtés, tournés chacun vers une région du firmament, protégés par des portes de maçonnerie et se développant selon des demi-cercles, étaient longs de soixante-dix pieds, ce nouvel observatoire était occupé en son milieu par un hypocauste, lui-même carré, avec des côtés tournés dans les mêmes directions, de sorte que l'on pouvait se rendre jusqu'à ses quatre angles depuis chacune des cryptes. Une cinquième crypte, la plus grande, donnait sur la façade méridionale, alors qu'il n'y en avait aucune vers le nord, du côté où était le vestibule par où on entrait dans l'observatoire. Un passage souterrain permettait aussi de pénétrer dans l'hypocauste depuis

Uraniborg et les laboratoires lorsque, durant les rudes hivers boréaux, la sérénité de l'atmosphère invitait à l'observation. Il y avait des toits aux cryptes, soit totalement escamotables, soit repliables comme des battants de porte, grâce auxquels l'usage des instruments, solidement soutenus par des griffes fixées au sol, était facilité vers quelque direction du ciel où l'on ait à diriger le regard.

L'hypocauste, chauffé par un poêle, abritait des alcôves équipées de lits de repos. Sur les murs, Tycho s'était fait représenter en peinture dans une galerie des huit grands astronomes de l'histoire : Timocharis, Hipparque, Ptolémée, Albategnius, Alphonse X, Copernic, terminée par lui-même et par « Tychonide », un descendant dont on ne savait s'il s'agirait de Tyge, son aîné né en 1581, ou de son second Jorgen, né deux ans plus tard. Une légende ornait chaque portrait, et sous celle de Tychonide, l'espoir qu'il serait « digne de son grand ancêtre ».

Ce n'était pas la folie des grandeurs qui avait provoqué le gigantisme du Château des Étoiles, mais la possibilité d'avoir des règles graduées extrêmement longues et d'y graver ainsi le plus grand nombre de secondes, de minutes et de degrés. La plus vaste des cryptes abritait ainsi une immense armille équatoriale ; un quadrant azimuthal, une armille zodiacale, un quadrant azimuthal et un sextant triangulaire occupaient les quatre autres cryptes. Équipés des meilleurs instruments jamais construits, Tycho et ses nombreux assistants purent dès lors situer étoiles fixes et planètes avec une précision jamais atteinte, sur les formidables cartes célestes que le maître se constitua, et dans le secret de ses tables astronomiques qu'il ne consentit à personne le soin d'étudier.

On peut rêver du monstre géant qu'aurait fait Tycho de la lunette de Galilée, et vers quel infini son œil aurait plongé. Lui qui aimait tant fabriquer des machines nouvelles, fondre les minéraux dans son laboratoire d'alchimie en compagnie d'un orfèvre flamand, dessiner et graver dans son imprimerie sous la responsabilité de Tobias Gemperlin, pourquoi n'y avait-il pas songé, dans sa verrerie héritée de son oncle ? Certains déjà, comme l'empereur Rodolphe, contemplaient la lune derrière des verres grossissants. Mais les religieux déclaraient que c'étaient pratiques sataniques que de vouloir violer les territoires divins, à une époque où l'on prenait pour des possédés ceux qui portaient des bésicles.

Quant aux mathématiciens, astronomes et mécaniciens, ils affirmaient que derrière ces verres on ne voyait pas la réalité, mais des fantasmagories. Alors, Tycho et ses vertiges, Tycho et ses superstitions, Tycho et son obsession de l'exactitude n'aurait jamais pu imaginer une telle pratique.

18

Le 13 novembre 1577, cinq ans presque jour pour jour après l'apparition de la *Stella Nova* qui avait bouleversé sa vie, peu avant le coucher du Soleil, Tycho se trouvait auprès d'un de ses domestiques qui pêchait dans un des viviers quand il leva les yeux vers le ciel pour voir si la nuit qui s'annonçait serait sereine. Il aperçut alors un astre aussi brillant que Vénus au déclin du soleil, et dans la même région du couchant. Or Tycho savait que Vénus, observée le matin quelques jours avant au voisinage de Jupiter, était loin de ce lieu. Il pensa un moment à Saturne, qui devait se trouver dans cette région du ciel, mais Saturne ne brillait jamais d'un tel éclat, et ne pouvait jamais être vue en présence du Soleil. Le miracle de la *Stella Nova* se reproduisait-il ? Tycho demanda à ses domestiques si eux aussi voyaient l'étoile. Oui, dirent-ils. Alors, Tycho attendit impatiemment le crépuscule. Son attente ne fut pas vaine, car voilà que, la lumière diurne se retirant peu à peu, apparut un astre non seulement éclatant et d'une blancheur livide, mais avec une queue très longue, diffuse du côté du levant, et dirigée à l'opposé du Soleil, avec des sortes de cheveux et de rayons rougeoyants qui, plus épais près de l'étoile, devenaient plus rares vers son extrémité, en s'incurvant légèrement vers le haut. C'était donc une comète !

Dès ce premier soir, Tycho mesura que la tête de la comète avait un diamètre de sept minutes et la queue une longueur de vingt-deux degrés, de sorte qu'elle s'étendait depuis la tête du Sagittaire jusqu'aux cornes du Capricorne. Il l'observa ensuite nuit après nuit, jusqu'à sa disparition, en janvier 1578. Il put ainsi établir que la queue était composée de rayons solaires filtrant à travers la tête, mais surtout qu'elle était au moins six fois plus éloignée que la Lune. Et cela avait une importance considérable. En effet, dans le vieux système du monde d'Aristote et de Ptolémée, la sphère qui portait la Lune enfermait, avec la Terre, tout ce qui est irrégulier et changeant, l'atmosphère par exemple ; et les comètes n'étaient pas autre chose que des météores, des émanations atmosphériques. À l'extérieur de cette sphère, au contraire, régnait la perfection céleste : un emboîtement de sphères solides de cristal, chacune portant l'astre qui lui était propre, planètes ou Soleil, jusqu'à l'ultime sphère des fixes où s'enchâssaient les étoiles. Or, se dit Tycho, si la comète était plus loin que la Lune, naviguant entre les orbes planétaires, c'est que les sphères de cristal n'existaient pas : sinon, comment ferait-elle pour les traverser ?

Ainsi les comètes étaient engendrées dans les cieux, messages divins rompant l'harmonie que le Seigneur avait ordonnée pour les sphères supérieures, livrant un message ou un avertissement aux hommes vivant dans cet ici-bas qu'Il avait voulu chaotique, désordonné.

Après sa découverte, Tycho répéta à l'envi, devant ses visiteurs étonnés que l'on pût ainsi contredire Aristote, que l'opinion de celui-ci sur la nature des comètes avait été fondée sur la méditation, non pas sur l'observation ou la démonstration mathématique. Il hésita toutefois longtemps à coucher ses idées par écrit : comme jadis avec la *Stella Nova*, il lui répugnait d'insérer sa découverte dans une construction globale, c'est-à-dire de s'abandonner aux « hypothèses ».

Il le fit pourtant, mais cela lui prit dix ans. Dix longues années durant lesquelles il lut, relut, corrigea et révisa toute la correspondance qu'il avait reçue et négligée, car pour la plupart on s'y égarait dans les hypothèses. Et au premier rang de ces hypothèses, bien sûr, l'héliocentrisme de Copernic. De tout son être, Tycho le rejetait. Comment admettre que la Terre, corps lourd, soit mobile et se déplace en interplanétaire ? Cela allait à l'encontre des principes non seulement physiques, mais aussi théologiques de l'Écriture sainte. Ce qui le scandalisait surtout, c'était le vide immense entre la plus lointaine planète, Saturne, et la sphère des étoiles fixes qu'induisait un Soleil central. Le vide, l'inutilité…

Cependant, ce qui avait été naguère antipathie contre ceux qui défendaient l'héliocentrisme était devenu plus raisonné. De fait, Tycho étudia un précieux exemplaire des *Révolutions* de Copernic qu'il s'était procuré auprès de Reinhold, et finit par reconnaître un certain génie à l'astronome de Frauenburg. D'autant qu'un jour il reçut en présent les trois règles en bois dont Copernic se servait pour ses observations. Tycho les plaça dans le lieu le plus apparent de son musée et écrivit à leur sujet des vers latins pleins d'emphase, qu'il suspendit dans un cadre à côté de l'instrument ayant appartenu au chanoine polonais : « La Terre ne produit pas un pareil génie en l'espace de plusieurs siècles. » Et, devant les visiteurs qui s'étonnaient de l'importance accordée à ces reliques, il ajoutait : « Les souvenirs d'un tel homme sont inappréciables, lors même qu'ils se composent de frêles pièces de bois. »

Avec sa démonstration que les comètes, comme l'étoile nouvelle, n'étaient pas des phénomènes sublunaires, Tycho avait cependant prouvé que le système du monde selon Aristote et Ptolémée était devenu caduc. Mais par quelle construction le remplacer ? Il se sentait impuissant à bâtir seul un nouveau système du monde, et il passait de longues nuits, lorque le ciel était couvert, à tourner en rond dans son palais, tourmenté et fasciné à la fois par le vide métaphysique qu'il voyait s'entrouvrir.

Il en était là de ses cogitations lorsque, en février 1579, il reçut la longue lettre d'un astronome prussien qui lui exposait, sans l'étayer de la moindre démonstration chiffrée, sa théorie de l'univers. Selon ce Paul Wittich, la Terre se tenait bien au centre de l'univers, immobile, et le Soleil, la Lune et la sphère des fixes tournaient autour d'elle, comme l'affirmaient Ptolémée et les Anciens. Mais les orbes des planètes, elles, couraient leur cercle parfait autour de l'astre du jour. Ainsi Dieu montrait aux hommes la parfaite mécanique qu'il avait créée pour eux.

Pour Tycho, ce fut comme une illumination. Cette construction « géo-héliocentrique » lui convenait parfaitement, car c'était celle qui s'adaptait le mieux à ses observations : les orbes solides n'existaient pas, les comètes tournaient autour du Soleil ainsi que les autres planètes, à l'exception de la Terre qui, elle, restait immobile au centre de l'univers...

Wittich... Ce nom lui disait quelque chose. Tycho avait une mémoire extraordinaire, du moins pour ce qui ne nuisait pas à la vie qu'il s'était reconstruite. Alors, il se souvint : c'était le troisième larron du trio de bacheliers jadis composé par Maestlin et Reinhold junior. Aucune importance, donc. Il servirait comme assistant. Tycho lui écrivit pour l'inviter à travailler à

Uraniborg, en lui faisant miroiter l'usage de ses merveilleux instruments. Wittich mordit à l'hameçon et débarqua à Venusia durant l'hiver 1580. Il dut vite déchanter. Tycho lui soutira tout ce qu'il pouvait sur son hypothèse géo-héliocentrique, sans lui donner en contrepartie l'accès promis à ses grands instruments, sous prétexte de nuits peu clémentes. Écœuré, Wittich partit au bout de trois mois et rompit toute correspondance avec Tycho. Alors, tout naturellement, le système de Wittich devint le système de Tycho…

Il en fit une première description, timide et quelque peu évasive, dans un petit ouvrage sur la comète qu'il publia en langue allemande en 1583. Cinq ans plus tard, ayant appris que Wittich était mort dans la misère et l'oubli, il confia à l'impression un traité plus conséquent, en latin, *Sur les phénomènes récents du Monde de l'éther*. Il y déclarait en préambule : « Je montrerai, principalement à partir du mouvement des comètes, que la machine du ciel n'est pas un corps pur et impénétrable rempli de sphères réelles comme cela a été cru jusqu'à présent par la plupart des gens. » Puis, après avoir étayé sa preuve contre les orbes solides, il s'appliquait à forger « Une nouvelle représentation du Système du monde récemment inventée par Tycho, d'où sont exclus aussi bien l'antique redondance et l'antique déséquilibre ptoléméens que l'absurdité moderne de la physique copernicienne à propos du mouvement de la Terre ; et où tout s'accorde très strictement avec les manifestations astrales ».

L'ouvrage culminait dans un diagramme représentant la Terre installée au centre du Monde et trois corps se déplaçant autour d'elle comme autour de leur centre propre : d'abord la petite Lune, puis l'énorme Soleil, et enfin, bien plus loin, l'ample sphère des étoiles fixes, qui constituait la partie extrême du Monde. On voyait aussi les orbes des cinq planètes se porter autour du Soleil ; Vénus et Mercure, les plus proches, de sorte que la Terre ne se présentait jamais entre elles et le Soleil, mais que, vues de la Terre, elles paraissaient tantôt au-dessus, tantôt au-dessous du Soleil ; plus à l'écart, Mars, Jupiter et Saturne, de sorte que la Terre s'interposait parfois entre elles et le Soleil. Cette représentation expliquait la course du Soleil à travers le Zodiaque et les courses spécifiques des astres errants qui l'accompagnaient, tout en sauvant leurs apparences de rétrogradation et de stagnation sans appeler aucun épicycle ; elle expliquait aussi les élongations limitées de Mercure et de Vénus par rapport au Soleil, et celles plus importantes de Mars, Jupiter et Saturne, avec leur aspect croissant quand elles traversaient l'espace proche de la Terre. Elle avait surtout l'avantage de sauvegarder la suprématie de la Terre, tout en donnant à la « lampe de l'univers » la place que son importance réclamait…

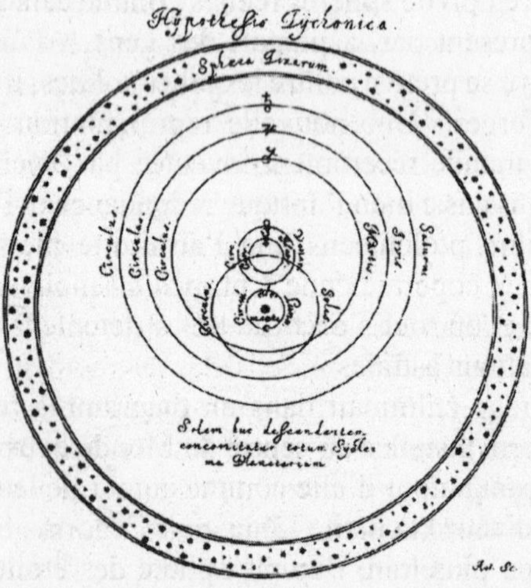

19

En ce 20 mars 1590, j'avais quinze ans et je suivais mon roi, Jacques VI d'Écosse : il venait chercher sa future épouse Anne du Danemark, fille de feu Frédéric II, mort depuis deux ans déjà. Les noces auraient dû avoir lieu à Édimbourg, mais le navire de la reine s'était échoué sur les côtes de Scanie. En chevalier des temps anciens, le roi Jacques vint lui-même emmener sa promise. Ils convolèrent à Oslo. Pour une cervelle d'adolescent imbibée de romans de chevalerie, participer à cette aventure était aussi extraordinaire que d'assister aux amours de Tristan et Iseut. Et quand, perdu dans le cortège royal, je posai le pied sur la jetée de Venusia, je crus débarquer à la cour du roi Arthur ou dans la forêt de Brocéliande, chez Merlin l'enchanteur. Mais ici, le monarque Tycho Brahé ne portait pas au côté l'épée Excalibur. Il faisait sonner sur le sol dallé l'embout d'argent d'une extravagante canne, qu'il appelait le bâton d'Euclide. Pour le reste, il était tout de rouge vêtu, ruisselant de dentelles aux couleurs de son île, Hven l'écarlate.

Ses joues pleines de vie et la blondeur de sa chevelure mêlée discrètement de rousseur témoignaient d'une constitution alerte. Il paraissait aussi grand que gros, mais un certain page malicieux de la suite du roi

Jacques fit remarquer à un de ses camarades qu'il portait des talons d'au moins deux pouces de haut. J'étais surtout scandalisé de la façon dont il se comportait, en tuteur ou en régent qu'il n'était pas, avec le jeune roi Christian, lui adressant à peine la parole. Tycho semblait faire plus de cas de son propre fils, Tyge, âgé de neuf ans.

La cour de Copenhague bruissait d'intrigues autour de Christian. La visite impromptue de Jacques VI avait de quoi inquiéter les grands du Danemark. On ne savait que penser de cet homme de vingt-trois ans et de belle prestance, qui avait accueilli l'exécution de sa mère avec une superbe indifférence ; il était au contraire devenu fort intime avec le bourreau de Marie Stuart : sa cousine Élisabeth d'Angleterre. Si celle-ci ne laissait pas d'héritier, ce qui était maintenant évident, Jacques lui succéderait. Et si, de l'autre côté de la mer, il arrivait un accident au jeune roi du Danemark et de Norvège… Je me délectais à l'époque de ces supputations, qui sont peut-être à l'origine de ma vocation de diplomate.

Quand le roi Jacques lui rendit visite, cela faisait quelque quinze ans que Tycho régnait sans partage sur son île et ses deux palais, le château d'Uranie et le château des Étoiles. Dans le monde savant, « le pape de l'astronomie » était devenu une légende.

Tout ce qui se piquait, en Europe, de l'art d'observer les étoiles était venu ici, en confrère désireux de lui arracher quelques-uns de ses secrets ou en simple curieux, notamment parmi la noblesse amusée de voir cet aristocrate diriger la manipulation de ses instruments comme un capitaine de navire à la manœuvre dans la tempête. Quand un phénomène céleste exceptionnel était annoncé, sa flottille ne cessait de faire la navette entre Copenhague et le débarcadère de Venusia.

Tycho s'était réconcilié, par lettres, avec le comte Guillaume de Kassel. Celui-ci, toujours inconsolable de la mort de sa fille, faisait cultiver dans ses serres, par le fameux médecin français Charles de L'Écluse, les plantes venues des quatre coins du monde : le jasmin d'Arabie, le tabac du Mexique, la tulipe de Turquie, la patate du Pérou et bien d'autres encore. De même, il voulait rassembler dans son parc le plus grand nombre d'animaux possible. En témoignage d'amitié, Tycho lui avait offert un couple de grands élans de Laponie. L'affaire n'avait pas été facile. Tycho avait d'abord fait élever la femelle dans une de ses fermes à Venusia, puis l'avait fait livrer à son palais d'Uraniborg avant de l'expédier à Guillaume par bateau, en compagnie du mâle. Mais, la veille de l'embarquement, un stupide accident s'était produit. Pour amuser ses invités et sous les exhortations du nain Jeppe, Tycho avait fait boire à la bête une ration excessive de cervoise. Puis, comme on allait prendre place à table, la femelle, littéralement ivre, avait gravi un haut escalier ; incapable de redescendre, et paniquée par les éclats de rire de l'assistance aussi ivre qu'elle, l'animal avait chuté, se brisant la cheville. Aucun remède n'avait pu la soigner et elle était morte. Il avait fallu six mois supplémentaires pour que Tycho, mortifié, puisse se procurer à grands frais une autre femelle.

Un mois après le passage de Jacques VI d'Écosse, Guillaume reçut une longue lettre de Tycho se désolant que le comte n'ait pu se déplacer pour cette auguste visite. Il se plaignait également que trois de ses assistants et non des moindres, l'orfèvre flamand Hans Crolius qui lui servait d'alchimiste, Tobias Gemperlin son peintre imprimeur, et enfin l'architecte Hans van

Steenwinkel, dit Hans d'Emden, avaient profité de la confusion pour s'enfuir de l'île. Ce que Tycho ne précisait pas, c'était que le jeune roi lui-même les avait débauchés. Le comte n'avait-il pas quelqu'un de sûr et talentueux à lui recommander ? Par ailleurs, il affirmait avoir découvert, dans son laboratoire d'alchimie, quelque chose d'amusant qui intéresserait certainement « ce bon docteur Rothmann ». Enfin, il souhaitait, « pour parachever ce temple de la philosophie naturelle » que devait être Venusia, y créer un jardin des simples. Qui d'autre que l'auteur de *L'Histoire des plantes*, Charles de L'Écluse, pourrait mener cette œuvre à bien ?

— C'est du Tycho tout craché, cela, un autoportrait criant de vérité, s'exclama en riant Guillaume de Hesse, après avoir fini la lecture de cette lettre. Non content d'être le meilleur astronome du temps, ce que je lui accorde sans conteste, il veut être le seul, l'unique. Il ne supporte pas qu'un autre possède ce qu'il n'a pas. Cela le met, m'a-t-on dit, dans des colères qu'il passe sur les reins de sa domesticité, de ses paysans ou de sa femme, à grands coups de cette affreuse canne qu'il appelle « le bâton d'Euclide ». Une fois cette rage assouvie, m'a-t-on encore raconté, il se jette sur la nourriture avec autant de gloutonnerie qu'il a à collecter les observations sur des tables astronomiques qu'il se refuse à faire partager au vulgaire, dont nous sommes, à ses yeux, mes amis.

— L'envie, l'orgueil, la colère, la gourmandise, l'avarice…, énuméra sur ses doigts le botaniste français. Il paraît que les deux derniers péchés capitaux seraient incompatibles avec ces cinq-là, Votre Altesse.

On éclata de rire. Le docteur Rothmann intervint :

— Eh quoi ? cher Clusius, voudriez-vous donc lui inculquer la paresse, vous qui avez failli mourir en chutant du haut du rocher de Gibraltar où vous alliez cueillir quelques fleurettes ? Voudriez-vous le plonger dans la luxure, vous, l'austère disciple de Calvin obligé de fuir les persécutions de votre France dépravée ?

— Certes non, Rubeus ! Jamais je ne me déplacerai dans des lieux aussi humides, véritable torture pour mes vieux os brisés lors de ma chute. Surtout pour me mettre sous les ordres d'un tel homme. Je me suis battu ma vie entière contre la tyrannie. Ce n'est pas pour tomber sous la coupe de ce Néron de la philosophie naturelle !

— Eh bien, moi, intervint le troisième larron de ce petit groupe de savants, moi, Nicolas Bär, alias Ursus, je suis prêt à aller affronter le tyran.

— Je me souviens en effet, dit Guillaume, que vous m'avez raconté les hauts faits et gestes de Tycho après une visite que vous lui aviez faite à Uraniborg.

— La mémoire de Votre Altesse m'honore. C'était en avril 1584, à l'occasion d'une éclipse partielle de Soleil. J'étais le précepteur des deux fils du seigneur von Lange, qui avait fait le voyage à Uraniborg avec eux, pour leur instruction. Tycho ne pouvait évidemment remarquer l'obscur petit pion que j'étais, mais moi, je l'ai bien observé. Celui qui se targue d'être l'empereur des étoiles craint ses pairs, mais il ne se méfiera pas d'un ancien gardien de porcs.

— Lequel pourrait donc se rendre chez le Crésus des astres afin de lui voler son trésor ! compléta Rothmann.

— Parfaitement ! Guillaume, ô mon maître, faites donc mine de me donner à lui ! Je saurai lui dérober ses tables astronomiques, puis m'enfuir de son île et vous les rapporter, afin que ces observations profitent au monde entier et non plus à sa seule manie.

— Ma foi, Ursus, répliqua le vieux comte, je jubile à l'idée que vous deveniez son assistant. Mais vous risquez d'y perdre quelques poils. Autant Tycho sait s'aplatir devant les forts, autant il devient impitoyable face aux plus faibles que lui. Telle est la lâcheté des puissants de ce monde.

— Je serai fort, Guillaume, car je serai rusé. La ruse est la force des faibles.

Quand il était enfant, Ursus n'avait pour tout bâton d'Euclide qu'une branche de coudrier avec laquelle il aiguillonnait les cochons que son fermier lui avait donnés à garder dans les marécages poméraniens. Remarqué par le pasteur de son village, il apprit à lire, à écrire et à compter. N'ayant pas de protecteur assez puissant, il ne put obtenir une bourse et travailla comme arpenteur, un modeste salaire qui lui permit de devenir bachelier. Son seigneur, le baron von Lange, lui demanda alors d'éduquer ses enfants, tout en lui ouvrant les portes de sa bibliothèque. Un jour, le baron partit pour un long voyage. Il emmena avec lui ses fils et leur précepteur, afin de leur faire visiter le légendaire Uraniborg, puis l'observatoire plus modeste de Guillaume de Hesse. Ce dernier remarqua l'intelligence de l'ancien porcher et l'engagea comme assistant. Ursus n'hésita pas un seul instant et accepta. Quand le baron Lange l'apprit, il entra dans une grande fureur, non qu'il plaçât au-dessus de tout l'éducation de ses enfants, mais parce qu'Ursus, son animal familier, l'avait trahi.

L'ancien porcher resta donc au service de Guillaume de Hesse. Il y apprit seul, tant par la lecture et le calcul que par l'observation, à devenir un astronome remarquable, sans véritable maître, donc sans idée préconçue.

Le vieux comte, de son côté, n'avait pas oublié les affronts que lui avait fait subir Tycho lors de sa rapide visite au château de Kassel. Le Danois lui avait d'abord volé ses tables d'observations solaires; ensuite il s'était enfui le jour de la mort de sa fille au lieu de lui apporter son soutien; enfin, plus tard, à Ratisbonne lors du couronnement de Rodolphe, il avait crié sur tous les toits que l'absence du comte était une forfaiture, alors que, pourtant, d'autres grands électeurs réformés n'étaient pas venus non plus. Non, il ne lui avait pas pardonné, malgré l'aimable correspondance que le pape de l'astronomie avait renouée avec lui. Et le couple d'élans qui maintenant gambadait dans son parc ne changerait pas sa détermination à lui faire payer. Il connaissait la morale de la fable de Plaute, *La Marmite* : la meilleure manière de faire souffrir un avare, c'est de lui arracher son trésor. Et le trésor de Tycho, c'étaient les milliers d'observations dont il ne faisait bénéficier personne, et qu'il laissait appeler les tables tychoniennes. Ursus serait l'arme de sa vengeance.

Mais Ursus n'irait pas seul. Le fidèle Christophe Rothmann, le *mathematicus* de Hesse, avait eu lui aussi à subir les avanies du Danois, lors de la petite semaine que Tycho avait passée à Kassel. Rothmann s'intéressait à la médecine par les plantes, les animaux et les minéraux, tout comme Tycho, autre paracelsien convaincu; en l'entretenant de ces sujets, le premier saurait bien détourner l'attention du second pendant qu'Ursus…

Rothmann et Ursus s'aimaient bien, phénomène assez exceptionnel dans le monde des astronomes pour qu'on le souligne. Pourtant, si le médecin était copernicien, l'assistant en tenait plutôt pour les théories de Tycho, tandis que Guillaume de Hesse en restait prudemment à Ptolémée, ce qui donnait toujours d'ardentes mais joyeuses disputations entre les trois amis et leurs nombreux visiteurs, au palais de Kassel. Dire, comme Ramus en son temps, que ce lieu était une nouvelle Alexandrie serait excessif. De plus, son phare avait singulièrement pâli depuis que celui d'Uraniborg resplendissait de tous ses feux, en ce 1er août 1590, quand les deux savants compagnons mirent le pied sur le débarcadère de l'île de Venusia.

20

Un tourbillon de valets vint s'emparer de leurs bagages, une sorte de majordome les entraîna vers le palais-observatoire. Tycho avait fait dresser une longue table rectangulaire sous l'immense voûte de son observatoire. Derrière, son quadrant dévorait tout l'espace.

Lui et ses convives lui tournaient le dos, car ils étaient assis du même côté de la table, comme dans les repas royaux figurés sur les tapisseries anciennes ou un tableau de la Cène. Pas de femmes ici, et Tycho le poète aurait pu graver en frontispice de son observatoire : « Nul n'entrera ici, s'il n'est du sexe fort. » Il exigeait que son fils, Tyge, neuf ans, qui n'aurait le droit de latiniser son nom en Tycho qu'à la mort de son père, se tienne à sa droite. À sa gauche, il installait toujours son invité de marque.

En entrant dans la grande salle comme des saltimbanques venus donner un spectacle, Ursus eut un mouvement de recul. À la gauche de Tycho, il reconnut le baron von Lange, son ancien maître, flanqué de ses deux fils dont il avait été le précepteur et le souffre-douleur. Cependant « le pape de l'astronomie » interpella joyeusement le docteur Rothmann :

— Cher monsieur, en vous envoyant ici pour m'assister, Son Altesse Guillaume me témoigne une fois de plus de son amitié.

— Hélas, répliqua Rothmann, il paraît que Son Altesse ne peut se séparer de moi, et je dois repartir bientôt. Mais vous n'y perdrez pas au change, car M. Bär que voici, maître dans les arts libéraux…

— Qu'il ait été promu au grade de maître ès arts libéraux ou non, je m'en contrefous, interrompit grossièrement Tycho. Cela ne présente pas pour moi une mince importance !

— M. Bär est un calculateur de grand talent, répliqua sèchement Rothmann.

Tycho considéra Ursus de la tête aux pieds avec un immense mépris. Le baron von Lange se pencha vers lui et lui parla longtemps à l'oreille.

— Ursus, Ursus, grommela enfin le maître des lieux. Vous nous descendez donc de la Grande Ourse ? Qu'en penses-tu, Jeppe ?

Surgit de dessous la table un nain coiffé du bonnet à clochettes du fou.

— Tu te trompes, vieux Tycho, ce bonhomme a découvert dans le ciel la constellation du cochon.

Et il tourna autour d'Ursus en poussant des grognements de truie. Comme la tablée ne comprenait pas la plaisanterie, Tycho précisa :

— Messieurs, à ce que vient de me raconter mon ami von Lange, l'assistant que m'envoie le comte de Hesse a débuté dans la vie comme gardien de porcs. Je ne sais comment apprécier ce beau cadeau.

L'aîné des fils du baron, qui devait avoir une vingtaine d'années, s'exclama alors :

— Ah par exemple ! C'est Rosa, rosa, rosam ! Je ne t'aurais jamais reconnu, mon Bär, sous tes oripeaux de docteur !

Les quelque dix convives éclatèrent de rire et se mirent à pousser à tue-tête des cris d'animaux de basse-cour. Ursus resta figé, comme minéralisé sous l'affront. Craignant un éclat de sa part, Rothmann eut un geste qui stupéfia l'assemblée ; il passa le bras autour des épaules de son ami et dit :

— Monter de la bauge vers les étoiles a paru plus admirable à Son Altesse Guillaume de Kassel que parcourir le chemin inverse.

Et il pointa son doigt sur les reliefs du festin. Visiblement, dans l'île de Venusia, on ne connaissait pas l'art raffiné de la table, pratiqué depuis longtemps dans toutes les cours d'Europe. On mangeait ici avec ses doigts, la nappe était jonchée de reliefs de nourriture et souillée de taches de vin. Rothmann aurait traité les convives de Vikings mal dégrossis, il n'aurait pas mieux dit. Tycho le comprit fort bien.

Lui qui était enclin aux plaisanteries et aux joyeusetés, et déversait plus qu'à son tour sarcasmes et astuces sur autrui, il ne pouvait supporter qu'il en soit déversé sur lui par ses pairs. Mais, comme le courage n'était pas sa vertu cardinale, il fut fort embarrassé par la repartie de Rothmann ; il retira son nez, l'oignit d'un peu de crème, le remit en place, se racla la gorge et changea de sujet :

— Vous a-t-on au moins bien installés, messieurs ?

— Il doit rester quelques soues de libres dans la porcherie ! hurla le nain.

— Ça suffit, Jeppe, couché ! Excusez-le, messieurs, il ne sait jamais s'arrêter.

Le bouffon courut se réfugier en dessous de la table, poussant maintenant des petits cris de goret, mais plus personne n'osa en rire.

Tycho était fermement décidé à refuser Ursus comme nouvel assistant. Lui qui jadis avait épousé, au grand scandale de ses pairs, une fille de ferme redoutait maintenant le ridicule d'avoir à ses côtés un porcher astronome. Mais en congédiant Ursus, il risquait d'offenser Guillaume de Hesse. Celui-ci, en effet, ne rechignait jamais à lui envoyer le résultat de ses observations, tandis que Tycho ne lui communiquait rien en échange, ni à personne d'autre d'ailleurs, se constituant ainsi les plus grandes tables astronomiques qui aient jamais existé. Mais les plus secrètes aussi.

Le roi de Venusia savait bien que tous les astronomes venant lui rendre visite n'avaient qu'une idée en tête : s'emparer de son trésor. Et rien ne le réjouissait tant que de les voir repartir bredouilles après les avoir appâtés. Quant aux assistants, Tycho ne les recrutait qu'au Danemark et les formait lui-même. Aucun d'entre eux, ainsi, n'aurait osé l'espionner ou le voler. D'ailleurs, le plus souvent ils ne tenaient pas trois ans, et s'évadaient pour échapper à sa tyrannie. Ou alors il les renvoyait, car depuis la mort brutale de Pratensis, l'irremplaçable, nul ne lui convenait, à l'exception d'un seul, le jeune Christian Sörensen venu de la cité de Langberg, dans le Jütland, et donc rebaptisé Longomontanus, qui lui obéissait en tout et se pliait à tous ses caprices.

Né vingt-huit ans plus tôt de parents paysans, Longomontanus s'était beaucoup battu avec le sort. Élevé tantôt chez ses parents, tantôt chez sa tante, tantôt chez son oncle, il avait très jeune travaillé aux champs, tout en étant rustiquement éduqué par le pasteur de sa paroisse. À peine âgé de quinze ans, il s'était enfui et réfugié à l'école de Viborg, distante de douze milles. Demeuré là onze ans, il avait assuré sa subsistance avec ingéniosité, et s'était employé, au prix d'un travail infatigable, à se cultiver, s'appliquant notamment aux mathématiques. Puis il avait débarqué à l'Académie de Copenhague. Là, il avait fait ses preuves en un an, devant des professeurs ébahis, de telle façon qu'il avait été chaudement recommandé par eux à Tycho. Dès qu'il mit les pieds à Venusia, il se révéla expert plus que tout autre assistant dans l'exercice de l'observation, devenant leur guide et principal ordonnateur dans la mise en œuvre des calculs.

Longomontanus était à ce poste depuis deux ans. Le séjour de Rothmann et d'Ursus, lui, ne dura qu'un mois. Mais cet août-là de l'année 1590 leur sembla une éternité. Tycho laissa croire à l'ancien porcher qu'il l'engageait et se fit un devoir de jauger à chaque instant ses connaissances. Elles étaient grandes, mais pas autant que celles de Tycho, qui étaient infinies. Aussi, à la moindre petite erreur, le nain Jeppe, qui ne lâchait pas le malheureux, déversait sur lui des sarcasmes fangeux. Et les deux fils von Lange, qui trouvaient décidément cette île charmante depuis que leur ancien précepteur y avait débarqué, réclamaient pour lui la férule ou toute autre punition qu'Ursus leur avait fait subir au temps de leur enfance.

Mais le jeu auquel Tycho s'amusait le plus était celui de la tentation. Sciemment, il laissait traîner des documents ou ouvrait la porte d'un cabinet d'ordinaire interdit à tout autre qu'à lui. Mû par la curiosité, Ursus jetait un œil sur ces papiers ou glissait la tête par la porte entrebâillée. Aussitôt, surgissant de nulle part, le nain Jeppe se mettait à piailler :

— Au voleur, au voleur ! Le porcher fourre encore son groin où il ne faut pas !

Rothmann, de son côté, n'avait pas découvert au laboratoire les merveilles alchimiques promises. Mais

Tycho s'était entiché de pharmacopée, et désirait que le *mathematicus* de Kassel l'aidât à se constituer un jardin des simples et des plantes, puisque ce « foutriquet de Français », de L'Écluse, n'avait pas consenti à venir collaborer avec lui.

Au bout d'une vingtaine de jours, Rothmann, excédé, décida de partir. De toute façon, ils n'obtiendraient de Tycho pas la moindre pièce de son trésor. Et puis, il connaissait trop bien cette soupe au lait d'Ursus pour savoir que celui-ci finirait par faire un éclat, au risque d'être mis à mal par les gens d'armes du despote. On disait par ici que les visiteurs qui avaient le malheur de déplaire à Tycho pouvaient craindre un accident… Rothmann voulut donc user de doigté. Il n'en eut pas besoin. Avec des mines confites, le pape de l'astronomie se déclara désolé de cette trop brève visite, mais affirma qu'il ne voulait pas priver son ami le comte d'un aussi bon médecin que lui. Il demanda toutefois de surseoir d'une semaine à ce départ, afin de voyager dans la meilleure configuration astrale possible. Il resta évasif sur le sort qu'il réservait à Ursus, arguant qu'il hésitait encore à le prendre pour assistant.

Durant cette dernière semaine, Tycho se fit tout miel, surtout avec Ursus. Après avoir assisté à une pluie de météores, les deux astronomes eurent un long débat durant lequel Tycho exposa en détail son système du monde. Puis il leur fit ses adieux.

Dès l'aurore, Rothmann et Ursus descendirent vers le port. Ils portaient eux-mêmes leurs bagages, car le palais, d'ordinaire grouillant de domestiques, était désert ce matin-là. À l'appontement, une longue barque à rames les attendait. Son capitaine se tenait devant la passerelle, encadré par deux matelots. Il leva la main et dit quelque chose en danois. Les matelots saisirent les bagages et entreprirent de les fouiller. Le capitaine, quant à lui, se chargea de palper ses futurs passagers jusque dans les endroits les plus intimes. Puis il se mit à aboyer sous leur nez des mots incompréhensibles. Rothmann finit par comprendre qu'il réclamait un laissez-passer signé de Tycho.

— Ça risque de mal tourner, dit-il en latin à Ursus. Reste ici. Je vais aller lui dire son fait, moi, au pape de l'astronomie.

— Ne m'abandonne pas, supplia Ursus. Au pis… Je sais nager.

Installé sous le péristyle aux minces colonnades, et entouré de sa cour habituelle, le nain Jeppe à ses pieds, la main posée sur le pommeau d'ivoire du bâton d'Euclide, Tycho trônait, tel un roi au spectacle. Il avait pu assister de loin à la fouille de ses deux invités. Il en semblait fort réjoui.

— Que signifie cette mascarade, Tycho ? demanda sèchement Rothmann. En ma personne, c'est Son Altesse le comte de Hesse que tu offenses ainsi.

L'autre prit cet air d'enfant pris en faute, qui faisait que ses amis, et il en avait, lui pardonnaient tout.

— Tu t'es levé du mauvais pied, ce matin, mon bon Rubeus. Pardonne-moi, mais cette nuit a été tellement fructueuse que j'en ai oublié de signer ton laissez-passer. Jeppe, donne donc ce document avec tous les égards dus à l'ambassadeur de mon ami Guillaume de Kassel.

Le nain accourut de sa démarche chaloupée jusqu'à Rothmann, se prosterna face contre terre comme le font les estafettes du Grand Turc, lui baisa les pieds, se releva et lui tendit un mauvais bout de papier signé de Tycho, le tout sous les rires de l'assistance.

— Je te souhaite un bon voyage, docteur. Ah, j'oubliais ! Peux-tu dire en passant à mon nouvel assistant, le soi-disant Ursus, qu'il se rende à l'observatoire immédiatement. Longomontanus a besoin de son aide. Je ne le paie pas pour flâner sur la grève, non ?

Sans un salut, Rothmann tourna les talons et redescendit au port d'un grand pas.

— Décidément, il est bien mal luné, ce matin, notre bon docteur, dit Tycho assez fort pour que l'autre l'entendît.

Sur le quai, les bagages de Rothmann avaient déjà été embarqués, mais ceux d'Ursus gisaient, ouverts et en désordre, sur les planches disjointes, comme si le capitaine connaissait déjà le résultat de l'entretien.

— Je peux partir, mais toi…

Et Rothmann se retourna pour désigner deux gardes de Tycho qui venaient à eux.

— Je t'ai déjà dit que je savais nager, répliqua Ursus.

Alors, il plongea dans l'eau froide du Sund. Il se débarrassa comme il put de ses lourds vêtements noirs et se retrouva nu. Son dos était couvert de poils, comme celui… d'un ours. Il était aussi vigoureux que l'animal dont il portait le nom, car en quelques mouvements, il s'était déjà éloigné d'une dizaine de brasses. Pour ne pas manquer le spectacle, Tycho et sa cour étaient accourus en grande hâte.

— Eh, Ursus, on pêche le saumon ? cria Jeppe.

Tout un bestiaire y passa, du canard au phoque sans oublier la baleine.

— Allez donc me repêcher ce drôle de triton, ordonna enfin Tycho au capitaine, et emmenez-le à Copenhague.

Puis il ôta son nez avec une grimace de douleur : les larmes de rire qui coulaient sur ses joues le piquaient atrocement.

— Tycho, commença Rothmann, comment un homme tel que toi peut s'abaisser à…

— Cela suffit. Pars, toi aussi. Et remets ceci à ton maître. Ça l'intéressera. Qu'on se hâte, maintenant. Je ne tiens pas à ce que mes ennemis m'accusent de la noyade d'Ursus, en plus des innombrables crimes dont ils m'accablent.

— On ne prête qu'aux riches, répliqua Rothmann qui ne voulait pas en rester là.

Comme tout le monde, il connaissait le point faible de Tycho : une superstition de vieille femme. Aussi ajouta-t-il :

— Ce n'est pas un simple porcher que tu viens de malmener. Ursus est également doté d'étranges pouvoirs où le diable n'est pas étranger…

La panique qu'il put lire dans le visage troué fut douce à son cœur.

Ursus fut repêché et séché à bord de la barque, mais il ne dit plus un mot jusqu'à la fin du voyage. Arrivé à Kassel, il demanda au prince de lui permettre de quitter sa charge d'astronome particulier et il s'en fut. Il donna quelques mois des leçons de mathématiques dans la ville libre de Strasbourg. Il y publia son *Fondement d'astronomie*, où il présentait bien plus clairement que le Danois, et sans le citer, le système géo-héliocentrique, lui apportant même quelques améliorations de taille : dans le système d'Ursus, la Terre tournait sur elle-même, ce qui expliquait le mouvement diurne, et les étoiles n'étaient pas toutes à la même distance. Le livre était antidaté d'un an…

Un jour, Ursus vit arriver son ami Rothmann, qui lui annonça la mort du comte Guillaume de Hesse. Avant de pousser son dernier soupir, celui-ci avait eu le temps de recommander chaudement ses protégés à l'empereur Rodolphe. Les deux amis partirent à Prague. C'est ainsi qu'Ursus, l'ancien porcher, devint le *mathematicus* officiel du Saint Empire romain germanique.

21

Tout n'allait pas pour le mieux à Venusia. Déjà, au temps de Frédéric II, le roi, qui avait pourtant pour Tycho toutes les bontés, l'avait convoqué par trois fois à Copenhague pour le sermonner. Les îliens en effet s'étaient plaints que Tycho usait et abusait de la corvée pour leur faire construire Uraniborg, puis Stjerneborg, leur faisant perdre ainsi des journées de pêche et de travaux des champs. Tycho avait promis que cela ne se reproduirait plus une fois le chantier achevé. Il tint parole. Paysans et pêcheurs n'eurent plus à protester contre leur seigneur, qui n'était ni meilleur ni pire qu'un autre. Il leur faisait peur, mais ils lui reconnaissaient une grande qualité : il les ignorait. De plus, certains de leurs enfants servaient soit au château, soit dans sa garde, soit comme matelots sur ses navires. Et la paie était bonne.

Mais les choses se gâtèrent pour Tycho après la mort de Frédéric, survenue en avril 1588. Lors même des funérailles du monarque, le scandale faillit éclater : la basilique de Roskilde, dans laquelle le défunt devait être inhumé, était dans un état déplorable, vitraux cassés, fresques écaillées… Or, elle était à la charge du pape de l'astronomie, canonicat pour lequel il était largement prébendé. Ce fut encore pire lors du couronnement de Christian IV, qui eut lieu quelques mois après. Le bon « chanoine » Tycho avait oublié de faire effacer les traces de la cérémonie funèbre. Le nouveau roi n'avait pas douze ans; le conseil de régence était investi par les Brahé et collatéraux. Malgré les extravagances de celui qui était désormais le chef de ce puissant clan, ses membres firent front contre les protestations des autres grandes familles. Le petit roi semblait alors un pantin entre les mains des Brahé. Il concéda même à Tycho l'une des plus hautes tours des remparts de Copenhague pour y installer un nouvel observatoire. C'est de là qu'en février 1590, il observa une grande comète, en compagnie du jeune Christian et de son royal visiteur Jacques VI d'Écosse.

J'ai raconté plus haut le passage des deux monarques à l'île de Hven. Sur le navire d'apparat qui ramenait les visiteurs à Copenhague, Jacques et Christian passèrent la traversée seuls dans la cabine du commandant. Le jeune roi, du haut de ses treize ans, était fou de colère contre l'humiliation que Tycho lui avait fait subir, en le tenant pour quantité négligeable. Il projetait rien moins que de le faire assassiner. Mon souverain eut bien du mal à l'en dissuader. Il lui expliqua sagement que le meurtre de celui qui était considéré comme le plus grand astronome depuis Ptolémée inaugurerait bien mal son règne, en un temps où les rois se faisaient protecteurs des arts et des lettres. Et il lui conseilla d'apprendre à dissimuler, comme tous les grands monarques savent le faire jusqu'au jour où ils se sentent fermement assis sur leur trône. Ainsi l'empereur Auguste, ainsi Louis XI et Henri IV de France, ainsi lui-même, Jacques VI d'Écosse, qui avait joué l'indifférence quand, le 8 février 1587, la tête de sa mère Marie Stuart avait roulé sur l'échafaud. Et puis, sûr de son impunité, Tycho ferait bien un jour quelque erreur impardonnable, qui l'obligerait soit à l'exil, soit à la soumission. Mais surtout, surtout, pas le meurtre, pas le martyre.

Le roi Christian fit mieux que suivre ces conseils, d'autant que Tycho n'eut pas besoin qu'on le poussât beaucoup pour commettre des erreurs. L'astronome commença par refuser la charge de chancelier, devenue vacante depuis la mort de son oncle Steen Bille l'alchimiste, expliquant que celle-ci était incompatible avec la recherche de la vérité cosmographique. Le roi eut ainsi les mains libres pour choisir un ministre hors de la clique des Brahé, Oxe et autres Bille. Il nomma un certain Walkentrop, de noblesse récente, qui lui serait tout dévoué. Tycho avait trop de préjugés de caste pour ne pas mépriser cet homme-là. Et quand le chancelier lui envoya des demandes de plus en plus comminatoires concernant l'entretien des deux basiliques dont il avait la charge, il ne daigna même pas répondre. Il ferait beau voir qu'un Walkentrop osât supprimer les bénéfices d'un Brahé !

Durant l'été 1592, Christian annonça à Tycho qu'il se rendait dans l'île de Venusia en compagnie du Conseil, de l'Amirauté et d'architectes. Le prétexte était qu'il avait le projet d'y ouvrir une école navale sur le modèle anglais, afin que le Danemark participe enfin à la conquête du Nouveau Monde. C'était aussi une manière de rappeler que ce lieu stratégique faisait toujours partie du domaine royal, et qu'il n'avait jamais été concédé à Tycho comme un apanage.

Éperdu d'inquiétude à l'idée que son Uraniborg puisse être envahie par une trentaine de jeunes aristocrates qu'il imaginait tous sur le modèle de Manderup

Parsberg, son coupeur de nez, Tycho décida cette fois de se montrer le plus humble des sujets de Sa Majesté pour le dissuader de ce projet : le Danemark ne manquait pas de ports et d'arsenaux bien mieux adaptés à cet enseignement qu'une île venteuse. Il se proposerait également de donner lui-même, bénévolement, des cours d'astronomie appliquée à la navigation. Enfin, pour mettre le jeune roi dans de meilleures dispositions encore, il ne lésinerait pas pour offrir au monarque la plus fastueuse des réceptions, qui se conclurait, après un festin digne de l'Olympe, par un feu d'artifice.

En cette fin de matinée du début juillet, le vaisseau du roi et son escadre mouillèrent à quelques encablures de Venusia. Paré de ses plus beaux habits, Tycho était descendu seul jusqu'au quai, tandis que sa maisonnée et les habitants de l'île formaient une double haie de chaque côté du chemin montant au palais d'Uranie, entièrement couvert de luxueux tapis. Il aida Christian IV à descendre de la navette, s'inclina profondément devant l'adolescent. Celui-ci le releva et lui prit familièrement le bras, comme on le fait d'un oncle ou d'un aïeul. Ils montèrent jusqu'au palais sous les vivats, la suite royale les suivant loin derrière. Les deux architectes et un officier avaient déjà abandonné le cortège pour inspecter les fortifications.

Le jeune roi contempla avec curiosité édifices et appareils, et questionna Tycho sur bien des points. Tycho repéra que Christian s'extasiait surtout d'un planétarium en laiton doré, capable d'imiter le mouvement diurne grâce à des rouages adéquats, le Soleil et la Lune assumant en même temps leurs mouvements, la Lune présentant même la diversité de ses phases dans son parcours mensuel. Dès lors Tycho insista pour le lui offrir, et donna les ordres pour faire transférer le précieux instrument dans le Trésor royal. En réciprocité, Christian fit cadeau à Tycho d'un collier en or de grande élégance qu'il avait coutume de porter, et marqué de son effigie personnelle.

Tout se passait donc pour le mieux. Après le repas, Tycho fit mine d'improviser un éloge en latin à son roi, qu'il avait appris par cœur. Cela indisposa quelques hauts personnages de la cour, qui ne comprenaient pas la langue de Cicéron. Le poète du roi, Vedel, répondit en danois un plaisant remerciement à leur hôte, où il évoqua la façon dont il interdisait jadis à Tycho de se livrer à l'astronomie quand il était son précepteur. C'était gentiment taquin et amical, mais les rires des convives et du roi, eux, ne l'étaient pas. Enfin, le roi déclara qu'il voulait s'entretenir en privé, en compagnie du chancelier et du chambellan, avec celui qu'il appelait son « bon père Tyge ».

Les quatre hommes entrèrent dans le cabinet de travail de Tycho, dont lui seul avait la clé. À l'intérieur, attachés à un pilier, deux énormes molosses noirs se mirent à aboyer férocement. D'un geste, Tycho les apaisa et expliqua :

— Ce sont les deux chiens que m'a envoyés Sa Majesté Jacques VI d'Écosse en remerciement de mon accueil. Je les ai appelés Castor et Pollux, car nés sous la configuration des Gémeaux.

— Belles bêtes ! Ils doivent te dévorer en viande une bonne partie de tes bénéfices.

Et le roi, ravi de ce mot d'esprit, s'installa derrière le bureau. Voyant un inconnu prendre la place de leur maître, les deux molosses se mirent à gronder férocement. Le chancelier Walkentrop intervint :

— Vas-tu faire sortir ces monstres, Tycho, avant qu'ils s'en prennent à Sa Majesté ?

— Ces monstres ? Comment oses-tu parler ainsi d'un présent royal ?

— Ah oui ? Tu vas voir ce que j'en fais, de ton présent !

Walkentrop s'approcha d'un des fauves, au risque d'être mordu, et envoya un magistral coup de pied dans les impressionnantes parties génitales de Castor. À moins que ce fût celles de Pollux. Le chien fit un bond et s'effondra en geignant, tandis que son compagnon effrayé se réfugia derrière la colonne. Tycho saisit le chancelier au collet :

— Je t'en ferais bien autant si tu avais quelque chose dans la braguette.

— Messieurs, messieurs, intervint le grand chambellan, je vous rappelle que vous êtes devant le roi.

Christian, cependant, était parti d'un franc éclat de rire : après tout, il n'avait que quinze ans. Puis, d'un coup, il reprit son sérieux, et, avec une grande autorité qui surprit Tycho :

— Cela suffit, maintenant. Que l'on fasse sortir ces bêtes ! Nous avons à parler de choses sérieuses.

Parmi ces choses sérieuses, il ne fut pas question d'école navale, mais de l'entretien des deux basiliques dont Tycho avait la charge, puis de l'état lamentable des fortifications de Venusia, puis de plaintes émanant du vicaire de l'île, puis de celles de médecins affirmant que le maître des lieux pratiquait la sorcellerie sur les insulaires. Enfin, le roi se leva. Quelques minutes après cet entretien, le monarque et sa suite avaient quitté l'île, laissant un Tycho en plein désarroi. À la nuit tombée, par défi, car il savait qu'on le verrait de Copenhague, il fit quand même donner le feu d'artifice, à la plus grande joie de la cinquantaine de familles de pêcheurs et de paysans de Venusia.

Tycho n'avait guère le sens politique. Sa passion exclusive de l'observation astronomique n'améliorait pas sa connaissance des subtils jeux de pouvoir. Pourtant, cette fois, il avait très bien vu que le jeune monarque n'allait pas attendre les quatre années qui le séparaient encore de sa majorité pour régner en s'appuyant sur les guildes bourgeoises, l'université et le peuple. Le maître d'Uraniborg devait donc démontrer qu'il partageait ses vues, qu'il l'aiderait à bâillonner les clans les plus puissants, dont il était pourtant un membre considérable, et qu'il mettrait tout son art au service du trône et du peuple, à commencer par celui qui vivait dans son île.

Alors l'ancien tyran se fit philanthrope. Son médecin et lui, tous deux paracelsiens convaincus, se mirent à prodiguer gratuitement leurs soins aux gens de Venusia. Il y eut quelques guérisons, qualifiées bien sûr de miraculeuses, et bientôt on afflua à bord de barques de pêcheurs des deux côtés du détroit, au point que Tycho fut obligé de faire venir un autre praticien de Rostock, le fils de Levinus Battus qui l'avait jadis soigné après son duel. On commença à appeler Tycho « le bon sorcier de Venusia ». Il aurait voulu mécontenter les médecins et apothicaires danois, il n'aurait pas fait mieux. Les plaintes affluèrent dans les bureaux du chancelier Walkentrop. Celui-ci jugea l'occasion trop belle, mais le roi lui demanda de patienter encore, et de se contenter de rappeler à Tycho ses devoirs de gardien des sanctuaires des rois de Norvège et du Danemark.

22

En juillet 1596, un mois avant les cérémonies du couronnement consacrant le roi majeur Christian IV, une comète passa dans le ciel de Venusia.

— Qu'en pensez-vous, maître ? Que cela présage-t-il du règne de votre roi ?

Franz Tengnagel von Kamp était un jeune chevalier allemand, venu l'an passé pour étudier, sur la recommandation d'un des prestigieux correspondants de Tycho, le stadhouder Maurice de Nassau. Pour une fois, Tycho avait accepté, car il commençait à percevoir que sa situation devenait instable et qu'il pourrait bien devoir abandonner Uraniborg un jour ou l'autre. Guillaume de Hesse était mort, Ursus, *mathematicus* de l'empereur, lui fermait les portes de Prague ; alors, pourquoi pas la Hollande, entre autres terres d'asile ?

Son nouveau disciple, que Tycho s'obstinait à nommer « Tingangel », se révéla un élève attentif, même s'il n'était qu'un pitoyable calculateur. Mais surtout, il avait sur le fils aîné de Tycho, Tyge, une bonne influence, et semblait éveiller à la science cet adolescent boudeur et indolent.

— Des présages, mon cher Tingangel, je ne suis pas sûr que ces belles et capricieuses voyageuses nous en donnent. J'ai eu beau plonger jusqu'au début de l'histoire des hommes, du moins depuis qu'ils répertorient leurs passages, j'ai cherché dans la Bible et même dans les légendes païennes, mais jamais, non jamais je n'ai pu lier un grand événement du monde à leur apparition. Alors, la majorité d'un monarque danois… Je pense au fond que les comètes sont envoyées par Dieu comme une gronderie d'un père qui dit à ses enfants : « Arrêtez vos bêtises, sinon je vais sévir… » De plus, elles vont en droite ligne et non pas sur un orbe, elles n'apparaissent pas de façon régulière. Non, décidément, avec les comètes, je crois que Dieu s'amuse à nous faire peur.

Tengnagel approuva chaudement de la tête. Il approuvait tout ce que disait Tycho. Cependant, le jeune Tyge, traîné par son père sur la terrasse de l'observatoire pour y observer la comète, alors qu'il aurait préféré dormir, contemplait sur son index, à la clarté lunaire, une crotte qu'il venait d'extraire de son nez. Tengnagel insista quand même :

— Je sais, maître, que vous êtes au-dessus de telles contingences. Toutefois, il serait de bonne politique de profiter de ce phénomène pour prédire à Sa Majesté un long et glorieux règne qui…

— Cela, jamais ! Il ne faut pas tricher avec les étoiles. Je ne m'abaisserai pas à commettre pour le petit Christian un horoscope mensonger afin de rentrer dans ses bonnes grâces. Qu'il me chasse d'Uraniborg s'il le veut, j'aurai mon honneur avec moi ! D'ailleurs, comme je l'ai écrit dans un poème à l'empereur Rodolphe quand il me demandait de venir à ses côtés, avant qu'il ne s'entiche de cet escroc d'Ursus, ce gardien de porcs : « À l'homme vaillant… » Tyge ?

Le jeune garçon boutonneux sortit son index de sa bouche et récita d'une voix monocorde :

— « À l'homme vaillant, tout sol est patrie
Car le Ciel de tous côtés est au-dessus de lui. »

— Admirable ! Non content d'être le nouvel Hipparque, vous êtes, maître, Virgile ressuscité. « Le Ciel de tous côtés est au-dessus de lui... » Ah, que c'est beau !

Et le bras de Tengnagel balaya la voûte étoilée.

— Ce n'est pas trop mal tourné, en effet, répliqua Tycho avec des mines modestes.

Malgré sa disgrâce, Tycho fut invité, à la fin du mois d'août, au sacre de Christian IV. Les cérémonies n'eurent pas lieu à la basilique, située à une lieue au sud de la capitale, mais à la cathédrale de Copenhague. Selon le grand chambellan en effet, c'eût été trop risqué de faire pénétrer tout ce monde dans un monument délabré dont le toit risquait de s'effondrer à tout moment. Seul Tycho ne perçut pas qu'il était la cause de ce surprenant manquement aux traditions. On lui avait ordonné de venir seul, car on considérait toujours son épouse comme illégitime et ses enfants comme des bâtards.

Avant de partir de Venusia, il avait confié sa femme Christine et ses six enfants à la garde de Tengnagel. Depuis dix-huit mois que le jeune chevalier westphalien vivait à Uraniborg, il était devenu indispensable au maître des lieux. D'une grande beauté et d'une élégance raffinée, fine lame et excellent danseur, il avait vite compris que Tycho ne le gardait pas auprès de lui pour ses piètres aptitudes à l'observation du ciel. De lui-même, il se fit donc professeur de maintien, afin que les fils Brahé deviennent de vrais gentilshommes capables de tenir leur rang dans toutes les cours d'Europe. Ce n'était pas une mince affaire, car les deux garçons, âgés de quinze et treize ans, n'étaient jamais sortis de l'île. Leur père, après avoir malmené quelques précepteurs, se chargeait lui-même de leur éducation, et il n'était pas un modèle de raffinement.

Tycho portait à ses fils un amour aveugle, surtout à l'aîné. Il faut dire qu'il avait tant attendu avant d'avoir des garçons qui vivent plus de quelques semaines ! Il avait déjà décidé de leur destin, en accord bien sûr avec la configuration des cieux de leur naissance. L'aîné, Tyge, poursuivrait l'œuvre astronomique de son père. Jorgen, le cadet, se consacrerait à l'alchimie. Quant à ses quatre filles, il les tenait pour quantité négligeable. Tengnagel le convainquit pourtant qu'elles feraient d'excellents partis, qui rehausseraient son blason si on allait leur chercher un époux bien né ailleurs qu'à Copenhague, et à condition qu'on leur inculque de solides leçons de maintien.

Tengnagel aimait les femmes, et elles le lui rendaient bien. Quand il fut pour la première fois en présence de Christine Brahé et de ses filles, il paria avec son domestique, qui lui servait surtout de pourvoyeur en jeunes et jolies proies, qu'il les conquerrait toutes les cinq. Puis il se rétracta. Si cela venait à se savoir, il serait chassé immédiatement et faillirait à la mission que lui avait confiée le stadhouder Maurice de Nassau : attirer Tycho par tous les moyens dans les Provinces-Unies.

Allant de victoire en victoire sur les Espagnols, la jeune république batave voulait maintenant se constituer une marine puissante dotée des instruments les plus perfectionnés. Un astronome d'une aussi haute renommée que Tycho leur serait d'une grande utilité. Pour ne pas alerter les Danois, toujours aussi méfiants quand ils voyaient rôder un Hollandais du côté de leurs détroits, le stadhouder préféra payer très cher ce jeune aventurier westphalien, qui paraissait fort capable.

Tengnagel avait effectivement toutes les qualités pour mener à bien sa mission : l'habileté hypocrite, une fausse candeur qui était du cynisme, une soif d'argent inextinguible, le manque complet de scrupules moraux. Pour le reste, je l'ai connu bien plus tard à Prague, c'était le moins fâcheux des compagnons, le plus galant des gentilshommes. Dès son arrivée à Copenhague, il avait été convoqué par le chancelier Walkentrop pour subir, comme tous les visiteurs de Tycho, un interrogatoire. Il choisit la franchise et raconta tout de sa mission. Il conclut :

— Nos intérêts sont liés, Votre Excellence : vous voulez que Tycho parte du Danemark ; moi, je veux qu'il vienne en Hollande. Unissons nos efforts. Mais… je ne fais rien pour rien.

Les hommes se quittèrent ravis l'un de l'autre, le chancelier satisfait d'avoir enfin quelqu'un qui lui rapporterait ce qui se passait dans l'île de Venusia, et le chevalier jonglant avec une bourse rondelette.

— Vois-tu, Maurus, dit ce dernier à son domestique, un Liégeois qu'il avait recruté dans un bordel d'Ostende, vois-tu, je crois que nous avons attrapé la queue de la fortune. Surtout, ne la lâchons pas. En plus, je crois que nous allons nous payer un peu de bon temps dans cette île au nom prédestiné…

Du bon temps, ils s'en payèrent. Tengnagel vit tout de suite ce qui manquait à Tycho : quelqu'un qui le vénérât sans fard. Quelqu'un qui s'avouât ignorant de tout, mais pris d'un grand appétit d'apprendre tout de la bouche du maître. Le roi d'Uraniborg aimait qu'on le flatte, mais pas dans le domaine qui avait fait sa renommée, l'astronomie. Là, il était tellement sûr, à juste titre, de son génie, que le moindre compliment le rendait soupçonneux. En revanche, quand il s'agissait de poésie, il avait besoin d'être rassuré. La flatterie plaît à la fallacieuse vanité, mais jamais au légitime orgueil.

Tycho, d'ordinaire si méfiant, redoutant que chacun de ses visiteurs fût venu pour lui voler son fabuleux trésor, fut conquis par ce garçon qui ne risquait pas de lui faire de l'ombre dans son royaume stellaire. Comme il tenait à le garder auprès de lui, il en fit une sorte de grand chambellan, chargé de s'occuper de la maisonnée. Comme ministre de l'astronomie, le fidèle et efficace Longomontanus lui suffisait.

Après le père, il s'agissait de séduire les fils. Cela fut facile. Tyge, garçon sournois et sot, haïssait son père tout autant que celui-ci l'aimait. L'aîné n'avait qu'une seule ambition : être admis parmi les grandes familles danoises, que l'on oublie sa bâtardise et devenir, le jour venu, le premier des Brahé. En lui apprenant l'escrime et la danse, Tengnagel eut vite fait de le transformer en un admirateur béat. Pour le cadet, l'affaire fut plus subtile. Jorgen, en effet, persuadé d'être ignoré de son père, commettait mille et une bêtises pour être remarqué de lui. Il n'était que ricanements et plaisanteries niaises. En quelques semaines, à force de conseils et de recommandations, Tengnagel en fit un garçon sage, posé, et pour tout dire sentencieux. Mais son père ne le remarquait toujours pas.

Maurus, de son côté, s'attaqua à l'intendance. Il comprit que le plus dangereux dans la maisonnée de Tycho était le nain Jeppe : d'un mot, le bouffon pouvait détruire un homme. Aussi le séduisit-il et lui révéla-t-il les plaisirs des amours socratiques. Puis il l'invita à partager ses ébats avec les filles de cuisine et de chambre.

Jamais, dès lors, on n'entendit Jeppe émettre la moindre saillie contre Tengnagel.

Restait à investir le gynécée. La mère, Christine, était une grande et forte paysanne, qui avait été très belle avant que les multiples grossesses ne l'alourdissent. Elle menait sa domesticité d'une main de fer, veillant à éviter le moindre gaspillage. Nul ne savait ce qu'elle pensait des festins somptuaires que son mari offrait généreusement à ses visiteurs. Avait-elle compris pourquoi Tycho l'avait choisie comme épouse, elle, la fille de paysan ? On peut le penser, car jamais Tycho, durant les deux décennies de son séjour à Venusia, n'eut à se soucier du moindre problème d'intendance. Lors de la visite du roi Jacques VI d'Écosse, je ne pus la voir, ni personne d'autre d'ailleurs. Elle savait tenir son rang : celle d'une gouvernante génitrice et rien de plus. Longtemps après la mort de Tycho, Tengnagel racontera avec ce cynisme charmant qui lui était propre que quand bien même il aurait voulu tenir son pari, il l'aurait perdu et n'aurait pu obtenir les faveurs de Christine. Ni de sa fille aînée, Madeleine.

C'était pourtant sur elle qu'il avait d'abord jeté son dévolu, fermement décidé à travailler également pour son propre compte et à épouser l'une des quatre. Lui, le chevalier désargenté et vivant d'expédients, il n'allait pas rater cette occasion unique : avoir le choix entre quatre dots et devenir le gendre de l'homme le plus riche du Danemark. Madeleine avait alors vingt-deux ans, elle était jolie, comme ses sœurs d'ailleurs, mais elle possédait ce on ne savait quoi de sec et de revêche qui fait la vieille fille. Désespérant d'avoir un fils, son père lui avait donné un semblant d'éducation, jusqu'à l'âge de ses treize ans, quand il fut à peu près sûr que Tyge survivrait. Et puis, Jorgen venait de naître. Depuis, on la voyait rôder comme une ombre dans l'observatoire, le laboratoire et la bibliothèque, buvant les paroles de son père comme celles du Messie. Sa mère la houspillait sans cesse, la traitait de bonne à rien, d'empotée, de gourde…

La seconde, en revanche, gagnait toutes les faveurs de sa mère. À dix-huit ans, Sophie avait tout de la jolie bergère délurée. Joyeuse, rieuse, toujours la chanson aux lèvres, elle était loin de posséder la sagesse de son prénom. Aux regards qu'elle lui lançait, Tengnagel vit bientôt qu'il n'aurait aucune peine à se retrouver dans son lit, et qu'il n'y serait certainement pas le premier. Il hésita un instant à cueillir ce plaisir facile, puis décida de le remettre à plus tard. Ce n'était pas une nuit qu'il cherchait, mais une vie, une dot. De plus, la perspective d'être un jour cocu ne l'enchantait guère.

Cécile, la benjamine, n'avait pas quatorze ans. Inutile de s'y essayer. Ne restait donc qu'Élisabeth. La belle, la sombre, la mélancolique, la mystérieuse, l'inaccessible Élisabeth. L'homme à femmes qu'était Tengnagel ne pouvait qu'être tenté par cette conquête ardue. Que de subtiles manœuvres d'approches, de rebuffades de moins en moins sévères, de larmes à écraser sur le papier à lettres ! Il s'en régalait à l'avance. Mais auparavant, il faudrait faire mine de l'ignorer. Il fit donc sa cour à l'aînée Madeleine, badina avec la benjamine Cécile et coucha enfin avec Sophie.

Tycho revint des cérémonies du sacrement d'exécrable mauvaise humeur. Il commença par envoyer un coup de pied dans le ventre du nain Jeppe, injuria Longomontanus pour une erreur de calcul et demanda à Tengnagel de s'isoler avec lui dans son cabinet de travail. Il se mit à tourner en rond, les mains derrière le dos.

— Me faire ça, à moi ! Me mettre au troisième rang, derrière les Bille et les Oxe… Puis d'appeler mon cadet pour venir rendre hommage au roi, au nom des Brahé. Me faire ça, à moi, le seul Danois que le monde connaisse ! À moi, le plus grand astronome vivant !

Il saisit une bouteille d'encre et la jeta avec violence contre le grand portrait de Jacques d'Écosse qui trônait au-dessus d'une des deux cheminées. Le portrait en vis-à-vis, c'était le sien.

— Et ce n'est pas tout ! Voilà qu'on me convoque en conseil de famille. Et mon frère qui m'ordonne de payer de ma bourse les réparations de leurs foutues basiliques ! Pour qui me prend-on ? Pour un chanoine ?

L'encre ruisselait le long des joues du roi d'Écosse, lui peignant une barbe d'apôtre.

— Tu voudrais bien que je fiche le camp, hein, petit Christian ? tonitruait Tycho. Je ne te ferai pas ce plaisir. Venusia, c'est mon œuvre. J'ai dépensé pour tout cela plus d'un tonneau d'or, pour ne rien ajouter des désagréments et des tribulations que j'ai subis ici sur vingt et une années ! On devra m'en chasser de force, ou me tuer sur place.

Cette décision n'arrangeait pas les affaires de Tengnagel. Il dit d'un ton suppliant :

— De grâce, maître, n'appelez pas sur vous le martyre ! Ne permettez pas qu'on fasse de vous le nouveau Giordano Bruno.

Au nom du pauvre moine italien croupissant dans les geôles de la Sainte Inquisition, Tycho se calma d'un coup. De cramoisi, il devint blême et ses mains se mirent à trembler. Il chuchota en regardant autour de lui :

— Ne parle pas de cela sous mon toit, je t'en prie. Jamais !

Tengnagel comprit où se trouvait le talon d'Achille de celui dont il rêvait de faire son futur beau-père : sous le discours rationnel du philosophe de la nature vibraient d'obscures craintes superstitieuses ; sous le masque du prince bravache, la peur de la douleur physique. C'était par là qu'il l'aurait, et non en lui faisant miroiter la douceur de vivre sous le ciel hollandais. Il fit mine de n'avoir rien perçu du moment de panique de son interlocuteur et dit, comme quelqu'un qui pense à voix haute :

— Si je comprends bien, l'objet du litige sont ces deux basiliques dont vous avez la charge. D'après ce que j'ai vu des églises danoises, toutes de bois et de briques, ce ne doit pas être un treizième travail d'Hercule que de leur donner un petit coup de neuf, à peu de frais.

— Tu t'en chargerais ?

— Hé, hé, maître… Je me flatte d'être assez habile dans ce genre de travaux. Pour vous dire la vérité, rien ne m'amuse tant que de refaçonner de vieilles choses. Mon goût de l'antique, n'est-ce pas…

— Allons, c'est dit, lança Tycho soudain guilleret. Te voilà inspecteur des monuments sacrés de la nation Scan. Puis-je te flanquer, dans cette mission, de mon cadet Jorgen ? Il est temps que cet enfant apprenne quelque chose de l'histoire de son pays. Je te fais un mot pour ce brave Vedel. Mon ancien précepteur est incollable sur le sujet. Il se fera une joie de t'initier aux sagas d'Erik le Rouge et de Hamlet le prudent ; Dieu qu'il m'irritait avec ça au temps où il était le mouchard de mon oncle ! Mais c'est un plaisant compagnon, tu verras. Ah… et puis… Ça m'ennuie un peu de te demander ce service…

— Je l'accepte à l'avance, maître.

— Vois-tu, ma fille Élisabeth se passionne pour tout ce qui tient à l'art et à la musique. Elle a d'ailleurs un fort joli coup de fusain et une voix plaisante. Ce n'est pas comme cette grande bringue de Madeleine, dont je désespère de lui trouver un mari, et cette putain de Sophie…

— Maître, on ne parle pas comme ça de ses filles ! s'offusqua Tengnagel avec de grands accents de sincérité.

— Laisse donc, je ne suis pas dupe. Sitôt qu'un homme pas trop vilain débarque ici, Sophie remue le cul comme une chienne en chaleur. Et je te trouve bien méritant d'avoir su résister à son manège. Moi, à ta place…

— Maître, oh, maître, voyons… protesta le chevalier. Jamais je n'oserais… Mais, pour ce qui est de votre petite Élisabeth, ne la croyez-vous pas un peu jeune pour…

— Allons, c'est dit, tu l'emmènes.

Dès qu'il eut installé Jorgen et Élisabeth dans la demeure de Tycho à Copenhague, Tengnagel se rendit à la chancellerie. Walkentrop l'y attendait dans un état de grande excitation. Était présent également le contre-amiral Manderup Parsberg, l'ancien coupeur de nez, devenu un petit homme rose et rondouillard. Le chancelier brandit un livre sous le nez du visiteur :

— Avez-vous lu cette infamie ?

Tengnagel considéra l'ouvrage et s'étonna :

— Tiens ? Tycho ne m'avait pas informé qu'il avait imprimé sa correspondance avec feu le comte Guillaume de Hesse. Comment ce diable d'homme peut-il accomplir cent choses en même temps ? D'après ce que j'en sais, ce ne sont qu'échanges entre personnes fort savantes sur leurs observations astronomiques.

— Vous avez mal lu, chevalier. Dans ses lettres, Tycho n'a de cesse que d'insulter sa patrie et son roi, se plaignant de l'ingratitude de Leurs Majestés Frédéric et Christian, prétendant que tous les Danois, y compris sa famille, sont des ignorants et des barbares... Et il choisit de publier cela l'année du sacrement de son suzerain ! Infâme, oui, c'est infâme !

— Eh bien, faites brûler ce livre !

— Impossible, chevalier, intervint Manderup de sa petite voix fluette. Le roi va épouser en novembre prochain la fille du margrave de Brandebourg. Une Hohenzollern. Tous les grands électeurs réformés seront présents aux noces, y compris l'héritier de feu Guillaume, le comte de Hesse-Kassel, qui doit d'ailleurs être cousin avec notre future reine. Imaginez-vous sa réaction quand il saura qu'on a détruit les écrits de son prédécesseur ?

— Durant ces noces, Tycho fera-t-il partie de la suite royale au Brandebourg ?

— Certes, non, répondit le chancelier. Qu'il sente ainsi que pèse sur lui le poids de la disgrâce.

Tengnagel croisa les doigts devant sa bouche et réfléchit un long moment. Enfin :

— Plus il se sent mis au ban du royaume, plus, dans son orgueil blessé, il s'obstine et se plaint à l'étranger du sort que son roi lui réserve. Plus son roi tente de l'abaisser, plus il s'élève aux yeux du monde. Non, ce n'est pas comme ça qu'il s'en ira.

— Il faut lui faire peur en exploitant ses croyances superstitieuses, dit Manderup. Tycho est un vaniteux. Et comme tous les vaniteux, c'est également un lâche. Je suis bien placé pour le savoir. On le dit sorcier, on raconte aussi qu'il a fait tuer tous les chats noirs de l'île. Lançons contre lui un exorcisme. Connaissez-vous le vicaire de Hven, chevalier ?

Oui, Tengnagel connaissait cet homme intègre, bon prêcheur et médecin personnel de Tycho, avec qui il pratiquait l'alchimie. Ce n'était certes pas lui qui irait exorciser le laboratoire d'Uraniborg. Mais il s'abstint de le préciser aux deux autres. L'idée qui venait de germer dans sa tête ne devait être partagée avec personne.

— Je me charge du vicaire, dit-il quand même.

Le lendemain, avec Vedel et les deux enfants de Tycho, Tengnagel appareilla pour la côte norvégienne afin d'y visiter le sanctuaire des premiers rois danois. Pour plaire à l'esprit tourmenté d'Élisabeth, en fin stratège de la séduction, il l'emmena, la nuit, visiter à nouveau la basilique, pour peut-être y rencontrer quelque spectre. Mais ses intentions étaient pures. Avant d'investir cette ténébreuse citadelle réputée imprenable qu'était la troisième fille de Tycho, il pensait devoir faire auparavant un long travail de sape. Quelle ne fut pas sa surprise quand, sous la voûte trouée de la cathédrale, elle l'enlaça et le baisa à pleine bouche avec bien plus de fougue que sa sœur aînée Sophie ! Puis ils basculèrent sur la stèle de Harald à la Dent bleue, qui était peut-être le lointain ancêtre d'Élisabeth Brahé.

23

Le vicaire de Venusia et Longomontanus sortirent d'Uraniborg dans la nuit froide de cette fin février 1597. Mais ils ne sentaient pas le vent glacial qui leur cinglait le visage, tant la conversation qu'ils poursuivaient les passionnait : il s'agissait du calendrier instauré quinze ans auparavant par feu le pape Grégoire VIII. Tycho venait en effet de rendre publique une lettre adressée à l'un de ses correspondants allemands, l'astrologue et alchimiste Rantzau, qui lui demandait son avis sur la question. Et le pape de l'astronomie avait fermement pris parti pour le nouveau calendrier, bien qu'il fût condamné par les calvinistes et les luthériens.

— Certes, disait le vicaire, les datations papistes sont bien mieux en accord avec le rythme des saisons, mais enfin, avouez que ce n'est pas de bonne politique. Comme si Tycho n'avait pas assez d'ennemis comme cela. Et je trouve que Tengnagel a eu tort de l'inciter à publier cette lettre.

— Que voulez-vous, renchérit Longomontanus, notre fougueux chevalier me paraît toujours pousser le Maître dans le sens de sa pente. Ainsi, pour le regrettable penchant de Tycho à la boisson…

Il ne put achever sa phrase. Deux ombres masquées surgirent de l'ombre, brandissant des gourdins. Le vicaire et l'astronome furent jetés à terre et roués de coups.

— Ça suffit maintenant ! lança une voix dans la nuit. N'allez pas les tuer. Mais qu'ils méditent seulement cette leçon. Qu'ils sachent que l'on n'est pas impunément les suppôts du sorcier de l'île rouge, que son nom soit maudit !

Le lendemain au matin, dans la bibliothèque, Tengnagel trouva Tycho dans un état de fébrilité incroyable. Il était perché sur un escabeau et jetait des livres au sol, qu'un valet tentait tant bien que mal d'empiler.

— Que se passe-t-il, maître ? Cherchez-vous quelque ouvrage ?

— Ah, te voilà enfin, toi ! On t'a cherché partout. Au lieu de passer tes nuits à trousser ma domesticité, tu aurais pu protéger Longomontanus et le vicaire. On les a trouvés à demi morts au pied d'Uraniborg. Mon assistant s'en sortira, mais le vicaire… Et ce n'est pas tout. Deux paysans ont été égorgés devant Stjerneborg. À la pointe du couteau, on leur a dessiné sur le front 666, le chiffre du Diable… On veut m'assassiner, Tingangel, et toi, toi… Aide-moi à répertorier ces livres. Nous partons, nous fuyons au plus vite ce pays de brutes et de tyrans.

« Allons, songea le chevalier, Maurus a fait du bon travail. Pas de témoins. Et Tycho éperdu de peur… » L'un des deux paysans qui avaient servi d'hommes de main au complice de Tengnagel n'était autre que l'ancien fiancé de Christine Brahé, avant que Tycho ne la violentât.

Cette fois, Tycho était fermement décidé à quitter son château des Étoiles et à abandonner son ingrate patrie. La peur d'être assassiné, les démons ou les trolls qui rôdaient autour de ses observatoires, ce chiffre du Diable, et le zodiaque qui se mettait de la partie, en lui annonçant les pires catastrophes... Mais partir signifiait emmener avec lui tout ce qu'il avait bâti, ses instruments géants, ses milliers d'observations. Il commença donc par ce qui lui semblait le plus simple : sa bibliothèque. Tout ce qui, dans sa maisonnée, savait lire et écrire fut mobilisé car il n'avait jamais songé à en établir le codex. Mais le classement prit deux fois plus de temps qu'il n'en aurait fallu, car souvent, il l'interrompait pour se plonger dans un ouvrage qu'il avait oublié ou qu'il n'avait pas lu. Et ses aides, toute sa famille, attendaient patiemment qu'il veuille bien se remettre au classement.

— Auteur : *Nicolai Rairi Ursus*. Titre : *Dithmarsi de Astronomicis Hypothesibus*, annonça de sa voix feulée de chatte l'adorable Sophie perchée en haut de son escabeau, et qui avait retroussé ses jupons bien plus que la commodité ne le réclamait.

— Ursus ! s'exclama Tycho. J'ignorais que ma bibliothèque contenait un pourceau de ce gardien de cochons. Lance-moi cette fange, ma jolie. Et cache tes jambes. Tu vas faire faire des fautes d'orthographe à Tingangel !

Il ouvrit l'ouvrage et s'exclama :

— Ah l'infect garnement, le vicieux ! Écoutez ça, c'est l'exergue : « *Je les attaquerai comme une ourse à laquelle on enlève ses petits.* » C'est à moi qu'il s'adresse, le porcher ! Il m'accuse clairement de l'avoir volé.

Puis il se mit à feuilleter fébrilement les pages du volume, à la recherche d'une autre infamie. Enfin, il releva la tête.

— Longomontanus, tu connais ça, toi, un astronome dénommé Johannus Keplerus ? Quelque chose comme Kepler, sans doute.

— Inconnu au bataillon, mon général, répliqua joyeusement le jeune assistant.

— Il paraît qu'il aurait imaginé un système, copernicien naturellement, où les cinq polyèdres de Pythagore s'emboîteraient dans les orbites des planètes. Encore un de ces rêveurs qui inventent l'univers sur le papier sans jamais lever les yeux au ciel. Eh bien, Ursus publie la lettre que lui a envoyée cet énergumène. Je lis : « *Je n'ignore pas la gloire éclatante de ta renommée qui te met au premier rang des mathématiciens de notre temps, de même que le Soleil parmi les autres astres.* » Et moi, je suis quoi ? De la merde ?

— Ce Kleber a dû gonfler l'Ours de vanité, intervint Tengnagel, tout en tâtant la cuisse d'Élisabeth assise à ses côtés.

— Eh bien, ce Kleber, comme tu dis, ne réchappera pas non plus à mon courroux, clama Tycho en prenant une pose olympienne. Longomontanus, tu pars à Prague, avec Jorgen. En passant, tu t'inscris à l'université de Wittenberg, ainsi que mon cadet. Ça te servira de couverture. À Prague, tu remettras une lettre de moi à l'empereur. Je sais maintenant comment abattre le porcher, et faire crever par la même occasion cette baudruche de Kleber. Messieurs, les Habsbourg nous attendent. Vous avez devant vous le futur *mathematicus* du Saint Empire romain germanique.

— Mais, objecta Tengnagel, Maurice de Nassau est prêt à vous accueillir et à vous construire un observatoire autrement plus beau que ceux de Venusia.

— Sache bien, jeune homme, qu'un Tycho ne se met pas au service d'un simple stadhouder. Seul un empereur est digne de lui. Et encore… Ce sera Rodolphe que je mettrai à mon service.

— Ah, mon père, que c'est beau, ce que vous dites là, s'extasia Madeleine, un peu de mousse à la commissure des lèvres.

D'un coup, Tycho s'était métamorphosé. Le couard inquiet qu'il était encore tout à l'heure s'était transformé en général mettant en ordre ses troupes avant la bataille. Il se retrouvait sur son terrain de prédilection : celui de la philosophie naturelle. Et là, il ne craignait personne.

— Tingangel, ordonna-t-il, tu prendras le même bateau que Longomontanus. Tu te rendras en Hollande pour assurer Maurice de Nassau de mon dévouement. Fais-lui croire à ma venue prochaine. Emmène avec toi mon aîné Tyge. L'héritier de Tycho sera pour lui la meilleure des cautions. Pars également avec Madeleine et Sophie, et tâche de leur trouver là-bas un riche parti parmi tous ces marchands. Nous aurons besoin d'argent.

— Et moi ? demanda Élisabeth.

— Toi, ô Sapho de la Baltique, tu resteras auprès de ton père.

La main de Tengnagel remonta haut le long de la cuisse de la troisième fille de Tycho.

— Et moi ? demanda Cécile la benjamine.

— Toi ? Commence par moucher ton nez. C'est répugnant, cette bulle à ta narine !

Une semaine après ce conseil de guerre, le 15 mars 1597, Tycho fit une observation du haut de son observatoire d'Uraniborg, mais il ignorait que c'était l'ultime fois. Trois jours se passèrent avant qu'un messager vienne l'informer que le roi avait décidé de ne plus lui verser les bénéfices de ses deux canonicats. Un bateau partit alors de Venusia chargé de tous les manuscrits et livres de Tycho, ainsi que des moins encombrants de ses appareils de mesure et d'observation. Tycho les adressait, pour une part à l'université de Wittenberg, pour une autre à un de ses admirateurs, qui le suppliait de l'héberger dans son château de Wandsbeck. Alors, Tycho quitta son île, son palais des Étoiles, sans un regard. Il était trop occupé à vomir tripe et boyaux dans le chenal séparant Hven de Copenhague.

Deux mois durant il se cloîtra dans sa résidence de la capitale, Farvergarden, ignorant que les bottes de son neveu Axel Brahé, accompagné d'un huissier, arpentaient l'observatoire désert d'Uraniborg, répercutant leurs échos sous la haute voûte où se dressait l'immense arc de cercle gradué.

Le 1er juin 1597, n'y tenant plus, Tycho sortit de chez lui et se rendit à la Tour ronde de la capitale pour y observer une certaine conjonction de deux planètes. Au bas des marches de cet observatoire qu'il avait fait construire, des gardes lui en interdirent l'accès. Il s'en fut au port et demanda au capitaine du seul navire qui lui restait d'appareiller dès le lendemain matin 2 juin, pour Rostock.

À l'aurore, tandis qu'il s'apprêtait à quitter définitivement sa résidence de Copenhague, un coursier entra, porteur d'un petit colis. Il l'ouvrit, c'était un livre. Tycho ne jeta pas un regard sur l'ouvrage et lança d'un geste désabusé, dans une malle entrouverte, le *Mystère cosmographique*, de Johann Kepler.

II

Le chien

Le Wurtemberg du temps de Kepler

24

Catherine Kepler grandit à Leonberg. Son père, Johann Guldenmann, tenait la seule auberge du village, à quatre lieues de la cité ducale de Stuttgart. Ce veuf avait une sœur, restée vieille fille. Une sorcière, assurément : elle connaissait les plantes qui soignent les verrues et celles qui jettent des sorts. Elle finit sur le bûcher, ainsi qu'une dizaine d'autres femmes de la région. Puis les choses se tassèrent. On fit semblant d'oublier. Qui n'avait pas dans sa famille une cousine ou une grand-mère victime de ces sporadiques chasses aux sorcières ? Mais tout de même, la Catherine avait été élevée par cette tante, gavée toute son enfance de concoctions d'herbes médicinales. Les chiens ne donnent pas des chats. Devenue jeune fille, son père ne pouvait lui trouver un parti dans le village : nul ne voulait d'elle, bien que sa dot fût conséquente.

Un jour vint à passer Sebald Kepler, pelletier de son état, qui allait vendre fourrures et cuirs à Stuttgart. Ce colosse d'une cinquantaine d'années était le bourgmestre de Weil der Stadt, gros village situé à une journée de marche de Leonberg. Sebald traitait des peaux d'animaux sauvages que lui rapportaient les chasseurs du grand-duc de Wurtemberg, mais aussi les braconniers de la Forêt-Noire. Il aurait pu être fort riche si une bonne part du fruit de son travail ne s'était perdue dans la boisson, le jeu et les filles.

Son aîné, Heinrich, aurait dû reprendre la pelleterie et la tannerie, mais son père le considérait comme un bon à rien. Certes, il avait appris à lire et écrire, se passionnait pour la mécanique et les armes à feu ; mais, à bientôt vingt-quatre ans, le fils du bourgmestre était obligé de mendigoter auprès de sa mère une petite pièce avant d'aller rejoindre au bordel de la veuve Kuppinger quelques autres vauriens de son espèce. Sebald décida qu'il était temps de marier ce garçon, si possible à distance raisonnable du village dont il était le maître ; l'aubergiste de Leonberg avait le même problème avec sa fille Catherine, la nièce de la sorcière : l'arrangement fut vite conclu.

Sitôt installé chez son beau-père, Heinrich Kepler ne chôma pas. L'auberge était le dernier relais de poste entre la vallée du Rhin et Stuttgart ; tous les soirs, les chambres étaient emplies de voyageurs et l'écurie de chevaux. Heinrich était passé de la tutelle du vieux Sebald à celle de son beau-père. Maintenant, en plus, il devait travailler ! Les disputes conjugales ne se firent pas attendre. Et Catherine était déjà enceinte.

Elle retourna accoucher à Weil der Stadt. Sept mois et demi après la nuit de noces, Catherine mit au monde un avorton. C'était le jeudi 27 décembre 1571, à 2 h 30 de l'après-midi. On s'empressa de le baptiser Johann avant que son âme ne disparaisse dans les limbes. Les enfants nés prématurément au cours du septième mois et qui ne trépassaient pas portaient chance, croyait-on, en raison de la bonne fortune associée au nombre sept. Contre toute attente, le chétif nourrisson survécut. Aussi Catherine vit-elle en Johann un signe annonciateur de la fin des disputes conjugales. Il n'en fut rien. Heinrich fut pris d'un doute qui aigrit son caractère d'ordinaire indolent : ce garçon était-il bien le fruit de sa semence, ou l'avait-on forcé à ce mariage pour sauver les convenances ? Sitôt revenue à Leonberg, Catherine en fit les frais, à coups de poing et de bâton ; l'enfant, dans le panier crevé faisant office de berceau, hurlait de peur et de douleur sous les maux des nouveau-nés avant terme.

Cependant, le grand vent de l'Histoire s'engouffrait dans l'auberge. Des voyageurs racontaient qu'une grande armée espagnole menée par le duc d'Albe remontait la vallée du Rhin pour reconquérir la Hollande. Heinrich dévorait les almanachs, où il ne lisait qu'histoires d'aventuriers qui se taillaient au fil de l'épée, dans les Nouvelles et les Anciennes Indes, des royaumes gorgés d'or et de pierres précieuses.

Le deuxième enfant de Catherine et de Heinrich fut une fausse couche. Heinrich décida alors de partir, mais il n'avait d'autre ressource que de s'engager dans une troupe de mercenaires bavarois. Ses connaissances en mécanique en feraient un bon artilleur. Et puis, en suivant les troupes espagnoles jusqu'aux Provinces-Unies, riches en épices et en étoffes, il pourrait chercher fortune et bonnes fortunes : la vallée du Rhin était célèbre pour la beauté de ses femmes.

Au bout d'un an, Heinrich réapparut à Leonberg sans avoir jamais tiré un seul coup de canon. Les Hollandais avaient repoussé les troupes du duc d'Albe, tandis que les mercenaires bavarois s'étaient mutinés : l'Espagne de Philippe II, toujours en banqueroute, ne pouvait les payer. Considéré comme un meneur, Heinrich avait dû fuir, menacé d'être pendu. Il ne revint pas les mains vides. Il avait réussi à voler une denrée que les cantinières espagnoles réservaient aux troupes régulières :

un tubercule qui poussait comme chiendent, et que les Castillans appelaient *patata*. Le mot fit rire aux éclats son beau-père Guldenmann, et l'accueil de l'aubergiste fut chaleureux. Son établissement ne désemplissait pas, lui-même vieillissait, l'aide de son gendre et de sa fille serait loin d'être superflue. Il leur offrit une belle maison attenante au relais. Derrière, il y avait un petit carré de terre où Heinrich planta ses tubercules volés aux Espagnols.

— J'ai risqué la corde pour m'emparer de ces *patatas*, expliqua Heinrich à sa femme. Avec ces racines, on peut nourrir tout le pays. Moi, je les ai vus faire, les Espingoins : des pains, des gâteaux bouillis, frits, au lard, au sucre. C'est comme de la farine, mais qui peut se manger sitôt récoltée. La fortune est là, dans cette racine.

La première récolte fut bonne, mais aucun client de l'auberge ne voulut goûter la moindre bouchée de *patata*. En revanche, la truie de l'aubergiste apprécia.

Peu à peu, Heinrich s'aigrit. Tout ce qu'il avait entrepris s'était soldé par un échec. Il en reporta la faute sur ses contemporains. Autant avec les étrangers de passage il se montrait d'une déférence curieuse, posant mille et une questions sur le pays d'origine du voyageur, autant devant sa clientèle ordinaire, paysans et villageois des environs, il pérorait avec arrogance, tranchant sur tout, clamant son admiration des Espagnols, déclarant à qui voulait l'entendre qu'un jour il irait conquérir un royaume à sa mesure dans le Nouveau Monde. Il se fit vite de nombreux ennemis à Leonberg ; seule sa force physique et son goût des armes à feu lui épargnèrent un mauvais coup.

Puis on apprit que les armées de Philippe II d'Espagne se lançaient dans une nouvelle offensive contre les

Provinces-Unies. Heinrich l'avait trop répété, il ne pouvait se dédire : il repartit pour la vallée du Rhin, à la conquête des trésors de Bruges, abandonnant ses deux enfants ; après une ou deux fausses couches, sa femme Catherine avait en effet donné le jour à un second garçon, qui reçut le prénom de son père. Le lendemain de l'abandon de son gendre, le vieux Guldenmann eut un coup de sang et mourut dans la journée. Catherine se retrouva seule pour tenir l'auberge et le relais. De plus, Heinrich l'avait quittée une nouvelle fois enceinte.

L'établissement partit à vau-l'eau. Palefreniers et servantes se succédèrent à une cadence infernale, ne pouvant supporter plus de quelques semaines les criailleries de Catherine, ou terrorisés par sa réputation sulfureuse de femme qui connaissait les herbes médicinales. La clientèle se raréfia. Seul le nouveau pasteur de Leonberg prit en pitié la famille Kepler. Ce luthérien consciencieux ouvrit une école dans le village, selon les directives de feu Melanchthon. Il réussit tant bien que mal à convaincre les parents d'une dizaine de gamins de lui confier leur progéniture, prenant plaisir à enseigner quelques vérités simples à ces cervelles vierges. Mais le malingre Johann Kepler, six ans, toujours à l'écart de ses camarades, restait morne, opaque, en proie à une insondable mélancolie. Le diacre se demanda si l'accès de petite vérole qui avait gravement frappé l'enfant l'an passé n'avait pas éteint son esprit.

Au bout de trois mois d'enseignement, alors qu'il inculquait encore à sa classe l'alphabet et les chiffres, il s'aperçut, en se penchant au-dessus de l'épaule du fils de l'aubergiste, que celui-ci savait déjà composer des mots entiers. Après la classe, il garda Johann auprès de lui et l'interrogea. Il réussit difficilement à faire sortir l'enfant de son mutisme, et fut stupéfait du résultat : non seulement Johann avait appris tout seul à lire et à écrire, mais il savait faire des additions et des soustractions. Le diacre se rendit à l'auberge et n'eut aucun mal à convaincre Catherine Kepler de lui confier deux heures par jour son garçon pour lui donner des cours particuliers. Gratuits évidemment. Elle lui expliqua que son ambition était de faire de Johann un pasteur. Dès lors, l'enfant s'épanouit, du moins avec son maître, car avec ses camarades, il restait taciturne. Les clients de l'auberge et les femmes du village le disaient sournois, comme sa mère, et prétentieux, comme son père. Lui se sentait malheureux de ne pas ressembler aux autres enfants.

25

Le 13 novembre 1577 apparut dans le ciel nocturne une splendide comète. Très loin au nord, dans son île de Venusia en chantier, Tycho l'observa jusqu'à sa disparition deux mois et deux semaines après sur les plus grands instruments d'astronomie jamais construits, faisant faire et refaire les calculs par ses nombreux assistants, pérorant ses prédictions en vers latins devant un aréopage de courtisans et de visiteurs béats d'admiration et ruisselants d'obséquiosité. À Prague, une nuée d'astrologues prédisaient au nouvel empereur Rodolphe II de Habsbourg un règne aussi long que prospère, ainsi qu'une victoire écrasante sur les Ottomans. À Constantinople ou à Bagdad, une cohorte de mages prédisait l'inverse au Grand Turc. À Tübingen, le jeune professeur de mathématiques Michael Maestlin mettait la dernière main à son ouvrage sur les comètes, premier coup lancé contre l'armée des Ptoléméens.

Penché sur une table trop haute de la salle du restaurant, le petit Johann Kepler écrivait sur du mauvais papier un obscur poème plagié d'Ovide, tout en surveillant du coin de l'œil son petit frère Heinrich dormant dans son panier posé sur le banc.

— Eh, Catherine, toi qui fricotes avec les démons de la forêt, tu dois savoir ce que ça veut dire, cette grosse étoile filante qui n'en finit pas de filer !

Catherine Kepler posa brutalement la chope de bière sur la table. Un peu de mousse vint éclabousser la pelisse du fermier qui l'avait interpelée. Puis la petite femme maigre, tout de noir vêtue, évita d'un coup de hanche la grosse main du client qui s'apprêtait à lui claquer les fesses.

— Fais pas ta fière, la Catherine ! Depuis le temps que ton Heinrich est parti avec les Espagnols pour étriper les Hollandais, tu vas finir par dessécher sur pied. Déjà que tu n'es pas bien grosse…

— Tu n'as pas honte ? Devant mon fils ! répliqua l'aubergiste de sa voix suraiguë. Elle désigna du menton son garçonnet qui griffonnait, assis devant la table la plus proche de la cheminée.

L'homme qui buvait en vis-à-vis du fermier, un bûcheron, envoya un léger coup de pied sous la table à son compagnon. Le fermier comprit et plongea sa moustache dans la chope. Catherine Kepler était une sorcière, il ne fallait pas la provoquer.

Mine de rien, Johann écoutait et riait sous cape de tant de sottise. Le pasteur lui avait expliqué que cette comète dont tout le monde parlait était un signe de Dieu, que même les plus grands savants du monde avaient du mal à comprendre. Puis il lui avait décrit l'univers, les astres fixes et les errants, l'ici-bas chaotique et le ciel harmonieux. Le soir, veille de Noël, il répéta tout cela à sa mère. En récompense, elle l'emmena sur la colline contempler la belle fugitive.

Cette même nuit, au bivouac, quelque part dans le Palatinat, Heinrich Kepler contemplait lui aussi la comète. Dans quelques jours, son régiment bavarois s'ébranlerait vers le nord. On combattrait enfin. Il avait assisté à la messe catholique. Fallait-il croire le prêtre qui avait prêché que cette nouvelle étoile de Bethléem annonçait la victoire sur les hérétiques ? Et qu'en était-il de son destin à lui, Heinrich Kepler le renégat, le père indigne, l'homme aux mille idées qui ratait tout ce qu'il entreprenait ? Sa pipe s'éteignit. Il avait appris à fumer à la manière des Espagnols et songeait qu'il ferait peut-être fortune en important cette mode à la cour du grand-duc de Wurtemberg. Mais ces idiots de luthériens, en tout cas à Leonberg ou Weil der Stadt, voyaient dans toutes les belles découvertes rapportées du Nouveau Monde des inventions du diable. Il poussa un soupir et tapota machinalement le fourneau contre une jarre. Une brindille de tabac rougeoyante tomba de la pipe dans la jarre pleine de poudre, qui explosa. Par chance, Heinrich s'était déjà éloigné de quelques pas, mais des éclats de grès se plantèrent dans sa fesse et son dos. Il dut rester à l'infirmerie allongé sur le ventre, un mois durant. Sa solde ne lui fut même pas payée, et quand son régiment s'ébranla vers la Hollande, il regarda partir ses compagnons, appuyé sur une béquille. Puis il revint au pays, du moins à Leonberg, pour éviter les railleries de son père, le bourgmestre de Weil.

Mais à l'auberge, ce fut pire. Maintenant qu'elle avait devant lui un infirme, Catherine n'avait plus peur d'affronter son mari. Tous deux se mirent à boire plus que de raison et les coups à pleuvoir de part et d'autre. Le pasteur intervint. Mal lui en prit. Heinrich déclara qu'il retirait aussitôt son fils de l'école. D'ailleurs, à huit ans bientôt, Johann serait d'un plus grand secours à l'auberge pour qu'il rapporte enfin ce qu'il avait coûté. L'instituteur répliqua qu'il pourrait raconter à ses supérieurs de Tübingen l'engagement de l'artilleur chez les mercenaires papistes, et les pratiques de sorcellerie de Catherine. La discussion faillit se finir très mal, car le pasteur était vigoureux.

Le lendemain, les brumes de l'alcool dissipées, Catherine prit peur. Il leur fallait fuir. Heinrich eut une idée. Au régiment, un de ses camarades lui avait parlé d'un village oublié au bord du Danube, frontière entre le grand-duché catholique de Bavière et celui, luthérien, du Wurtemberg. Il y avait là une sorte d'auberge à l'abandon tenue par un vieillard et qui, reprise par quelqu'un de malin, pourrait prospérer par la contrebande d'hommes et de marchandises. Aussitôt dit aussitôt fait. La maison attenante au relais fut vendue et l'auberge mise en gérance, sur l'insistance de Catherine, qui avait la tête près du bonnet et assurait ainsi ses arrières. Elle connaissait trop son bonhomme de mari.

À l'aube d'une matinée de printemps, tandis que le village dormait encore, la famille Kepler s'en fut vers Allmendingen en marchant à côté d'une charrette chargée de meubles et de ballots, tirée par une mule. Il leur fallut quatre jours pour atteindre leur but. Il pleuvait.

Le village était à l'écart de tout, perdu au bout du monde bien qu'à six lieues seulement d'Ulm. Le compagnon d'armes de Heinrich avait nettement exagéré les mérites de son pays natal. En guise de Danube, Allmendingen ne baignait que dans un de ses maigres affluents, fréquenté seulement par des barques de pêcheurs, et qui allait se jeter dans le grand fleuve quatre lieues plus au sud. Sur l'autre rive, c'était la Bavière. Selon le traité de paix d'Augsbourg, chaque petit État allemand pouvait choisir de manière autonome entre catholicisme et protestantisme luthérien. La Bavière ayant opté pour le second camp, le village aurait dû être réformé. Cependant, nul pasteur n'avait songé à venir évangéliser ce coin perdu. Nul curé non plus, d'ailleurs. L'auberge était à l'abandon. Son vieux propriétaire était mort quelques semaines auparavant. Heinrich se rendit donc auprès du bourgmestre. Par un heureux hasard, le chef du village était le frère aîné de son ancien compagnon d'armes, et un aussi joyeux luron. Heinrich n'eut rien à débourser pour occuper l'auberge, les héritiers de l'ancien tenancier s'étant perdus quelque part dans le vaste monde.

À l'exception des paysans et des artisans du village, qui venaient au soir boire une chope, l'auberge était le plus souvent déserte et les chambres vides. Quel voyageur aurait pu s'égarer jusqu'ici ? Pourtant, chaque semaine, au soir, arrivait tel ou tel homme chargé de ballots, tantôt qui venait de traverser la rivière en provenance d'Ulm, tantôt de Stuttgart ou du Palatinat. Ils n'étaient que trois ou quatre, mais à voir la façon dont Heinrich les accueillait, embrassades rigolardes et grandes claques dans le dos, il ne fallait pas être grand clerc pour comprendre que c'étaient des amis intimes de Heinrich, tous bavarois, anciens artilleurs du duc d'Albe. En buvant bière sur bière, ils échangeaient des souvenirs de leurs campagnes rhénanes, en particulier à propos des filles des bordels qui suivaient l'armée. Catherine, derrière l'étal qu'elle avait installé dans un coin de la salle commune, n'écoutait pas. Elle y vendait à ses commères, outre les herbes médicinales qu'elle allait récolter dans la forêt et les potions qu'elle concoctait, quelques pièces de tissus, des carottes de tabac et des pains de sucre que les amis contrebandiers de son époux lui offraient en paiement de son hospitalité.

Le bourgmestre entra un jour dans la taverne. Heinrich et lui allèrent s'isoler dans l'arrière-salle en compagnie d'un troisième larron, puis en ressortirent au bout d'une heure, visiblement très satisfaits.

— Johann, bougre de fainéant, viens donc montrer ta magie à ces gentilshommes, lança Heinrich à son fils aîné, qui dormait la tête dans les bras sur une petite table, non loin du comptoir de sa mère.

L'enfant se leva, boudeur, et alla se mettre, les bras croisés, devant les trois hommes et leur verre de schnaps.

— Darcikoth, donne un nombre à quatre chiffres à ce garnement, demanda l'aubergiste à son compère contrebandier.

— Je ne sais pas, moi, euh… Tiens, le montant de la recette : quatre mille trois cent quarante-sept.

— Bien. Et toi, Herrchall, un truc à deux chiffres.

— Euh… Vingt-neuf. C'est l'âge de ma femme.

— Sacré menteur, va ! Alors, Johann, quatre mille trois cent quarante-sept multiplié par vingt-neuf, ça fait combien ?

L'enfant ferma les yeux un instant, tout son visage se plissa, puis il dit d'une voix effarouchée :

— Cent vingt-six mille soixante-trois.

Les trois hommes se mirent à vérifier ce résultat en griffonnant à même la table avec un morceau de charbon. Après bien des tâtonnements, Heinrich s'exclama :

— C'est exact ! Attendez, les gars ! Vous n'avez pas tout vu ! Catherine, la bible !

Mme Kepler sortit de son comptoir en grondant :

— Tu ne peux pas le laisser en paix, cet enfant ? Il est exténué. Il a passé sa journée à récolter tes fichues patates, dont personne ne veut !

Et elle jeta la bible sur la table comme une louchée de soupe dans l'écuelle d'un client mal embouché.

— Tais-toi, femme ! répliqua Heinrich qui tendit le livre au bourgmestre en lui disant : Tiens, ouvre au hasard, en fermant les yeux. Johann, tourne le dos pour ne pas voir.

L'index du bourgmestre pénétra dans le livre et se posa sur une colonne. Le notable ouvrit les yeux et lut :

— Psaumes, quarante-neuf, quatre.

Bras croisés derrière le dos, Johann récita :

— « Ma bouche dit des paroles de sagesse, mon cœur murmure des propos de bon sens. L'oreille attentive au proverbe, sur ma cithare, je résous une énigme… » Papa, je peux aller faire pipi ? J'ai très envie…

26

Cette lamentable comédie dura de longs mois. Bientôt, on accourut des villages voisins pour assister à ce prodige d'un garçonnet de dix ans à peine, capable de faire mentalement, à grande vitesse, les opérations arithmétiques les plus compliquées, et de réciter par cœur des passages entiers du Livre saint. Heinrich décida que le spectacle aurait lieu tous les vendredis soir, avant un souper solidement monnayé. Ce fut un succès : les produits de la contrebande s'écoulèrent dès lors avec une plus grande facilité.

Outre les séances de petit animal savant, les journées de Johann étaient fort occupées, entre le puits, le tas de fumier, l'étable à cochons, la dizaine de poules et le clapier. Sans oublier la parcelle de pommes de terre et de choux, bien sûr. Il était aidé par son frère Heinrich, six ans à peine. Aider est un bien grand mot, car, comme souvent chez les cadets écrasés par un aîné trop doué, l'enfant multipliait les bêtises afin de se faire remarquer. Il semblait attirer les catastrophes comme un aimant ; une seule écharde dans la cour, elle était pour son pied nu. Un chien d'ordinaire pacifique se jetait sur lui pour le mordre. Les maladresses de Heinrich avaient un grand avantage pour Johann : elles détournaient de lui les gifles et les coups de fouet de leur père, surtout quand celui-ci était pris de boisson. Mais pas les cris de leur mère qui l'avait chargé de veiller sur son cadet, elle-même ayant trop à faire avec les deux nouveaux enfants qui lui étaient venus, Marguerite et Christophe.

Un jour arriva à Allmendingen un jeune diacre, frais émoulu d'une maîtrise en théologie à l'université de Tübingen. Il s'était porté volontaire pour évangéliser ce repaire de mécréants, où les pratiques païennes affleuraient de toutes parts. Ce Markus Gruach décida d'agir avec prudence et discernement. Le bourgmestre l'accueillit fort bien, mais lui enjoignit de ne s'occuper que de sa mission pastorale, et de fermer les yeux sur les pratiques commerciales illicites de ses nouvelles ouailles avec la Bavière catholique. Cela convenait parfaitement à Gruach. Il demanda en échange qu'on l'aide à restaurer le temple à l'abandon et qu'on lui offre une grange pour y ouvrir l'école.

— Une école, à Allmendingen ! s'exclama en riant le bourgmestre. Je vous promets, révérend, au moins un drôle d'écolier. Venez donc souper ce soir chez Kepler. Ça vous donnera l'occasion de rencontrer la plus notoire de vos futures brebis.

Le jeune pasteur ne vit aucune objection à cette invitation. Il aurait son école et son temple.

À l'auberge, les convives le taquinèrent sur son apostolat. Catherine Kepler, la tenancière, rappelait les hommes à l'ordre quand ils allaient trop loin. Gruach, prévenu par ses maîtres, savait que c'était toujours comme cela que ça se passait, avec les paysans. Ce serait par les femmes et les enfants qu'il s'imposerait.

À la fin du repas, avec des gestes de bateleur de foire, Kepler appela son fils Johann. Le jeune pasteur eut droit au numéro de calcul mental et de récitation des Écritures. Gruach avait entendu parler de ces idiots de village dont l'esprit débile déployait un don incongru, une prodigieuse mémoire par exemple. Il lui sembla que le petit Johann pouvait être de ceux-là. Ce garçon d'une grande maigreur, aux mains déformées par la petite vérole, à l'air buté, l'œil immense voilé de brume et cerné de violet, paraissait sortir d'une longue maladie. Gruach applaudit quand même très fort à sa prestation. Le pitoyable spectacle était pour lui une excellente entrée en matière :

— Monsieur Kepler, dit-il alors, votre petit Johann sera un modèle pour ses camarades dans l'école que je compte ouvrir au village.

— Et qui va travailler à la ferme et au champ pendant ce temps ? répliqua Heinrich. Ce feignant-là en sait assez comme ça.

— Papa, je veux aller à l'école. Je veux apprendre.

Tous se retournèrent vers le garçon. Johann avait prononcé cela d'une voix qui n'avait pas encore mué, mais posée, raisonnable, ne butant pas sur les mots. « Je me suis trompé, songea Gruach. Cet enfant n'est pas un idiot, mais un surdoué. Il faut que je change de méthode avec le père, qui ne me semble pas lui-même tout à fait abruti. »

Heinrich cependant avait levé la main sur son fils en grondant :

— Depuis quand, petit crétin, te mêles-tu de la conversation des adultes ?

— Monsieur Kepler, intervint Gruach, les dons exceptionnels de Johann doivent vous attirer une généreuse clientèle, non ?

Il avait touché juste. L'aubergiste se rengorgea et dit :

— Ma foi, revenez vendredi, révérend, et vous constaterez par vous-même. Mais réservez votre table, il y aura du monde.

— Vous avez bien dans votre potager des légumes qui demandent plus de soin que les autres, un arrosage régulier, un sarclage attentif…

— Évidemment, répliqua Heinrich en haussant les épaules. Mes *patatas*, surtout. C'est d'ailleurs ce garçon qui s'en occupe avec son empoté de frère. Où voulez-vous en venir ?

— Eh bien, les dons de Johann sont comme une plante fragile et précieuse. Il faut l'entretenir de savoir, l'arroser de nouvelles connaissances, sinon, l'enfant risque de se faner. Et l'un de vos vendredis soir, votre garçon sera incapable de calculer combien font deux et deux. Vous serez la risée de tous ceux qui vous jalousent en secret.

Mouche ! Pour avoir été longtemps le bouc émissaire de son père, Heinrich ne supportait pas le ridicule et la moquerie. Il fit mine de réfléchir longtemps. Enfin :

— D'accord. Mais ça ne me coûtera pas un pfennig, hein ? Et pas question que son abruti de cadet aille aussi à l'école. J'ai besoin de bras, moi !

Le regard éperdu de reconnaissance que lui lança Johann Kepler fut pour le jeune diacre la plus belle des consolations.

L'école fut très vite ouverte. Tout le monde s'y était mis, même les contrebandiers. Mais qu'importait après tout que les crayons fussent d'origine espagnole et les cahiers, papistes bavarois ! Toutes les familles d'Allmendingen tenaient à ce qu'au moins l'un de leurs rejetons étudie. Le pasteur fut rapidement débordé, au point de demander à Johann de l'assister pour au moins enseigner l'alphabet aux plus jeunes. L'expérience fut désastreuse, car le fils de l'aubergiste avait un aussi mauvais caractère que son père, et les gifles pleuvaient, les férules tombaient sur la tête de ses petits camarades. Les parents s'en plaignirent; quant à Heinrich, il finit par demander une rémunération au pasteur pour les prestations de son aîné.

Gruach était aussi pauvre que la plus pauvre de ses ouailles, payé le plus souvent de ses services d'un lapin ou d'un chou. Aussi réduisit-il ses ambitions. Il se contenta désormais d'apprendre à ses élèves à lire, à écrire et à compter, réservant ses après-midi au seul Johann Kepler. Cela arrangeait tout le monde, car c'était surtout le matin qu'il y avait du travail à l'auberge : nettoyage des chambres et de la salle commune, vaisselle... Le champ, la basse-cour et la porcherie restaient le domaine de Heinrich junior qui, à bientôt huit ans, voyait partir à l'école ses camarades de jeu, et même sa jeune sœur et son benjamin. Alors, il binait le champ de *patatas*, et quand sa sarclette faisait éclater un tubercule, le coup de pied administré par son père ne se faisait pas attendre.

Johann Kepler reprit donc le cycle de ses études, abandonné trois ans auparavant. S'il avait suivi un cursus normal, compte tenu de ses aptitudes, il aurait dû être en deuxième année de collège. Par bonheur, grâce à sa formidable mémoire, il n'avait pas perdu grand-chose de l'enseignement qu'on lui avait prodigué à Leonberg. Quelques lacunes en grammaire latine furent vite rattrapées. Et il se remit à composer des vers à la manière d'Ovide qui laissaient son maître pantois. En plus, depuis que les enfants du village étaient presque tous scolarisés, on se désintéressait des jongleries du jeune prodige avec les chiffres et les écritures. Les vendredis soir à l'auberge n'attiraient plus personne. Il y avait d'ailleurs d'autres distractions : les prêches du pasteur Gruach étaient truculents, sur le modèle initié par Luther. Le temple ne désemplissait pas. Autre nouvelle distraction : des saynètes aussi profanes que charmantes, rédigées par Gruach et son disciple, que jouaient à l'auberge les écoliers du pasteur. Comme les parents consommaient beaucoup, Heinrich ne tint aucune rigueur à son concurrent. De plus, le diacre, qui avait pourtant quelques notions de médecine, encourageait Catherine à pratiquer ses talents de guérisseuse, qu'elle faisait payer au prix fort. Bref, Allmendingen devint un village luthérien comme les autres, à la contrebande près, et nul ne s'en plaignait. La grande affaire désormais était de trouver une épouse au pasteur, afin de garder au pays un homme aussi précieux qui savait, par exemple, juger de la bonne qualité du tabac ou du sucre qu'on irait écouler à Ulm ou à Stuttgart.

Quand vint le temps des moissons, Gruach ferma l'école et partit pour Tübingen. Son ancien professeur de théologie, le docteur Hafenreffer, le reçut avec les plus grandes marques d'affection : on savait ici l'excellent travail d'évangélisation qu'avait fait Gruach à Allmendingen. Ce n'était pas pour parler de sa vocation que Gruach avait fait le voyage, mais d'un jeune garçon de douze ans :

— C'est vraiment miracle, maître, qu'une telle plante ait pu pousser sur pareil tas de fumier. Un père aussi ivrogne que brutal, une mère à moitié folle et vaguement sorcière, dans une contrée de brigands dont les pratiques païennes resurgissent à tout moment... Et au milieu de cela, Johann Kepler. Lisez, maître, ce poème en vers latins. Lisez aussi cette dissertation sur le libre et le serf arbitres. Je vous affirme que je ne l'ai inspiré en rien. Je suis également prêt à parier mon âme que ce garçon maladif et myope, qui tient peut-être de ses ancêtres je ne sais quelle tare vénérienne, n'a jamais lu ni Luther ni Érasme. Ce fils de tavernier est une tête métaphysique.

Le docteur Hafenreffer feuilleta le cahier que lui avait tendu son ancien étudiant. L'écriture était déjà ferme et la mauvaise vue de l'écolier expliquait sans doute sa grosseur. Par déformation professionnelle, Hafenreffer ne put s'empêcher de relever une faute de déclinaison.

— Quand je l'ai pris en main, Johann avait de graves lacunes en grammaire, à cause de ses deux années de déshérence, s'excusa Gruach comme si la faute était de lui.

— Dites-moi, Markus, ce Kepler ne serait-il pas parent avec le bourgmestre d'une bourgade non loin d'ici, Weil der Stadt, je crois ?

— Oui, c'est son grand-père à ce que j'ai cru comprendre.

— Ah ! Eh bien, votre petit protégé ne sort pas du ruisseau. Bonne et vieille famille du Wurtemberg, ces Kepler. Je ne serais pas étonné qu'on y trouve un peu de sang bleu, en cherchant bien. Vous n'aurez pas fait le voyage pour rien : je lui obtiendrai une bourse.

Hafenreffer ajouta :

— Votre élève entrera l'an prochain au collège d'Adelberg. Excellent enseignement, excellents professeurs. Et surtout, suffisamment éloigné de sa famille… et de vous, Markus. Il n'est jamais bon qu'un maître s'attache trop à son élève. À propos, quand vous mariez-vous ? Il doit bien se trouver un bon parti dans votre paroisse…

Gruach rougit mais ne protesta pas. En le prévenant des dangers du célibat, Hafenreffer était parfaitement dans son rôle de conseiller et de mentor.

— J'oubliais, poursuivit le professeur de théologie, si le père fait des difficultés pour se séparer de son fils, alertez-moi immédiatement. J'ai quelques moyens de le faire plier.

— Je ne le pense pas. Sous ses aspects disons... rugueux, l'homme n'est pas dépourvu de subtilité. Il a dû recevoir jadis un semblant d'instruction. De plus, j'ai cru deviner qu'il était fier de son rejeton. Il serait ravi que Johann accomplisse ce que les aléas de la vie ne lui ont pas permis d'accomplir.

— Je vois, Markus, que vous avez progressé dans la connaissance des hommes. Vous devriez maintenant approfondir, si j'ose dire, celle des femmes. Un dernier conseil : votre future épouse, ne la choisissez ni trop jolie ni trop intelligente. En revanche, soyez attentif à ce que votre beau-père a mis dans le panier de noces...

Le jeune pasteur avait vu juste. L'aubergiste de Allmendingen accepta volontiers de voir partir son fils aîné sitôt que la bourse d'études fut officiellement obtenue :

— Bah ! Ça fera toujours une bouche de moins à nourrir. Bon débarras. Et puis les trois autres feignants, là, ils sont maintenant en âge de travailler.

Alors, Markus Gruach se trouva une nouvelle mission : faire en sorte que Heinrich, Marguerite et Christophe Kepler, neuf ans, sept ans et cinq ans, ne soient pas les premières victimes de la bonne fortune de leur aîné.

27

Quand Johann Kepler enfila pour la première fois la blouse bleu nuit des pensionnaires en première année du collège d'Adelberg, il fut inondé d'un ineffable sentiment de bonheur et de délivrance, même si les manches trop courtes pour ses bras qui avaient poussé trop vite laissaient apparaître les poignets et les mains abîmés par la petite vérole. Ses condisciples étaient tous d'au moins deux ans plus jeunes que lui, mais il décida de ne rien faire ni ne rien dire qui pût le distinguer des autres.

Il n'en eut pas le temps. Sitôt achevé le premier appel dans la cour de cet ancien monastère, le principal du collège, après un discours rappelant le règlement de l'établissement, lança, pour détendre l'atmosphère :

— Savez-vous, messieurs, que nous avons parmi nos nouveaux élèves un remarquable dialecticien capable de débattre du libre et du serf arbitres ? Johann Kepler sera-t-il le nouveau Luther ou le nouvel Érasme ? Qu'il avance !

Rouge de confusion, le fils de l'aubergiste sortit du rang dans un silence de mort et avança vers ses futurs professeurs, qui tous semblaient se moquer de lui. Ses oreilles bourdonnaient, de sorte qu'il ne comprit pas la question que lui posait le principal et qu'il répondit quelque chose comme « ch'ais pas, m'sieur ». D'un geste méprisant, le principal le renvoya à sa place. Il crut entendre quelques chuchotements et ricanements parmi ses condisciples. Ce n'était qu'une illusion : les autres étaient aussi terrorisés que lui, même ceux de deuxième et de troisième année.

Mais, à partir de ce moment-là, l'élève Kepler maudit en son for intérieur Markus Gruach, qui, selon lui, l'avait trahi. Il se trompait. Son ancien maître n'y était pour rien. Le rectorat de Tübingen avait tout bonnement glissé sa dissertation sur le serf arbitre dans son dossier d'obtention de bourse. Le docteur Hafenreffer y avait ajouté en marge, de sa main, un commentaire fort élogieux, mais qui recommandait qu'on rectifiât les tendances érasmiennes, voire calvinistes, de son précoce auteur.

La base de l'enseignement de la première année était les grammaires latine et allemande. Ses deux maîtres, celui de Leonberg puis celui d'Allmendigen, lui avaient tout appris dans ces domaines qui n'étaient jamais que la base commune à tout enseignement. Il en était de même avec les quelques éléments de géométrie et d'algèbre qu'on inculquait aux collégiens de première année. Quant à l'éducation religieuse, grâce aux leçons particulières qu'il avait reçues et à son profond intérêt pour l'exégèse du Livre, cela faisait belle lurette qu'il ne considérait plus cela comme de belles histoires, mais comme un sujet de réflexion, une ébauche de théologie.

Pour le reste de sa vie au collège, elle était morose et solitaire. Il dédaignait les jeux et les conversations puériles des enfants de sa classe, mais il était lui-même repoussé par ceux de son âge, déjà en troisième année. Il aurait tant aimé, pourtant, participer à leurs conversations, quand, comme de sages docteurs à la récréation, ils déambulaient par groupes de deux ou trois, mains derrière le dos, dans la cour ou sous le péristyle. Il y avait quelques autres boursiers à Adelberg et le règlement stipulait que par souci d'égalité, tous les collégiens devaient porter le même uniforme, sarrau de lourde toile, sabots et bonnet à la couleur variant selon le degré d'étude ; mais les différences se percevaient quand même à la façon dont on portait la coiffure, à la démarche, aux gestes, aux intonations de voix. Et Johann, malgré tous ses efforts, ne pouvait se débarrasser de ses indécrottables allures de garçon de ferme. De plus, sa peau brune subissait plus que tout autre les déboires de son âge, boutons et points noirs sur le visage, clous purulents dans le cou et autres croûtes, sans oublier la gale, les puces et les poux, qui semblaient avoir pour lui davantage de goût que pour ses condisciples.

Le conseil des professeurs du collège ne fut pas long à comprendre qu'ils tenaient là un sujet exceptionnel, qui perdait son temps et leur faisait perdre le leur. On décida donc qu'à la prochaine rentrée, il passerait directement en troisième classe. Mais pour cela, il faudrait solliciter une dispense auprès du rectorat de Tübingen. C'était loin d'être une formalité car l'université réformée par Melanchthon, par souci d'empêcher tout passe-droit offert, comme chez les ennemis jésuites, au rang, à la naissance ou à la richesse, veillait à ce que chaque écolier soit traité selon son seul mérite, sans aucune autre considération. Aussi, même un cas aussi particulier que celui de Johann Kepler exigeait un examen attentif de la part des plus hautes instances universitaires du grand-duché de Wurtemberg.

Pour étayer son dossier de dispense, le principal convoqua dans son bureau le jeune intéressé.

— Élève Kepler, vous plairait-il, l'an prochain, de sauter une classe, et de passer directement en troisième année ?

Le collégien planta son regard d'un noir intense qui dévorait un visage maigre et maculé de creux rosâtres :

— Sans doute, Votre Excellence, car je suis las de brouter Cicéron et le gérondif comme la chèvre attachée à son pieu. Il n'y a plus une herbe à croquer !

Le principal sursauta, tant la formule, dite d'un ton posé, était aussi insolente que bien à propos. Ce n'était d'ailleurs pas de l'insolence, mais un constat. Ce garçon, en plus, avait de l'esprit. Tout de même, il ne fallait pas laisser passer cela :

— Vous me paraissez bien sûr de vous et de vos connaissances, mon garçon. Croyez-vous donc que vous n'avez plus rien à apprendre de vos maîtres ?

Les paupières bleuies de l'adolescent ne cillèrent pas sous le regard sévère. Il protesta, plein d'assurance :

— Oh, je n'ai pas dit cela, au contraire ! Je pense qu'il me faut acquérir maintenant d'autres connaissances, pour progresser et surtout ne pas rester inactif, car j'ai une grande propension à l'indolence et à la paresse.

— Je vois, mon ami, que vous pratiquez le *gnôthi seothon*.

Kepler eut un rire de nourrisson :

— Je n'ai hélas pas visité l'oracle de Delphes, mais je m'applique à suivre son précepte : « Connais-toi toi-même ! »

— Quoi, tu connais le grec ? s'oublia le principal en tutoyant son collégien.

— Hélas non ! Mais j'ai hâte de l'apprendre.

Le principal se retint de gifler ce petit villageois prétentieux.

— Ne sois pas si pressé ! Ce ne serait pas une classe que tu devrais sauter, mais entrer tout de suite à la faculté. Il te faut d'abord obtenir cette dispense. Et tu vas y mettre du tien.

Le principal ouvrit lentement un mince dossier de carton où son vis-à-vis put lire son nom à l'envers. Il fit mine d'y découvrir quelques feuillets de mauvaise qualité et couverts d'une grosse écriture que Johann connaissait trop bien.

— Ah, c'était donc toi, le nouvel Érasme dissertant sur le *Serf Arbitre* de notre grand Luther ?

— J'étais si jeune à l'époque, soupira comiquement Johann. Et mon père m'obligeait à tant de pitreries blasphématoires devant les clients de sa taverne… Alors, avec la complicité de mon instituteur…

« J'étais si jeune à l'époque… » Le principal fut tout attendri de cette formule chez ce grand dadais trop vite poussé en graine.

— Bien, bien, grommela-t-il. Je te demanderai donc de refaire cette dissertation. Tu possèdes bien mieux le latin que quand tu étais… jeune, et, quoi que tu en dises, tu as acquis durant ta première année dans cet établissement de nouvelles notions de rhétorique et de dialectique. Nous enverrons ensuite ton devoir avec le reste de ta demande de dispense au doyen de l'université de Tübingen.

— Mais… Je n'ai même pas lu le *Serf Arbitre* ! Mon maître m'en avait fait un résumé, ainsi que du *Libre Arbitre*.

Le principal du collège changea d'idée :

— Puisque tu n'as pas lu le *Serf Arbitre*, rédige donc une jolie lettre au doyen pour lui demander de t'en envoyer un exemplaire.

— Au doyen de l'université de Tübingen lui-même ?

— Bien sûr, mon garçon, pas au concierge ! Et ne me la montre pas avant pour que je la corrige.

Ainsi fut fait. Conscient de recommencer la pitoyable comédie du singe savant que lui faisait jouer son père, Johann prit sa plus belle plume et rédigea sa demande dans un latin fort bien tourné, où il eut l'habileté de glisser quelques naïvetés.

Le nouveau doyen de l'université de Tübingen, le docteur Hafenreffer, était un cœur candide : il croyait à l'absence totale de roublardise chez les enfants. Très enthousiaste, il lut la lettre de Kepler à la table des professeurs, qui s'en émerveillèrent tous avec plus ou moins de sincérité, à l'exception du professeur de mathématiques, Michael Maestlin, lequel émit quelques doutes sur la sincérité et la spontanéité de son auteur. Le doyen connaissait assez Maestlin pour savoir que son jeune collègue était un esprit fort, un sceptique, un copernicien pour tout dire. Mais sa renommée était telle qu'on affluait à ses cours d'un peu partout en Europe, contribuant à grossir les recettes de l'université. Aussi Hafenreffer se refusait-il à l'inquiéter pour son hétérodoxie. Maestlin était au demeurant un remarquable pédagogue et un compagnon agréable.

L'ouvrage de Luther fut donc envoyé à Johann Kepler, accompagné de chaleureux encouragements et surtout de la dispense qui lui permit, à la rentrée suivante, de passer directement en troisième année de grammaire. Il fut tout de suite au niveau de ses nouveaux camarades, car, au lieu de revenir passer les vacances à l'auberge d'Allmendigen, en famille, il avait préféré rester au collège, comme son statut de boursier l'y autorisait. En un mois, seul, il étudia tout ce qu'il aurait dû apprendre durant cette deuxième année dont il était dispensé. Le principal du collège, qui s'était attaché à lui et surtout qui voyait en ce petit prodige un futur objet de prestige pour son établissement, l'invitait parfois à sa table. Son épouse apprenait les bonnes manières à ce villageois, tandis que sa fille unique, du même âge, l'écrasait de son mépris silencieux. Le reste de la semaine, Johann préférait manger dans le réfectoire désert, en compagnie de quelques autres boursiers. C'est ainsi qu'il se lia d'amitié avec deux d'entre eux. Müller se disait poète et Rebstock mathématicien. Kepler, lui, posait forcément au théologien.

Vint enfin la rentrée. Les choses sérieuses commençaient. Il s'agissait de préparer son entrée au grand cours, l'année suivante, à Maulbronn. Il fallait donc acquérir des notions de rhétorique, de théologie et de mathématiques. Cela ne posait aucun problème au fils de l'aubergiste, qui se hissa très vite au niveau des meilleurs. Mais ce qui le chagrinait, c'était que ses deux amis, Müller et Rebstock, laissés loin derrière, se mirent à l'éviter et à le jalouser. Il tenta alors, dans sa soif inextinguible d'affection, de se rapprocher de ceux qui lui disputaient la première place. Mais eux aussi le repoussèrent. Il n'avait pas compris qu'à partir de maintenant, les études, c'était la guerre, une bataille permanente pour les honneurs et le succès. Et tous les coups étaient permis.

Une nuit de février 1586, tandis que tout dormait dans le collège, Rebsbock le réveilla :

— Eh, Kepler, lève-toi, il se passe un truc formidable. C'est Seiffer…

— Laisse-moi dormir. Il y a un examen demain. Et si on se fait pincer…

— Ça ne risque rien. Le recteur du dortoir est descendu au bourg, comme tous les vendredis, pour voir les prostituées.

Kepler se leva en ronchonnant et suivit son camarade. Ils sortirent. Dehors, il faisait très froid. Ils arrivèrent dans une petite cour, à l'écart, bordée par les latrines. Se tenaient ici des réunions secrètes de collégiens où Kepler n'avait jamais été invité. Cette nuit-là, le maître des cérémonies était donc le dénommé Seiffer, fils d'une riche famille de Stuttgart. C'était également un brillant élève, qui semblait tout apprendre sans effort, avec élégance et désinvolture. Seiffer n'avait pas d'amis, seulement des courtisans. Mais il se moquait d'être détesté et jalousé de tous pour ses grands airs et sa facilité, sauf de Kepler qui aurait tant voulu être son ami, mais dont il repoussait les avances. Il avait compris que cet escogriffe boutonneux aux allures de paysan était son plus dangereux concurrent.

Dans une cahute attenante aux latrines, Seiffer avait allumé un feu autour duquel quatre autres collégiens, dont l'ancien ami de Johann, Müller, semblaient fort joyeux. Il y avait de quoi : au milieu d'une nappe, une caisse était ouverte sur une dizaine de bouteilles de vin d'Alsace. À côté de ce tabernacle offert à Bacchus, un jambon et quelques autres cochonnailles.

— Ah, s'exclama Seiffer, le prophète des taupes a consenti à se joindre à nous.

Le prophète des taupes… Quelque temps auparavant, Kepler avait confié à ses amis que, quand il avait dix ans, en lisant la Bible, il avait voulu devenir prophète. Mais il s'était aperçu bien vite que sa mauvaise vue le lui interdisait. Müller, Rebstock et lui avaient bien ri de cette naïve vocation. Les traîtres ! Raconter cette confidence à ce prétentieux Seiffer !

— C'est ma jolie cousine Marguerite qui m'a fait parvenir ce colis, poursuivit le prétentieux en question, afin que je le partage avec les plus nécessiteux de mes amis. Ça nous changera de notre pitance quotidienne, non ?

Face à cette condescendance, Kepler faillit tourner les talons. Il se retint : il ne voulait pas passer pour un lâche. Il entreprit donc de manger et de boire avec les autres, mais silencieusement, goulûment, sans écouter Seiffer qui, pour écraser ses convives, évoquait la richesse de ses parents et la beauté de sa cousine Marguerite, laquelle, à l'en croire, l'aurait déjà initié aux choses de l'amour. Peu habitué à de telles agapes, Kepler sombra bientôt dans une douce torpeur, qui lui interdit de se lever quand un bruit de pas résonna sur le pavé. Les autres s'égaillèrent en vitesse comme une volée de moineaux.

Le principal apparut sur le seuil de la cahute, suivi du diacre et du concierge. Le spectacle était désolant : vautré au milieu des bouteilles vides, des reliefs de jambon et de saucisson, le meilleur élève du collège d'Adelberg ricanait comme un idiot. Kepler fut traîné au cachot, dégrisé par un seau d'eau glacée, puis fouetté. Au matin, le tambour réunit dans la grande cour tous les collégiens pour y entendre la confession de celui qu'ils appelleraient désormais « le prophète des taupes ». Kepler n'avait pas le choix : s'il ne dénonçait pas ses complices, c'était le renvoi immédiat et la suppression de sa bourse. Alors il avoua tout, donna les noms, mais prit bien garde de ne pas poser à la victime, espérant ainsi que les autres ne lui en tiendraient pas rigueur. Espoir vite déçu car, jusqu'à la fin de son séjour à Adelberg, ses condisciples le fuirent comme un pestiféré.

Le principal aurait dû renvoyer toute la bande, Kepler compris. Mais comment se priver d'un garçon à l'avenir aussi prometteur ? À Tübingen, le doyen serait sans doute fâché qu'on traitât ainsi son protégé, surtout pour ce qui n'était jamais qu'une grosse bêtise de garnements. D'ailleurs, le garçon s'était laissé entraîner. Mais le principal ne pouvait renvoyer les autres et le garder, lui : c'eût été une injustice flagrante. Aussi, après une séance de fouet devant le collège réuni, il fit mettre les coupables au cachot. Sauf Kepler, car il fut pris, après sa confession, d'un terrible accès de fièvre qui fit craindre pour sa vie.

28

La fin de sa dernière année à Adelberg fut pour Kepler un soulagement. Il avait raflé tous les lauriers, mais ce n'était pas pour cela que son cœur était léger durant les quatre jours de marche qu'il parcourut pour rejoindre l'auberge familiale d'Allmendingen. Cela faisait deux ans qu'il n'avait pas revu sa mère, et il se réjouissait à l'avance de la fierté qu'elle aurait de voir le sarrau de son fils couvert de rubans et de médailles. En traversant un village, il se sentait tout faraud quand une brave paysanne lui offrait un pain en l'appelant « joli bachelier. » Il dormait dans les granges ou dans les champs, avec le vague espoir qu'une femme ou une fée vienne le rejoindre. Mais le plus souvent, il remerciait Dieu avec ferveur de la beauté du ciel nocturne. Et il prêchait, à voix haute, pour les lapins.

L'auberge n'avait pas changé. Rien n'avait changé. Un garçon de douze ans, accompagné de son petit frère et de sa petite sœur, accourut vers lui à l'orée du village. Il reconnut difficilement son cadet Heinrich, solide, trapu, aux grosses joues rouges. Un vrai petit paysan, sérieux, pensif :

— Tu as fait bon voyage, Johann ? Le temps était beau, cela devait être agréable.

Le cœur de Johann fondit sous tant de sollicitude, d'autant que les petits – comment s'appelaient-ils déjà ? – avaient chacun glissé une menotte dans ses mains qui leur semblaient immenses.

— Alors, quoi de neuf au pays ? dit-il d'une voix forçant sur le grave. Ça marche, pour toi, à l'école ?

— L'école ? Mais Johann, tu ne savais pas ? Il y a trois ans, le père s'est fâché avec le nouveau pasteur. Et il a dit que ça suffisait d'un seul savant dans la famille. Alors il m'a placé chez un drapier à Ulm. Mais je ne suis jamais arrivé à couper du tissu droit. Du coup, le patron me battait encore pire que le père. Ensuite je suis allé chez un boulanger. J'aimais bien ça, mais il y a eu des histoires. Alors le père m'a repris. Je travaille maintenant à l'auberge et au champ. En tout cas, je sais lire et écrire.

— Moi aussi, dit le petit Christophe. Je sais.

Sur le seuil de l'auberge, Catherine Kepler attendait. Elle parut à son fils aîné très vieillie, tassée dans ses vêtements noirs, vibrant d'une obscure et sempiternelle colère. Dans un grand élan, il s'avança vers elle pour l'enlacer. La mère se raidit et dit d'une voix aigre, comme s'ils s'étaient quittés la veille :

— Ah, te voilà, toi ! Tu n'as donc pas oublié que tu avais une famille ?

C'était injuste car tous les mois, du collège, il lui envoyait une longue lettre affectueuse. Il n'avait jamais reçu de réponse. Mais il était ainsi fait qu'il se sentit coupable d'abandon. Cependant, elle se tourna vers les deux petits et, toujours en criant :

— Eh, vous autres, qu'est-ce que vous avez à lambiner comme ça ? Avec le repas de noces d'hier, la grande salle est devenue une véritable porcherie !

Le jeune Heinrich intervint de son ton placide :

— Maman, s'il te plaît, laisse-les donc profiter de Johann. Et fermons l'auberge pour fêter son retour. Nous nettoierons plus tard.

La voix de Catherine Kepler s'adoucit singulièrement quand elle répondit à son cadet :

— Tu as raison, mon garçon. Rentrons ! Marguerite, sers-nous à boire avec les restes d'hier.

Une fois installés, elle sembla se tasser encore plus sur elle-même, comme prise d'un chagrin infini. Johann lui demanda :

— Le père n'est donc pas là ?

— Il est à Ulm. Ses petits trafics… Il reviendra ce soir, s'il ne se fait pas pincer. Il finira au bout d'une corde, et je n'irai pas pleurer au pied du gibet.

Elle soupira. Heinrich intervint et dissipa le malaise en questionnant son aîné sur sa vie au collège, ses camarades, ses études, ses maîtres… Il n'y avait aucune envie dans cet intérêt sincère, tout au contraire : il semblait heureux du succès de son frère, comme si lui-même y participait. Johann ne perçut pas, en revanche, que le benjamin Christophe, six ans, faisait mine de se désintéresser de la question, pris d'une jalousie boudeuse. Il ne vit pas non plus l'admiration béate de sa sœur âgée de huit ans.

Enfin, au crépuscule, le père revint. Il eut un geste qui dérouta Johann : il le prit dans ses bras et, en lui donnant de vigoureuses tapes sur les omoplates, lui dit :

— Johann, mon fils, je suis fier de toi.

Le collégien se demanda si par hasard Heinrich senior avait bu, mais non, l'autre ne sentait ni le vin ni la bière.

Enfin, en se détachant, le père lança aux autres membres de la famille :

— Je meurs de faim. Qu'on me serve une collation dans le cabinet. Nous avons à causer, mon fils et moi…

En s'asseyant en face de lui dans le « cabinet », une sombre et petite pièce où étaient entreposés jambons, aulx et oignons, Johann regarda son père. Il lui parut plus jeune qu'avant son départ, plus mince, et beaucoup moins colérique. Leur ressemblance était frappante. Même s'il l'avait voulu, Heinrich ne pouvait plus accuser Catherine de l'avoir chargé d'un bâtard.

Cette conversation « entre hommes » fut en fait un long monologue. Heinrich se confia comme à un ami. Il se plaignit de son épouse, bavarde et querelleuse, et de son fils cadet, incapable de mener à bien le moindre travail.

— Je n'étais pas fait pour cette vie-là, moi. Si ta brute de grand-père me l'avait permis, j'aurais fait des études comme toi. J'étais bon élève à l'école de Weil der Stadt. Mais, tu sais, j'ai recommencé. À Ulm, une dame de bonne famille, une veuve, me prête des livres…

Heinrich continua à raconter avec complaisance sa deuxième vie à Ulm. Il se vanta, voulant se mettre en valeur devant son fils, mais il n'y parvint pas.

— Et toi, mon garçon, où en es-tu de tes études ? Quand pourras-tu avoir un métier ? Je n'y comprends pas grand-chose à tout cela. Tu as seize ans, c'est cela ? Un homme, désormais…

— Quatorze et demi, papa ! Et ce n'est pas de ma faute si j'ai encore dix-huit mois de retard dans mon cursus… Heu, dans ma scolarité.

— J'avais compris, Johann, dit le père en prenant un air de martyr. J'ai appris un peu de latin, aussi…

Le collégien entreprit d'expliquer à son père qu'il devrait encore suivre trois années au collège supérieur de Maulbronn avant d'obtenir le grade de bachelier.

— Et après cela, interrompit le père, tu commenceras à gagner ta vie ?

— Je le pourrais, certes, mais ça ne serait pas suffisant pour accomplir ma vocation : l'évangélisation.

— Hein ? Tu veux devenir pasteur ? Mais ça ne nourrit pas son homme, ça !

— Non, mais ça le grandit. Et puis, en plus de la théologie, je pourrais suivre des études de médecine, par exemple. Mais pour la médecine ou un autre doctorat, il me faudra encore quelques années d'études, à l'université…

Heinrich hocha la tête, pensif : théologie, évangélisation, médecine, doctorat, université… Son fils volait très haut au-dessus de lui. Il en était fier. C'était son œuvre. Pourtant, quelque chose le préoccupait. Il finit par murmurer :

— Il faudra bien pourtant que tu prennes en charge tes frères, ta sœur et ta mère, quand je serai parti.

— Allons, papa ! Tu es solide comme un roc, prêt à vivre cent ans !

— Je ne parlais pas de ce départ-là, conclut mystérieusement Heinrich Kepler.

Au bout de deux semaines, Johann s'en alla, soulagé, à la découverte de son nouveau collège, sa seule vraie famille. Il expliqua ce départ prématuré par la longueur du voyage : Maulbronn était à une bonne dizaine de jours de marche. La veille du départ, Heinrich le prit une nouvelle fois à part dans son « cabinet » et lui confia, avec des mines de conspirateur, une somme d'argent assez importante. Johann, sachant que c'était sa mère qui tenait avec parcimonie les cordons de la bourse, préféra ne pas se demander où et comment son père se l'était procuré. Puis celui-ci, qui paraissait bien connaître la route, lui recommanda un certain nombre d'auberges où il pourrait s'arrêter, ainsi que des noms et adresses de ses amis, qu'il avait nombreux à l'en croire. Johann fit mine d'en prendre note avec soin, mais il n'en fit rien, préférant économiser cet argent inespéré dans la perspective de ces années incertaines qui le feraient devenir bachelier.

Alors, comme à l'aller, il voyagea à pied et coucha à la belle étoile.

Le collège de Maulbronn était un ancien monastère cistercien que le grand-duc du Wurtemberg avait confisqué quand il s'était converti à la foi luthérienne, une trentaine d'années auparavant. Perché en haut d'un piton triangulaire où jadis jaillissait une source, ce quadrilatère de hautes bâtisses austères avait toutes les allures d'un château fort entouré de profonds fossés. On murmurait que jadis, le fameux docteur Faust y avait été l'alchimiste d'un des abbés. On racontait aussi que, plus longtemps auparavant, le Diable s'était fait moine et avait incendié ce qui avait été la plus grande bibliothèque du monde. Et il n'y avait pas que des légendes chrétiennes à rôder dans ces lieux étranges... Désormais, la présence d'une centaine de collégiens et de leurs maîtres, la teneur des leçons avaient non seulement sécularisé les lieux, mais aussi balayé ces terrifiantes croyances remontant aux âges sombres. D'ailleurs, en le réaménageant, les ouvriers du grand-duc avaient pris soin de faire disparaître tout reste de pratique païenne ou magique des lieux. Même les fantômes des moines papistes avaient été chassés. Alors, Maulbronn n'était plus que le meilleur collège du grand-duché, et peut-être de toutes les nations réformées.

Dès le premier jour, Johann Kepler vit accourir à lui des figures de connaissance : les meilleurs éléments d'Adelberg, ses rivaux donc – Rebstock, Müller, Seiffer et les autres. Tout était oublié. Ils fraternisèrent ; ou plutôt, ils s'allièrent pour prévenir les rites d'initiation qu'allaient forcément leur faire subir les anciens.

Au fil des mois, Kepler apprit avec gourmandise. Grammaire, dialectique, rhétorique, arithmétique, géométrie, histoire, musique, bref, les sept arts libéraux ; il en aspira goulûment la moelle, y cherchant les signes de la Providence. Il avait sur ses camarades deux avantages majeurs : sa faculté de comprendre tout avant tout le monde, avant même que le professeur ait fini son exposé, et sa prodigieuse mémoire. Parfaitement conscient de sa supériorité, il se mit à la montrer de façon ostentatoire. Il relevait la moindre erreur de ses professeurs, une citation tronquée par exemple, ce qui agaçait singulièrement le maître, et provoquait un tollé contre lui de toute la classe. Lors des discussions qu'avaient les collégiens déambulant dans le cloître, il faisait de même, mais avec une cinglante ironie qui lui valaient gifles et bagarres, dont il sortait rarement vainqueur. Le « prophète des taupes » s'était transformé en roquet hargneux, toujours à aboyer. En fait, sans le savoir, Kepler devenait un philosophe. Il n'avait qu'une hâte : entrer à l'université pour y apprendre le grec et l'hébreu afin de revenir aux sources du Livre.

Le 25 septembre 1588, à l'université de Tübingen, Johann obtint sans encombre son diplôme de bachelier. Il envoya aussitôt une lettre triomphante et pleine de témoignages de reconnaissance à ses parents... Tout dormait dans l'auberge d'Allmendingen. Dans l'arrière-salle, Heinrich Kepler reposa la lettre de son fils aîné. Il était heureux. Il se sentait libre.

— À mon tour, maintenant, murmura-t-il.

Il hissa son sac de toile sur l'épaule et disparut dans la nuit. On n'eut plus jamais aucunes nouvelles de lui. D'ailleurs, on ne chercha pas à en avoir.

Johann n'apprit la fugue de son père qu'un mois plus tard. Sa mère en effet avait l'habitude que son mari parte ainsi sans prévenir, pour ses « affaires ». Mais cette fois-ci, outre le prolongement inhabituel de cette absence, il avait puisé largement dans les économies familiales. Et ses amis contrebandiers, les meilleurs clients, avaient eux aussi disparu. Catherine annonça donc à son fils aîné qu'elle allait bientôt être obligée de fermer l'auberge. Son intention était de reprendre celle de son défunt père, à Leonberg, qui était toujours en gérance. Mais, étant femme, elle ne pouvait faire elle-même les démarches administratives pour reprendre son héritage. Johann, à dix-sept ans, était devenu chef de famille. Il ne fallait en effet pas compter sur le vieux Sebald Kepler, toujours alerte, toujours bourgmestre de Weil der Stadt, mais qui avait renié son aîné depuis lurette.

« Quand je serai parti… » Johann se souvint de cette phrase de son père lors de leur ultime conversation. Alors, au lieu de maudire cet homme qui détruisait ainsi son avenir, il pria. Après ce long moment de recueillement, il se résigna à son sort. Dieu le destinait à n'être qu'un bachelier aubergiste et non un grand théologien. Sa droiture lui interdit d'imaginer un seul instant d'abandonner sa famille à son sort. Cependant, la semaine suivante, il aurait dû entrer à l'université de Tübingen, classé à un très bon rang. Une petite voix au fond de lui-même lui chuchotait qu'il ne fallait pas renoncer à ce but qu'il s'était fixé depuis son entrée en première classe, au collège.

Il décida donc de demander conseil au principal de Maulbronn. Celui-ci, estimant que l'Église réformée perdrait en Kepler un de ses éléments les plus prometteurs, fit le voyage à Tübingen pour exposer ce cas exceptionnel devant le doyen. La solution fut vite trouvée. Johann resterait une année de plus à Maulbronn, à titre de « vétéran ». En principe, ce grade était réservé aux élèves qui avaient raté de peu leur examen de sortie et à qui on donnait une seconde chance. En réalité, Johann allait devenir, cette année-là, une sorte de répétiteur, qui donnerait des leçons de rattrapage aux plus petites classes, et serait rémunéré pour cela, sans perdre sa bourse pour autant. Johann remercia le principal, et Dieu plus encore.

C'était une année perdue. Une de plus. Pour qu'il règle ses affaires familiales, le principal lui avait laissé tout loisir de s'absenter du collège autant de fois que cela serait nécessaire. Durant six mois, il fit plusieurs voyages, à Allmendingen d'abord, pour y constater que la situation était encore plus catastrophique que ne lui avait raconté sa mère. Puis à Leonberg, où il fut très mal reçu par le gérant de l'auberge de son grand-père maternel et par la population : les Kepler, ici, avaient laissé un mauvais souvenir. Quand il fut de retour au collège, le principal lui recommanda de se rendre à Stuttgart pour y rencontrer un procureur de ses amis qui saurait faire pression sur le gérant afin qu'il laisse la place, sans que Johann soit obligé d'engager une procédure qui risquait d'être aussi longue que coûteuse. Ces pérégrinations eurent lieu en hiver et, par souci d'économie, Johann ne prenait la poste que quand il y était obligé. De sorte que, quand enfin l'affaire fut réglée, que le gérant fut expulsé et sa mère réinstallée à l'auberge de Leonberg, il tomba gravement malade.

Sitôt remis sur pied, il redonna ses leçons aux jeunes cancres dont il avait la charge. Et il eut bientôt la conviction qu'il n'était pas fait pour l'enseignement. Il expliquait toujours trop vite, sautant tout de suite à la conclusion qui lui paraissait évidente, et ses jeunes disciples le considéraient alors, béats, n'ayant rien compris à ce qu'il leur disait. En serait-il de même quand il prêcherait la bonne parole ? Le doute le prit sur sa vocation évangélique. Pour tenter de rattraper son propre retard, il demanda à ses anciens professeurs de lui enseigner ce qu'ils avaient appris eux-mêmes en première année de faculté. Il acquit ainsi ses premières notions de grec, mais cela n'alla pas très loin. En revanche, les portes de la bibliothèque des enseignants lui étaient ouvertes. Il en dévora tous les livres. Enfin, en octobre, il put quitter définitivement le collège de Maulbronn pour entrer à l'université de Tübingen. Cette année s'était passée aussi lentement qu'un cauchemar gluant, qui ne vous laisse au matin que de la sueur. Mais elle fut aussi vite oubliée qu'une mauvaise nuit.

29

Tübingen n'était que sciences et études. Il existait bien un bourg de Tübingen, aux maisons modernes et propres escaladant la colline et se mirant dans le Neckar. En guise de boutiques et d'échoppes, deux libraires, un imprimeur, un ferronnier, un tailleur. Même la taverne avait un air studieux, et si la serveuse y était jolie et amène, l'étudiant le plus vantard n'aurait pu se flatter d'en avoir connu les charmes ; à croire qu'elle aussi avait son rôle universitaire : peupler les rêves de ces quelque deux cents jeunes gens sans jamais les assouvir. Tout le reste, à commencer par le château dominant la colline, était comme un vaste temple consacré à Alma Mater.

Kepler avait déjà visité Tübingen un an auparavant, pour y passer son examen de bachelier. Mais cette fois, il savourait les lieux comme on savoure un bon vin. Il avait l'impression d'être enfin arrivé chez lui. Sa vocation pastorale s'effrita un peu plus. Après tout, le professorat, quelle qu'en fût la matière, n'était-ce pas une manière de mener à Dieu ces autres brebis que sont les étudiants ?

À bientôt dix-huit ans, il était devenu beau mais il ne le savait pas, et d'ailleurs n'en avait cure. De taille moyenne, la maigreur de son corps le grandissait car il se tenait toujours très droit. Ses yeux au regard profond semblaient dévorer son visage émacié dont les joues creuses, légèrement grumelées par la petite vérole, lui donnaient un charme étrange fait de fragilité et de mélancolie. Il prenait un soin attentif à son apparence. Son crédit de boursier lui aurait permis de se procurer chez le fripier une toge et un bonnet ayant servi dans le passé à d'autres pauvres bacheliers, mais cela répugnait l'ancien collégien au sarrau élimé et dix fois reprisé. Il se fit donc faire des habits sur mesure chez le tailleur de Tübingen, quitte à écorner sérieusement ses maigres économies. Les gants, destinés à masquer ses mains déformées par la maladie de ses quatre ans, lui avaient coûté le plus cher : il les avait voulus en daim, couleur peau, les plus fins possible afin de ne pas le gêner quand il écrirait. Il n'y avait que pour les chaussures qu'il négligea l'élégance au profit de la solidité. Quant à se faire faire des bésicles chez le verrier, rêve qu'il couvait depuis longtemps pour compenser sa mauvaise vue, il préféra attendre de savoir si certains de ses futurs condisciples s'en servaient également : inutile de se faire remarquer et de subir leurs quolibets.

Il était très attendu. Cela aussi, il l'ignorait. Et il crut que c'était l'usage que les meilleurs étudiants en première année fussent entendus par le doyen et les principaux professeurs. Depuis sept ans, en effet, depuis qu'il avait demandé à l'université un exemplaire du *Serf Arbitre* de Luther, le doyen Hafenreffer avait toujours gardé un œil sur lui, recommandant, à chaque rentrée, au principal d'Adelberg, puis de Maulbronn, de prendre le plus grand soin de cette plante rare qui poussait dans leur serre, tout en observant avec attention ses résultats et ses progrès. On disait même que le principal responsable avait évoqué le phénomène devant le grand-duc.

Naturellement, de son côté, Kepler n'imaginait pas un seul instant qu'il puisse être l'objet de telles attentions. Il avait en effet autant conscience de son talent que de la modestie de ses origines : pour lui, le sort d'un boursier fils d'aubergiste ne pouvait en aucun cas intéresser d'aussi hauts personnages.

Or, c'était précisément l'obscurité de ses origines qui provoquait cet intérêt : faire parvenir ce prodige jusqu'au plus haut sommet serait la démonstration que l'université instaurée par Melanchthon offrait sa chance à tous, contrairement à l'enseignement papiste, réservé aux nobles et aux riches.

Johann fut donc convoqué devant un aréopage d'éminents professeurs. Pendant qu'ils lui posaient un grand nombre de questions dans différents domaines, auxquelles il répondait du mieux qu'il pouvait, il songeait avec cette étrange ironie qui ne le quitterait jamais et lui ferait prendre avec toute chose et en toute circonstance la distance d'un sourire : « Au fond, ces très savants docteurs, dans cette salle d'audience austère et solennelle, se comportent à mon égard de la même façon que mon père lors de mes prestations de singe savant, à la taverne. »

Un seul de ces six hommes alignés derrière une grande table rectangulaire en haut d'une estrade semblait se désintéresser du « singe savant » en question. Le professeur de mathématiques Michael Maestlin jouait avec son crayon, griffonnait parfois quelque chose, peut-être un dessin. Kepler, tout en gardant la tête baissée dans une humble attitude, remarqua que l'autre ne l'observa réellement qu'au moment où on lui demanda des exercices compliqués de calcul mental. Mais le regard lancé lui parut moqueur, comme si le mathématicien lui disait : « Je ne suis pas dupe de tes contorsions, mon garçon. » Pour conclure cette série de questions et de réponses qui avait tout l'air d'un examen, le doyen suggéra enfin :

— Je suppose, bachelier Kepler, qu'une fois votre cursus achevé et votre doctorat rédigé, vous avez pour ambition d'enseigner à votre tour. Vous avez encore tout le temps d'y réfléchir et nous de vous guider, mais avez-vous déjà une idée de la matière qui vous est le plus chère ?

Paupières baissées et mains derrière le dos, Kepler répondit modestement, avec une petite voix qu'il faisait intentionnellement trembler :

— Pardonnez, monsieur le doyen, ce qui pourrait paraître un péché d'orgueil, mais mon unique ambition est d'enseigner l'Évangile, non en haut d'une chaire et devant des étudiants, je m'en sens totalement incapable, mais dans l'humble temple d'un village perdu.

— Admirable vocation pastorale, répliqua le doyen, mi-figue mi-raisin. Quelques années à Tübingen y remédieront, je l'espère. N'est-ce pas, docteur Osiander ? interrogea-t-il en se tournant vers l'antique professeur de théologie qui se tenait à sa droite.

Le vieil homme se caressa longuement la barbe, comme s'il se plongeait dans une profonde et tortueuse pensée, puis dit enfin d'une voix un peu chevrotante :

— Le meilleur maître d'études de M. Kleber me semble être en effet mon élève Spangenberg. Il saura corriger les spéculations hasardeuses de M. Kleber, dont les hypothèses paraissent fleurer le calvinisme.

Parmi les autres professeurs, il y eut quelques mines gênées. Maestlin, lui, toussota pour cacher son hilarité et dit :

— L'hypothèse est, il est vrai, chez les Osiander, une affaire de famille…

Les autres professeurs firent mine de ne pas saisir l'allusion, à l'exception d'un fin sourire de Martin Kraus, qui enseignait ici le grec et l'hébreu. Tout le monde savait que les Osiander constituaient un redoutable clan de théologiens qui n'avaient pas hésité en leur temps à manier l'injure et la calomnie, qui contre Luther, qui contre Melanchthon, qui contre Calvin, dans les vigoureuses controverses qui agitaient depuis toujours l'Église réformée. L'« hypothèse » évoquée par Maestlin était celle qui avait permis au père, Andreas, de réduire, dans la préface qu'il avait commise aux *Révolutions* de Copernic, l'héliocentrisme à un simple outil mathématique sans réalité physique. On disait même que cette préface avait tué l'astronome polonais quand il en avait pris connaissance. Quant au Lukas Osiander présentement professeur de théologie à Tübingen, l'âge et la surdité ne lui permettaient plus de tuer quiconque. Maestlin poursuivit :

— Les virtuosités arithmétiques de l'élève Kepler m'ont amusé, et il me semblerait dommage que ce don du Ciel ne lui serve à rien d'autre qu'à impressionner, durant ses prêches, ses futurs fidèles. L'art des nombres peut être aussi une bonne manière d'accéder à la Vérité divine.

— Très juste ! François Rabelais, un philosophe français, disait : « Science sans conscience n'est que ruine de l'âme », ajouta l'helléniste Martin Kraus.

Il y eut un murmure dans le public présent, quelques professeurs et maîtres de moindre importance. On savait Maestlin grand défenseur des théories de Copernic, même si le doyen lui avait demandé de s'abstenir de les enseigner, du moins dans le cadre officiel de son enseignement. À quarante ans, le *mathematicus* de Tübingen avait conquis une réputation mondiale de grand astronome, dialoguant à égalité avec le fameux Tycho Brahé.

Quant à Martin Kraus, de vingt-cinq ans son aîné, il était intouchable, même si sa pensée religieuse déviait parfois du strict luthérianisme. Il avait été en effet jadis le disciple favori de Melanchthon. Sa parfaite connaissance des langues orientales en avait fait une sorte d'ambassadeur par correspondance lors des tentatives de rapprochement œcuméniques de la Réforme avec l'Église byzantine et les Juifs. On lui prêtait même quelques voyages clandestins à Venise ou à Constantinople…

Le doyen Hafenreffer laissait à ses professeurs d'arts libéraux une grande liberté de pensée, à la seule condition que leurs opinions trop modernes ne transparaissent pas dans leur enseignement. « Laissez la théologie aux théologiens », leur ordonnait-il.

En quittant la salle d'audience, après une petite heure de sellette, Kepler n'avait pas conscience que la controverse dont il avait été l'objet était exceptionnelle, qu'elle n'avait eu lieu que pour lui. Il se morigéna d'avoir révélé de façon aussi fougueuse sa vocation pastorale, et il crut que parmi ces hommes, un seul lui était hostile : Michael Maestlin. Alors, il se jura de conquérir le cœur et l'estime du professeur de mathématiques.

30

Étudier l'amusait. Composer des vers latins, résoudre des problèmes algébriques était pour lui bien plus drôle que les jeux de cartes, de dés, de dames ou d'échecs, dont il était pourtant féru. Mais, du simple plaisir, Kepler passait à l'exaltation, à une sorte d'extase mystique quand une lecture ou un professeur lui révélait une chose nouvelle, à laquelle il n'avait jamais pensé auparavant. Ce fut le cas lorsque Michael Maestlin évoqua pour la première fois devant lui Copernic et sa théorie héliocentrique.

Il était de notoriété publique que le titulaire de la chaire de mathématiques à Tübingen était devenu le chef de file de l'école copernicienne. Une file qui ne comptait d'ailleurs que quelques rares unités, mais réparties dans les meilleures universités du vieux monde. Toutefois, que ce soit dans les facultés catholiques ou réformées, il était fortement déconseillé d'enseigner la mobilité de la Terre et la fixité du Soleil. En revanche, dans leurs écrits, du moins dans l'Allemagne luthérienne, les astronomes pouvaient raconter ce qu'ils voulaient. Cette situation absurde obligeait les coperniciens à l'hypocrisie, et Maestlin ne s'était pas fait faute de la dénoncer huit ans auparavant dans son *Epitomé astronomique*, en y expliquant finement que durant ses cours, il était obligé d'enseigner l'immobilité de la Terre « à cause de sa position officielle de professeur ». Le trait avait porté. Malgré les hauts cris lancés par le théologien Osiander, le directoire de la faculté autorisa son fougueux mathématicien à évoquer l'héliocentrisme, mais seulement sous forme d'hypothèse, comme d'ailleurs la préface des *Révolutions* le recommandait. On faisait mine de croire que ladite préface était de la main de Copernic, tout en sachant que son véritable auteur n'était autre que feu Osiander de Nuremberg, véhément ennemi de Luther et Melanchthon, dont le fils Lukas était l'inamovible et très influent professeur de théologie à l'université de Tübingen.

Même le doyen Hafenreffer craignait ce vieillard soupçonneux qui voyait de l'hérésie partout. Aussi supplia-t-il presque Maestlin de faire preuve de la plus grande prudence. Et le professeur de mathématiques dut se résigner à enseigner chez lui, dans le plus grand secret, à deux ou trois étudiants triés sur le volet, cet héliocentrisme condamné par Luther et Melanchthon un demi-siècle auparavant.

Maestlin se méfiait du jeune Kepler, de son mysticisme exalté et surtout de ses dons prodigieux. Aussi, la première année, préféra-t-il l'observer, tout en le tenant à l'écart de ses leçons coperniciennes clandestines. Ce fut le bachelier qui alla à lui, vers la fin du mois de juin 1590. Profitant de l'annonce d'une éclipse de Lune le 7 juillet suivant, puis d'une éclipse solaire le 20 du même mois, Maestlin venait de donner un cours sur ces phénomènes célestes, dans le strict cadre ptoléméen d'une Terre immobile et centrale autour de laquelle les astres se mouvaient sur des sphères cristallines. Puis il les invita à venir assister avec lui au spectacle, invitation qui valait un ordre, car chacun savait que sa présence ou son absence influerait sur la note finale. Tandis que les étudiants sortaient de la salle et que Maestlin faisait mine de ranger ses papiers dans sa serviette afin de sortir le dernier, Kepler restait là, en dessous de la chaire, échalas un peu voûté et fébrile. Il bouillait visiblement de s'entretenir seul à seul avec lui, mais Maestlin, qui se sentait d'humeur taquine, fit mine de ne pas le voir et le laissa un peu mariner dans son jus. Enfin, il leva la tête, prit un air surpris et dit :

— Vous avez oublié quelque chose, monsieur Kepler ?

Le bachelier rougit jusqu'au oreilles et bredouilla :

— Je ne pourrai vous accompagner dans vos observations, maître. Je dois me rendre chez moi pour régler des affaires de famille.

Maestlin fut agréablement surpris par cette timidité qui contrastait avec l'assurance, voire la suffisance dont l'étudiant faisait preuve en cours quand on l'interrogeait. Le maître songea soudain que cette assurance ne s'était jamais étendue au domaine strict de l'astronomie. Kepler comprenait tout, bien sûr, mais on aurait dit que cela ne l'intéressait pas, ce qui semblait curieux chez quelqu'un pour qui algèbre et géométrie n'avaient pas de secrets. Et puis, Maestlin connaissait suffisamment bien le dossier du bachelier prodige pour deviner que cette histoire d'affaires de famille n'était qu'un mauvais prétexte.

— Diable ! ironisa-t-il alors. La chose doit être bien sérieuse pour que vous soyez obligé d'entreprendre un aussi long voyage qu'à Leonberg, et y être rendu très précisément dans huit jours lors de l'éclipse de Lune. Passe encore, car vous aurez d'autres occasions d'observer ce phénomène, ne serait-ce qu'en décembre prochain, mais que vous soyez obligé de rester à l'auberge de madame votre mère jusqu'au 20 juillet inclus et vous priver ainsi de ce spectacle plus rare qu'est une éclipse du Soleil, même partielle, tend à me prouver la gravité de votre situation familiale. D'autant plus grave que je serai obligé de tenir compte de votre absence à ces observations faites en commun dans votre évaluation de fin d'année. Je sais deux ou trois de vos condisciples qui seraient fort heureux de ne pas vous voir parmi nous.

Les joues creuses de Kepler rougirent plus encore. Après quelques mots incompréhensibles, il parvint enfin à prononcer :

— Je vais tâcher de faire au mieux pour me libérer. Mais…

Maestlin changea de ton et lui posa la main sur l'épaule :

— Parlez franchement, et ne craignez pas de me froisser. L'étude des astres ne vous intéresse pas, c'est cela ? Et vous pensez qu'il est sacrilège de tenter de percer le mystère de la Création.

— Au contraire, maître, au contraire…, se récria Kepler. Mais quelque chose me tracasse. Veuillez pardonner mon insolence… Dans votre *Considération et observation de la comète apparue en 1580*, ainsi que dans votre autre ouvrage consacré à celles de 1577 et 1578, vous démontrez que ces astres vagabonds ne peuvent en aucun cas être des phénomènes sublunaires… J'ai refait vos calculs. Ils sont exacts. Et vous le dites fort bien : on n'a jamais vu une de ces comètes occulter la Lune, ne serait-ce qu'un instant. Pourtant…

Il blêmit en s'apercevant, mais trop tard, de sa suffisance.

— Poursuivez, poursuivez, grinça Maestlin, en se demandant ce qui le retenait de botter les fesses à ce jeune prétentieux.

Kepler tâcha de se faire le plus humble qu'il put. En vain, car son regard noir et profond ne pouvait s'empêcher de dévisager son professeur, à l'affût de ses moindres réactions.

— Pourtant, en cours, vous nous expliquez que…

Il s'arrêta. Et se morigéna dans son for intérieur. Encore une fois, il allait trop vite à la conclusion. Il bafouait la dialectique, thèse, antithèse, synthèse, oui, car… non, car… donc. Quel démon, dans sa cervelle, lui faisait ainsi courir la campagne ? Le bon visage rond de Maestlin s'éclaircit d'un sourire gentil :

— Vous devriez lire aussi mon *Epitomé*. Et vous comprendriez pourquoi ce que j'enseigne *ex cathedra* diffère quelque peu de ce que j'écris… *ex nihilo* !

— Je l'ai lu, maître, et justement…

— Je dois vous laisser, Kepler. Il m'arrive à moi aussi d'avoir quelques affaires urgentes, et qui ne sont pas forcément de famille. Mais si vous le voulez, nous poursuivrons cette conversation après-demain après dîner, chez moi.

— Chez vous, maître ?

— Bien sûr, chez moi, savez-vous où j'habite ? Vous ne serez pas tout seul, rassurez-vous. Seront présents trois autres étudiants, certes plus gradés que vous. Mais vous serez à la hauteur des leçons que je leur donne.

En quittant son étudiant, Maestlin se demanda si c'était vraiment une heureuse idée de convier ce garçon imprévisible à ses cours d'astronomie semi-clandestins. En bon disciple d'Érasme qu'il était, sous ses dehors d'irréprochable luthérien, le professeur de mathématiques se méfiait des mystiques, êtres de passion et non de raison.

En effet, Kepler ne fut pas long à devenir le plus convaincu des coperniciens, mais pour des raisons autant métaphysiques que physiques : ce fut par ferveur mystique qu'il opta pour un Soleil central et ses six planètes, dont la Terre, tournant autour de lui.

— Puisque, au premier jour, Dieu créa la Lumière, s'exclama-t-il quand Maestlin lui donna quelques éléments de la théorie héliocentrique, il est évident que cette lumière, Son Tabernacle, ne peut être qu'au centre de Sa Création.

C'était bien ce que craignait le professeur : que son élève s'égare d'emblée dans les chemins hasardeux de la symbolique, au lieu de s'en tenir à la route droite et rigoureuse des mathématiques. Alors, tel le cavalier tirant la bride de sa monture tentée par un carré de choux, il l'astreignit immédiatement au calcul, l'obligeant à la fastidieuse étude comparée des tables pruténiques et alphonsines, ainsi qu'à celle des épicycles capricieux de Mars. Maestlin appelait cela « la stratégie de l'écœurement ». Si l'élève se pliait à cette discipline aride, la partie était gagnée ; si au contraire il s'obstinait dans des spéculations métaphysiques ou horoscopiques, il valait mieux le renvoyer à ses chères études… et à Ptolémée.

Maestlin se trompait : Kepler n'avait rien d'un fanatique. Tout au contraire, sa vivacité et sa souplesse d'esprit, qui lui faisaient comprendre tout très vite, lui permettaient aussi de déceler facilement ses propres erreurs, et même de s'en servir comme d'un tremplin. Aussi, dès la troisième leçon, annonça-t-il à son maître qu'il ne voulait plus s'interroger sur le « pourquoi » de l'univers, du moins tant qu'il ne maîtriserait pas le « comment » de son fonctionnement. Et il se plongea avec un plaisir évident dans les tables, éphémérides et diaires que Maestlin lui imposait de recalculer. De son côté le maître pestait, en son for intérieur, contre son ancien ami Tycho Brahé, qui s'était toujours refusé à lui communiquer ses propres observations. Un Tycho qui, en plus, s'était attribué seul l'idée que les comètes n'étaient pas un phénomène sublunaire. Mais de cela, il ne tenait pas rigueur au pape de l'astronomie. Les idées, selon Maestlin, étaient faites pour être propagées. Et elles n'avaient pour seul propriétaire que la Vérité.

En septembre 1591, après deux ans d'études, Kepler obtint son diplôme de maître ès arts. Il fut reçu deuxième. Seulement deuxième ? Maestlin, par prudence et en accord avec celui qui était désormais son principal disciple, avait baissé sa note en astronomie, car Johann s'était aventuré, devant le jury, à exposer la thèse copernicienne en vis-à-vis de Ptolémée.

Sa maîtrise en poche, le fils de l'aubergiste s'épanouit. Il put enfin donner libre cours à sa fantaisie. Ce fut un feu d'artifice. Il se découvrit de réels dons d'orateur ; lui naguère renfrogné et qui usait de son esprit acéré dans des saillies méchantes, il devint drôle, léger, charmant. Il spéculait à la manière de Pythagore et de Plutarque sur les habitants de la Lune. Il dissertait sur les démons, les fantômes, les lutins, faisant mine d'y croire pour mieux tourner en ridicule ces superstitions. Mais au fond de lui-même, il poursuivait obstinément son but : le doctorat de théologie.

En attendant, sans aucune prudence, il défendait le système héliocentrique et la rotation de la Terre sur elle-même, pensant que c'était son devoir de plaider la Vérité de la création divine. Il ne se rendait pas compte que c'était Maestlin qui l'envoyait à la bataille, avec pour seule arme sa force de conviction, tandis que lui, Maestlin, en bon général de l'armée copernicienne, l'observait et l'encourageait… de loin.

31

Maestlin finit par constater qu'il n'avait plus rien à apprendre à celui qui était désormais son seul disciple, en matière d'astronomie non plus qu'en mathématiques. Pourtant, il ne lui avait jamais communiqué le livre fondateur du copernicisme, le *Narratio Prima* de Rheticus, craignant que le fougueux jeune homme, sous l'influence de cet auteur, se livre à son tour à des prédictions astrales sur le destin des empires et des hommes. Même si, comme tout le monde en ce temps-là, Maestlin croyait que les phénomènes célestes, conjonction des astres et des planètes, comètes, éclipses, étaient des messages divins, il ne se sentait ni le goût ni la compétence pour les interpréter. Et il tenait en grande méfiance ceux qui s'y hasardaient. Copernic n'en avait-il pas fait de même, lui qui avait été le premier à faire la distinction entre astrologie et astronomie ? Naturellement, les étudiants l'interrogeaient toujours sur le sujet. Il se contentait de leur désigner les différentes constellations du zodiaque sur une sphère armillaire, puis les mettait en garde contre les charlatans qui faisaient métier de devins, avant de leur préciser qu'il était là pour leur enseigner seulement la façon dont fonctionnait le ciel, et non le sens profond de cette mécanique astrale.

Jamais Kepler n'avait abordé devant lui le problème de l'astrologie. En réalité, son diplôme de maître ès arts et son inscription en doctorat de théologie lui permettant l'accès à presque toute la bibliothèque, Kepler s'était lancé à corps perdu, mais en secret, dans l'abondante littérature astrologique. Jamais il n'aurait avoué à son maître que cette nouvelle passion n'avait qu'un objectif : savoir si « Elle » consentirait un jour à lever le regard sur lui.

Elle… Kepler était amoureux. Et comme pour toute chose, d'un amour absolu. Bien sûr, il avait choisi la plus belle et surtout la plus inaccessible de tout Tübingen : la fille du doyen Hafenreffer. La première fois qu'il la croisa, c'était juste après le grand oral qui lui avait valu sa deuxième place. Lui, le premier et le troisième maîtres ès arts étaient sortis de l'université et s'apprêtaient à fêter dignement leur podium dans une taverne du village. Ils la croisèrent. Johann, le plus exubérant des trois, lui lança avec cette audace qu'ont souvent les timides :

— Ah, la plus belle des enfants, béni soit ton père, qui nous a fait maîtres. Et bénie seras-tu si tu consentais à devenir ma maîtresse !

Comprit-elle cette apostrophe gaillarde proférée en latin ? En tout cas, elle lui répondit par un sourire éclatant, avant que sa gouvernante lui ordonne précipitamment de baisser sa voilette et l'entraîne d'un pas rapide.

Il avait lancé cela pour faire le faraud devant ses camarades. Il n'y pensa plus, et ce n'est que la nuit dans le dortoir que le sourire éclatant lui revint dans un rêve brutal, qui le réveilla en sursaut.

Dès lors, cette image ne le quitta plus. L'année suivant la maîtrise lui laissait beaucoup de loisirs, car il devait alors chercher le thème de son doctorat, qu'il connaissait déjà, et préparer sa licence d'enseigner, ce qui serait pour lui une simple formalité. Il put donc consacrer tout son temps à l'amour. Il écrivit des lettres enflammées qu'il n'envoya jamais. Il chercha à la croiser par hasard dans la rue, tout en sachant pertinemment qu'elle ne serait pas dehors à cette heure. C'est alors qu'il se lança dans l'étude astrologique pour savoir si leurs thèmes astraux pouvaient s'unir. Il ignorait la date et l'heure de la naissance de l'élue, mais qu'importe ! À coup sûr, Vénus et la Vierge présidaient à sa destinée. Il pénétra dans une forêt de symboles et s'en délecta, en poète plutôt qu'en astrologue.

Ainsi, quand il la croisa une deuxième fois, par hasard, un soir d'hiver, il constata que cette nuit-là, « Vénus traversa la septième maison ». Alors, l'aimait-elle ou ne l'aimait-elle pas ? Pour son âme torturée, cette rencontre fut une terrible catastrophe. Le froid avait provoqué sur sa peau fragile de graves gerçures, et son mince visage était couvert de croûtes. Si elle n'avait pas répondu à son salut, et avait même tourné la tête avec dégoût, c'était parce que la planète Jupiter était en phase de « descension enflammée ». Ou peut-être était-elle tout simplement pressée de rentrer chez elle, dans la septième maison, celle du doyen, pour se réchauffer devant la cheminée ?

Le printemps revint et avec lui les belles espérances. Il la vit à nouveau et elle répondit à son salut par ce sourire vertigineux. Que faire ? Lui écrire un poème, une lettre qu'elle ne pourrait lire car il ne l'enverrait jamais ? Son amour était trop fort ; il fallait qu'il débonde, il fallait en parler à quelqu'un, se trouver un confident. Mais qui ? Il croyait être brouillé avec tous ses condisciples, haï de tous même, car il ne pouvait s'empêcher de se moquer d'eux, de leurs lacunes et de leurs bourdes. Il se trompait. Sans qu'il s'en rende compte, on l'admirait. Mais on le laissait mariner dans son jus quand il s'était montré trop ironique. C'était le cas d'Ortholph, qui lui disputait les places d'honneur et l'aimait d'une amitié sincère, mais l'évitait quelque peu depuis que Kepler s'était fait le défenseur de Copernic de façon trop voyante. C'est donc avec une certaine réticence qu'il vit venir à lui son camarade et rival.

— Ortholph, mon ami, dit Kepler en prenant sa mine de chien battu, pardonne les propos que j'ai tenus sur toi. Je n'en pensais pas un mot. Mais, vois-tu… Il faut que je te parle. Viens.

Il avait choisi son heure pour cette réconciliation : celle où « Vénus sortait de la septième maison ».

— Que penses-tu de cette jeune fille ?

— Pas mal, répondit Ortholph qui se piquait de s'y connaître en femmes, mais un peu petite à mon goût.

— Je l'aime, s'écria Kepler avec feu, comme jamais j'ai aimé. J'ai lutté tant que j'ai pu, mais elle a fini par me vaincre. Je suis anéanti d'amour.

Ortholph n'osa lui demander si jamais, justement, il avait déjà aimé, car il était évident qu'à vingt ans et quelques mois, Kepler était encore vierge. Après avoir fêté leur maîtrise, il avait bien essayé de l'entraîner sous les murailles de la cité, dans une de ces maisons que l'université tolérait afin que s'y calment les tourments de ces jeunes gens. Mais cet hypocondre de Kepler s'était refusé à cette visite, par crainte des maladies.

— Mon vieux Johann, dit-il enfin, sans vouloir te froisser, que peut espérer un boursier comme toi de la fille du doyen ?

— Je le sais, ce sera très difficile, impossible même. Mais c'est cela qui est beau. J'obtiendrai sa main, je te le jure, par la seule force de mon mérite.

Alors, bras dessus bras dessous, et riant fort de cette passion incongrue, les deux étudiants s'en furent approfondir le sujet devant des bières, dans leur cabaret habituel. Leurs propos étaient gaillards, et la servante eut bien des difficultés à éviter une main qui cherchait à s'égarer sur son arrière-train. Kepler, naturellement, en vint à évoquer ses recherches astrologiques concernant l'élue de son cœur.

— Johann, voyons, s'esclaffa Ortholph, comment peux-tu connaître l'avenir de cette improbable union, si tu ne connais même pas la date de naissance ni le prénom de cette naine ?

Kepler faillit éclater de colère devant ce « naine » sacrilège, mais il se contint et préféra railler :

— Puisque que tu es aussi expérimenté en femmes qu'un Français et aussi subtil stratège qu'un Castillan, dis-moi donc comment tu obtiendrais ces précieuses informations. En subornant la duègne, en s'introduisant nuitamment dans sa maison, en me dictant une lettre ?

Comme Ortholph se récriait qu'en s'en prenant ainsi à la fille du doyen, ils risquaient tous deux de se faire chasser de toutes les universités allemandes, Kepler conclut en un soupir désespéré :

— Eh bien, puisque je ne peux pas compter sur mes amis, je m'appuierai sur la chance et ma bonne étoile.

De la chance, il en eut, un peu plus d'une semaine après cette séance au cabaret solidement arrosée. Maestlin l'avait invité à venir chez lui pour l'aider dans des calculs astronomiques fort compliqués, usant désormais de lui comme d'un assistant, à titre bénévole bien sûr.

— Ah, Kepler, dit le maître en saluant son disciple, finalement tu as peut-être raison d'avoir choisi la théologie et le pastorat. Tu t'épargnes ainsi ces corvées que m'imposent mes supérieurs hiérarchiques, ou leurs épouses. Le tableau de leur thème astral ! Je dois leur faire un avenir tout en rose, en leur demandant de porter une pelisse en hiver, et une ombrelle en été.

— J'ai un peu étudié l'art astrologique, répliqua Kepler, et je peux vous aider. Je trouve ça plutôt amusant et poétique.

— Ah oui ? Eh bien tu t'en lasseras très vite, mon garçon. Tiens, si ça t'amuse tant que cela, aide-moi donc à bâcler cette commande de l'épouse du doyen. Mme Hafenreffer veut le portrait zodiacal de sa fille Helena, pour ses seize ans.

— Elle s'appelle Helena ? s'exclama Johann.

Puis, en rougissant, il se mordit les lèvres, tandis que Maestlin ne cachait pas son hilarité :

— Eh bien, pour un futur pasteur, révérend Kepler, vous n'avez pas choisi la plus laide. Mais, même en forçant les astres, je doute que nous réussissions à convaincre le doyen de donner sa fille à un prêcheur, fût-il le plus convaincant depuis Martin Luther. En revanche, un professeur de mathématiques promis au plus grand avenir aurait peut-être ses chances…

Kepler préféra ne pas répondre. Les rapports entre son maître et lui avaient beau être désormais d'une grande familiarité, il se refusait à le laisser entrer dans son jardin secret. Ils rédigèrent donc ensemble le thème astral de la jeune fille du doyen. Kepler rit très fort aux plaisanteries de Maestlin, renchérissant sur lui dans les jeux de mots à double sens. Enfin, son maître le poussa à aller lui-même porter le document dans la fameuse « septième maison ».

Il attendit le cœur battant, assis d'un coin de fesse sur une chaise du vestibule. Ce ne fut pas Vénus ou la belle Hélène qui l'accueillit, mais Junon ou Léda : sa mère. Mme Hafenreffer le fit entrer dans un petit salon, lut le thème astral puis, avec un sourire de satisfaction, le cacha dans le tiroir d'un secrétaire, en demandant à son visiteur de ne pas en parler à sa fille, afin de lui réserver la surprise pour le jour de son anniversaire. Kepler promit et sursauta, le cœur battant : la porte venait de s'ouvrir. Ce n'était qu'une servante, portant un plateau de rafraîchissements et de gâteaux.

— Posez cela sur le guéridon, Greta, et prenez votre journée, je n'ai plus besoin de vous.

Puis, se tournant vers Kepler avec une petite moue faussement désespérée :

— Hélas, Héléna a dû accompagner son père à Stuttgart pour y être présentée à la grande-duchesse. Elle ne pourra donc pas venir vous saluer. Ainsi, à votre âge, vous n'ignorez rien de l'art astrologique ?

Johann se sentit plus à l'aise. Il se mit à discourir sur le sujet, puis sur d'autres de façon docte, mais jamais ennuyeuse. Il possédait déjà cette arme redoutable qui en ferait plus tard se languir plus d'une : l'éloquence badine. Mais il ne le savait pas encore. La cloche sonna la demie de 11 heures. Il se dressa d'un bond, s'excusa de l'avoir ennuyée tant de temps et s'apprêta à sortir ; elle tenta bien de le retenir à une petite collation en tête à tête, mais non, non, pardon encore, et il se retrouva sans savoir comment au milieu du grand préau. Il aperçut Maestlin qui rentrait chez lui ; il se précipita à sa rencontre, lui raconta sa visite en se récriant sur la beauté et l'intelligence de Mme Hafenreffer.

Maestlin eut un clin d'œil polisson et dit :

— Et votre entretien n'a duré que trente minutes ?

Kepler comprit alors. Il donna un coup de talon rageur sur le sol et grinça :

— Eh bien mon maître, s'il y avait des études sur la femme et l'amour, je crois bien que je serais le dernier des cancres…

[illegible]

[illegible]

[illegible]

[illegible]

[illegible]

[illegible]

[illegible]

[illegible]

[illegible]

32

Johann allait avoir ses vingt et un ans à la fin de l'année 1592. Il avait étudié avec ennui le droit et la jurisprudence, décidé à prendre en main les affaires de la *gens* Kepler, non pour lui, certes, mais pour la sécurité de ses frères et de sa sœur, sur lesquels il avait reporté toute son affection, écrasé du remord de savoir qu'ils avaient été sacrifiés à sa gloire. Son principal obstacle était que la *gens* en question avait encore son *pater familias*, le grand-père Sebald, toujours bon pied bon œil, du moins le matin quand il sortait de sa maison de maître et qu'il traversait la place de Weil der Stadt pour se rendre au cabaret.

Entre Sebald et Johann, il n'y avait pas d'autre homme. Les deux rejetons mâles de l'aïeul s'étaient évaporés dans la nature ; un voyageur de passage à l'auberge aurait vu Heinrich dans les troupes impériales partant combattre le Turc aux marches de la Hongrie, toujours artilleur. Pour les filles, les tantes de Johann, elles ne comptaient pas. La prospérité et le renom passés de la famille Kepler dans la région avaient permis à deux d'entre elles de trouver un parti. La troisième était devenue nonne en pays catholique.

Sur cette horde en ruine, Johann voulait reconstruire un troupeau harmonieux dont il serait le bon pasteur.

Quelques mois avant sa majorité, il abandonna l'astrologie amoureuse pour tracer la carte zodiacale familiale, allant fouiller dans le registre des baptêmes de Weil der Stadt, y dénichant même, quelques générations auparavant, de vagues ancêtres hobereaux dont il ne tira aucune fierté, et passa deux longs jours à Leonberg pour interroger sa mère sur la date et l'heure de sa conception ; quand il l'obtint après maintes disputes, il fut enfin convaincu qu'il était bel et bien l'enfant prématuré de Heinrich Kepler et non le bâtard d'un inconnu de passage.

Comment ses maîtres auraient-ils pu comprendre que sa vocation pastorale n'était qu'une affaire familiale, et son penchant pour le dogme du libre arbitre une manière de tenter de comprendre pourquoi lui, Johann, paraissait être le mouton noir de ce troupeau de brebis égarées ? À moins qu'il en fût le blanc agneau...

Quand il avait fait ses recherches généalogiques à Weil der Stadt, il s'était senti obligé de rendre visite à ses grands-parents. Son village natal était tellement petit qu'il ne pouvait faire autrement. Sebald était absent, mais sa vieille harpie d'épouse était bien là. Elle se fit tout miel devant son petit-fils qu'elle n'avait pas revu depuis près de dix ans. Elle lui parlait non comme une bonne aïeule, qu'elle n'avait jamais été, mais comme une bigote, qu'elle était toujours, à son pasteur, sur le ton de la confession. Ce n'était que récriminations contre Sebald, son ivrognerie, sa luxure, qui lui coûtait de plus en plus cher. Elle alla même jusqu'à sous-entendre qu'après la disparition de son fils aîné Heinrich, Sebald s'était rendu à l'auberge de Leonberg pour y poursuivre sa bru Catherine de ses assiduités, et qu'elle lui aurait cédé. Johann n'y crut pas un seul instant, mais écœuré par tant de boue, il rompit au plus vite.

Cette fois, maintenant qu'il était majeur, il était prêt à la bataille. Il amènerait à la raison ce couple d'affreux vieillards. Il dut faire le détour de Leonberg afin d'y chercher sa mère, prévoyant qu'elle ferait quelques difficultés à fêter la Nativité en compagnie de ses beaux-parents. Ce fut un drame. Des pleurs, des cris, des supplications…

— Je ne veux plus rien avoir à faire avec ces gens-là. Elle, c'est une méchante femme, une langue de vipère. Et lui, un vicieux. Une mère ne devrait pas dire cela à son fils, mais…

— Je sais, maman. Et je compte bien dire son fait à ce vieux satyre. Mais j'ai d'autres projets, pour votre bonheur à toi et aux enfants…

— Je ne suis plus un enfant, gronda Heinrich.

Johann dévisagea son frère cadet. À bientôt dix-neuf ans, le jeune homme n'avait plus rien à voir avec le petit paysan aux bonnes joues rouges. Il avait forci et s'était fait pousser une moustache en brosse aux allures militaires. Heinrich ressemblait de façon frappante à leur père. Il en avait pris le côté hâbleur, ainsi qu'une vague sournoiserie dans le regard. Telle était la seule cicatrice qu'avaient laissée les coups de bâton qu'il avait reçus durant toute son enfance. Un an avant de partir pour ne plus revenir, leur père l'avait vendu comme valet à un fermier. Heinrich junior s'était enfui et n'avait réapparu à Leonberg que longtemps après, quand il fut sûr qu'il n'aurait plus jamais son bourreau en face de lui. Et désormais, à son tour, il pérorait dans la taverne, racontant ses errances aux clients comme son géniteur narrait jadis ses guerres. Face à lui, Johann se sentait coupable. La mère posa doucement la main sur celle de son cadet :

— Écoute Johann, mon Heinrichlein, et obéis-lui. Il est savant. Il nous dira ce qu'il faut faire.

Ce n'était pas de son aîné dont elle parlait ainsi, mais d'une sorte de clerc de notaire dont on attend tout de la compétence. L'étudiant de Tübingen ressentit un pincement au cœur. Jamais il n'avait eu droit au moindre geste de tendresse. Il serra les dents, se tourna vers son frère et lui parla d'homme à homme, faisant mine d'oublier leur mère. Ils partiraient fêter Noël à Weil der Stadt. La raison principale n'était pas de célébrer la naissance du Christ en famille, mais de convaincre le vieux Sebald de vendre sa pelleterie, qui d'ailleurs partait à vau-l'eau, pour vivre d'une petite rente et jouer au coq de village, s'il le pouvait encore. Le produit de cette vente servirait à remettre sur pied l'auberge de Leonberg pour en refaire un relais de poste digne de ce nom.

La charrette tirée par une vieille mule partit dans une aurore gelée, sur des chemins enneigés. À l'arrière, emmitouflés dans leurs fourrures, la mère, Christophe et Gretchen somnolaient, ballottés par les cahots. Sur le banc, Heinrich tenait les rênes, Johann à ses côtés. Il leur fallait parfois descendre pour soulager la bête et pousser le véhicule quand la montée se faisait rude. Un grand soleil froid étincela enfin dans un ciel d'un bleu parfait. Alors, Heinrich se mit à chanter une joyeuse balade. Johann n'osa l'accompagner, tant il était sûr d'être faux. Quand son frère eut fini, le maître ès arts s'exclama :

— Tu as une voix splendide. Tu as appris la musique ?

— Penses-tu ! Ça vient comme ça. Et ce n'est pas tout…

Il se pencha et tira d'en dessous le banc un splendide instrument à cordes.

— Une guitare espagnole ! Mais d'où tiens-tu cela ?

— Détournement d'héritage ! Tu ne vas pas me lancer les chats-fourrés au cul, j'espère ?

Johann haussa les épaules. Il trouvait cette ironie grinçante, sans se rendre compte que c'était aussi la sienne.

— Cette crapule que nous appelons « père », poursuivit Heinrich, l'avait rapportée de ses prétendues campagnes des Flandres. Il l'avait sans doute volée. Qu'est-ce que ce porc pouvait comprendre à la beauté ? Cinq doubles cordes, une tessiture à faire pleurer un sourd. Prends les rênes et écoute ça.

Heinrich avait de belles mains fines et longues sur le dos desquelles les veines gonflées formaient un réseau de rivières bleues, et Johann songea amèrement aux siennes, déformées et tavelées. Elles jouaient des dix cordes comme un vent de printemps joue des roseaux. Heinrich était gaucher. Comment son aîné ne l'avait-il jamais remarqué ? Le cadet chantait en une langue étrangère où Johann crut percevoir des mots castillans. Un chant qui était une plainte désespérée. Le maître ès arts sentit les larmes couler le long de ses joues creuses.

— Tu nous casses les oreilles à la fin, dit la mère de sa voix criarde. Joue-nous plutôt la *Petite rose rouge*.

— Vieille sorcière, grommela Heinrich en rangeant son instrument sous le banc.

— C'était très beau. Que racontait cette chanson ? intervint Johann avant que les choses ne se gâtent.

— Bah, comme d'habitude. C'est l'histoire du pauvre gars parti à l'armée et qui craint que sa fiancée se paie du bon temps dans l'intervalle, à Séville. Un déserteur espagnol m'en avait appris quelques-uns, de leurs chants des Flandres, leurs *flamencos* comme ils disent, quand je jouais de la guitare à la foire de Nuremberg.

Puis Heinrich reprit les rênes et se tut, ou plutôt, fixant l'horizon, il bourdonna bouche fermée le même petit air, jusqu'au moment où les toits de Weil der Stadt apparurent derrière les sapins. Johann songea qu'il tenterait, dès qu'il en aurait le temps, d'inculquer des notions de solfège à son frère, qu'il lui ferait lire des ouvrages consacrés à la musique, qu'il le sortirait de l'obscurité.

— Ah bien ! Le voilà donc, le grand professeur Johann Kepler. Alors, docteur, toujours puceau ?

Sebald Kepler se tenait campé, bras croisés, en haut des trois marches de marbre fendu qui faisaient office de perron à la demeure du bourgmestre de Weil der Stadt. Son corps rebondi portait une tenue extravagante de gentilhomme datant du règne de Maximilien, large fraise empesée et grisâtre, culotte rouge où s'accrochaient de mauvais rubans, bonnet vert emplumé posé sur une perruque jaune aux fils raides. Sa face cramoisie, inondée de barbe blanche où s'accrochaient des miettes de pain et un filament blanchâtre de fromage, puait l'alcool.

Dissimulant sa répugnance, Johann lui donna l'accolade, sans lui témoigner plus que cela le respect dû à l'aïeul. Puis il se plaça à sa droite, constatant non sans plaisir qu'il était désormais plus grand que lui. Heinrich, puis leur mère et les deux autres saluèrent Sebald à leur tour. On eût dit des vassaux rendant hommage à leur seigneur.

— Grand-mère n'est pas là ? demanda Johann.

— Cette vieille fouine doit être en cuisine. Laisse donc les femmes entre elles et allons boire une chopine.

— Volontiers. Heinrich, viens donc avec nous, ordonna Johann qui ne voulait surtout pas que son frère se sentît écarté.

Sebald sursauta presque à ce ton d'autorité. Il tenta de reprendre le dessus et, saisissant le bras de son petit-fils aîné, lui fit descendre les trois marches tout en rigolant :

— Tu n'as toujours pas répondu à ma question : toujours puceau, docteur ?

— Pour te servir, seigneur bourgmestre.

— Nous allons remédier à cela. Regarde !

Il lui désigna la fontaine toute neuve au centre de la place. Quatre tritons crachaient l'eau dans la vasque.

— Ma parole ! Celui-là… C'est toi, grand-père !

Le vieux se rengorgea :

— Oui, je l'ai fait faire à mes frais par le meilleur sculpteur de Stuttgart. Les trois autres représentent mes prédécesseurs à la mairie.

— Très ressemblant, fit Johann imperturbable. Surtout ta façon de recracher l'eau. Car si de cette fontaine avait jailli du vin, pas une goutte ne serait ressortie de ta bouche !

Derrière eux, Heinrich éclata de rire. Blessé par les propos de Johann, mais n'osant s'en prendre à ce garçon trop savant, Sebald se retourna vers le cadet et gronda :

— Ça t'amuse, petit crétin ? Tu es bien comme ton feignant de père, toi ! Je ne sais ce qui me retient…

— Viens-y voir, répliqua Heinrich en se mettant en garde.

— Allons, intervint Johann, vous n'allez pas vous battre, par ce froid.

— Tu as raison, répliqua l'aïeul. Un petit schnaps nous réchauffera mieux que quelques gifles. Mais tu ne perds rien pour attendre, Heinrich.

Ce dernier haussa les épaules et tourna les talons. Sa démarche chaloupée était exactement la même que celle de son père, le vagabond.

Sebald et Johann Kepler descendirent dans la taverne. Le bourgmestre fut accueilli par des saluts rigolards :

— Bienvenue en mon humble demeure, môôssieur le baron von Kepler, lança le cabaretier.

— Je me contenterai de mon seul vrai titre : chevalier von Kepler.

Cette réponse provoqua une hilarité générale ponctuée d'applaudissements.

— Permettez-moi, chers administrés, de vous présenter mon héritier, l'honneur des von Kepler, le chevalier Johann, professeur docteur à l'université de Tübingen.

Les rires se turent d'un coup, devant la face austère et le regard brûlant du maître ès arts. Homme de Dieu, homme de savoir ? C'était la même chose, pour eux, et ça leur faisait peur.

— Comment peux-tu permettre, grand-père, que tes mandants se moquent aussi ouvertement de toi, leur édile ?

— Quelle moquerie ? Ces braves gens masquent sous quelques rires le respect qu'ils doivent à mon nom et à ma fonction. Toi qui sais tout, tu ignores au moins une chose, l'histoire de notre ancêtre Frédéric qui fut fait chevalier par l'empereur Sigismond, en franchissant le Tibre.

— Je l'ai appris, oui, mais j'ai appris aussi qu'en ce temps-là, il tombait des titres de chevalier autant que grêle en avril. Et ils fondaient tout aussi rapidement.

L'aubergiste posa sans ménagement la bouteille de schnaps sur la table, avec deux verres douteux et deux chopes de bière. Johann songea que le tenancier dissimulait fort bien le respect qu'il avait pour son bourgmestre, le « chevalier Sebald von Kepler ». Il pensa également que, durant les huit heures de route, il n'avait grignoté que du pain et du fromage. Pourtant il lui faudrait se montrer à la hauteur de son triton d'aïeul. Celui-ci venait d'avaler d'un coup son premier verre d'eau-de-vie, et son visage s'enflamma plus encore.

— Je suis fier de toi, Johann, tu tiens haut le nom de Kepler. Et tu en es bien méritant, car par les temps qui courent… Tiens, regarde-le là-bas, ce grand sournois, qui ricane de nous, avec ses compères. C'est mon ancien aide lustreur. Par charité, j'avais engagé son fils comme valet de ferme, au potager. Figure-toi que le pasteur avait trouvé que ce bon à rien était une tête pensante. Ce petit crétin est au collège, maintenant. Et quand j'ai dû vendre la pelleterie…

— Quoi ? Tu as vendu la pelleterie !

— Bah ! Une dette de jeu, l'an passé, à Stuttgart… Bon débarras. Un Kepler vendant des peaux de lapin, ça faisait jaser en ville. Mais rassure-toi, j'ai affermé quelques parcelles. La vie est belle.

Quelle sinistre étoile tirait donc la famille Kepler vers le bas ? Et lui-même, Johann, qu'en serait-il de son destin ? Il fut pris d'un vertige. Mais le vertige, c'est autant l'envie de sauter dans le gouffre que la peur de s'écraser en bas. Il choisit la première solution, et s'enivra avec méthode, avec application. Il se retrouva bientôt à jouer au tarot avec son grand-père et deux autres notables. À la faculté, Johann était imbattable, grâce à sa prodigieuse mémoire qui lui faisait retenir toutes les cartes tombées, et reconstituer les mains de ses adversaires dès les annonces. Cette fois, était-ce l'alcool ou une étrange envie d'être défait, il perdit deux deniers. Sebald se leva et dit :

— Messieurs, il est temps. Maman Kuppinger nous attend à souper. Là-bas, un grand événement se produira : le dépucelage du professeur docteur Johann Kepler, pour fêter comme il se doit sa majorité.

Les deux autres applaudirent. Mais aucun des trois notables ne songeait à rire. C'était une affaire sérieuse. Les brumes de la bière se dissipèrent d'un coup.

— Je t'en prie, grand-père, toute la famille nous attend. Il serait temps de rentrer.

— Oh non, mon garçon. Tu n'y échapperas pas. Le moment est venu. Ça s'est toujours passé comme cela, chez les Kepler. D'ailleurs, à la maison, les femmes le savent. La chose est préparée depuis longtemps.

Alors Johann se résigna. Quitte à s'écrasèr au fond du gouffre, autant sauter tout de suite ; la boue amortirait peut-être sa chute. En tâchant de marcher d'un pas ferme, il suivit les trois notables, emmitouflés dans leurs pelisses, le bonnet de fourrure enfoncé jusqu'aux oreilles. L'établissement de la veuve Kuppinger se trouvait hors de l'enceinte de Weil der Stadt, une palissade de briques et de pieux qui faisait office de remparts. La maison, entourée d'un jardin couvert de neige, était fort coquette, du moins à ce que put en juger Johann. Le froid lui avait fait reprendre une partie de ses esprits. Après tout, se disait-il, il fallait bien qu'un jour il franchisse le pas.

Dans une belle cheminée, un feu d'enfer ronflait. La salle commune était joliment couverte de tapisseries, les coussins épandus partout voulaient évoquer le harem du Grand Turc. Johann se souvint que les plus affranchis de ses condisciples de Tübingen, en apprenant son lieu de naissance, lui demandaient, en latin, langue obligatoire à l'université, avec des mines gourmandes et des ricanements graveleux, des nouvelles de « matrona Cupinga ». Il avouait alors son ignorance et les rires redoublaient. Maintenant c'était clair : « Cupinga » était la retranscription latine de Kuppinger ! Son village natal possédait un bordel de haute réputation dans tout le Wurtemberg. Il n'en fut pas plus fier pour cela.

La veuve Kuppinger était une digne dame tout de noir vêtue, mais chargée de bijoux. Elle avait fait dresser une table au milieu du salon avec cinq couverts. Après lui avoir baisé la main, les trois notables s'installèrent à ce qui était visiblement leur place habituelle, la bonne hôtesse en vis-à-vis de Sebald son bourgmestre, Johann seul à la droite de son grand-père et les deux autres en face. Le repas, fort bon et copieux, leur fut servi par un jeune serviteur guindé et ventripotent.

La maison de Mme Kuppinger avait toutes les allures d'un salon bourgeois de Stuttgart. Les convives y parlaient des affaires de la cité, questions de voirie ou de bornage, Sebald tranchait, mais l'hôtesse intervenait souvent, et de façon pertinente, du moins à ce que Johann pouvait en juger. Il se demanda un moment si ce ne serait pas elle qui le déniaiserait, mais les caresses furtives que faisait à sa patronne le jeune serviteur finirent par le persuader du contraire. Alors il s'ennuya, se demandant ce qu'il faisait au milieu de ces gens à l'intelligence bornée. Son esprit se mit à vagabonder. L'homme est naturellement bas, pensa-t-il. Il est difficile de trouver une force ou une idée qui le contraigne à regarder plus haut que ses pieds. Le chien aussi n'a que des idées basses, mais il a l'amour de son maître qui lui fait quitter le ruisseau boueux et la borne nauséabonde, l'obligeant à lever les yeux. Et lui, Johann, avait l'amour de son dieu. Le chercher, c'est le trouver…

— Passons aux choses sérieuses, cria soudain Sebald en claquant sa grosse main sur la nappe blanche. Ma douce amie, quelle est, à votre avis, celle de vos pensionnaires la plus appropriée à mon petit-fils, le professeur docteur Johann Kepler, vingt et un ans demain et aussi intact que le premier jour ? Pour ma part, je pensais à Greta. Si elle a les talents de ressusciter un vieux comme moi, elle saura fort bien éveiller ce garçon à l'amour.

— Hélas, répondit Mme Kuppinger, elle est à l'ouvrage en ce moment. En ces jours de fête, mon établissement ne désemplit pas.

— Et puis, dit un des deux notables, Greta est certes habile, mais un peu fanée… L'idéal pour un jouvenceau serait une vierge.

— Ah, je n'ai pas ce genre d'article, répliqua en riant la bonne hôtesse. Pour le cas qui nous préoccupe, il faut l'alliance de l'expérience et de la jeunesse. J'aurais bien une nouvelle recrue, mais elle aussi est en mains.

— Eh bien nous patienterons, dit le deuxième notable.

— Pas question ! trancha Sebald. Passer en second pourrait avoir un très mauvais effet sur notre patient. Et puis, je ne veux pas d'une fille que je n'ai pas d'abord expérimentée.

Ils allaient passer en revue les six autres pensionnaires. La décision risquait d'être longue à prendre, car, aussi doctes qu'un jury de thèse, les trois notables évoquaient plutôt leurs propres prouesses amoureuses que les mérites des candidates. Mme Kuppinger, qui avait maintenant suffisamment d'informations de la part de ses clients assidus sur les défauts et les qualités de son personnel, voulut en finir, sinon, ils seraient tous ivres morts avant d'avoir pris leur décision, notamment le principal intéressé, qui commençait à dodeliner de la tête.

— Après tout ce que vous venez de me dire, messieurs, je pense que la synthèse parfaite de ce que vous réclamez est la douce Helena.

— Helena ? Je prends ! s'exclama Johann, s'extirpant de sa rêverie.

— Toi, tu n'as pas ton mot à dire, répliqua Sebald. Et puis, elle est idiote. Pas faite pour un docteur aussi savant et intelligent que toi.

— C'est vrai, dit le premier notable. Sa bêtise est prodigieuse. Tellement stupide que ça donne un piment supplémentaire à la chose.

— Stupide, idiote ? Elle est parfaite ! ricana Johann. Vous ne m'avez pas traîné ici pour disserter sur Pic de la Mirandole.

— Pas d'obscénité de collégien devant Mme Kuppinger, je te prie, rétorqua Sebald. Mais c'est dit. Tu as fait ton choix !

Sur un signe de la maîtresse de maison, le serviteur ouvrit une porte. Une fille apparut, qui n'avait absolument rien à voir avec la « Vénus de la septième maison », mais il fallait bien en finir. Un mauvais moment à passer. Johann se leva, et la prétendue Helena l'entraîna à l'étage.

— Taïaut, docteur, cria Sebald, pique-lui hardiment ta mirandole !

33

— Sais-tu comment dans la Kabbale, cher Michael, on dit : « entrer en religion » ?

— Je t'avoue, Martin, que mes études hébraïques sont bien loin. Et si j'avais eu le bonheur de t'avoir comme professeur, je n'aurais pas été le meilleur de tes élèves.

— Eh bien, cela se dit : « Aller vers la réponse ». Et sortir de religion : « Aller vers la question ».

— Ma foi, c'est joli, mais quel rapport avec notre Kepler ?

Michael Maestlin et Martin Kraus avaient posé leur tabouret sur une petite grève masquée par un bosquet, en amont de Tübingen, et plongé leurs cannes dans l'eau pure du Neckar. Non que le professeur de mathématiques et celui de langues orientales se fussent pris d'une passion immodérée pour la pêche à la truite, mais ce loisir innocent était le seul moyen qu'ils avaient trouvé pour parler en toute liberté, à l'abri des oreilles indiscrètes. En effet, depuis quelque temps, le soupçon de dissidence dogmatique rôdait de plus en plus fort dans les couloirs de l'université, comme d'ailleurs dans toute l'Allemagne luthérienne. Des philosophes comme Maestlin ou Kraus sentaient qu'il fallait assouplir la doctrine, face à la grande offensive lancée par les catholiques depuis le concile de Trente. Mais, au lieu de s'unir contre les jésuites, les gardiens du temple réformé se raidissaient contre leurs propres partisans, ceux qui les appelaient à la modération.

— Kepler s'obstine dans son doctorat de théologie, expliqua Kraus. Il veut entrer en religion, « aller vers la réponse. » Or, plus son savoir s'étend et se développe, plus cet esprit insaisissable se fait questionnement. Quand nous travaillons sur tel ou tel texte, il part au galop, s'emballe comme un cheval fougueux, très loin dans l'interprétation. Je tente de le ramener au pas, à la grammaire, à la traduction littérale. Du coup, il en profite pour prendre des chemins de traverse, jonglant avec les mots et les nombres. Il me fait la leçon, alors que je pourrais être son grand-père ! C'est très exaspérant.

— À qui le dis-tu ! répliqua Maestlin. Il s'est mis en tête de dénoncer toutes les erreurs et approximations des tables pruténiques. Le voilà accusant Copernic et Rheticus de les avoir volontairement commises, d'être des tricheurs. Non qu'il remette en cause l'héliocentrisme, le bougre, mais il ne transige pas avec la réalité. Et quand je tente de justifier ces quelques manipulations par le désir de sauver les apparences, il m'engueule, mon cher, oui, il m'engueule, moi, son maître !

— Quel sacré bonhomme, quand même ! Mais ne crie pas trop, tu vas faire fuir le poisson et attirer des rats trop curieux aux grandes oreilles, chuchota Kraus en jetant un œil inquiet derrière lui, dans le sous-bois.

Les deux professeurs se turent, l'œil fixé sur l'eau et leur canne, comme n'importe quel pêcheur à l'affût. Derrière eux, les oiseaux se remirent à chanter.

— Quel sacré bonhomme, quand même !

Ils éclatèrent de rire : ils avaient répété l'exclamation exactement en même temps. Malgré ce long silence, leurs pensées avaient suivi le même chemin, celui de Johann Kepler.

— Il fait partie de ces rares moments de notre apostolat, dit Kraus, qui nous fait sentir notre utilité en ce monde : découvrir un étalon au milieu d'un troupeau d'ânes.

— Oui, mais quel gâchis si l'étalon s'avisait de se bâter lui-même de théologie ! L'an passé, pour d'obscures raisons familiales, il m'a expliqué qu'il abandonnait sa vocation pastorale. C'est toujours ça. Il veut enseigner, désormais, mais la théologie, et à Tübingen.

— C'est de la folie ! Jamais le sénat n'acceptera la candidature d'un hurluberlu qui va partout criant être un tenant du libre arbitre…

— Auquel tu l'as converti, Martin. Toi que Melanchthon appelait pourtant son disciple favori !

À ce rappel, Kraus eut un geste d'agacement qui faillit emporter la ligne au gré du courant.

— Tu sais bien que c'est plus compliqué que cela. Mon maître était très lié avec Érasme. Mais s'il avait trop marqué ses préférences, il se serait forcément opposé à Luther, ce qui aurait été la fin de la Réforme. Et quand il m'a envoyé à Venise rencontrer le patriarche byzantin Gabriel Sévère…

« Aïe ! Si je le laisse aller, j'aurai droit une nouvelle fois à toute son ambassade, songea Maestlin. Vite, revenons à notre sujet ! »

— Tout à fait d'accord avec toi. Et notre Kepler n'a pas du tout ton sens aigu de la diplomatie. Car de mon côté, j'aurais dû lui recommander plus de prudence dans sa défense de l'héliocentrisme.

— À d'autres, Michael, à d'autres, répliqua l'orientaliste vexé de n'avoir pu raconter l'unique grande aventure de sa vie. Tu l'as poussé en avant, quitte à l'envoyer au massacre. Moi aussi, d'ailleurs, dans une moindre mesure. Comment résister à l'envie de se doter d'un tel héraut de nos causes ? Mais, par les temps qui courent, il faut rappeler nos troupes. Le doyen m'a laissé entendre que certaines personnes, à Stuttgart, désireraient que sa bourse lui soit retirée. Si cela se fait, nous serions à découvert. Hafenreffer a pour moi et mon œuvre une grande déférence, mais s'il se sent en péril, il n'hésitera pas à me sacrifier.

— En péril, le doyen, à cause d'un petit maître ès arts, répliqua Maestlin, tu exagères !

— Baisse les yeux de tes comètes, Michael Maestlin. Il ne s'agit pas de Kepler, il s'agit de politique. Melanchthon avait voulu que Tübingen fût plus ouverte aux arts libéraux et à la philosophie que Wittenberg, que notre université soit en quelque sorte ce que Padoue fut à Bologne. Mais Melanchthon est mort. Et la Suisse de Calvin est bien proche de nous. De même que les jésuites de Bavière. Une cité assiégée voit des traîtres partout dans ses murs. Et des fantômes, comme ceux d'Érasme et de Copernic. Le consistoire du Wurtemberg réclame de nous un retour aux fondements de la Réforme, dans son intégrité. Tu comprends mieux maintenant pourquoi notre protégé nous met tous en danger.

— Rentrons, nous ne prendrons pas le moindre alevin aujourd'hui. Et agissons avant que les requins ne nous dévorent.

34

Depuis le Noël agité de ses vingt et un ans, Johann avait abandonné ses velléités de devenir le chef de la famille Kepler. Débarrassé de ce fardeau et de celui de sa virginité, il avait décidé de prendre sérieusement en main ce qu'il appelait son « chemin de vie ». Son séjour à Weil lui avait fait comprendre qu'il n'était pas fait pour le pastorat. Il décida de se consacrer entièrement à son doctorat en théologie, afin d'enseigner un jour, de préférence à Tübingen. Mais, plus d'une fois, il se heurta durement avec son professeur en cette matière, le docteur Spangenberg, qui enseignait en lieu et place de Lukas Osiander, toujours vivant mais qui n'avait plus toute sa tête.

La première dispute fut la plus virulente, car elle avait trait au véritable auteur de la préface des *Révolutions* de Copernic, qui reléguait l'héliocentrisme à une simple hypothèse, une méthode de calcul pratique et rien de plus. Jadis, Maestlin avait découvert que cette préface n'était pas de la plume du « maître des maîtres » comme il l'appelait, mais du père du vieux professeur de théologie, feu Andreas Osiander de Nuremberg, venimeux adversaire de Melanchthon, de Calvin et de quiconque lui paraissant moins luthérien que lui.

Maestlin n'eut pas besoin de pousser Kepler pour que celui-ci parte à la bataille. Comme Osiander de Tübingen était aussi sourd que gâteux, il aurait considéré cela comme une lâcheté, et préféra s'en prendre à son disciple favori, Spangenberg, qui se trouvait fort ignorant d'astronomie, car n'ayant jamais entendu parler de Copernic. Kepler voulut le convertir à l'héliocentrisme ; il n'arriva qu'à s'en faire un ennemi, un de plus et non des moindres, puisque celui-là même présiderait à la soutenance de sa thèse.

Les choses s'envenimèrent. Spangenberg refusa systématiquement les sujets de mémoire que lui proposait Kepler. Il faut dire que ceux-ci ne traitaient que de questions brûlantes, voire d'une relecture des écrits bibliques à partir d'une vison héliocentrique du monde. Le professeur de théologie alla se plaindre partout d'avoir affaire à un hérésiarque, protégé par des professeurs aussi hétérodoxes que lui. Comme il commençait à peser lourd sur les décisions du sénat de l'université, le doyen Hafenreffer s'inquiéta pour son siège même. Il fallait se débarrasser de l'encombrant Kepler. Mais pas au prix d'une injustice. Lui retirer sa bourse, le flanquer dehors et l'oublier aurait été se ravaler au niveau des papistes. Melanchthon avait protégé Rheticus malgré les accusations de sodomie et d'héliocentrisme qui pesaient sur lui, Hafenreffer ne pouvait pas faire moins pour ce jeune chien fou sur qui, après tout, ne pesaient que des soupçons d'érasmisme.

Ils parlaient souvent de son cas, avec Kraus et Maestlin, ainsi en ce jour de la fin janvier 1594, à la table des professeurs dressée sur une estrade dominant le réfectoire.

— Monsieur le doyen, j'ai peut-être une solution pour notre Kepler, dit Maestlin à Hafenreffer. Un de mes anciens étudiants, un cancre il est vrai, est devenu le principal du collège réformé de Graz. Il vient de m'écrire pour me signaler que le poste de professeur de mathématiques venait de s'y libérer.

— Graz, en Rhétie ? Mais c'est le repaire des jésuites, ça ! Vous voulez donc envoyer Johann au bûcher ?

Martin Kraus, en ancien diplomate qui continuait de se tenir au courant de la politique dans le Saint Empire romain germanique, intervint :

— La Rhétie, comme d'ailleurs toute l'Autriche, a certes été impartie aux catholiques lors de la paix d'Augsbourg. Mais comme la majorité de la noblesse et des bourgeois était venue à la Réforme, il était difficile de leur demander de partir ailleurs, au risque de voir le pays se vider de sa sève. Règne donc à Graz une cohabitation sans trop d'accrocs.

— Et puis, renchérit Maestlin, pour quelqu'un qui se dit brûlant de vocation pastorale, il y aura de quoi, à Graz, satisfaire notre jeune ami. Que d'âmes perdues à convertir !

— Je trouve votre cynisme quelque peu déplaisant, dit le doyen. J'espère que vous annoncerez avec plus de douceur sa nomination à votre protégé… Car je vous en charge, de même que de la paperasse concernant son transfert.

Maestlin ne pouvait discuter cet ordre de son doyen. Mais ce fut la mort dans l'âme qu'il donna rendez-vous à son disciple copernicien, presque un ami, dans son appartement de l'université. Il l'aimait. Il l'enviait aussi pour ses prodigieuses aptitudes à tout comprendre, à tout retenir avant de tout remettre en question, y compris lui-même, y compris ses maîtres, y compris leur dieu à tous deux : Copernic. Il l'enviait aussi, et il en avait peur, pour son courage à défendre ses idées jusqu'à faire le coup de poing, jusqu'à risquer sa carrière. Et celle des autres.

Mais, pour Kepler, Maestlin n'était pas son ami. C'était son père. C'était l'homme qui l'avait fait naître au savoir, à la connaissance. Alors, quand l'autre essayait de fraterniser, de se comporter en égal, se lançant dans des plaisanteries dignes d'un bachelier, il se raidissait et prenait, pour rappeler Maestlin à ses devoirs, l'attitude déférente d'un disciple. Il ne voulait pas de lui la complicité, il voulait l'autorité.

Ce fut pourtant sur le ton faussement enjoué du bon camarade que Maestlin annonça à Johann qu'il soutiendrait sa candidature à la chaire de *mathematicus* de la province de Styrie. Tel était le titre officiel, bien ronflant, de ce qui n'était rien d'autre qu'une mise à l'écart, une quarantaine, un lazaret.

— Ah, je t'envie, mon cher. Voyager, voir du pays, découvrir des peuples et des coutumes nouveaux. Depuis mon séjour en Italie, il y a bien vingt ans de cela, je n'ai pas bougé de Tübingen. Je me racornis ici, je sèche sur pied. Ce n'est pas faute pourtant d'avoir des fourmis dans les jambes.

Comparer Graz à Padoue ! Kepler se retint de lui jeter son verre de schnaps à la figure. Il était comme anéanti, assommé. Il finit par bredouiller :

— Je peux refuser ?

— Tu es fou ! Une occasion pareille ne se présente pas deux fois ! À vingt-trois ans, professeur de mathématiques ! Moi, à ton âge…

— À mon âge, comme tu dis, tu exposais à Padoue devant le doge de Venise la théorie héliocentrique. Tu me l'as suffisamment raconté. Je peux refuser ?

— Sans doute, mais alors… Adieu la bourse ! Ton grand ami Spangenberg a beaucoup de relations au sénat de Stuttgart.

— Je peux très bien trouver un emploi dans la faculté. Maître d'études, par exemple, ou recteur des premières années…

— Ah oui ? Je te vois bien, en effet, passer ton temps à régler les batailles de boulettes de pain au réfectoire… Tout ça pour un salaire de misère. Et finir comme ce pauvre Bauer. C'était pourtant un de mes plus brillants étudiants, jadis. Ce n'est plus qu'un pion ranci et vieilli avant l'âge.

— Quel sera mon salaire, là-bas ?

Embarrassé, Maestlin jeta un œil sur la lettre qu'on lui avait envoyée de Graz. De sa vie, il n'avait connu d'autres soucis d'argent que ceux d'un bachelier en voyage dont la pension versée par sa famille arrive en retard. Depuis, il laissait le soin de son ménage à sa gouvernante. Dès lors, comment prévoir la réaction du boursier, fils d'une misérable aubergiste, en lâchant la somme :

— Cent vingt florins par an. Au taux de change…

— Peste ! Dix florins par mois, deux florins trente par semaine. En comparaison, Crésus serait un gueux.

Plaisantait-il ? On ne savait jamais avec ce diable d'homme. Maestlin préféra croire que cette somme satisfaisait Kepler.

— Pas mal, en effet. Surtout pour un célibataire, qui sera en outre logé, blanchi et nourri par le collège, dans un pays où la vie ne doit pas être trop chère.

— Je devrais sans doute me jeter à tes pieds et inonder tes mains de larmes de reconnaissance, cher Mécène. Hélas, un rhumatisme du cœur, fort douloureux, me cloue dans mon fauteuil. J'en suis paralysé.

Il ironisait donc. Maestlin émit un petit ricanement pour montrer qu'il appréciait la saillie. Puis il reprit son sérieux.

— Tu seras libre, là-bas, d'enseigner ce que bon te semble. Qui serait de taille à oser te contredire quand tu…

— Quand j'enseignerai l'héliocentrisme, c'est cela ? Dans une salle vide, à coup sûr. C'est bien connu : au royaume des aveugles… Et au royaume des borgnes, les myopes comme moi sont empereurs. Mais je ne suis pas mathématicien, moi, je suis théologien. Encore un an et je suis docteur.

— Tu m'agaces à la fin avec ta théologie ! On ne recherche pas Dieu uniquement à travers l'analyse de sa Parole, mais aussi par l'étude de son œuvre : la Nature. Quand comprendras-tu enfin que l'étude physique de l'univers est un bien meilleur chemin pour accéder à la vérité divine que je ne sais quelle logomachie sur un verset de l'Ecclésiaste ?

Il avait fait mouche. « Un bien meilleur chemin… » Johann en eut comme un éblouissement. Lui qui connaissait Aristote presque par cœur, il n'avait pas songé que la physique est mère de la métaphysique, et non l'inverse. Son esprit se mit à vagabonder, sous l'œil d'un Maestlin qui connaissait assez son disciple pour ne pas l'interrompre dans sa méditation. Enfin, Kepler sembla revenir à lui :

— Si je comprends bien, je n'ai pas le choix. Ou l'exil, ou l'auberge. Va pour l'exil.

— L'exil ! Tu y vas fort, quand même. Graz est une belle cité. En matière d'enseignement, tout y est à faire. Et puis, il n'y a pas que Tübingen sur terre.

Maestlin se trompait : pour Kepler, Tübingen était l'Alma mater, la mère nourricière dont il n'avait nulle envie de quitter le giron. Il le fallut pourtant quand, le 5 mars 1594, le grand-duc du Wurtemberg lui fit signifier son congé. En clair, il n'était plus boursier. Jusqu'au dernier moment, il avait espéré un revirement du sénat de l'université, mais rien ne se produisit. Pour conjurer le sort, il avait agi comme s'il ne devait jamais partir. Pire encore, il avait dépensé dans le jeu, à la taverne et au bordel ses maigres économies. De sorte qu'à l'heure de boucler son bagage, il avait à peine de quoi entreprendre le long voyage jusqu'à Graz. Et son immense orgueil de pauvre lui interdisait d'emprunter la plus petite somme à quiconque, pas même à Maestlin. C'était puéril, mais depuis douze ans, depuis son entrée au collège, il avait vécu dans ce cocon bien douillet, sans autre souci que les tourments de l'adolescence dont il n'était toujours pas sorti. Durant tout ce temps qui avait filé comme sable entre les doigts, il avait léché les plaies de son enfance, tel un jeune chien jadis trop battu, auquel il aimait se comparer.

35

Vingt jours de marche le séparaient de Graz. On était au cœur d'un joli printemps, il avait vingt-trois ans, la nature était belle. Certes, il était de complexion fragile, mais enfin, cette longue randonnée n'était pas une nouvelle montée au Golgotha. Pour dire la vérité, Kepler n'aimait pas les voyages. Il y avait trop de nomades dans sa famille ; le dernier en date était son jeune frère Heinrich : apprenant la nomination de son aîné à Graz, il avait quitté l'auberge de Leonberg pour s'engager comme tambour dans l'armée hongroise, exactement de la même façon dont le père avait disparu sitôt que Johann était devenu bachelier. Non, Kepler n'aimait pas les voyages, et les beautés de la nature sauvage le laissaient indifférent. Souvent, la marche incite à la rêverie. Pas chez Johann Kepler. Un caillou dans sa chaussure, une mouche bourdonnant à ses oreilles, une piqûre d'ortie, une éclaboussure de boue sur ses vêtements faisaient vibrer ses nerfs et provoquaient en lui de terribles accès de fièvre.

Enfin, au bout d'une longue montée, le chemin déboucha sur un col où se dressait une petite maison de douaniers. En bas, dans la vallée, la cité de Graz tassait ses toits de tuiles et ses clochers autour du piton herbu où se dressait son château fort. Épuisé, Johann se jeta dans un fossé, s'adossa à son sac et s'endormit.

Devant la porte de la petite maison, le douanier l'observait, mais n'avait osé interpeller cet homme tout de noir vêtu, à la barbe en pointe de clerc. La nuit tomba. Le voyageur ne bougeait pas, comme s'il était mort. Inquiet, le douanier s'approcha. Le visage émacié de Kepler ruisselait de sueur malgré la fraîcheur de la nuit. Il claquait des dents. Le douanier le souleva et le jeta sur son épaule, comme un ballot. Était-ce un curé, était-ce un pasteur ? Impossible de le savoir. Alors, par pitié autant que par prudence, il demanda à son épouse de lui préparer leur chambre. Eux, ils s'arrangeraient dans la salle commune. Elle lui fit boire un bol de soupe que le malade vomit sur le champ et la couverture.

Le lendemain, la fièvre était légèrement tombée, mais il était incapable de se tenir debout. Il déclina son identité. À ce titre de professeur, le douanier se découvrit et expliqua, embarrassé, qu'il avait été élevé dans la religion réformée, mais que, pour obtenir ce poste de fonctionnaire, il avait dû se convertir. Puis il proposa que son épouse, qui devait descendre en ville pour s'y approvisionner, l'emmène dans sa carriole. Quand le directeur du collège le vit descendre du véhicule, soutenu par la bonne femme, il se dit qu'il devrait écrire de nouveau à Maestlin pour lui demander un autre professeur de mathématiques.

Au bout de trois jours, et malgré les soins du seul médecin de Graz, Kepler fut sur pied. Le directeur de l'école protestante de Graz, les Paradies, Gilberth Peterslein, qui se faisait appeler Gilbertus Perrinus à la mode latine, était un homme affable et qui montrait une grande déférence vis-à-vis de son nouvel administré.

Apparemment, Maestlin et Kraus avaient bien préparé le terrain. Perrinus lui fit visiter le collège, s'excusant souvent de la modestie de son établissement. Kepler s'agaçait intérieurement de ce respect que l'autre lui montrait. Et il ne savait pas mentir. En chemin, il s'était figuré les Paradies sous l'aspect du majestueux collège de Maulbronn, le seul qu'il connaissait, dominant la contrée du haut de son piton, comme le savoir se doit de dominer l'ignorance. Il lui fut impossible de cacher sa déception en pénétrant dans ce quadrilatère gris d'un seul étage entourant une cour pavée.

— Ah ? Ce n'est que cela ?

Et il se mordit les lèvres en voyant les yeux de Perrinus s'embuer de larmes.

À ces bâtiments s'accrochaient, d'un côté, un temple austère qui avait plutôt l'air d'une halle, de l'autre, une série d'étroites petites maisons : les logements des professeurs. Perrinus lui fit visiter celle qui lui était destinée : une salle commune de plain-pied, deux chambres à l'étage, des combles. Pour la première fois de sa vie, Kepler avait un logement pour lui seul, mais cela l'effraya : il venait de tomber du nid de Tübingen. Son mentor l'informa qu'une femme de service du collège viendrait tous les jours lui faire son ménage et lui préparerait son souper. Il faillit refuser : jamais personne ne l'avait servi, et il savait fort bien repriser ses chausses, recoudre un bouton ou amidonner ses cols. Cette aisance subite lui faisait peur.

À vingt-trois ans, Kepler avait obtenu le titre de mathématicus des États de Styrie alors même qu'il n'avait pas franchi les remparts de Graz, et sans avoir eu la moindre démarche à faire. Restait à comparaître devant la diète, pour qu'elle lui confirme officiellement ses fonctions.

Avant de s'y rendre, il se renseigna longuement auprès du directeur Perrinus et du pasteur, qui faisait aussi office de professeur de théologie, sur la composition de cette assemblée. À les en croire, toute la noblesse styrienne était réformée, même le conseiller aulique désigné par l'empereur Rodolphe II, le baron Johann Friedrich Hoffman. En revanche, il devrait se méfier du gouverneur des États de Styrie, le baron von Herberstein, pourtant de famille luthérienne, mais qui avait dû faire preuve de beaucoup d'habileté pour obtenir la charge de Landeshauptmann, en dotant largement la faculté catholique de Graz. Ils étaient sûrs en tout cas qu'il n'y aurait pas de représentants des papistes. Peut-être l'un de leurs espions.

Renseigné par Martin Kraus, Kepler trouva dérisoires ces avertissements et ces craintes. Les barons de Styrie se souciaient comme d'une guigne des affaires de leur province, *a fortiori* du nouveau professeur de mathématiques à l'école réformée. À l'exception sans doute du gouverneur, et encore, leur seul désir était de repartir au plus vite à Prague, dans la fastueuse cour de l'empereur Rodolphe. Plus ils étaient loin des orages religieux qui menaçaient au-dessus de Graz, mieux ils se portaient.

C'était la première fois que Kepler allait rencontrer des princes. Conscient de sa valeur, il n'en était nullement effrayé, mais seulement curieux de savoir si ces hauts personnages étaient faits comme le reste de l'humanité. Il attendit longtemps dans le vestibule de l'hôtel de ville sous les stucs et les ors des colonnades, parmi d'autres citoyens de Graz venus ici pour quelque requête. En face de lui, une grande statue polychrome de Marie-Madeleine semblait réserver pour lui son extase. À l'évidence le sculpteur n'avait pas eu pour son sujet et son modèle que de pieuses pensées. Cela réjouit le jeune réformé et l'émoustilla un peu, surtout quand passa devant lui la soutane noire d'un jésuite. Enfin, un huissier vint le chercher et, avant de l'introduire dans la salle d'audience, aboya :

— Professeur Johann Kepler, *mathematicus* des États de Styrie.

Fermement décidé à s'amuser tout en observant, Kepler jugea l'annonce un peu prématurée. Sinon, que viendrait-il faire ici ? Quelque part rôdait en lui le secret espoir qu'on le renvoyât à Tübingen. Derrière une table rectangulaire se tenaient assis quatre gentilshommes et un prêtre : le père supérieur des jésuites de Graz. L'huissier lui désigna un tabouret placé à gauche en dessous de l'estrade. Kepler se serait cru à Tübingen, lors d'un des innombrables examens oraux qu'il avait passés, si à la place du jury tout de noir vêtu, il n'y avait eu ces beaux messieurs enrubannés et emplumés, à l'exception d'une silhouette grise, tout au fond, le pasteur de Graz.

Le baron Sigismond Herbert von Herberstein, gouverneur de la province de Styrie, un homme que ses rondeurs rendaient sympathique, demanda en allemand :

— Veuillez vous asseoir, monsieur le professeur Kepler, et pour que nous vous connaissions mieux, tracez-nous en quelques mots votre portrait.

Sous son bonnet carré, avec sa barbe en pointe qui avait enfin consenti à pousser, vêtu de sa toge noir et rouge à parements d'hermine, Johann avait fière allure. Il avait passé une partie de la nuit à retoucher la tenue de son prédécesseur, dénichée dans l'unique armoire de son logement, la sienne étant par trop élimée, et principale victime de ses vingt jours de marche. En revanche, pour masquer ses mains déformées, il avait gardé ses vieux gants. Il répondit, en forçant sur son accent wurtembourgeois et en utilisant une tournure vernaculaire :

— Si vous le permettez, messeigneurs, en raison de mon indécrottable patois, je vous parlerai en latin. Je suis naturellement disposé à traduire certaines tournures délicates pour ceux qui, parmi vous, ne posséderaient pas parfaitement la langue de Cicéron.

Et il lança au jésuite un regard aussi narquois que sciemment injuste.

— *Optime*, répondit le gouverneur.

Le latin permettait à Kepler d'éviter de donner à ces messieurs des titres mal appropriés, en usant simplement du commode superlatif : un *-issimus* par-ci par-là et le tour était joué. Alors, comme le lui demandait le gouverneur, il raconta sans fard son cursus. Les deux auberges, l'interruption de ses études primaires pendant trois ans, l'abandon du père, la bourse salvatrice... Il y mit une certaine complaisance, même s'il la tempéra de quelques traits de moquerie sur les mœurs et superstitions des paysans de sa province natale. En insistant sur la misère de son enfance et l'impécuniosité du boursier, il faisait habilement l'éloge de l'enseignement réformé par Melanchthon et, en creux, la critique de celui des jésuites. En effet après le concile de Trente, l'Église catholique avait vu dans l'éducation une arme efficace contre le protestantisme et envoyé au combat des phalanges de jésuites. Mais l'ordre de saint Ignace avait vite relégué au second plan sa vocation première d'évangélisation pour se consacrer à une éducation des jeunes fort sélective : il s'agissait d'apprendre à lire et à écrire aux curés et aux moines, mais surtout aux riches, à condition qu'ils fussent bien nés.

Le dignitaire papiste, à qui l'allusion s'adressait, ne broncha pas. Gardant toutefois une certaine prudence,

Kepler s'abstint de parler de sa vocation contrariée de théologien.

Quand il eut fini en exprimant sa reconnaissance éternelle pour ce titre prestigieux de *mathematicus* des États de Styrie, le gouverneur se tourna vers son voisin de droite, le baron Hoffman :

— Monsieur le conseiller aulique, nous ferez-nous la grâce de nous donner votre impérial avis ?

Le représentant de l'empereur sourit subtilement à la formulation de la question. Bien que Hoffman fût plus fin de traits que Herberstein, les deux barons avaient un air de parenté.

— Ce bon Maestlin ne m'a pas menti, dit-il dans un excellent latin. Son protégé, malgré son jeune âge, est un homme remarquable.

Kepler eut un mouvement de surprise que Hoffman perçut car il précisa :

— Cela fait bien longtemps que j'ai rencontré le professeur Maestlin, lors de mes études à Padoue. Il y avait donné une très audacieuse conférence sur la mobilité de la Terre tournant sur son axe et autour du Soleil, selon l'hypothèse de ce chanoine polonais.... Son nom m'échappe.

— Copernic, intervint pour la première fois le jésuite. J'ai surtout apprécié, dans ses *Révolutions des orbes célestes*, la belle dédicace à Sa Sainteté le pape Paul III, qui louait très fort son système, *lui*.

L'allusion à la condamnation de Copernic par Luther et Melanchton était claire. Il ne fallait pas se laisser entraîner sur ce terrain glissant. Kepler jeta un coup d'œil au conseiller aulique, qui lui semblait en l'occurrence son allié, pour l'appeler au secours. Mais celui-ci n'eut pas besoin de cela tant il voulait faire étalage de ses connaissances devant ce blanc-bec.

— Cette théorie est d'ailleurs depuis peu contestée. À commencer par mon maître Ursus, devenu mathématicien et astrologue de Sa Majesté l'empereur Rodolphe, et qui m'enseigna la philosophie naturelle. Il a construit sa propre cosmogonie, fort originale, ma foi, mais il prétend que Tycho Brahé la lui aurait volée. Pour en avoir le cœur net, je me suis rendu dans l'île du Danois, dans sa cité d'Uranie, mais l'homme au nez d'or affirme le contraire. Allez savoir ! En tout cas, à Prague, mon propre astrologue, Valentin Otho, disciple de feu Rheticus, lui-même disciple de votre chanoine polonais, en tient lui aussi pour un Soleil fixe et une Terre mobile.

Si le conseiller aulique croyait éblouir Kepler, il se trompait. Dans cette avalanche de grands noms de l'astronomie, le jeune professeur ne tenait en estime que Valentin Otho, largement inférieur à Maestlin. Il n'était pas le seul à être exaspéré par le pédantisme suffisant de Hoffman, car le gouverneur intervint, bonasse :

— J'ignorais, mon cousin, que vous postuliez à la chaire de *mathematicus*.

— J'y tiendrais fort bien ma place, mon cousin, autant que vous d'être couronné de lauriers d'or aux jeux floraux de Cracovie.

Il était de notoriété publique que Herberstein se piquait de poésie élégiaque. Le supérieur des jésuites toussota, peut-être pour étouffer un rire, et dit :

— Je dois vous rappeler, monsieur Kepler, que votre charge ne consiste pas seulement à enseigner au collège. Vous êtes tenu de remettre aux États, fin octobre, chaque année, éphémérides et calendrier de l'année suivante.

Le piège était trop évident. Kepler espérait compter sur l'appui de Hoffman, qu'il savait luthérien, et sur la neutralité du gouverneur dont une bonne part des administrés l'était également. Il choisit donc de tergiverser :

— J'ai très peu d'expérience dans l'élaboration de ces tableaux, et l'art de prévoir l'avenir dans les astres demande une maturité que je n'ai pas.

— Ne vous sous-estimez pas, intervint le conseiller aulique. Ce brave Maestlin m'a affirmé que vous étiez passé expert en la matière.

Intérieurement, Kepler maudit son maître de l'avoir jeté dans un tel guêpier. Car maintenant, il en était sûr : c'était Maestlin qui l'avait contraint à l'exil, par jalousie. Cependant, Hoffman continuait :

— Même si vous ne vous intéressez pas à ces basses contingences, la rédaction de ces éphémérides peut vous rapporter quelque chose comme deux cent cinquante florins…

— Cent vingt seulement, corrigea le gouverneur. Voulez-vous donc ruiner ma province, mon cher cousin ?

— Peu importe…

« Peu importe pour le baron Hoffman, songea Kepler, mais pas pour moi ! »

— Peu importe, maître Kepler, car si ces éphémérides satisfont vos lecteurs, je sais quelques personnes haut placées dans la province qui vont paieront fort cher leur horoscope. N'est-ce pas, mon cousin ? Hélas, vous n'aurez pas ma clientèle. Je suis pleinement satisfait des services de mon brave Valentin Otho, à Prague.

— Mais, pour établir des éphémérides, il me faudrait consulter les tables astronomiques dressées par les Anciens, ne serait-ce que pour prévoir les phases de la Lune. Or, la bibliothèque du collège des Paradies est dépourvue du plus petit ouvrage d'astronomie.

— Celle de l'université vous est grande ouverte, intervint le jésuite, ainsi que la mienne, qui n'est pas mal dotée.

— La mienne également, dit le gouverneur. Vous serez toujours le bienvenu au château.

— Hélas, la mienne est à Prague, soupira Hoffman, mais si vous me demandez un ouvrage quelconque, je ne me ferais pas faute de vous le rapporter.

« Ce cuistre en a plein la bouche, de sa Prââgue, songea Kepler. Qu'il y retourne donc et nous laisse en paix. »

— Je n'ai plus qu'à m'incliner, fit-il mine de se résigner. Je rédigerai donc les éphémérides pour les États de Styrie, mais je crains de ne pas vous donner satisfaction.

Il y eut un silence. Le jésuite examina intensément le jeune mathématicien, de pied en cap. Kepler soutint son regard avec un air faussement candide. La jeunesse possède aussi quelques avantages. Il savait que le moment était venu. L'ecclésiastique détourna les yeux, se frotta les mains et susurra enfin :

— Nul ici ne doute que vous serez à la hauteur de la tâche. Mais… selon quel calendrier établirez-vous vos tables ? Selon celui instauré dans toute la Chrétienté par Sa Sainteté Grégoire XIII, il y a maintenant douze ans, ou celui remontant à Jules César, au paganisme, et qui aurait encore cours, m'a-t-on dit, dans vos… euh… contrées ?

— Selon les deux, bien sûr !

— Les deux ? s'exclama le jésuite interloqué. Mais cela va vous demander un travail énorme !

— Un travail ? Non pas ! Les calculateurs sont des gens bien étranges. Pour moi, ce sera un amusement de collégien.

Kepler était allé trop loin dans la comédie du jeune chien fou, car l'ecclésiastique se rembrunit.

— Les commémorations de la Passion du Christ n'ont rien d'un jeu, monsieur ! Comptez-vous faire figurer le nom des saints au jour établi par Rome ?

— Sur le nouveau calendrier, certainement. Savez-vous que, même dans nos euh… contrées, le petit peuple continue de désigner ainsi les jours de la semaine ? Cela donne de savoureux dictons sur la pluie, le beau temps et les récoltes, qui valent parfois les prédictions astrologiques les plus savantes.

— Eh bien, c'est dit, trancha le gouverneur. Il y aura deux jeux d'éphémérides. Cela donnera du travail à notre imprimerie, et remplira les caisses de notre province. Bienvenue parmi nous, monsieur Kepler.

« *Ite missa est* », soupira intérieurement Johann, qui estimait s'être bien tiré de ce mauvais pas. Le gouverneur, le conseiller aulique et le père jésuite, un Bavarois du nom de Hohenburg, le félicitèrent. Une courtoise conversation s'ensuivit et Kepler constata que Hoffman n'était pas aussi sot qu'il en avait l'air. Hohenburg l'invita à venir visiter sa bibliothèque et son « modeste observatoire ». Kepler déclina l'offre, en affirmant qu'il avait ce jour-là d'autres obligations. Et il désigna le pasteur, au fond de la salle.

Le pasteur Schubert, qui faisait également office de professeur de théologie aux Paradies, était un homme d'aspect avenant, et qui avait paru à Johann d'esprit ouvert. Kepler voulait toutefois s'afficher délibérément avec lui devant les trois plus importants personnages de Styrie, afin de bien montrer où allaient ses convictions religieuses. Malgré leur différence d'âge, il le prit familièrement par le bras et les deux hommes sortirent de l'hôtel de ville. Schubert ne lui parla pas de cette audience, durant le bref chemin qui séparait l'hôtel de ville de la belle maison appartenant à sa famille depuis de longues générations. Après un frugal repas pris en commun avec sa silencieuse épouse et ses neuf très sages enfants, le pasteur l'invita dans son cabinet de travail. Il ferma soigneusement la porte derrière lui, ôta trois gros in-quarto d'un rayon de sa bibliothèque et, avec des airs de conspirateur, en sortit une fiasque d'un gris opaque et deux petits verres.

— Ma femme… Vous comprenez ? Goûtez-moi ce Strohrum, c'est une merveille.

Il remplit les deux verres d'un liquide transparent, et d'un coup, vida le sien. Pour se plier à cette coutume locale, Kepler l'imita. Un charbon ardent lui déchira la gorge. Il fut secoué d'une toux irrépressible. Le bon pasteur lui dit :

— Vous vous y ferez. Dans les premiers temps, je vous conseille de mélanger le Strohrum à de la bière ou, mieux, à un vin blanc doux de l'année. Une nouvelle petite goutte ?

Puis, tandis que Kepler essuyait ses larmes, il changea brusquement de sujet :

— Savez-vous pourquoi votre prédécesseur, notre regretté Stadius, ne fut jamais nommé *mathematicus* des États de Styrie ? Parce qu'il s'était refusé, avec courage, à établir ses éphémérides selon le calendrier papiste.

« Courage ou fanatisme ? » se demanda Kepler en se raclant la gorge. Lui aussi était prêt à mourir pour sa foi, mais encore fallait-il que ce fût pour une cause juste. Et celle du choix entre le calendrier grégorien et le julien était sujette à caution, comme il entreprit de l'expliquer à ce brave Schubert.

Depuis plus d'un siècle, philosophes, mathématiciens et théologiens éprouvaient l'urgente nécessité de réformer un calendrier fonctionnant depuis Jules César et sur lequel, durant ce millénaire et demi, les décalages s'étaient accumulés jusqu'à l'absurde : les calendriers devenaient fous, et un jour viendrait où on célébrerait Noël au balcon et Pâques aux tisons... Cependant, grâce aux observations et aux calculs des astronomes modernes, et de Copernic en particulier, on avait mesuré avec la plus grande précision le temps que mettait la Terre à parcourir son périple autour du Soleil, ou plutôt, selon l'opinion la plus répandue à l'époque, le temps que mettait le Soleil à tourner autour de la Terre, autrement dit l'année tropique.

Profitant du long concile de Trente, où l'Église catholique fourbissait de nouvelles armes contre les réformés, quelques cardinaux plus hardis que les autres décidèrent de faire élaborer par un aréopage d'astronomes jésuites un nouveau calendrier en meilleure conformité avec la marche du ciel, le cycle des saisons et la liturgie. Une fois ce travail réalisé, restait à l'appliquer, et c'était loin d'être le plus simple. Il fallait en effet, l'espace d'un an, supprimer purement et simplement dix jours. Tout ce que la Chrétienté comptait en astrologues, devins et autres charlatans donnèrent leur avis sur l'année qui serait la plus favorable à cette mutilation. Le pape finit par opter pour 1582 et décréta que l'on passerait directement du 4 au 15 octobre. Cette révolution ne perturba que le règlement des lettres de changes, pour la plus grande joie des créanciers, et au grand dam des débiteurs. Les pays catholiques l'adoptèrent presque immédiatement, de sorte que, des Indiens des Philippines aux Topinambous brésiliens, les sauvages des deux Indes fêtèrent la Noël avec dix jours d'avance, ce qui, sans doute, ne les perturba pas beaucoup.

En revanche, dans les pays réformés, on se divisa. Plus que tout autre de ses prédécesseurs, Grégoire XIII était l'antéchrist. Pour les théologiens luthériens, ce qui venait de Rome ne pouvait être que mauvais, aussi mauvais que ses bataillons de jésuites suivis par les bûchers de l'Inquisition. En revanche les philosophes, mathématiciens, médecins et astronomes, qui avaient vu dans la Réforme un grand souffle de liberté et de raison leur permettant d'œuvrer à la recherche de la vérité, loin des superstitions que les papistes prônaient et sans être sous la menace du cachot comme ce malheureux Giordano Bruno, jugèrent que le nouveau calendrier était une construction pleine de bon sens. Tycho Brahé avait plaidé sa cause devant l'académie du Danemark, en présence du roi Christian et de ses conseillers. L'un d'entre eux, Manderup Parsberg le coupeur de nez, lui avait lancé :

— Il vaut mieux avoir tort contre le Soleil que raison avec le pape.

Ce à quoi Tycho avait rétorqué :

— Imbécile !

Il n'empêche. Le Danemark vit aujourd'hui encore, bientôt un siècle après, au rythme boiteux du calendrier julien, de même que ma blanche Albion.

À Tübingen, quand on demanda à Maestlin de se prononcer sur le sujet, le prudent professeur fit comme à son accoutumée, le gros dos, en attendant que l'orage passe. Quant à Kepler, il s'était naturellement penché sur la question, comme sur toute autre d'ailleurs. Huit ans après la promulgation de ce nouveau découpage du temps par le pape, alors qu'il venait d'être promu maître ès arts, et que tout le monde en Europe s'accommodait fort bien des deux calendriers, Kepler plaidait partout haut et fort pour le grégorien. Avec sa contestation du serf arbitre luthérien et sa défense véhémente de l'héliocentrisme, on comprend mieux pourquoi il n'était pas, auprès du sénat de l'université de Tübingen, en odeur de sainteté.

— Oui, ce calendrier est meilleur que le nôtre. Adoptons-le ! conclut-il avec flamme, dans le cabinet de travail du pasteur de Graz. Va-t-on détruire les inventions de Cardan sous prétexte qu'il était papiste, et celles d'Archimède parce qu'il était païen ? L'antéchrist, ce n'est pas le pape ; l'antéchrist, je vous le dis, Schubert, c'est l'universelle sottise humaine !

— En effet, en effet, approuva le pasteur, qui n'avait rien compris à sa démonstration. Vous reprendrez bien, mon frère, un peu de Strohrum ?

36

Le collège des Paradies n'était pas l'un des plus beaux fleurons de l'université réformée par Melanchthon, et la chaire de professeur de mathématiques n'en était pas la plus prestigieuse. Fondé vingt ans avant la nomination de Kepler à la demande des États de Styrie, alors que la Réforme semblait triompher dans la province, l'établissement était destiné exclusivement aux rejetons de la noblesse locale, contrairement aux instructions de Melanchthon qui voulait que l'enseignement fût ouvert à tous. Il s'agissait en fait d'une machine de guerre pour lutter contre les jésuites déjà installés à Graz. Les jeunes aristocrates y étudiaient surtout la dialectique, la rhétorique, le droit, l'histoire, Cicéron, Aristote, l'Ancien Testament en hébreu et les Évangiles en grec. Les arts libéraux, philosophie, mathématiques et physique, y étaient facultatifs, un aimable passe-temps en quelque sorte.

Après sa leçon inaugurale où l'on était venu nombreux par curiosité pour cette nouvelle tête, Johann se retrouva devant une poignée d'adolescents obligés par leurs pères, quelques hobereaux se piquant d'Euclide, à assister à ses cours. Un autre que lui se serait réjoui d'avoir aussi peu de travail, mais pas Kepler, qui prenait toute chose à cœur, même l'enseignement pour lequel il se jugeait inapte, même les mathématiques qui, pour lui, théologien frustré, n'étaient qu'un jeu.

Un jeu également que ces éphémérides qui devraient être imprimées à la fin octobre. La bibliothèque du gouverneur Herberstein, réformé par conviction, catholique par politique, était effectivement assez bien dotée, mais l'ancien corps de garde de l'antique château fort où elle se tenait était sombre, froid, venteux et humide, toutes choses qui contrariaient le frileux et myope *mathematicus*. Mais le maître des lieux se montrait avec lui très prévenant, l'invitant à sa table en compagnie de quelques autres membres des États. La brillante conversation de Kepler semblait les enchanter. Surtout, il les amusait par la franchise de son propos, croyant tenir, en toute bonne conscience, le rôle du bouffon. Il n'avait pas encore pris la mesure de son pouvoir de séduction.

Il s'abstint de se rendre à la bibliothèque de la faculté catholique, mais, à la demande réitérée du supérieur des jésuites, il finit par le visiter à son hôtel particulier, un soir, le plus discrètement possible. Après quelques passes d'armes théologiques, le réformé et le catholique convinrent d'éviter ce genre de propos sensibles et devinrent les meilleurs amis du monde. Le père Hohenburg, une brillante intelligence, lui offrit même un exemplaire du *Narratio Prima* de Rheticus, que Maestlin n'avait jamais consenti à lui prêter.

L'année 1595 ne connaîtrait pas, du moins dans le ciel de Styrie, de phénomènes astraux exceptionnels, ce qui facilita la tâche de Kepler. Une fois qu'il eut fini d'établir les phases de la Lune et les fêtes liturgiques catholiques et luthériennes de ses deux calendriers, il lui fallut s'atteler à une tâche bien plus aléatoire : les prédictions. Il n'avait pas vraiment d'idées arrêtées à propos de l'astrologie, sinon que le ciel avait certainement une influence sur le destin des hommes et des nations. Mais il trouvait présomptueux de chercher à savoir laquelle, considérant les horoscopes comme singeries et absurdes superstitions. Naguère, son professeur Martin Kraus lui avait appris des rudiments de français, langue qui pourrait lui être utile si les hasards de la vie l'entraînaient vers la diplomatie. C'est naturellement sur les écrits de Calvin que notre théologien en herbe travailla d'abord, mais sa fantaisie le poussa à feuilleter l'œuvre de François Rabelais, ce moine et médecin ami d'Érasme. Il y trouva cette prédiction dont il fit son miel et qu'il communiqua à Maestlin, lequel faillit s'étouffer de rire : « Cette année, les aveugles ne verront que bien peu, les sourds entendront assez mal, les muets ne parleront guère, les riches se porteront un peu mieux que les pauvres et les sains mieux que les malades. »

Naturellement, il ne pouvait se permettre ce genre d'horoscope, car à coup sûr la diète de Styrie n'apprécierait pas et les cent vingt florins promis lui passeraient sous le nez. Mais c'était dans cette direction qu'il fallait aller : le bon sens poussé jusqu'au truisme, la jugeote jusqu'à la sentence.

Malignement, Kepler décida que cette année-là serait celle de toutes les calamités. D'abord, les Turcs. On savait le sultan Mourad III fort malade. S'il mourait, son successeur serait tenu d'inaugurer son règne par une première conquête. Il prédit donc une nouvelle offensive ottomane pour le printemps.

Son enfance passée dans une auberge de campagne l'aida également beaucoup. À force d'entendre les conversations des clients, son instinct avait fini par distinguer leurs sempiternelles récriminations sur la misère des temps de la véritable colère qui pourrait éclater en révolte. Certes, il ne connaissait pas les Autrichiens et n'avait pas encore fréquenté les tavernes de Graz, mais les vendanges avaient été calamiteuses à cause d'un été trop pluvieux, et puis le nouvel archiduc ne manquerait pas de lâcher sur eux des hordes de moines collecteurs d'impôts. Le *mathematicus* ne prenait pas grand risque en prédisant quelques jacqueries.

S'il avait été dans son Wurtemberg natal, Kepler se serait sorti sans trop de mal des inévitables prédictions climatiques, connaissant tous les préceptes et dictons en bouts rimés, où les saints du jour faisaient la pluie et le beau temps. Comme la Styrie venait de subir coup sur coup deux hivers aussi longs que rudes, il décréta sagement : « Jamais deux sans trois » et annonça que le prochain serait encore plus froid que les précédents et se prolongerait jusqu'à la mi-mai. S'il se trompait, ses lecteurs auraient oublié entre-temps !

Quand l'horoscope fut fini, un saute-ruisseau de l'imprimerie vint chercher le manuscrit. Kepler l'accompagna, se plut à s'initier avec le libraire au maniement de ses machines. Mais, lorsque les éphémérides de 1595 furent publiées quinze jours plus tard, il n'eut plus rien à faire que de donner ses cours dans une salle presque vide à des collégiens endormis.

Alors, il s'ennuya. Ou plutôt, il sombra dans la mélancolie. Il ne fut plus, à la table du gouverneur, qu'un convive morose. Sa fantaisie, naguère si vive, se fit grinçante. Dès lors, il n'intéressa plus son hôte et les portes du château se fermèrent. Quant au père jésuite, il repartit à la fin de l'année dans sa Bavière natale, où son frère était chancelier du roi. Johann crut comprendre que l'archiduc Ferdinand ne désirait pas, à l'approche de sa majorité, que cet ecclésiastique trop indulgent à l'égard des réformés restât sous sa juridiction.

Dès lors, Kepler n'eut plus pour compagnie que le personnel du collège. Le directeur de l'école, Gilbertus Perrinus, le pasteur Schubert et un diacre qui donnait des cours de droit avaient tous au moins une dizaine d'années de plus que lui, étaient tous dotés d'une nombreuse famille, vivant discrètement et pieusement, en paix avec le Seigneur et eux-mêmes. Bien qu'il s'en défendît, au fond de son cœur, Johann les enviait. C'est pourquoi il ne vit plus que l'envers de cette quiétude : la médiocrité.

À la rentrée d'avril 1595, quatre élèves seulement s'étaient inscrits au cours de mathématiques. Le directeur lui demanda de diversifier son enseignement en donnant des cours de poésie latine. Kepler se fâcha, affirmant qu'il n'avait pas été nommé ici pour cela. Malgré toute l'indulgence qu'il avait pour ce brillant élément, Perrinus dut le rappeler aux valeurs hiérarchiques. Kepler s'inclina en maugréant, et se persuada que son supérieur était devenu son pire ennemi. Il s'en plaignit dans une lettre à Maestlin, car, une fois publiées les éphémérides, il avait entrepris de lui écrire dans l'espoir d'une correspondance assidue.

Mais ce n'étaient que plaintes, jérémiades et supplications de lui trouver n'importe quel emploi à Tübingen. Maestlin lui répondait comme s'il n'avait pas lu ses lettres, par des envois de livres nouveaux, qu'il commentait. Comme Kepler lui avait également demandé quelques précisions sur la vie de Copernic, Maestlin entreprit, à partir du manuscrit unique de

Rheticus qu'il avait jadis récupéré dans le bâton d'Euclide, de la lui narrer sous la forme plaisante du roman. Il se prit au jeu avec d'autant plus de plaisir qu'il lisait ces lettres devant quelques auditeurs choisis, dont le doyen Hafenreffer et sa fille Helena à qui il faisait sa cour. Il ne se fit pas faute de raconter cela à l'exilé de Graz, pour que celui-ci mette un point final à sa passion de jeunesse. Ce n'était pas nécessaire : Johann avait compris depuis longtemps que les filles de doyen étaient faites pour les Maestlin, par pour les Kepler. Aux Kepler étaient réservées les garces des bordels et les paysannes.

Le sultan Mourad mourut au début de l'année et son successeur Mehmet lança, pour inaugurer son règne, une offensive qui ravagea l'Autriche, des murs de Vienne à ceux de Neustadt. L'hiver fut exceptionnellement rigoureux et long. On mourait de froid. Ceux qui s'avisaient de se moucher, leur nez tombait comme un glaçon. Au début mai, le sol était encore gelé. La disette menaçait et dans certains villages de Styrie, les paysans se soulevèrent. Ils furent massacrés.

À Graz, on relut avec admiration les éphémérides rédigées par le nouveau professeur de mathématiques. Alors, on lui commanda des horoscopes personnels. Kepler commença par refuser. Puis, après réflexion, il décida de monnayer ce qu'il appelait ces « singeries ». Il lui fallait en effet économiser, se constituer un petit pécule qui lui permettrait, à Tübingen ou dans une autre université, de passer les derniers grades lui permettant d'accéder au doctorat de théologie. Et surtout de fuir Graz, cette prison même pas dorée. Car, tel l'oiseau de mer pressentant la tempête, il voyait que l'avènement de Ferdinand de Habsbourg à l'archiduché d'Autriche ouvrirait une ère de persécutions pour lui et ses coreligionnaires. Après ce long hiver de mélancolie, où il avait fêté son vingt-quatrième anniversaire dans la solitude, son esprit s'aiguisa à nouveau, absorbant toute chose comme une éponge le liquide.

37

Les cérémonies du couronnement de l'archiduc Ferdinand de Habsbourg eurent lieu le 9 juillet de l'an 1595, soit le 19 du même mois selon le calendrier papiste. Les réformés de Styrie et de Carinthie omirent de fêter dignement l'événement : le collège des Paradies resta ouvert ce jour-là et les jours suivants. Le lendemain même, Kepler donnait cours devant des élèves plus nombreux qu'à l'ordinaire : toute la semaine aurait dû être chômée. Et le *mathematicus* des États de Styrie se sentit plein d'allégresse d'être soudé avec ses frères contre la menace papiste. Il décida d'enrôler Euclide dans cette armée pacifique, soulevée contre le pantin des jésuites.

Le sujet du jour était d'expliquer comment les grandes conjonctions astrales sautent par-dessus huit signes du zodiaque et comment elles passent d'un trigone à l'autre. À main levée, il traça au tableau noir, à la craie, un cercle parfait, provoquant un murmure et quelques sifflements d'admiration un peu moqueurs. « C'est à ce genre de détails qu'on reconnaît un bon professeur de mathématiques », lui avait dit naguère en plaisantant Maestlin. Puis, toujours d'une main aussi ferme, il inscrivit à l'intérieur un triangle équilatéral également irréprochable. Et il commença sa démonstration, en prenant bien garde de la mener pas à pas, pour tenter d'être suivi par ces cervelles d'ânes, en particulier le dénommé Gotblut qui se faisait appeler prétentieusement de la traduction grecque de son nom : Ichor. L'imbécile ignorait que, depuis Galien, cela ne signifiait plus « le sang des dieux », mais, par dérision envers les cultes païens, « le pus sanguinolent ».

La chaleur de cet après-midi d'été les faisait somnoler. Dans le même cercle, Kepler traça un autre triangle, puis un autre, et un autre encore, de telle façon que la fin de l'un formait le commencement du suivant. Tandis que les figures se multipliaient, le maître continuait son exposé d'un débit de plus en plus précipité, comme malgré lui. Kepler pensait à autre chose. Il pensait *réellement* à autre chose. Ou plutôt, il *voyait* autre chose. Il vit d'abord que les points d'intersection entre les triangles ébauchaient un deuxième cercle dont le rayon était de la moitié de celui du cercle circonscrit :

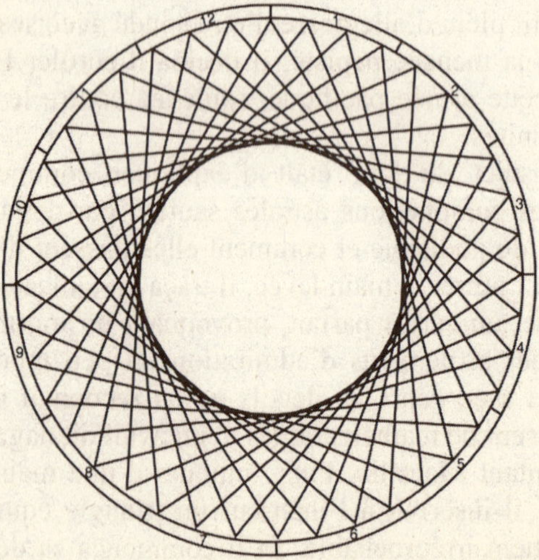

Exactement comme le rapport entre l'orbe de Saturne et celui de Jupiter. Or ces deux planètes sont les premières, puisque les plus éloignées du centre, le Soleil. Elles sont les premières comme le triangle est le premier des polygones.

À la main, Kepler tenta de déterminer la deuxième distance, celle entre Mars et Jupiter, à l'aide d'une suite de carrés, le second des polygones… puis la troisième distance, entre Mars et la Terre, à l'aide de pentagones, et la quatrième distance, entre la Terre et Vénus, à l'aide d'hexagones. Mais, dès la deuxième distance, l'œil protestait : les rapports entre les orbes planéaires n'étaient pas respectés. Puisque les figures planes et régulières ne convenaient pas, l'esprit de Kepler s'envola dans une autre dimension… « Pourquoi en effet mettre des figures planes entre des orbes solides ? Faisons plutôt intervenir des volumes solides. Qu'en serait-il de polyèdres inclus dans une sphère ? »

Sur le tableau noir, le cercle se gonfla, se creusa, prit du relief, entra dans la troisième dimension et, dans son intérieur, le triangle scalène s'érigea en une pyramide parfaite : un tétraèdre et ses quatre triangles équilatéraux. Sans que Kepler s'en aperçût, ni d'ailleurs les quatre collégiens qui bayaient aux corneilles, la leçon passa sans transition des polygones en deux dimensions à celle des volumes, à la géométrie dans l'espace :

— Combien de solides, de polyèdres pourraient s'emboîter dans un globe, en sorte que tous leurs sommets touchent la paroi intérieure de ce globe ? Cinq évidemment : le tétraèdre, donc, le cube, l'octaèdre à huit triangles équilatéraux, le dodécaèdre à douze pentagones, et l'icosaèdre à vingt triangles équilatéraux. Comme Euclide l'a démontré, le nombre de ces solides réguliers ne peut dépasser ces cinq formes. On les appelle « pythagoriciens » ou « platoniciens » car ces deux philosophes de l'Antiquité…

Il s'interrompit, sans que ses auditeurs s'en aperçussent, tant la façon dont sa main habile jouait de la perspective pour donner du volume aux figures qu'il dessinait les fascinait. Une pensée fulgurante lui avait traversé la cervelle, fine et tranchante comme un coup de rasoir : « Cinq polyèdres parfaits, cinq espaces sphériques entre les six planètes tournant autour du Soleil… Telle est la raison… Il faut que je sache… »

La cloche sonna. Contre tous les usages, le professeur fut le premier à sortir de la classe.

Dès le lendemain, Kepler s'isola du reste du monde. Il ne regretta plus le temps perdu, n'éprouva plus de dégoût du travail, n'esquiva plus aucun calcul laborieux. Au contraire, il consuma jours et nuits à parfaire son idée, jusqu'à ce qu'il puisse voir si elle s'accordait avec les orbes de Copernic, ou si le vent l'emportait en même temps que sa joie. Après quinze jours et neuf cents pages de calculs, sa construction fut en place. Dans les cinq espaces plus ou moins larges laissés entre Saturne et Jupiter, Jupiter et Mars, Mars et la Terre, la Terre et Vénus, Vénus et Mercure, les solides parfaits de Pythagore s'emboîtaient impeccablement, du plus simple, le cube, au plus complexe, le dodécaèdre. À une sphère de rayon égal à celui de l'orbite de Mercure, il circonscrivit un octaèdre et à cet octaèdre une sphère. Elle se trouvait avoir un rayon égal à celui de l'orbite de Vénus. À cette seconde sphère, il circonscrivit un icosaèdre et à cet icosaèdre une troisième sphère. Elle avait, à son tour, un rayon égal à celui de l'orbe terrestre. Puis vinrent un dodécaèdre pour Mars, un tétraèdre pour Jupiter et enfin un carré, auquel il circonscrivit une sixième sphère, qui était justement de même rayon que celui de l'orbe de Saturne !

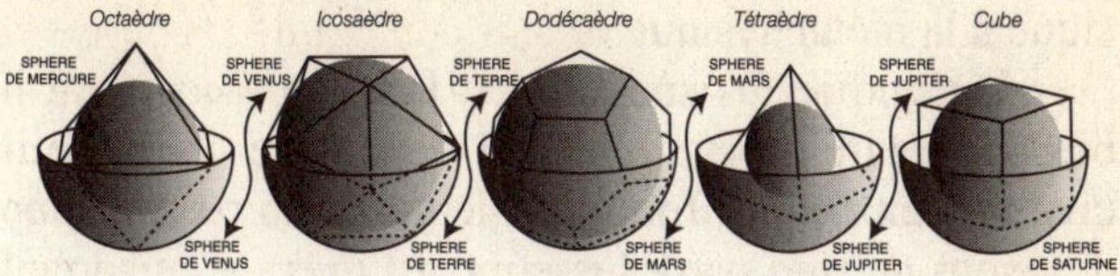

Kepler n'en croyait pas ses yeux. Une telle beauté était aveuglante. Encore méfiant, il usa de tous les outils mathématiques, séries numériques, utilisation de la fonction sinus, il en revint toujours au même résultat. Il s'aperçut alors qu'il venait de répondre à ces questions lancinantes, angoissantes comme le sont toutes les interrogations métaphysiques : « Pourquoi ? Pourquoi n'y a-t-il que six planètes, et non pas vingt ou cent ? Pourquoi les distances diffèrent-elles autant entre ces planètes, sans que l'on puisse trouver un quelconque rapport mathématique entre elles ? » Oui, il avait répondu : il y avait une façon géométrique et une seule d'emboîter les uns dans les autres les cinq polyèdres réguliers avec leurs sphères inscrites et circonscrites. Et, comme l'indiquait la suite de chiffres qu'il nota fébrilement, l'emboîtement produisait les cinq proportions qui étaient celles des orbes célestes : 0,56 pour Mercure, 0,79 pour Vénus, 1 pour la Terre car mesure de toute chose, 1,26 pour Mars, 3,77 pour Jupiter et 6,54 pour Saturne[1].

1. Cet élégant modèle du système solaire, comme le reconnut plus tard Kepler lui-même, se révéla faux. Les proportions réelles des orbites planétaires sont 0,39 - 0,72 - 1 - 1,52 - 5,20 et 9,54. Et le télescope a permis de découvrir d'autres planètes au-delà de Saturne…

La métaphysique l'avait mené à la physique. Kepler avait fait à rebours le chemin qui l'avait conduit, guidé par Maestlin, à Copernic, car alors il était allé de la physique à la métaphysique.

— Quand je fus sûr de mon fait, me racontera-t-il bien plus tard alors qu'il était devenu le mathématicien de l'empereur Rodolphe, je ne hurlai pas, comme d'aucuns de mes prédécesseurs, « Eurêka » en sortant de mon bain. D'ailleurs, je déteste me baigner. Je trouve cela émollient, et ça ne soulage mes rhumatismes et mes hémorroïdes que de façon illusoire. Frottez-vous plutôt hardiment de savon, dehors, même en hiver, et versez-vous un baquet d'eau froide sur la tête. Mais rassurez-vous, de l'eau, il y en eut. Je me mis à pleurer toutes les larmes de mon corps, comme un jouvenceau en mal d'amour, comme un imbécile.

Un peu exaspéré par cette façon de se moquer sans rire de soi-même, esprit qui ne ressemble ni à l'ironie française, ni à notre « humeur » anglaise, je lui rétorquai, narquois :

— Il me semble pourtant que vos polyèdres parfaits ont eu bien du mal à se nicher dans les trajectoires ellipsoïdales des planètes, votre plus admirable découverte que vous avez faite quinze ans plus tard…

— Ah ? Vous croyez ? répondit-il en faisant des yeux éplorés de bon chien attendant la caresse ou en jouant à l'artiste qu'attriste au-delà de tout la plus minime des critiques. Vous la trouvez donc bien laide, ma petite composition de jeunesse ?

Que voulez-vous dire contre cela ?

Mais ce jour-là, à Graz, il pleura, cela est sûr, il pleura. Il croyait avoir découvert les raisons du Grand Architecte. Il croyait avoir découvert le *Mystère cosmographique*.

38

« *As-tu jamais lu ou entendu parler que quelqu'un ait entrepris de rechercher la raison de la disposition des planètes ?* »

Maestlin se rejeta au fond de son fauteuil. En ouvrant cette lettre, il avait craint qu'une nouvelle fois Kepler ne le supplie de lui trouver quelque chose à Tübingen, tout en geignant sur sa santé, ses soucis d'argent et autres petits malheurs quotidiens. Mais cette fois, le ton avait changé, la plume était ferme, le verbe précis. « *Rechercher la raison…* » Il connaissait suffisamment le bonhomme pour savoir que la réponse était déjà dans la question. Cette réponse, Maestlin trempa sa plume dans l'encrier et l'écrivit en marge : « *Non.* » Non, personne depuis que l'homme s'était avisé de lever la tête vers les cieux n'avait tenté, du moins de façon méthodique, scientifique, de se pencher sur le pourquoi des phénomènes célestes, mais seulement sur le comment. Le pourquoi n'est qu'une question d'enfant, qui voudrait savoir la finalité de toute chose : pourquoi les oiseaux ont-ils des ailes, pourquoi on pleure quand on a mal, pourquoi les chiens dans la rue se montent dessus, pourquoi… Mais l'adulte, lui, tel le papillon qui redevient un ver, oublie ces questionnements ; il les rejette, ou plutôt se dédouane de son ignorance en prétendant que les voies du Seigneur sont impénétrables. Kepler était-il revenu à l'enfance, une enfance qu'il n'avait jamais vraiment vécue ?

« *Le Créateur*, poursuivait-il, *n'a rien entrepris en vain.* » Truisme de théologien, songea Maestlin, mais également axiome de mathématicien. « *Il y aura donc une cause à ce que Saturne est presque deux fois plus éloignée que Jupiter, pourquoi Mars est un peu plus éloignée de la Terre...* » L'étrange figure de Tycho Brahé surgit dans la mémoire de Maestlin. Pourquoi l'homme au nez d'or et de cire s'invitait-il dans sa songerie ? Ils étaient en froid depuis quelques années. À cause, justement, de la distance énorme entre les deux ultimes planètes qu'avait révélée le système copernicien. Pour le Danois, Dieu n'aurait jamais conçu tout ce vide inutile. Maestlin lui avait répondu que son vertige devant ce vide n'avait que des causes physiologiques : Tycho lui avait avoué que, depuis sa mutilation, il avait parfois des pertes d'équilibre et que cela le gênait fort dans ses observations.

Maestlin revint à la lettre de Kepler. « *Enfin, le 20 juillet, au milieu d'un torrent de larmes – à l'exemple de celui qui s'est écrié Euréka !...* » Il n'exagérait pas, Maestlin en était convaincu, qui l'avait vu plus d'une fois en pleurs dès les premières notes d'un chant religieux, ou manquant de s'évanouir devant une reproduction du Greco. « *... j'ai découvert le mode et la cause du nombre six des orbes et de leur distance...* » Maestlin acheva sa lecture avec avidité. Mais son correspondant ne disait plus rien de la teneur de cette découverte. Mentait-il ? En exagérait-il la portée ? Non ! Kepler était la sincérité faite homme. Il ne transigeait pas avec la Vérité, la clamant devant tous et n'importe qui, sans aucune prudence. Au point de se mettre en danger ainsi que son entourage. Et c'était d'ailleurs à cause de cette sincérité minérale que l'érasmien Kraus et le copernicien Maestlin avaient comploté à son exil : pour le sauver. Et incidemment, se sauver eux-mêmes.

« Mais alors… Il se méfie de moi ! gémit-il en lui-même. De moi, son maître, qui lui ai tout appris, de moi qui lui ai révélé Copernic. Oserait-il penser que je la lui volerais, sa fichue découverte ? » Une petite voix au fond de sa cervelle lui répondit que cette méfiance n'était pas tout à fait injustifiée : ne l'avait-il pas, à Tübingen, envoyé en avant-garde dans la grande bataille pour Copernic ? Ne l'avait-il pas ensuite contraint à la retraite dans cette Styrie obscure et périlleuse, quand il s'était senti lui-même en danger ? Et surtout, n'avait-il pas profité de son exil pour conquérir, sinon le cœur, du moins la dot de celle dont son disciple lui avait confié jadis qu'elle était l'élue de son cœur, la délicieuse Helena ?

Pour balayer ces obscurs remords, Maestlin rédigea une réponse pleine d'encouragements, promettant son aide et ses conseils afin de réaliser un ouvrage dont il entrevoyait qu'il serait au moins une révolution dans la méthode. Et il poursuivit le récit de la vie de Copernic… Un Copernic tel qu'il aurait aimé être lui-même, recevant dans sa tour celui qui serait son seul disciple, Rheticus, un disciple empli d'admiration et de dévotion pour son maître… tel que Kepler ne le serait jamais à son endroit !

— C'est admirable, dit Gilbertus Perrinus, le directeur du collège des Paradies, en reposant le croquis représentant, en perspective cavalière, la vue générale de l'Univers où globes et polyèdres s'emboîtaient parfaitement. Ce n'est pas un dessin, frère Kepler, c'est un chant d'amour au Créateur, qui a mis la beauté et l'harmonie en toute chose, de la moindre fourmi à la voûte étoilée. Il y a là une musique, parfaitement, une musique… La musique des sphères…

À ce compliment, Kepler changea d'opinion pour celui qu'il considérait jusqu'ici comme son pire ennemi. Et puis, dans cette idée de musique des sphères, il y avait quelque chose à creuser. Déjà, son esprit battait à nouveau la campagne… Le directeur poursuivit :

— Vous m'avez convaincu ! L'idée que le Soleil, le tabernacle de Dieu, se trouve au centre de tout, je la fais mienne, désormais, je la fais mienne.

— J'en connais un qui va être content, répliqua Kepler avec son drôle d'air mi-figue mi-raisin, celui qui nous enseigna à tous deux les mathématiques…

— Quoi ? Mais le professeur Maestlin ne m'a jamais enseigné cela, tout au contraire.

— Bah, vous le connaissez ! Il a ses têtes, le vieux Michael, il a ses têtes…

Vexé de n'avoir pas fait partie de ces têtes-là au temps de ses médiocres études, le directeur se tut. Le pasteur Schubert en profita pour prendre la parole :

— Quand votre livre paraîtra, quand on saura que l'auteur du *Mystère cosmographique* enseigne aux Paradies, ce chef-d'œuvre sera comme un rempart pour notre communauté contre les menées des jésuites. Plus personne n'osera nous toucher. S'attaquer au collège luthérien de Graz, ce sera s'attaquer à vous. Ce sera s'attaquer au génie. Ce sera s'attaquer à Dieu. Vous comptez bien le faire imprimer ici, n'est-ce pas ?

L'interrogation avait quelques allures impératives. Kepler détestait qu'on lui dictât sa conduite. Il hésita à se fâcher, se contint, puis répondit, en singeant l'embarras :

— J'y ai songé mais notre imprimeur, notre frère Springbrunnen, me semble avoir plus de talent pour imprimer des calendriers qu'un texte aussi complexe et truffé de graphiques, de tableaux, de colonnes de chiffres et de planches.

— Ah, qu'importe ! Nous vous aiderons. Vous êtes des nôtres, mon frère, et votre combat est notre combat. Pardonnez mon indiscrétion, mais... aimez-vous les femmes ?

— Heu... oui ! Passionnément ! Hélas, ce n'est pas réciproque...

— Ce n'est pas de luxure dont je vous parle, mais de mariage. On jase, monsieur Kepler, on jase, dans le pays. Qu'un homme aussi jeune et aussi vigoureux que vous...

— Oh, vigoureux... D'accord. Il est dit dans les Écritures qu'il n'est pas bon qu'un homme vive seul. Mais quoi ! Vous connaissez mon salaire, ce me semble ? Pensez-vous qu'avec cette misère, je me sente en droit d'y entraîner toute ma future famille ?

— Dieu et votre livre y pourvoiront.

C'était le pasteur qui parlait. Qu'il fût ou non stupide ne changeait rien à l'affaire : Kepler croyait fermement qu'il devait suivre ses conseils. Il résista encore :

— Mais je ne connais personne ici. Et quel père voudrait donner sa fille et la dot afférente à un petit professeur de province ?

— À cela, mon frère, ce n'est plus le ciel qui pourvoira, mais le révérend et moi. Nous cherchons.

Et voilà le directeur qui se mêlait de vouloir faire de l'esprit ! Oh, et puis, qu'ils s'amusent à jouer les marieuses, si cela leur chantait ! Quand *Le Mystère cosmographique* paraîtrait, Kepler n'aurait plus qu'à choisir un emploi digne de lui, loin de Graz surtout, loin de cette prison de sottise !

Puis il n'y pensa plus. Il s'immergea dans son œuvre, il partit en quête du Mystère cosmographique. Il se sentait dans un état d'extraordinaire lucidité. Il n'écrivait pas, non, il dialoguait avec un lecteur sans nom et sans visage, il lui racontait tout, ses erreurs, ses tâtonnements, plaisantait parfois avec lui, et il l'entendait rire ; il répondait à ses objections. Il ponctuait ses explications de prières et de poésies, laissait divaguer sa pensée en mille extravagances, développant sept pages sans avoir encore fait mention du sujet principal. Ce lecteur, c'était son frère imaginaire, son ami, son double, c'était Dieu peut-être à qui il disait : « Vois, Seigneur, comme je loue Ta Sagesse créatrice. Merci, Seigneur, de m'avoir élu pour chanter l'harmonie de Ton Œuvre. » Ce lecteur, c'étaient aussi les âmes de Pythagore, Platon, Cicéron, Copernic – Copernic avec qui pourtant il était un peu en froid depuis qu'il s'était aperçu que le chanoine de Frauenburg avait pipé quelques chiffres pour mieux étayer sa démonstration. Mais ce lecteur, ce n'était pas Maestlin pour sûr, même si, dans sa dédicace au lecteur, il lui rendait hommage, en faisant bien la part des choses de ce qu'il lui devait et de ce qu'il ne devait qu'à lui-même.

Il avait décidé d'écrire dans le latin le plus simple possible, mais aussi le plus pur, retrouvant l'extase de ses dix ans quand il composait, par jeu, des vers à la façon de Horace. Cette fois, il pensait être dans la manière de Cicéron ou d'Ovide, sans voir que Johannus Keplerus les dépassait largement. Mais toujours dans la plus paisible des sérénités, la plus aiguë des lucidités.

En revanche, à une centaine de lieues de là, on était en proie à la plus grande excitation. Quand Kepler avait enfin consenti à lui dévoiler la teneur de sa découverte, Maestlin avait failli s'évanouir de bonheur. Son ancien disciple venait d'un coup de démontrer la vraie raison de l'héliocentrisme. Il sonnait la charge de la cavalerie copernicienne. Cette fois, la victoire serait au bout. L'univers n'était plus vide, puisque empli de ces cinq harmonieux polyèdres. « Nous allons te guérir de ton vertige, Tycho. Nous allons te moucher le postiche ! »

Dès lors, le professeur de Tübingen ne lésina pas sur ses encouragements, ses conseils, mais aussi ses appels à la prudence, car Kepler, trop souvent repris par ses vieux démons théologiques, se lançait, au cours de sa rédaction, dans des considérations métaphysiques qui auraient fait bondir le moins sourcilleux des docteurs luthériens.

La poste mettait au moins dix jours à relier Tübingen à Graz et deux semaines dans l'autre sens, ce qui faisait bouillir Maestlin d'impatience. Un jour, le cocher de la malle-poste en provenance de Styrie vint le voir et, après avoir protesté de sa fidélité luthérienne, lui confia un mot de Kepler le suppliant d'être plus prudent dans ses propos, car le cachet d'une de ses lettres avait été brisé. Dans le pli normal, qu'il reçut par ailleurs, Kepler posait cette étrange question : « *Crois-tu que Gruppenbach soit un bon éditeur ?* » Gruppenbach, un bon éditeur ! L'imprimeur qui fabriquait tous les ouvrages issus des têtes pensantes de l'université de Tübingen, et qui avait publié les travaux de Maestlin sur les comètes ! Gruppenbach, qui était obligé de refuser les commandes de tout ce que le Wurtemberg comptait comme plumitifs de tout poil. Et Dieu sait si le Wurtemberg en comptait ! Non, il ne s'agissait pas d'une des saillies ordinaires à cet énergumène. Entre ce que lui avait dit le cocher et cette question absurde,

Maestlin sentit qu'il se passait d'inquiétantes choses en Styrie, et que son ancien disciple l'appelait au secours.

Il décida d'alerter, à Prague, le conseiller aulique en Styrie, le baron Hoffman, dont l'astrologue n'était autre que Valentin Otho, le disciple de Rheticus. Il fallait surtout qu'il n'arrive rien à Kepler tant qu'il n'aurait pas achevé *Le Mystère cosmographique*. Après, on verrait…

Une fois ces lettres envoyées, Maestlin décida de commencer à faire la réclame du livre de Kepler. L'ouvrage en aurait besoin. Ouvertement copernicien, il allait même plus loin, bien au-delà des *Révolutions* du chanoine polonais. Maestlin se savait un allié en la personne de Kraus, qui avait trouvé l'idée des polyèdres « amusante ». Restait à convaincre le doyen Hafenreffer, son futur beau-père, car ce serait lui qui donnerait son *imprimatur*. Maestlin aurait également l'appui du grand-duc de Wurtemberg : il lui façonnait de temps à autre des horoscopes à la taille de son auguste front.

— Quelle beauté ! s'exclama Helena Hafenreffer quand elle eut compris les explications de son fiancé. Quelle simplicité, aussi, quelle évidence ! Mais pourquoi personne n'avait songé à cela plus tôt ?

Le sang monta légèrement aux joues de Maestlin. Cherchait-elle à le blesser ? Lui aussi s'était posé la question : pourquoi Kepler et pourquoi pas lui, Maestlin ? Cruelle Helena ! Outre la lumière épanouie de ses vingt ans, elle était vive, curieuse de tout, chantant d'une voix admirable tandis que son fiancé l'accompagnait au clavecin. Et Maestlin se souvenait qu'au temps de sa propre jeunesse, dans leurs propos de bacheliers, lui et ses amis s'étaient fait le serment de ne jamais épouser une femme intelligente. Cependant, le doyen Hafenreffer observait d'un coin d'œil malicieux l'embarras de son futur gendre. Il dit enfin, gravement :

— Pourquoi en effet ? Nous touchons là peut-être, ma fille, au mystère de la prédestination. Cela fait maintenant depuis une longue décennie, cher Michael, que je suis le cursus de votre Kepler et que je continue de me poser la question : qui l'habite ? L'Esprit ou le démon ? Il va de soi que ce *Mystère cosmographique* sera publié, et à Tübingen. Nous ne sommes pas papistes, que diable, à vouloir interdire à la pensée de voyager. Toutefois…

Il laissa un instant sa phrase en suspens. Maestlin sentit que maintenant la partie allait se jouer.

— … Toutefois, on estime en haut lieu qu'il faudrait dans ce livre un peu moins de considérations métaphysiques, un peu moins de références aux Saintes Écritures, et un peu plus de physique, un peu plus de mathématiques, un peu plus d'astronomie. Pensez-vous convaincre votre fougueux jeune homme de ne pas trop vagabonder dans des terrains mouvants ?

— J'y parviendrai, répliqua un Maestlin qui n'en était pas aussi sûr que cela. Et pour ce qui est de l'astronomie, je pense rajouter en annexe les *Révolutions* de Copernic, l'acte fondateur de l'héliocentrisme…

— Avec sa dédicace à l'antéchrist, ce Paul III qui nous a fait tant de mal ? Il n'en est pas question ! Descendez de vos comètes, Michael !

Maestlin s'était attendu à cette réaction. Dans toute enchère, il faut commencer par frapper fort avant d'obtenir le juste prix.

— J'avais oublié. Pardonnez-moi ! fit-il mine de s'excuser. Que penseriez-vous plutôt du *Narratio Prima* de Rheticus ? Il fut élève de Melanchthon…

— C'est mieux, mais l'homme, si j'ose dire, jouissait d'une réputation pour le moins douteuse…

— Quelle réputation, mon père ? Conte-nous cela, intervint Helena.

— Si tu allais plutôt réviser ton solfège au lieu de te mêler de notre conversation, bougonna le doyen. J'ai cru entendre quelques fausses notes, tout à l'heure. Ou t'occuper un peu de ma maisonnée. Prends exemple sur ta défunte mère. Apprends à devenir une bonne épouse.

Elle quitta le salon avec un charmant petit haussement d'épaules.

— Ah, je vous plains, Michael, soupira le doyen. Vous aurez bien du mal. Depuis la mort de sa mère, si douce, si vertueuse, je ne sais comment tenir cette enfant. Mais revenons à nos affaires. Soit, je vous concède Rheticus. Mais donnant, donnant. Où en êtes-vous de votre réfutation du nouveau calendrier papiste ? Vous me l'aviez promise pour l'an passé. On commence à grogner, en haut lieu. Je serai bientôt obligé de vous donner un blâme. Si vous continuez à tergiverser, vous irez à la rencontre de graves ennuis. Moi aussi, d'ailleurs. Faites-vous donc aider par votre petit prodige.

— Kepler ? Il refusera. Il considère que le calendrier grégorien est bien plus rationnel, mieux adapté à l'année solaire que le julien, et il ne transigera pas. Ce n'est pas parce que le Greco est l'affidé de l'Inquisition espagnole qu'il faut brûler ses œuvres.

— Qui dit cela ? Lui ou vous ?

— Mais… euh… Lui, bien sûr. Vous ne le connaissez pas comme je le connais. Il a parfois des propos à faire retourner Luther dans sa tombe !

— Eh bien, je suis content que ce ne soit pas mon futur gendre qui les tienne, ces propos-là. Nous nous sommes tout dit, n'est-ce pas ? À plus tard, donc. Et… n'oubliez pas votre réfutation du calendrier grégorien, cher ami. Le sénat y tient beaucoup.

« Qu'il aille au diable, lui, son calendrier, sa fille et son sénat », songea Maestlin en sortant de la septième maison, pas très fier de lui car il s'était une nouvelle fois masqué derrière Kepler.

39

Kepler écrivait, Kepler dessinait, Kepler calculait. Les jours, les semaines défilaient, mais il avait l'impression de vivre une longue et belle journée. Seule interruption, la quotidienne leçon de littérature latine, car il n'y avait plus dans tout Graz un seul volontaire pour suivre son cours de mathématiques. Sans oublier sa présence au temple, le dimanche. Le reste du temps, il vivait en reclus dans la salle commune, de plain-pied sur la rue, de sa petite maison, et qu'il avait transformée en cabinet de travail.

— Qu'est-ce que c'est, encore ? J'ai demandé qu'on ne me dérange pas.

La seule personne à lui rendre visite chaque jour était la vieille qui lui servait de gouvernante et lui rappelait l'heure de se rendre au collège. Cette fois ce n'était pas elle, mais un laquais en grande livrée :

— Professeur Kepler, vous êtes convoqué immédiatement chez Son Excellence le gouverneur de Styrie.

Johann se vêtit à la hâte d'autre chose que sa robe de chambre maculée d'encre, brossa sa barbe et suivit le laquais, inquiet et mécontent, le long de la grand-rue, puis de la très raide allée menant au château.

Le baron Sigismond Herbert von Herberstein l'attendait dans la salle d'audience. À ses côtés, le conseiller aulique Frédéric Hoffman, que Kepler n'avait pas revu depuis son intronisation un an et demi auparavant. Kepler connaissait maintenant le rôle de ces deux plus hauts personnages de Styrie, derrière l'archiduc bien sûr : le gouverneur était catholique de fraîche date, et le conseiller, réformé sans grande dévotion. En choisissant deux modérés pour le représenter, l'empereur Rodolphe espérait qu'ils feraient contrepoids au farouche élève des jésuites qu'était son jeune neveu Ferdinand d'Autriche.

— Monsieur Kepler, que pensez-vous être dans notre belle ville de Graz : enseignant au collège Paradies ou *mathematicus* des États de Styrie ?

Le ton du gouverneur était cinglant. Kepler, à qui personne n'avait proposé de s'asseoir, s'inclina profondément et dit :

— Vos Excellences m'ont fait l'immense honneur de tenir la charge de *mathematicus* du très éclatant duché de Styrie.

— Ah oui, vraiment ? Et savez-vous quel jour sommes-nous, monsieur le *mathematicus* ?

Dérouté par ces questions étranges, et ne sachant pas où le gouverneur voulait en venir, Kepler bredouilla :

— Mais… Heu… Je crois… Le 1er octobre… ou le 11 selon le calendrier…

Le baron Hoffman intervint. Visiblement, dans la traditionnelle répartition des rôles en ce genre de circonstances, le gouverneur avait pris celui du sévère, et le conseiller aulique, celui de l'indulgent, car c'est avec une grande douceur qu'il susurra :

— Tout à vos sublimes travaux, mon bon Kepler, vous avez oublié… Son Altesse Sérénissime l'archiduc Ferdinand s'impatiente…

— S'impatiente de quoi ? s'impatienta Kepler.

— Mais de votre horoscope, voyons, de votre horoscope !

Le gouverneur fit un signe au greffier, assis à une petite table, et que Kepler n'avait pas remarqué en entrant. Celui-ci se leva et lut d'une voix monotone un acte rappelant le *mathematicus* à ses devoirs. C'était un blâme officiel sur lequel s'ajoutait une amende de deux florins par jour de retard dans la parution.

Les jambes de Kepler se mirent à trembler. Une bouffée de chaleur lui brûla le ventre. Il reconnut les premiers symptômes de ses fièvres et serra les poings pour ne pas s'évanouir. Ce n'était pas le blâme qui le mettait dans cet état, il avait trop conscience de sa supériorité sur ces gens ; ce n'était pas non plus la perspective de voir se réduire son salaire d'un bon quart, encore qu'il avait prévu de consacrer ces cent vingt florins aux frais liés à la parution de son livre. Non, ce qui le mettait au bord de la syncope, c'était de devoir s'arracher au *Mystère cosmographique*, ange chutant du plus haut des étoiles jusque dans la fange de ce zodiaque de carnaval.

Quand l'audience fut close, il ne songea même pas à saluer les deux barons et sortit de la salle d'un petit pas traînant, voûté comme un vieillard. Dans la grand-rue, il eut envie de pleurer. Il resta planté là, devant les grilles du parc. On lui toucha l'épaule. Il eut un mouvement de recul. C'était le baron Hoffman.

— Vous êtes tout pâle, mon bon Kepler. Voulez-vous que je vous raccompagne ?

Sans attendre la réponse, le conseiller aulique prit le professeur par le bras. Tout à ses préoccupations, Kepler ne se rendit pas compte que marcher ainsi comme deux bons amis avec l'émissaire permanent de l'empereur en Styrie était un immense honneur pour lui.

— Vous nous avez mis dans un grand embarras, mon ami, disait Hoffman. Ferdinand était furieux contre vous. Il a fallu tous nos efforts conjugués, au gouverneur et à moi-même, pour le calmer. Cette colère n'est qu'un prétexte, car pour Son Altesse, toute occasion est bonne dès qu'il s'agit de nuire à nos frères réformés. Son intention est claire, celle des hommes en noir aussi : faire fermer le collège.

— J'avais complètement oublié cette histoire d'éphémérides, soupira Kepler. J'écris actuellement…

— … Quelque chose de très nouveau et de très fort, je sais. Le bon Maestlin m'en a parlé. Et j'ai très hâte de le lire. Ne vous fiez pas aux apparences, mon cher. J'ai quelques notions de cet art.

— Mais je ne me serais jamais permis de…

— Et j'ai moi-même évoqué, à Prâââgue, votre belle construction devant le mathématicien de l'empereur. Il s'est montré très intéressé.

— Nicolas Reymers Bär ? Ursus ? Mais ne risque-t-il pas…

— De vous voler votre invention ? compléta le baron. Ne vous fiez pas à la rumeur. Tycho Brahé, du haut de son île, clame à qui veut l'entendre qu'Ursus l'aurait pillé. Mais j'ai ouï dire que leur contentieux était d'une autre nature.

— J'ignorais cela. Je songeais à la façon dont Ursus s'est approprié les règles de trigonométrie, après les avoir puisées sans vergogne dans Euclide et Regiomontanus.

— Vous feriez un fort mauvais courtisan, mon bon. Ursus est d'ailleurs un peu comme vous. Un ours, comme son nom l'indique. Il se montre rugueux, même avec l'empereur. Il est vrai que Sa Majesté s'est entichée de son ennemi Tycho et rêve de faire venir le

Danois à Prââgue. Aussi, Ursus a besoin d'alliés, en ce moment. D'un bon assistant, par exemple.

Hoffman se tut. Ils marchèrent en silence et les badauds se retournaient sur leur passage, après avoir ôté leur chapeau pour saluer le conseiller aulique. Arrivé devant la porte de sa petite maison, Kepler fit un geste pour inviter Hoffman à entrer.

— Non, je vous laisse, dit le conseiller. Vous avez du travail. Vos éphémérides… Hâtez-vous de les finir. Et tâchez de vous y montrer un peu plus optimiste que l'an passé. Vos prédictions étaient exactes, mais l'archiduc s'est plus ou moins persuadé qu'en annonçant ces calamités pour la première année de son règne, vous les aviez en quelque sorte provoquées.

Et Hoffman fit signe à une chaise à porteurs, qui les suivait depuis les grilles du château, de venir à sa hauteur. Elle était escortée par cinq hommes en armes. Une fois installé, le conseiller aulique agita, en guise d'adieu, son mouchoir de dentelle.

Kepler se mit immédiatement à la tâche, la nausée au bord des lèvres. Durant une semaine, il passa ses jours et ses nuits à ces griffonnages machinaux. Il ne s'interrompait que pour donner ses cours au collège, devant des salles presque vides. Il redoutait surtout, avec le froid, que la fièvre ne l'attaque à nouveau. Enfin, il alla porter son horoscope pour l'année 1596 à l'imprimeur. Et il se fit prote, pressant l'imprimeur et ses ouvriers, mettant lui-même la main à la pâte pour les tableaux et les dessins. L'imprimeur ne rechignait pas à la besogne. Il savait, comme à peu près tout le monde à Graz, que le *mathematicus* écrivait un livre. Un client à ne pas manquer.

Quinze jours et trente florins perdus après le blâme, l'horoscope paraissait. En rentrant de l'imprimerie, à l'aurore d'un matin de la fin octobre, après avoir volontiers bu et trinqué avec les ouvriers, selon le rituel, d'une bouteille qui lui avait coûté un autre florin, Kepler décida de se remettre immédiatement au *Mystère cosmographique.* Il l'avait presque achevé. Il en relut les dernières lignes écrites et fut pris d'un immense dégoût. Son élan avait été brisé. Il mit cela sur le compte de la fatigue. Il s'effondra en larmes sur la table, la tête dans ses mains, et s'endormit.

Le pasteur Schubert, qui entrait toujours sans frapper car ses coreligionnaires étaient censés ne rien lui cacher, le trouva dans cette posture. Il crut un instant qu'il était mort et lui toucha l'épaule. Kepler se dressa en sursaut :

— Ah, c'est vous, je rêvais, un rêve stupide qui…

— Vous vous tuez, mon frère. Il est bientôt 8 heures du matin. Vous avez passé la nuit chez l'imprimeur, vous êtes tout maculé d'encre et…

— Ah, laissez donc ! Occupez-vous de mon âme et pas de ma santé. Je sais que j'ai encore très peu de temps à vivre et tant de choses à dire. Toute minute m'est aussi précieuse qu'un diamant. Et la bêtise humaine me les pille, ces diamants.

— Ne blasphémez pas, mon frère, répliqua le pasteur. Seul Dieu connaît notre destin, et jamais vous ne pourrez lire la durée de votre existence dans les étoiles.

À dire vrai, Kepler se sentait tout requinqué par cette heure de sommeil. Il possédait ce don enviable des gens pour qui un bref repos est aussi profitable qu'une longue et paisible nuit pour le commun des mortels. Il étira les bras, fourragea sa lourde chevelure brune, cependant que le pasteur poursuivait :

— Ce n'est pas votre directeur de conscience qui vous parle, mais votre ami. Il vous faut sortir, profiter du bon air de nos montagnes. S'annonce pour aujourd'hui une belle journée d'automne, vive et ensoleillée. Je connais à trois heures de marche une auberge de campagne…

— Oh, moi, vous savez, la marche, la campagne et surtout les auberges, je ne les connais que trop !

— Cessez donc de m'interrompre avec vos sempiternelles plaintes. Je voudrais vous faire rencontrer, dans le hameau où se tient cette auberge, le plus riche meunier de la région, maître Mulleck. C'est un très brave homme dont la fille a eu bien des malheurs. Mal mariée, deux fois veuve…

— Jamais deux sans trois ! ne put s'empêcher de lancer Kepler, qui commençait à comprendre où l'autre voulait en venir.

— Ne plaisantez pas avec ces choses-là, frère Johann. Barbara est une bonne fille, douce et pieuse. Elle sait lire, écrire et compter. Et sa dot n'a rien de négligeable. Le directeur du collège et moi sommes tombés d'accord : elle est le meilleur parti que vous pourriez prendre.

Après les éphémérides du gouverneur, la fille du meunier ! À croire que toute la Styrie s'était liguée contre lui pour l'empêcher d'achever son *Mystère cosmographique* ! Il fallait tergiverser. Kepler se pencha sur Schubert, qu'il dominait d'une tête, et lui posa ses mains sur les épaules :

— Je vous fais une entière confiance pour mener à bien cette affaire. Mais je ne suis pas sûr que votre riche meunier Müller…

— Mulleck.

— Que votre riche meunier Mulleck donnera facilement sa fille et sa dot à un obscur petit professeur, qui, en plus, vient de recevoir un blâme de la part des

États de Styrie. La rencontre me semble prématurée. Laissez-moi donc finir mon livre. Quand vous lui aurez dit que son futur gendre est l'auteur du *Mystère cosmographique*, je suis sûr qu'il ne fera plus de difficultés.

— Comment savez-vous qu'il rechigne ?

— Parce que je suis un enfant de la campagne, et que mon grand-père, pelletier et bourgmestre de Weil der Stadt, avait trois filles à marier. Continuez donc à marchander avec votre meunier. Et soyez sûr que mon ouvrage pèsera de son poids dans la corbeille de la mariée. Encore faudrait-il que je puisse le finir.

— Vous avez raison. Je vous laisse travailler. Mais prenez garde à votre santé, frère Johann.

Une fois le pasteur sorti, Kepler se frotta les mains comme il avait vu son père le faire quand l'aubergiste contrebandier croyait avoir berné un de ses associés. Il lui fallait ruser s'il voulait s'enfuir au plus tôt de cette étouffante Styrie. Toute fatigue avait disparu. Cette visite avait été comme un coup de fouet. Il respira un grand coup, s'assit, chaussa ses bésicles et entreprit de relire d'un trait tout ce qu'il avait écrit jusqu'à présent, sans s'autoriser la moindre correction, comme s'il était son propre lecteur. Les repentirs, ce serait pour plus tard, une fois l'œuvre achevée. Il avait maintenant devant lui une feuille blanche. Il écrivit :

Chapitre XXII. Pourquoi une planète se meut uniformément autour du centre de son équant.

Ce chapitre était déjà entièrement écrit dans sa tête. Sa plume courut seule sur le papier. C'était comme un cheval qui approche de l'écurie et que l'on n'a plus besoin de guider, mais seulement de tirer légèrement sur la bride pour qu'il n'aille pas brouter dans le champ du voisin.

Pourtant Kepler écrivait là un passage capital du *Mystère cosmographique*. Il entreprenait en effet de supprimer tous ces affreux épicycles, verrues qui défiguraient le cercle parfait sur lequel devaient se mouvoir les planètes, afin que les polyèdres s'y emboîtent exactement. Ptolémée avait inventé ces petits orbes sur la circonférence pour ralentir les planètes dans leur course et qu'elles apparaissent en temps et heure, à leur place comme l'observation le prouvait. Pour justifier l'héliocentrisme, Copernic avait été obligé d'en surajouter, en particulier aux capricieuses arabesques de Mars. Ce que voulait surtout le chanoine polonais, c'était que le Soleil soit le centre exact du monde et non plus un point invisible voisin de l'astre des jours. Ce point, l'équant, Kepler le réinstaurait. À lire ces lignes, Maestlin fulminerait sans doute, mais il le fallait.

Plus les planètes étaient éloignées du Soleil, plus elles parcouraient leur chemin lentement. Cela, Tycho Brahé l'avait démontré par ses innombrables observations. Donc, si le centre exact de l'orbe des planètes était un point à quelque distance de Phébus, durant une partie de leur parcours « *les planètes seront plus lentes parce qu'elles s'écartent davantage du Soleil et qu'elle est mue par une force plus faible*... ». Une force ! Pas une âme, pas une *anima*, une force, un *virtus* ! Il faudrait la démontrer, la mesurer, cette force, par une équation mathématique… Non, par la physique ! Freine ton cheval, Johann Kepler, il s'emballe ! Tu prendras une autre fois le chemin où il veut t'emmener.

40

Le temps s'était comme suspendu. Sa gouvernante avait cette grande qualité de se faire invisible et silencieuse, comme si elle avait compris ce qui se jouait sur cette table où elle déposait une assiette de soupe, un verre et un morceau de pain que son maître ne touchait qu'à peine. Une fois seulement, elle lui fit remarquer qu'il allait être en retard au collège. Kepler lui répondit que ce n'était pas grave, puis il oublia, et les élèves des Paradies durent se priver de sa leçon. Peu importait puisqu'il n'y en eut aucun à l'attendre, durant ses trois jours d'absence. Quant au directeur des Paradies, prévenu par le pasteur Schubert, il ne lui en tint aucune rigueur. Les deux compères étaient trop occupés à leurs âpres négociations avec le meunier Mulleck sur la dot de sa fille.

Enfin, un froid matin d'automne, Kepler sortit de chez lui et se rendit d'un pas rapide à l'hôtel des postes. Il ne s'agissait pas de rater le départ de la malle. Il portait dans son sac un double du *Mystère cosmographique* pour Maestlin, accompagné d'une lettre lui demandant d'intercéder en sa faveur auprès du grand-duc de Wurtemberg, dont le professeur était à l'occasion l'astrologue. En effet, dans l'exaltation qui avait suivi l'ultime correction de son manuscrit, une idée qu'il avait qualifiée pour lui-même de sublime avait traversé l'esprit de Kepler : construire dans le bronze, l'or et l'argent une représentation de son système solaire, avec ses six orbes planétaires et ses cinq polyèdres, sous forme de fontaine par exemple, et qui serait à la fois un objet d'art et d'enseignement. Ainsi, mais cela il s'abstenait de le raconter à son ancien maître, il espérait entrer, comme mathématicien ou astrologue, au service du grand-duc Frédéric. Pour mettre deux fers au feu, il envoya également une lettre à Ursus, l'astrologue de l'empereur, comme le lui avait conseillé le baron Hoffman, lettre pleine de flatteries pour ses pseudo-découvertes trigonométriques, et accompagnée d'un résumé du *Mystère cosmographique*. Au service de l'empereur ou du grand-duc de Wurtemberg, que lui importait ? Il était prêt à tout pour fuir la haïssable Styrie, ses éphémérides, ses filles de meunier et ses pasteurs mués en marieuses villageoises.

À propos de pasteur, celui de Graz sortait de l'hôtel des postes, son épouse à son bras, tandis que Kepler y entrait.

— Bien le bonjour, révérend Schubert ! Comment se porte votre belle meunière ?

L'autre lui répondit par des grimaces involontairement comiques, remuant les lèvres comme une truite gobant une mouche, pour lui signifier de ne pas évoquer le sujet devant sa femme. Ravi de son effet, Kepler le quitta en prétextant qu'il risquait de manquer la poste. Il attendit le départ de la malle, puis se rendit, d'un pas toujours allègre, à l'hôtel de ville pour y demander un passeport lui permettant de sortir de Styrie durant la fermeture du collège, entre Noël et la fin février. Puis il revint chez lui et attendit.

Pour occuper ses loisirs forcés, il rédigea les horoscopes très optimistes de l'archiduc Ferdinand et du gouverneur. Il espérait en tirer quelque argent qui lui permettrait de séjourner à Tübingen et à Stuttgart, le temps que le livre fût imprimé. La première réponse qui lui vint était de Maestlin. Un Maestlin débordant d'enthousiasme, le couvrant d'éloges, et s'impatientant, une fois n'est pas coutume, de le voir revenir à Tübingen. Le doyen Hafenreffer émettait quelques objections sur des points de métaphysique et d'interprétation de la Bible. Maestlin joignait à son envoi, en s'excusant presque, le dernier chapitre de sa vie romancée de Copernic. Aussitôt, Kepler écrivit une lettre pleine de déférence destinée au doyen, où il s'affirmait prêt à débattre avec lui, bien décidé à ne faire que quelques concessions de principe. Puis, à nouveau, il attendit.

Le collège ferma le 24 décembre de l'année julienne, et ses passeports n'étaient toujours pas arrivés. Il essaya de rencontrer le directeur Perrinus pour lui demander ce qu'il en était, mais celui-ci était insaisissable. Il passa la Noël chez le pasteur Schubert. Une fois sa femme et ses enfants couchés, son hôte lui affirma que les négociations avec le meunier Mulleck étaient en bonne voie, car le vieux ladre était prêt à céder sur le montant de la dot. Les noces pourraient bien avoir lieu au début du printemps, mais il faudrait d'abord organiser une rencontre avec lui et sa fille.

— Partir, partir! cria Kepler, en rentrant chez lui dans une nuit de tempête alors que les flocons de neige s'engouffraient dans sa bouche.

Le lendemain, le ciel était net de tout nuage et le soleil resplendissait, rendant l'épais tapis blanc plus éblouissant encore. L'air était froid et sec. Kepler ouvrit la fenêtre de sa chambre, furieux contre lui-même d'avoir dormi si tard, perdant ainsi le temps qui lui était compté, persuadé que sa vie serait brève. Une belle et grosse voiture aux portes armoriées, tirée par quatre chevaux et escortée par six cavaliers en armes, s'arrêta devant la maison. Sans se soucier du tabouret que son laquais lui tendait, le baron Hoffman sauta du véhicule en brandissant quelque chose que les yeux myopes de Kepler ne pouvaient voir :

— Je les ai, mon bon, je les ai !

Puis le conseiller aulique entra dans la maison. Kepler eut à peine le temps d'ôter son bonnet de nuit et d'enfiler une robe de chambre qu'Hoffman surgissait dans la chambre en répétant :

— Je les ai, mon bon, je les ai !

Il lui tendit deux cahiers cartonnés, au sceau de l'archiduc Ferdinand de Habsbourg. Les passeports !

— Ah, croyez-moi, mon bon, j'ai eu un mal du diable à les obtenir. Mais je vous raconterai cela en chemin. Nous partons maintenant.

— Nous ?

— Eh oui ! Je me suis déniché une agréable mission impériale auprès du grand-duc de Wurtemberg, à Stuttgart. Vous me ferez visiter les bordels de la ville, que vous devez bien connaître ! Préparez-vous ! J'ai horreur d'attendre.

— Mais il faut que je fasse mon bagage…

— Votre malle est déjà dans le chariot d'accompagnement. Nous avons à peu près la même taille et j'ai quelques vêtements passés de mode qui vous iront fort bien.

Il se pencha par la fenêtre et appela :

— Dieter ! Monte les habits du professeur Kepler !

— Mais… objecta encore Johann, mes papiers, mes manuscrits, mes livres…

— Quoi ? s'étonna malicieusement le baron, vous ne comptez donc plus revenir dans ce pays de cocagne, si accueillant pour nous autres réformés ?

— Pas du tout ! Je… Mes devoirs m'interdisent de quitter ma charge…

— À d'autres, mon bon ! Laissez donc une partie de vos livres et de vos affaires ici. « Ils » ne vont pas être longs à venir fouiner ici. Et si votre demeure est vide, « ils » comprendront vite et nous rattraperont avant que nous ayons franchi la frontière pour vous ramener ici manu militari. Même moi, conseiller aulique, je ne pourrais rien faire pour les en empêcher.

— Ils ? Mais qui ça, ils ?

— Les jésuites, mon cher. Allons, je vous raconterai tout ça en route. Ah, je me réjouis d'avance de ce voyage en votre compagnie.

Le domestique entra, porteur de vêtements d'une grande richesse et surtout d'une pelisse de renard, somptueuse avec son bonnet assorti.

— Habillez-vous et partons, insista Hoffman.

Embarrassé et grelottant de froid, Kepler espéra un instant que son visiteur sortirait, mais non, l'autre restait là. Le domestique lui demanda de lever les bras et lui ôta sa chemise de nuit.

— Tudieu, apprécia le baron, vous êtes fort bien pourvu pour un philosophe.

D'un geste machinal, Kepler cacha ses *pudentae* avec les mains, ce qui fit éclater Hoffman de rire. Le domestique lui enfila des sous-vêtements. Humilié, Kepler se laissa faire, tel un pantin. Quand il fut entièrement vêtu, il enfila ses vieux gants râpés pour cacher ses mains déformées, en un dernier sursaut de pudeur. Puis il sortit de l'armoire son sac de cuir élimé, descendit dans la salle commune et le remplit de ses papiers épars sur la table.

— Hâtons-nous, hâtons-nous, le pressait le baron.

Il se retrouva dans la voiture, où régnait une chaleur d'étuve. Sous le plancher, dans un poêle, le charbon brûlait. Avant de donner l'ordre du départ, Hoffman ordonna qu'on leur servît à déjeuner. Pâté en croûte, pigeonneaux dorés à point, vin de France. Pendant que le carrosse s'ébranlait, Hoffman sortit d'une trappe une aiguière d'argent où fumait un épais breuvage à la couleur de noisette.

— Buvez cela, dit-il, en le versant dans une tasse de porcelaine chinoise. C'est un délice, même si c'est le breuvage le plus apprécié de Philippe II d'Espagne. Pour les questions de goût, soyons parfois papistes !

Alors, pour la première fois de sa vie, Kepler dégusta le chocolat.

Dès qu'ils furent sortis des remparts de la ville, Hoffman raconta avec quelle peine il avait dû arracher les passeports à l'administration archiducale.

— Même Son Altesse Ferdinand ne voulait pas vous voir partir. Pourtant, dans sa frénésie jésuitique, il rêve de chasser tout luthérien de Styrie. Quant à mon cousin, le gouverneur Herberstein, qui continue d'être notre frère en secret, il m'a expliqué qu'un homme tel que vous était le meilleur rempart de l'Église réformée dans la province, et que si vous partiez, une ère de persécution s'abattrait sur nous tous.

« Quelle absurdité, songea Kepler. Je viens d'avoir vingt-quatre ans, je ne suis rien, je n'ai encore rien fait qui vaille. Une muraille, moi ? Même pas un parapet. »

— Mais le pire de vos geôliers, celui qui a refusé jusqu'au bout de vous laisser partir ne serait-ce que deux mois, c'est l'homme qui vous nourrit et qui a son mot à dire dans vos affaires. Le directeur du collège Paradies, le docteur Perrinus.

Kepler éclata de rire :

— Pour lui, je ne suis pas surpris. Le collège est un royaume de borgnes. Un myope comme moi ne peut y être que roi ! Pour mieux me lier à Graz, il veut me marier !

— Alors là, oui, vous faites bien de fuir. Surtout, Kepler, surtout, ne vous mariez pas. Un homme comme vous est fait pour la solitude de l'étude. Voyez Rheticus, voyez Paracelse, voyez Valentin Otho…

« Évidemment, des sodomites », pensa à part Kepler.

— Voyez aussi tous ces grands hommes du passé qui ont éclairé le monde de leur génie. Pas de femme, pas d'épouse bavarde et querelleuse cherchant à l'étouffer, ce génie. Car vous avez du génie, Kepler. Il irradie de votre visage, il éclate à chacune de vos paroles, à chacun de vos actes. Tout le monde, n'importe qui, même le directeur Perrinus, en est ébloui. Il n'y a que vous qui l'ignoriez. Descendons et marchons un peu, voulez-vous ? On étouffe, ici. Et ça soulagera un peu les chevaux.

Le chemin devenait de plus en plus pentu. Le baron prit le bras de Kepler. Ils allèrent d'un bon pas. L'étreinte de la main d'Hoffman sur son biceps embarrassait singulièrement le jeune *mathematicus*. Était-ce à cause des noms cités tout à l'heure, Rheticus, Paracelse, Valentin Otho ? Ils parvinrent enfin au col, devant la petite maison de douanier où Kepler s'était évanoui, à peine vingt mois auparavant.

— Vingt mois, soupira Kepler. Cela m'a semblé pourtant une éternité.

En bas, Graz, nichée dans sa vallée au pied d'un amphithéâtre de pics enneigés, lui semblait être un hameau.

— Faites vos adieux à cet enfer, lui dit Hoffman avec une grandiloquence comique.

41

— Ainsi, c'est vous, le fameux Kepler ? Vous me paraissez bien jeune pour un projet aussi ambitieux… Je n'ai donc pas fait un mauvais choix en octroyant une bourse à l'enfant prodige que vous étiez, il y a de cela quinze ans. J'ai bien suivi votre cursus, depuis, car il est du devoir d'un prince d'encourager ses sujets les plus méritants.

Johann s'inclina plus profondément encore devant le grand-duc Frédéric de Wurtemberg, tout en songeant que son suzerain n'avait jamais entendu parler de lui avant que Maestlin et le baron Hoffman ne lui décrivent la coupe universelle qu'il se proposait de lui fabriquer. Il répondit :

— Le plus humble des serviteurs de Votre Altesse ne saura jamais comment lui prouver sa gratitude, quand il y a de cela dix ans, Elle signa la proposition du sénat de Tübingen qui me permit de suivre mes études.

Dix ans au lieu de quinze ! Signer au lieu d'octroyer ! Par deux fois Kepler venait de corriger le grand-duc. On murmura dans l'assistance. Contredire celui qui était l'un des plus puissants personnages du Saint Empire romain germanique !

— Les Kepler m'ont toujours bien servi, rétorqua le grand-duc. À commencer par votre père le bourgmestre de Leonberg.

— Pardonnez-moi, mais il s'agit de mon grand-père, Votre Altesse. Et la cité qu'il administre s'appelle Weil der Stadt.

— Encore ! s'exclama quelqu'un au fond de la grande salle du trône.

— L'impertinent ! lança un autre courtisan.

Kepler ne comprit pas ces réactions. Il n'avait fait que rétablir la vérité, n'est-ce pas ? Le grand-duc fronça les sourcils. Ce garçon dépassait les bornes. D'ailleurs, il lui déplaisait avec son visage grêlé et son regard trop noir qui soutenait le sien. Il était bien décidé à refuser son offre, mais auparavant, il voulait lui donner une bonne leçon.

— Mon astrologue, le dévoué Maestlin, ne tarit pas d'éloges à votre sujet. Il m'a dit que votre invention était une glorieuse œuvre d'érudition. Toutefois…

Kepler s'inclina à nouveau, mais dans son for intérieur, c'était ce « dévoué Maestlin » qu'il remerciait ainsi pour son aide et son soutien.

— Toutefois, avant de vous verser la pension nécessaire pour cette œuvre aussi érudite qu'onéreuse, je voudrais en voir une copie en cuivre. Faites-moi donc ça dans la semaine.

— La séance est levée ! aboya un héraut.

En cuivre ! Dans la semaine ! Où Kepler trouverait-il l'argent ? Et quand bien même l'artisan lui ferait crédit, aurait-il le temps de réaliser une maquette aussi complexe ? Ce serait une grande coupe que plusieurs orfèvres devraient fabriquer séparément, afin qu'ils ne puissent s'accaparer l'invention. Saturne serait un diamant, Jupiter une hyacinthe, la Lune une perle. Et l'or pour le Soleil. Sur le rebord de la sphère des étoiles fixes, sept robinets reliés aux six planètes et à l'astre des jours déverseraient, pour Phébus, une eau-de-vie, pour Jupiter, du vin blanc nouveau, pour Vénus, de l'hydromel, tous breuvages plus délicieux les uns que les autres, mais du diamant Saturne ne sortiraient qu'un mauvais vin et une mauvaise bière, « par quoi, expliquerait-il au grand-duc, les ignorants en matière d'astronomie seraient exposés à la honte et au ridicule ». Le reste, orbites et polyèdres, serait en argent.

Il ferait la maquette en papier ! Cette idée lui traversa l'esprit en passant devant une librairie. Comme ça, il montrerait au grand-duc que ses sujets, même les plus méritants, n'avaient pas les moyens de s'acheter du cuivre. Pinceaux, ciseaux, couleurs, colle, carton… Il s'enferma dans sa chambre et se mit à l'ouvrage, se passionnant pour ce travail manuel, la tête vidée de toutes ses mélancolies.

Une semaine plus tard, il traversa la grand-place de Stuttgart et monta les premières marches du palais en transportant précautionneusement, à bout de bras, son univers de papier colorié. Deux laquais vinrent prendre le fragile et volumineux objet, tandis que Kepler retournait dans sa chambre. Il attendit. Il n'osait plus sortir de chez lui, par crainte de rater la réponse du grand-duc. Au bout de quatre jours, enfin, on frappa à sa porte. Maestlin apparut.

— Ah ? C'est toi ?

— Cher Johann, je viens d'être reçu par Son Altesse. Ton affaire me semble en très bonne voie. Si le droit ne m'avait pas autant dégoûté, j'aurais fait un excellent avocat. J'ai même laissé entendre au grand-duc qu'il aurait bien besoin d'un astrologue plus jeune et meilleur que moi. Je lui ai montré tes éphémérides autrichiennes ; il a été étonné de leur pertinence. Et débaucher un homme d'aussi grand talent que toi du service de son ennemi le petit Ferdinand de Habsbourg le réjouirait au-delà de tout.

Kepler eut honte d'avoir douté de Maestlin. Il eut envie de l'embrasser. Ils allèrent souper ensemble. Là, ils parlèrent surtout de l'imprimeur de Tübingen qui faisait quelques difficultés avec *Le Mystère cosmographique*. Il exigeait l'imprimatur officiel du sénat de l'université et proposait quelques modifications de sa propre main. Kepler s'inquiéta :

— Il nous rejoue l'air d'Osiander avec Copernic ? Pas de ça avec moi !

— Rassure-toi, ce n'est pas sur le fond qu'il veut intervenir, mais sur la forme. Je connais Gruppenbach. C'est un ami. Il a ses coquetteries. Il adore apposer sa marque sur les livres qu'il publie. Un mot par-ci, un mot par-là, mais rien de plus. Et tu verras… Il n'a pas toujours tort. C'est un excellent styliste.

— Il me semblait que mon latin n'était pas si mauvais que cela, répliqua Johann.

Maestlin s'irrita :

— Tu ne pourrais pas tenter d'avoir l'échine un peu moins raide ? On m'a rapporté que tu t'étais montré avec le grand-duc d'une impertinence…

— Moi ?

— Oui, toi. J'ai rattrapé ça comme j'ai pu. Pour en revenir à notre imprimeur, le cher Gruppenbach s'est un peu froissé que tu ne daignes pas le rencontrer. Il aime beaucoup rencontrer les auteurs des ouvrages qu'il publie. Le livre n'est pas pour lui une simple marchandise.

— Et comment aurais-je pu rencontrer le maître Gruppenbach ? Depuis deux mois que je suis revenu, je n'ai cessé de faire des allers et retours entre l'université et Stuttgart, sans oublier ma misérable famille… À propos de famille, t'ai-je raconté, Michael, que le baron Hoffman, peu avant que nous arrivions à Stuttgart, avait tenu absolument à saluer ma mère ?

Malgré les réticences de son compagnon de voyage, le conseiller aulique, en effet, était curieux de savoir sur quel fumier avait poussé cette plante rare de Kepler. Quand les deux voitures armoriées étaient entrées dans Leonberg, Johann s'était senti partagé entre la crainte et la vanité. Hoffman avait été charmant, baisant la main de la petite aubergiste rabougrie qui ne se sentait plus d'aise, la couvrant de cadeaux, de même qu'il avait fait mine de s'intéresser au benjamin et à la benjamine de Kepler.

— Au benjamin surtout, je suppose, suggéra Maestlin en riant.

— Oh, Michael, comment peux-tu dire cela ? s'offusqua Kepler. Christophe n'a que dix sept-ans.

— Justement, répliqua l'autre, s'amusant de la candeur de son ancien disciple. Mais je suis injuste : le baron a des goûts très éclectiques, et pour peu que ta jeune sœur soit jolie…

Kepler s'inquiétait effectivement pour Gretchen, qui, à dix-neuf ans, lui avait paru aussi belle que délurée. Christophe, lui, travaillait comme apprenti étameur, sérieux, sage, éteint. Quelques années auparavant, Johann avait essayé de lui obtenir une bourse. C'était le benjamin qui avait refusé de poursuivre des études. Quant à Heinrich, son cadet, il avait disparu. Certains disaient qu'il s'était engagé dans les troupes hongroises en lutte contre les Ottomans. Comme leur père disparu, ou peut-être à la recherche de leur père.

Deux jours après ce souper dans la meilleure auberge de Stuttgart, et Maestlin reparti à Tübingen, Kepler reçut un valet en livrée grand-ducale, porteur d'un message d'un secrétaire de la chancellerie. Le grand-duc trouvait la maquette fort habile, mais il avait changé d'idée. Il exigeait maintenant un vrai planétarium, encastré dans une sphère cosmique, et non plus cet aimable divertissement aux robinetteries de vins et spiritueux. La nouvelle maquette devrait être remise à un certain orfèvre de la ville. Kepler aurait peut-être été découragé si le messager du grand-duc n'avait pas déposé sur la table, avant de partir, une bourse rondelette aux armes du Wurtemberg. Une semaine à nouveau se passa à manier les ciseaux, la colle et le pinceau.

Une fois cette tâche achevée, il se rendit chez le meilleur tailleur de la ville, puis chez le meilleur gantier, avant de s'acheter un cheval aussi solide que docile. Puis il partit à Tübingen. Au lieu de s'installer chez Maestlin, il prit une suite dans la plus belle auberge du village, celle dont il rêvait quand il était bachelier boursier. Ensuite il rendit visite à Maestlin. Celui-ci se moqua de lui quand il apprit son installation à L'Hostellerie des Arts : l'université mettait en effet à sa disposition un bel appartement dans une demeure réservée aux hôtes de marque. De plus, Johann était invité à partager la table des professeurs, pour le repas des fêtes pascales.

Sur l'estrade dominant le réfectoire où mangeaient les étudiants, Kepler fut éblouissant. Devant l'auditoire subjugué de ses anciens maîtres, il évoqua toutes les implications métaphysiques et philosophiques de son système planétaire des polyèdres. Même le doyen Hafenreffer, qui avait reconnu dans ces brillants propos certains passages censurés dans le manuscrit, se laissa conquérir.

Assez perfidement, Maestlin détourna le débat sur les calendriers julien et grégorien, pensant que Kepler pourrait convaincre le doyen qu'il serait vain de trouver des défauts à dénoncer dans la réformation papiste. Peu habile dans ce genre de domaine, il n'avait pas encore compris qu'il ne s'agissait pas de démontrer que le julien était meilleur que le grégorien, mais bien plutôt une question de dogme. Aussi convaincu que convaincant, Kepler se lança dans un grand plaidoyer pour le calendrier nouveau et pour son adoption par les nations réformées. Le vieux professeur de langues orientales Martin Kraus ne reconnaissait plus en ce brillant orateur l'étudiant grincheux le contestant sans cesse. Il se prit à admirer cet homme qui disait tout haut ce que les plus savants n'osaient penser tout bas. Cependant, le doyen se renfrognait et les jambes de Maestlin s'agitaient en dessous de la table.

La semaine qui suivit fut consacrée à l'imprimeur. Gruppenbach se trouva enchanté de ce nouveau client. Il avait pensé avoir affaire à un jeune prétentieux persuadé d'avoir découvert la pierre philosophale ; il s'était retrouvé devant un homme simple, drôle, s'intéressant au métier, et en ayant de bonnes connaissances. De plus Kepler prenait parfois l'accent du pays et employait, en riant, quelques vigoureuses expressions vernaculaires. Bref, ils se quittèrent ravis. Maestlin s'occuperait du nombre d'exemplaires à acheter et des questions d'argent.

Puis Kepler fut convoqué devant le conseil académique de l'université pour y défendre son *Mystère cosmographique*, un peu comme d'autres auraient soutenu une thèse. Contre toute attente, cela se passa à merveille, aux quelques objections de principe près : l'introduction leur semblait trop obscure, le système copernicien pas assez bien expliqué. Le doyen lui déconseilla de publier en annexe le *Narratio Prima* de Rheticus, trop prolixe selon lui et hors sujet. Très étonné de cette demande, Kepler répliqua qu'il n'avait jamais songé à cela, et qu'une préface de Maestlin suffirait à le combler. Le compte rendu de cette séance lui fut communiqué quelques jours plus tard. Il entreprit de corriger le manuscrit en se soumettant aux quelques critiques du conseil, qui lui réitérait sa demande de ne pas publier le *Narratio*. Le temps que le conseil lise la nouvelle version, et l'imprimatur était accordé. L'imprimeur pouvait commencer son travail.

La réponse à propos du planétarium se faisait attendre. Ce fut pourtant d'un cœur léger que Kepler se rendit à Leonberg afin de faire profiter sa famille des largesses du grand-duc, surtout le toit de l'auberge qui avait besoin de sérieuses réparations. Sa mère ne lui en eut aucune reconnaissance ; elle pleurait sans cesse sur le sort de son petit Heinrich perdu par les grands chemins, reprochant à son aîné de n'avoir pas su prendre soin de lui. Kepler alla voir le pasteur du village pour lui demander de veiller sur elle et surtout sur Gretchen. Christophe, lui, venait de se trouver un nouveau patron étameur, dans un autre village, et semblait se désintéresser de sa famille. Après tout, qui en était le chef, Johann ou lui ?

Une fois sa conscience apaisée du côté de l'auberge, il revint à l'université. Pas de réponse de Stuttgart à propos du planétarium, mais deux lettres en provenance de Graz. La première était au sceau de la diète des États de Styrie. Au nom de l'archiduc Ferdinand de Habsbourg, on lui signifiait que son congé avait pris fin depuis deux mois, et que s'il ne revenait pas dans les plus brefs délais reprendre sa charge de *mathematicus*, il en serait démis. La deuxième lettre était bien plus modeste d'aspect et était cachetée au nom du pasteur Schubert. Le brave homme lui annonçait que le meunier Mulleck se trouvait dans de meilleures dispositions pour lui donner sa fille, et lui conseillait lors de son retour de s'arrêter à Ulm « pour y acheter de la très bonne soie ou du moins du meilleur taffetas double pour des habits complets pour toi et la fiancée ». Cette prévenance mit Kepler en joie, dissipant la légère inquiétude provoquée par l'ultimatum des États de Styrie. Il emporta ce courrier lors de sa première visite à Maestlin, afin de rire ensemble de ces joyeusetés provinciales. Il n'en eut pas l'occasion. Maestlin le reçut avec sa mine des mauvais jours :

— Je n'ai pas de très bonnes nouvelles pour toi, Johann…

— Le livre ?

— Oh non, tout se passe bien de ce côté-là. En revanche, pour le planétarium, le grand-duc sursoit à sa décision. Et pour longtemps, semble-t-il. Des questions de trésorerie, à ce qu'on m'a dit. Mais je suis persuadé qu'il s'agit d'autre chose. Il s'agit d'un planétarium héliocentriste, mon cher ! Le premier qui ait jamais existé. Son Altesse n'a pas l'audace de s'afficher comme le premier prince réformé copernicien. Sa décision dépendra du succès de ton livre. Peut-être…

Kepler blêmit. Il vacilla sur ses jambes tremblantes. Ses fièvres, qui l'avaient laissé en paix depuis son départ de Graz, le reprenaient d'un coup. Il s'assit ou plutôt s'effondra dans un fauteuil que lui tendit juste à temps son maître et bredouilla :

— Je suis perdu ! Tiens, lis ça.

Et il lui tendit la lettre des États de Styrie. Maestlin la lut et dit :

— Il faut que tu rentres là-bas. Tu n'as plus rien à espérer ni au Wurtemberg ni ailleurs tant que ton génial ouvrage ne sera pas paru, dans deux mois je pense. À ce moment-là, ta notoriété deviendra telle que tu devras refuser les propositions. Un petit trimestre à croupir dans ta bonne ville de Graz, ce sera vite passé. Je me charge de mener à bien l'impression. Où en sont tes finances ?

Kepler leva vers Maestlin un regard interloqué. Ce pingre lui proposerait-il de lui prêter quelque argent ?

— … Excuse mon indiscrétion, mais tu dois acheter avant ton départ les deux cents exemplaires de caution exigés par Gruppenbach.

— J'y arriverai, je te remercie, répondit un Kepler faussement désinvolte, qui se demandait comment il tiendrait durant ce « petit trimestre ».

Il partit deux jours plus tard, sur son beau cheval. À l'étape d'Ulm, il oublia d'acheter soie et taffetas afin de vêtir sa fiancée le jour des noces.

42

Il était retombé du ciel en enfer. Des plus hautes sphères de la pensée aux plus médiocres contingences. De Tübingen à Graz. Son absence avait duré six mois, mais en Styrie, c'était comme s'il était parti la veille, comme s'il n'avait jamais rencontré le grand-duc du Wurtemberg, comme s'il n'avait jamais débattu avec le conseil d'une des plus importantes universités d'Europe, comme s'il n'avait jamais découvert le Mystère cosmographique.

Pour fuir les chaleurs de ce mois de juillet, les membres de la diète s'étaient réfugiés dans leurs résidences d'été, des manoirs perchés dans les montagnes, où ils chassaient. D'autres faisaient mine de combattre le Turc, à Maribor, loin des armées ennemies. Aussi Kepler ne fut-il reçu que par d'obscurs secrétaires pour recevoir son second blâme, pour absence injustifiée. Après cela, ce fut au tour du directeur des Paradies de le réprimander, et de lui demander de remercier le baron Hoffman, qui avait réussi à ce que les États ne lui suppriment pas tout ou partie de son salaire annuel, voire ne lui signifient pas son congé définitif.

Il reçut un peu de baume au cœur grâce au pasteur Schubert, qui était au désespoir : le meunier Mulleck, apprenant le retour de Kepler, avait soudainement décidé que le mariage avec sa fille n'aurait pas lieu. Tout en prenant hypocritement des mines affligées, le *mathematicus* se réjouit intérieurement : d'une part il avait fait des économies de tissu, d'autre part, en trois mois, ses marieurs n'auraient pas le temps de lui trouver un nouveau parti. Ensuite… Il serait loin. À Stuttgart, à Francfort pour la foire, à Prague… Mais Ursus n'avait toujours pas répondu, dix mois après avoir reçu le résumé.

Il fallut donc reprendre les cours, envisager déjà les éphémérides de l'année suivante, 1597, et attendre, encore attendre. La diète de Styrie devait se réunir comme chaque année, en octobre, quand lui seraient remises les éphémérides. Il fallait impérativement que Kepler ait en main une vingtaine des deux cents exemplaires qu'il avait achetés, pour pouvoir en offrir certains aux membres les plus influents de cette noble assemblée, à commencer par l'archiduc Ferdinand, forcément, mais aussi aux deux représentants de l'empereur dans la province, son protecteur le gouverneur Herbert von Herberstein et son ami le conseiller aulique Frédéric von Hoffman. Ce dernier le lui avait expliqué lors du voyage à Tübingen : le *Mystère cosmographique* serait son meilleur passeport pour Prague.

À la fin août, il envoya une lettre impatiente à Maestlin. Il reçut la réponse la première semaine de septembre. Ce n'étaient que gémissements et plaintes : la réalisation des planches, des dessins, des tableaux était d'une infinie complication et nécessitait des frais supplémentaires, mais Maestlin se disait prêt à avancer la somme. Grande âme ! Il ajoutait que le sénat le harcelait pour qu'il rédige la réfutation du calendrier grégorien, qu'il était sous la menace d'un blâme. Kepler comprit fort bien ce que sous-entendait son ancien professeur. D'une part, le mariage de Maestlin avec la belle Helena dépendait de cette réfutation. D'autre part, en remboursement de l'argent avancé, à moins que ce fût les intérêts de l'avance consentie, Maestlin lui demandait de l'aider à commettre ce pensum anti-grégorien pour complaire à l'Église luthérienne, mais qui en ferait la risée de tous les astronomes dignes de ce nom, à commencer par Tycho. En tout cas, il était clair que le livre ne paraîtrait qu'après la réunion de la Diète. Mais, écrivait Maestlin en guise de consolation, il serait sans doute l'événement de la foire de Francfort, l'an prochain en avril. Apparemment, le temps à Tübingen avait un autre rythme qu'à Graz !

Kepler tomba alors dans une phase d'abattement qui, comme toujours, provoqua des fièvres. L'argent vint à manquer, car son salaire ne lui parviendrait pas avant la fin décembre, de l'année grégorienne, certes, mais tout de même. Il grattait sur tout et abusait quelque peu du pasteur Schubert, chez qui il avait table ouverte. Celui-ci nc s'en offusquait pas, au contraire, le considérant comme de sa famille et défendant les intérêts de Kepler comme s'ils étaient les siens. Il poursuivait les âpres négociations avec le meunier Mulleck, toujours avec son compère le directeur du collège des Paradies. Kepler se demandait s'il n'y avait pas des causes plus urgentes à défendre quand on était le vicaire d'une communauté réformée, toujours en danger d'être persécutée par un prince papiste.

Puis, peu à peu, il finit par se résigner. Après tout, qu'était-il, lui, le fils de l'aubergiste de Leonberg, pour ambitionner autre chose que la vie quiète d'un petit professeur provincial, doté d'une femme assez fortunée, qui lui donne de beaux enfants, tandis que lui, de temps en temps, rédigerait une communication savante que personne ne lirait ?

En novembre enfin, il reçut les premiers jeux d'épreuves à corriger. Le baron Hoffman, qui avait fui sa chère Prââgue pour raison d'épidémie de peste, avait demandé à son ami *mathematicus* de venir au château du gouverneur afin que tous trois découvrent ensemble le chef-d'œuvre. Kepler n'avait pu refuser l'offre de ses deux seuls protecteurs. Il ouvrit d'abord la lettre de Maestlin qui accompagnait le gros colis, la parcourut avant d'entreprendre de la lire à voix haute, blêmit, regarda les deux aristocrates d'un air désemparé, puis poussa un grand cri de colère inarticulé avant de s'effondrer sur le sol en criant :

— Maestlin, tu m'as trahi !

Le gouverneur et le baron Hoffman bondirent hors de leurs fauteuils. Mais Kepler se redressa et, tout en époussetant son vêtement, leur dit avec un air malicieux :

— Ce n'est rien, messieurs. Je jouais la comédie, dans le rôle de Copernic découvrant en incipit de ses *Révolutions* l'ignoble avertissement d'Osiander, réduisant à néant la théorie héliocentriste, comme le racontait si bien Maestlin dans les lettres que je vous avais lues ici même l'an passé.

— Vous m'avez fait une de ces frayeurs ! dit le gouverneur. Kepler, je vous préviens : si vous me refaites encore un de vos tours pendables, l'an prochain, j'exigerai de vous une troisième éphéméride, et selon le calendrier lunaire cette fois, comme les Mahométans et les Juifs !

— Pitié, Votre Excellence ! Plutôt le bûcher de la Très Sainte Inquisition !

— Mon bon Johann, ironisa Hoffman, comme vous êtes bien meilleur astronome que comédien, j'ai cru lire, pendant que vous preniez connaissance de cette lettre, un certain air de contrariété sur votre visage.

— Vous avez bien lu, monsieur le conseiller. Mon bon maître Michael Maestlin s'est avisé, je cite, « *sans que tu le saches et sans que je te consulte, ajouter en fin d'ouvrage le* Narratio Prima, *de Rheticus* ».

— Quelle outrecuidance ! s'exclama le gouverneur.

— Ce n'est pas tant sur la manière que je le blâmerais, répliqua Kepler, il en est coutumier, que sur les conséquences : le retard considérable pris et surtout le surcroît de dépenses que cela a impliqué.

Tout en prononçant ces mots sur le ton du constat, Kepler avait beaucoup de mal à contenir la colère froide qui montait en lui. Depuis le début de cette entreprise, Maestlin n'avait cessé de lui mentir, de le manœuvrer. L'imprimeur était-il complice ? Et le doyen, qui lui avait conseillé de ne pas ajouter le *Narratio* au *Mystère*, comment réagirait-il ?

— Le procédé de ce bon Maestlin n'est sans doute pas très délicat, intervint Hoffman, mais auriez-vous pu rêver meilleur parrain que Rheticus pour votre premier opus ? Si nous le regardions, maintenant, cet opus ? Je brûle d'impatience.

Le résultat était presque parfait, les tableaux sans trop d'erreurs, les planches aussi précises que belles, surtout celle représentant son modèle d'univers en forme de coupe ; à défaut d'avoir pu la faire construire en matières précieuses, il en laissait au moins, pour la postérité, une magnifique représentation en perspective.

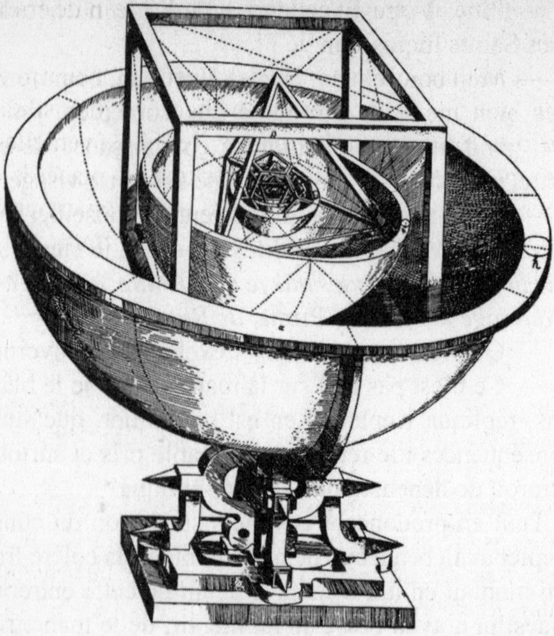

Mais ce qui le satisfit le plus, ce fut le texte de Maestlin, intercalé entre *le Mystère* et *le Narratio*, qui hissait Kepler à la hauteur de Copernic, tandis que lui, Maestlin, se contentait de celui d'un Rheticus à rebours. Le maître s'avouait ainsi être devenu le disciple de son disciple. Toutefois Kepler, tout à son ressentiment, ne le perçut pas. Comme il ne perçut pas non plus quelques allusions adressées, sans le nommer, à Tycho Brahé, allusions qui faisaient comprendre au pape de l'astronomie qu'il venait de trouver plus fort que lui.

Il n'empêche. Sitôt les épreuves corrigées, Kepler les renvoya à Tübingen accompagnées d'une lettre véhémente et pleine de reproches. Quand il reçut, au début janvier 1597, le deuxième et ultime jeu d'épreuves, le mot d'accompagnement était de la main de l'imprimeur. Mais de réponse de Maestlin, point.

Trouvant qu'il avait été injuste avec son ancien professeur, pris de ces terribles repentances qui le saisissaient parfois, même pour les choses les plus vénielles, il lui envoya, par le même courrier que les placards corrigés, une longue lettre d'amitié et de remerciements qui avaient tout l'air d'être des excuses. Enfin, dans la dernière semaine de février, arrivèrent cinquante exemplaires du livre achevé. Mais de réponse de Maestlin, point.

L'arrivée du *Mystère cosmographique* à Graz fut l'occasion d'un banquet au château du gouverneur, le baron Sigismond Herbert von Herberstein. Bien au fait désormais des arcanes de la politique styrienne, Kepler y distribua avec parcimonie cinq ou six de ses exemplaires qui lui avaient coûté si cher, dont un au père supérieur des jésuites. Il s'était rendu auparavant au palais ducal avec deux autres volumes, mais cet ignare de Ferdinand n'avait pas daigné recevoir celui qui était pourtant, en titre, son *mathematicus*. Pour le reste, le baron Hoffman, qui lui ramenait de Prague tout ce qui sortait de nouveau, l'aiderait à distribuer *le Mystère* à bon escient, à tout ce qui comptait en Europe de savants et d'érudits. Durant ce festin, où sa conversation brilla de mille feux, Kepler songea qu'il lui faudrait aussi fêter l'événement avec ses coreligionnaires de la ville, bourgeois modestes et discrets dont naturellement aucun d'entre eux n'avait été invité au château.

Cette deuxième réunion eut lieu dans la grande salle du collège des Paradies, après le prêche du dimanche. La plupart des notables luthériens de la ville s'y étaient rendus en famille, ce qui faisait une trentaine de personnes. Seul l'imprimeur de Graz était absent, prétextant un malaise de son épouse. Il boudait. Outre le pasteur et le directeur du collège, il y avait là deux médecins, un orfèvre, un aubergiste, quelques artisans et fermiers du voisinage. Schubert fit un discours plein de feu, où il affirmait que le livre, son auteur et ses protecteurs seraient le meilleur rempart pour ses frères contre les persécutions. Kepler répondit par quelques mots pleins d'humilité. En chantant avec ses frères en religion des psaumes en allemand, il se sentit apaisé, tous ses tourments secrets dissipés, ses colères intérieures dissoutes. Il ignorait que ce sentiment-là s'appelait le bonheur.

Même si le repas fut bien plus frugal que chez le gouverneur, les conversations qui s'y déroulaient étaient autrement moins guindées et savantes. Il y était forcément question d'astronomie, et Kepler, boule de pain, assiettes et verres à l'appui, fit une belle démonstration de l'héliocentrisme. Il présidait en bout de table, le pasteur étant à l'autre extrémité. À sa droite, il avait la charmante épouse du directeur du collège, et à sa gauche une jeune veuve, qui s'était présentée sous le nom de Barbara quelque chose. Naturellement, Kepler fit son joli cœur, usant tout à la fois de son érudition, de son ironie, et de cette ineffable candeur juvénile qui en ferait plus tard un charmeur redoutable à la cour de l'empereur. Ses assauts allaient surtout vers la jeune veuve, mais c'était Mme la directrice qui poussait des petits rires derrière son mouchoir, sous les yeux inquiets de son mari. Barbara, elle, semblait indifférente à tout ; à moins qu'elle ne fût sotte, songea Kepler un peu dépité.

Barbara était une grande et grasse fille blonde, aux yeux bleus très pâles, comme on en rencontre souvent dans ces montagnes, mieux faite pour les travaux des champs que pour de savantes agapes de notables. Rien ne semblait avoir de prise sur elle, aussi l'invité d'honneur des réformés de Graz l'oublia-t-il.

À la fin du repas, tandis que, debout, on s'attardait en petits groupes à achever des conversations, le pasteur Schubert, accompagné d'un gros homme barbu d'une soixantaine d'années, s'approcha de Kepler et lui dit :

— Permettez-moi, mon cher collègue, de vous présenter maître Mulleck.

« Le meunier qui ne veut pas lâcher sa fille, songea Kepler. Je suis tombé dans un guet-apens. » Mulleck considéra de pied en cap le maigre et long *mathematicus*. Il lâcha enfin, avec une épaisse ironie :

— Alors, comme ça, m'sieur le professeur, on écrit des livres sur les étoiles ? Et ça vous rapporte combien ?

Kepler répliqua du tac au tac :

— Alors, comme ça, m'sieur le meunier, on fait des filles à marier ? Et ça vous coûte combien ?

Ils se dressaient l'un face à l'autre, yeux dans les yeux, comme s'ils allaient se battre.

— Barbara, viens ici, que je te présente, lança le pasteur, dans l'espoir de détendre l'atmosphère.

La grosse voisine de table s'avança, tête baissée, traînant le pied, comme si elle montait au supplice. La vingtaine de convives faisait cercle, pour ne pas manquer une miette de ces présentations. Le guet-apens avait été parfaitement préparé. Trop tard pour fuir ! Et chez qui fuir ? Il n'avait plus d'amis, ailleurs. Et comment fuir ? Il n'avait plus d'argent. Le piège de Graz venait de se refermer sur Johann Kepler.

43

Barbara Mulleck faisait partie de ces femmes dont on dit qu'« elles ont eu des malheurs ». Son père, l'un des plus riches meuniers de la province, ce qui n'était pas peu dire, une fois veuf, avait marié sa fille unique de seize ans à un vieux menuisier de ses amis, pas trop regardant sur le montant de la dot, compte tenu de son grand âge. Deux ans après les noces, l'ébéniste mourut après avoir donné une fille à Barbara, que celle-ci avait appelée Regina. Le père Mulleck ne fut pas long à lui trouver un nouvel époux. Il s'agissait d'un trésorier-payeur de l'archiduc, aussi vieux que le défunt ébéniste mais beaucoup plus malin que lui. Corrompu à l'extrême, il fermait les yeux sur la manière dont le meunier se servait à pleins bras dans les farines de ses clients, et se montrait plutôt gourmand pour en avoir sa part. Les deux canailles se tenant par le bout du nez, la dot de la jeune veuve fut conséquente. Après deux fausses couches et trois ans de mariage, Barbara fut veuve à nouveau. Le Trésor confisqua la fortune du défunt pour se rembourser de toutes ses malversations. Ne restait à la jeune veuve pas du tout éplorée qu'une grande maison dans le centre ville. Mais elle préféra retourner chez son père, dans une propriété hors de la ville. Le meunier repartit donc en quête d'un nouveau gendre. Mais désormais, les candidats se faisaient rares : même si la dot promettait d'être rondelette, les candidats potentiels ne tenaient pas à être la troisième victime de Barbara, cette mangeuse d'hommes.

Intervinrent alors le pasteur et le directeur des Paradies. Ils sentaient bien que Kepler, qui pourrait être une arme de prestige contre les jésuites, allait leur échapper. Ils firent donc le siège du meunier. Mulleck, qui avait maintenant des velléités aristocratiques pour sa fille, aurait refusé immédiatement un parti aussi obscur que ce petit prof, si celui-ci n'avait pas eu ses entrées au château. Ce fut donc sur le montant de la dot qu'il négocia. Kepler n'avait que vingt-cinq ans, et le meunier ne pouvait guère espérer un retour rapide sur son investissement.

Les négociations en étaient là quand parut *Le Mystère cosmographique*. Mulleck n'était pas, on s'en doute, un féru de mathématiques et d'astronomie, et peut-être n'avait-il jamais lu dans sa vie que la Bible et des almanachs. Mais savoir le jeune homme banqueter là-haut au château en compagnie de la noblesse locale, des édiles et surtout du nouveau trésorier-payeur, a priori incorruptible, cela le fit réfléchir. Puis céder. À une seule condition : que Barbara ait seule la disposition des héritages de ses anciens maris, dont la belle maison du dernier en date. Pour le reste, ce serait lui qui verserait une sorte de pension aux deux jeunes mariés, pension sur laquelle il aurait un droit de regard. On topa.

Kepler n'avait eu, par Schubert, que de vagues renseignements sur ces tractations auxquelles il faisait mine de s'intéresser, par politesse, et surtout pour donner le change, tout à son idée de fuir ces lieux au plus vite. Maintenant que la date des noces était fixée, il se résigna. Après tout, ce mariage le débarrasserait de toutes les contingences matérielles, de cette hantise de la misère qui le serrait à la gorge chaque matin au réveil.

La cérémonie religieuse eut lieu le 27 avril 1597, au matin, dans le temple jouxtant le collège des Paradies. Puis le beau-père, déjà en état d'ébriété, invita toute la noce à festoyer dans sa belle propriété de campagne. « Inviter » était un peu exagéré. En effet, il avait raconté à son gendre que, selon la tradition styrienne, le jeune époux devait payer tous les frais du repas de noces, à commencer par la location des voitures qui les attendaient devant le temple. Pour ne pas faire d'histoires et ne pas avoir l'air d'un coureur de dot, Kepler obtempéra en épuisant ses maigres économies. S'il avait consulté le pasteur, il se serait aperçu que cette tradition avait été inventée de toutes pièces par le meunier Mulleck. De toute façon, il aurait payé : il faisait table rase de son passé, il brûlait ses vaisseaux.

Mulleck s'était fait faire, à une lieue de la ville, au bord d'une rivière qui faisait tourner ses moulins, un jardin d'agrément qui aurait pu être celui du manoir d'un hobereau. Le ciel était d'un bleu pâle, presque rose ; sur les montagnes, en décor de théâtre, les neiges éternelles étincelaient ; une petite brise tiède aux parfums de miel caressait les visages et faisait chanter les oiseaux dans les saules. Pourtant, l'astrologue et *mathematicus* des États de Styrie avait noté la veille : « 27 avril, ciel calamiteux. »

Il ne s'agissait pas de celui qui inondait de lumière ce début d'après-midi de printemps, mais de l'autre, celui du zodiaque, qui délivrait aux hommes de terribles messages. Kepler, qui ne croyait pas que ces signes s'adressaient aux individus, n'avait pu s'empêcher de dresser l'horoscope du jour de son mariage, tout en se traitant d'imbécile. Et, naturellement, le ciel zodiacal s'était révélé épouvantablement mauvais pour ce jour-là.

Le printemps, l'air léger, la douce somnolence qui suivait un copieux repas de noces lui avaient fait oublier ces sombres prédictions. Tout à l'heure, au dessert, Barbara, qui n'avait pas dit un mot de la journée, à l'exception du « oui » fatal au temple, avait déclaré vouloir se reposer dans sa chambre d'enfant. Le père, aussi gaillard que tonitruant, avait demandé à son nouveau gendre d'aller la rejoindre. Il s'y était refusé, affirmant qu'il se devait à ses invités. Durant tout le banquet, alors que son nouvel époux essayait d'échanger quelques propos cohérents avec elle, elle était restée muette, à l'exception de quelques borborygmes en guise de réponse. Il n'avait pas réussi à lui arracher un sourire. Il commençait sérieusement à penser qu'on lui avait fait épouser une simple d'esprit.

Un chat tigré sauta sur ses genoux et il le caressa machinalement, tandis que, dans le fauteuil d'à côté, le pasteur Schubert, qui avait abusé du vin blanc de la région, dissertait sottement sur Aristote.

La petite Régina, six ans, fille du premier mariage de Barbara, s'approcha de Kepler et le fixa intensément de ses yeux encore plus bleus que ceux de sa mère. Elle avait une jolie frimousse pleine de taches de rousseur.

— Alors, c'est vous, mon nouveau papa ? demanda-t-elle enfin.

Les larmes montèrent aux yeux de Kepler. Entre sa brute de grand-père, son idiote de mère et feu le trésorier-payeur, les premières années de la fillette n'avaient pas dû être très heureuses.

— Oui, répondit-il, je vais essayer de l'être. Tu sais, malgré ma grande barbe et mes gros yeux, je suis très gentil.

— Tu me permettras d'emmener Chanterelle à la maison ?

— Chanterelle ?

— Oui, ma chatte, celle que tu caresses.

— C'est un joli nom. Bien sûr qu'elle viendra avec nous à Graz. Mais d'abord, puisque tu me parais être une petite fille très sage, je vais te raconter l'histoire du chat.

Il continuait de gratter l'animal sur son crâne plat. Chanterelle ronronnait aussi fort que les pales des moulins tournant dans la rivière.

— Quand Dieu créa les animaux, il voulut en faire un plus beau, plus doux, plus affectueux, plus libre que tous les autres. Et Dieu créa le chat. Mais celui-ci profita bientôt de toutes ces qualités pour devenir paresseux, gourmand, luxurieux. Alors le Seigneur lui dit sévèrement : « Tu resteras beau, libre, affectueux, doux, mais pour te punir de tes péchés, je te donne la plus mauvaise odeur de toute la création. »

Kepler se pinça le nez de la main gauche, saisit de la main droite, par la peau du cou, la pauvre Chanterelle, la brandit à bout de bras et lui dit d'une voix tonnante, censée être celle du Créateur :

— Qu'est-ce que tu pues, nom de Dieu ! Je te chasse de l'Éden !

Et il jeta la chatte au loin sur la pelouse. Mulleck s'esclaffa, tandis que sa petite fille poussa un cri et s'en fut se cacher sous un arbre en pleurant.

— Qu'ai-je dit ? s'étonna Kepler auprès du pasteur. Elle n'était pas amusante, mon histoire ?

— Je crois, mon frère, répondit Schubert, que vous avez encore quelques progrès à accomplir avec les enfants.

L'après-midi s'avançait. Les invités venaient faire leurs adieux les uns après les autres au jeune marié. À la grille, un cavalier apparut, descendit de sa monture et se dirigea vers Kepler. C'était le conseiller aulique le baron von Hoffman. Sous l'œil d'un Mulleck béat, il fit l'accolade au *mathematicus*.

— Toutes mes félicitations, cher ami. Où est la jeune épouse, que j'use avec elle du droit du seigneur ?

— Elle est dans sa chambre, monsieur le baron, à la disposition de vos privilèges.

— Je peux mener là-haut Votre Excellence, intervint obséquieusement le beau-père.

— Qu'est-ce que c'est que celui-là ? demanda Hoffman sans même jeter un regard au meunier.

— Maître Mulleck, le géniteur de ma tendre épouse, présenta Kepler. Rassurez-vous, monsieur mon beau-père, le baron n'avait aucune intention de…

— En êtes-vous si sûr, cher ami ? répliqua Hoffman avec un clin d'œil malicieux. Plus sérieusement, je reviens de la foire de Francfort. Votre livre y a été très remarqué. Et le bon Maestlin en faisait la réclame avec un grand zèle : « Ah, il est bon, il est frais, mon Kepler, approchez, messieurs dames. » Mais…

— Mais ?

— Je vous ai apporté le catalogue.

Le conseiller aulique lui tendit un mince recueil à la couverture fortement coloriée. Kepler le prit et tenta de cacher sa fébrile impatience en le feuilletant avec désinvolture. Les auteurs y étaient classés par ordre alphabétique. À la lettre K, rien. Kepler leva vers Hoffman un regard surpris.

— Regardez plus loin, dit d'un air gêné le conseiller aulique.

Johannes Repleus : Mysterium Cosmographicum

Repleus, au lieu de Keplerus ! L'imprimeur du catalogue avait fait une faute sur son nom ! Kepler dit alors :

— Décidément, je suis un astrologue visionnaire. J'avais raison : le ciel de mon mariage était bel et bien calamiteux.

Et il partit d'un éclat de rire inextinguible, qui se transforma en une déchirante quinte de toux.

III

La rencontre

44

— La peau de l'Ours… C'est là tout ce que je veux de Sa Majesté l'Empereur. Tant que ce voleur de Bär ne sera pas chassé de Prague et renvoyé dans sa porcherie, je ne pourrai servir Rodolphe, bien que ce soit le plus cher de mes désirs !

Tycho aurait dit « mon cousin Rodolphe » comme le roi d'Espagne, cela aurait été pareil. Et le docteur Thadeus Hajek, premier médecin de l'empereur, se demanda s'il avait eu une aussi heureuse idée que cela, quand il avait proposé à son auguste patient de servir d'intermédiaire entre l'astronome danois et lui. Rodolphe voulait Tycho. Certes, l'empereur avait toujours à ses basques une nuée d'astrologues, alchimistes et magiciens ; certes, il possédait comme mathématicien officiel le fameux Ursus, qui avait cet autre mérite d'être allemand et de basse extraction, donc de coûter moins cher au Trésor et de montrer que Sa Majesté savait distinguer ses sujets méritants. Mais Rodolphe voulait Tycho. D'abord parce que l'homme, avec qui il était en correspondance depuis de nombreuses années, le fascinait, tant le Danois était nimbé de sa légende du prince des châteaux d'Uranie et des Étoiles. L'empereur avait l'imagination poétique et tourmentée. Il rêvait de construire à Prague une cité des astres plus vaste que celle du roi-sorcier sur l'île de Venusia. Ensuite, pour faire la leçon à Christian du Danemark, qui avait chassé Tycho, et lui montrer qu'un grand de ce monde se devait d'encourager les arts. Enfin et surtout, pour posséder les milliers d'observations et les sept cents étoiles répertoriées par Tycho avec une précision sans précédent, son trésor jalousement caché. Son aïeul Charles Quint possédait un empire sur lequel le soleil ne se couchait jamais. Rodolphe, lui, posséderait l'univers.

Le docteur Thadeus Hajek avait déjà rencontré Tycho bien des années auparavant, à Ratisbonne, quand Rodolphe avait coiffé sa troisième couronne. Au milieu de cette cour bruissant d'intrigues, les deux hommes s'étaient fort bien entendus, car ils n'avaient échangé de propos que sur les mérites comparés de Galien et de Paracelse. Hajek avait trouvé l'esprit de Tycho bien ordonné, disciple d'Érasme et de Ramus. Depuis, le temps avait fait son œuvre. Le fier Danois au nez d'or s'était empâté. Son érudition était devenue pédanterie, sa ferme assurance, de la morgue, et sa désespérance, du pessimisme amer. Quant à Hajek, lui aussi avait changé. L'enthousiaste paracelsien de jadis devait maintenant porter en son cœur de lourds secrets d'État, à commencer par la maladie de Rodolphe. Il était de notoriété publique que l'empereur souffrait, comme Charles Quint, comme Philippe II, comme Maximilien son père, de mélancolie. Cette bile noire avait entraîné le premier des Habsbourg à abdiquer et à se cloîtrer dans un monastère, dès ses premiers revers contre les réformés hollandais et la France. Cette humeur saturnienne avait également poussé Philippe II à s'enfermer dans son sinistre Escurial, entouré de moines, alors que tout en Ibérie s'ouvrait au grand large, au Nouveau Monde.

Mais pour Rodolphe, Saturne n'était pas seul en cause : Vénus s'en était mêlée. Était-ce à Madrid, où il avait été élevé, était-ce dans les bas-fonds de Prague, dans sa quête frénétique de copulation, collectionneur de femmes comme Tycho l'était d'étoiles, qu'il avait attrapé le mal français ? Tel était le principal secret que portait son premier médecin. Mais il y en avait d'autres, tels ces remèdes, en réalité du poison, conseillés à son patient par des guérisseurs soudoyés par le roi Matthias, son frère, tels ces mets venus des Indes que lui offrait quelque jésuite rôdant dans les couloirs du palais impérial de Prague, et dont Thadeus Hajek avait su déceler le venin avant que l'empereur n'y goûte.

Rodolphe voulait Tycho, et Hajek ne pouvait qu'approuver ce désir : le Danois se garderait d'intervenir, par ses prédictions astrales, sur la politique impériale, comme le faisaient les essaims d'astrologues qui vibrionnaient autour de Rodolphe. Mais Tycho ne voulait pas d'Ursus.

— Telle est donc ma seule condition, répéta Tycho. Qu'Ursus soit chassé de Prague, qu'on le démette de toutes ses charges et honneurs. D'ailleurs, cher Hagecius, vous savez, à mon âge, et avec l'œuvre que je laisse à la postérité, qu'aurais-je à gagner en plongeant dans ce marais praguois où s'entredéchirent crabes et crocodiles ?

— Sans doute, approuva Hajek qui n'était pas dupe de cette comédie du vieux sage désirant se retirer du monde. Sans doute, votre *Mechanica*, dédicacée à Sa Majesté, est une très belle œuvre qui suffit à votre gloire. Et Elle attend avec impatience votre catalogue des positions d'étoiles que vous avez observées.

Tycho se rengorgea. Il vida son verre d'un coup et dit :

— Rassurez votre maître, cela paraîtra le mois prochain. Et j'enverrai mon fils Tyge, qui poursuivra ma tâche après ma mort, le déposer aux pieds de l'empereur. Moi, je n'aspire plus qu'à la tranquillité. Que puis-je désirer de mieux que cette vie simple, ici, dans ce beau château de Wandsbeck, d'où je peux voir l'Elbe dégorger ses navires dans la mer océane, tandis qu'au nord, je distingue les prairies de mon pays natal, dont m'a chassé un roi ingrat !

Il poussa un gros soupir, ôta son nez et écrasa une larme.

— Une seule chose me console : l'amitié sans faille de mon hôte, le comte Heinrich von Rantzau, amoureux des étoiles tout comme moi, dont j'abuse depuis bientôt six mois.

— Huit mois, rectifia le comte en faisant signe à un de ses domestiques de reverser à boire à Tycho. Je ne fais là que vous rendre la généreuse hospitalité que vous m'aviez offerte jadis, en votre île.

Si le comte von Rantzau s'était fait une joie d'accueillir le grand astronome, il ne s'attendait pas à être envahi par la horde Brahé. La mère avait investi les cuisines et les communs, à la tête d'un bataillon de domestiques. Le chevalier Tengnagel, junker arrogant aux fonctions mal définies, avait occupé tout l'étage de la bibliothèque pour en faire un bivouac d'état-major, mais aussi un gynécée, car il avait distribué les chambres alentour aux quatre filles de Tycho. Et quand un personnage important du Holstein venait au château voir l'astronome au nez d'or, c'était une cascade de rires frais et de jupons froissés qui dégringolait les escaliers menant à la salle de réception. Ce charmant escadron était commandé d'une main ferme par Tengnagel, désignant à chacune le mari à saisir.

Quant à Tycho, il pleurait et il buvait. Il buvait pour oublier l'ingratitude de son roi, il pleurait avec ostentation sur sa cité des étoiles perdue, pour laquelle il avait composé une élégie qu'il récitait en public, des sanglots dans la voix. Il jouait la comédie, mais il la jouait mal. Tout le monde savait qu'après être parti du Danemark, comme on parie sa fortune sur un coup de dés, il avait envoyé à Christian IV une lettre pleine de reproches. Il persistait à prendre son roi pour un enfant aussi timoré qu'influençable. Grave erreur ! La réponse du monarque avait été cinglante : il le bannissait de son royaume, punissant non pas l'astronome universel, mais le vassal qui l'avait insulté. Tycho le savant pouvait bien crier au martyre, c'était l'aîné des Brahé qui était chassé. Quelle que fût leur confession, les monarques d'Europe, qui avaient tous eux-mêmes plus ou moins maille à partir avec leurs feudataires, ne pouvaient qu'applaudir à cette décision : Élisabeth d'Angleterre et son successeur désigné Jacques d'Écosse, Henri IV de France, le vieux Philippe II d'Espagne, Sigismond III de Pologne et même l'ennemi héréditaire Charles IX de Suède, n'auraient jamais voulu recevoir dans leur royaume le plus célèbre exilé d'Europe, mais aussi le plus insolent. Seul l'empereur Rodolphe était prêt à l'accepter. Mais était-ce bien encore un monarque, malgré sa triple couronne ? D'ailleurs, c'était Tycho qu'il voulait. Pas Brahé.

Pourtant, contre toute raison, Tycho s'obstinait. Il était resté quatre mois à Rostock, d'où il avait envoyé sa fameuse lettre au roi. Il y avait appris coup sur coup que ses bénéfices de chanoine étaient supprimés, que dans son île à l'abandon ses énormes instruments se détérioraient rapidement, faute d'entretien quotidien. Il aurait pu se rendre à Prague, où l'empereur le suppliait presque de venir le rejoindre. Non, il préféra le Holstein, à la frontière continentale de son pays natal, suivi de sa longue théorie de voitures emportant ses bagages, les plus petits de ses instruments, sa bibliothèque, ses peintures et ses sculptures, et sa très nombreuse maisonnée, dont son assistant Longomontanus, son âme damnée Tengnagel et son fou Jeppe. En les voyant passer, les paysans se signaient ou s'enfuyaient, sous les quolibets du nain et les aboiements des dogues noirs, Castor et Pollux : c'était au moins le diable qui allait en aussi grand équipage.

En campant aux confins de son pays natal, Tycho espérait que son seigneur, pris de remords, réalisant enfin que l'astronome lui était indispensable, finirait par revenir sur sa décision. Cependant, à Copenhague, son ancien coupeur de nez Manderup Parsberg répétait à qui voulait l'entendre que Tycho était comme un chien qu'on a jeté dehors et qui gémit à plat ventre devant la porte, espérant sa pitance.

Il ne restait pourtant pas inactif. Entre deux poèmes en latin pleurant son pays perdu et l'ingratitude des rois, il s'essayait à de subtiles stratégies. Il croyait qu'à Copenhague, ses amis de l'Académie œuvraient à son retour. Comment aurait-il pu se douter que là-bas, il n'avait qu'un seul allié, le roi justement ? Christian, en effet, ne voulait pas faire croire aux cours étrangères qu'il avait chassé Tycho pour s'emparer de sa fortune et de son observatoire. Aussi empêchait-il les Brahé, les Oxe et les Bille de dépecer les cadavres des châteaux des Étoiles et d'Uranie, ainsi que les nombreux biens immobiliers que le banni possédait encore au Danemark et en Norvège.

Les grandes manœuvres tychoniennes étaient de celles que l'on enseigne à un apprenti diplomate. D'un côté, faire croire à la partie adverse que l'on a trouvé un partenaire plus intéressant qu'elle. De l'autre, lui démontrer que l'on est irremplaçable. Pour cela, Tycho entreprit une tâche qu'il n'aimait pas : publier. Ainsi parut, en décembre 1597, *Mechanica*, somptueux in-folio faisant l'inventaire extrêmement détaillé des prodigieux instruments de mesure qu'il avait construits, et dont les plus grands étaient restés à Venusia. Les vastes planches, gravées sur bois et sur cuivre, coloriées à la main, restituaient également les plans et la disposition générale de ses deux palais, Uraniborg et Stjerneborg.

L'impression achevée, Tycho fit remettre des exemplaires de présent enluminés et reliés en velours, à son effigie et à ses armes, à diverses personnalités : l'empereur Rodolphe bien sûr, le stadhouder de Hollande Maurice de Nassau, l'archevêque de Salzbourg, et quelques autres... Belle manière de montrer au monde qu'il avait donné à son royaume le plus grand observatoire jamais érigé. Et, pour prouver que cette œuvre n'avait pas été construite en vain, six mois plus tard parut le catalogue des positions des 777 étoiles fixes qu'il avait observées.

Enfin, s'écria-t-on, Tycho dévoile son trésor ! Le pingre, grognèrent Kepler à Graz et Maestlin à Tübingen, il ne montre que le décor du grand théâtre et pas ses acteurs, à savoir les six planètes, la Lune, le Soleil et leurs mouvements qui, seuls, permettraient de révéler le Mystère cosmographique.

La deuxième grande manœuvre tychonienne consistait à crier haut et fort que les plus grandes puissances réclamaient auprès d'elles « le pape de l'astronomie » : Élisabeth d'Angleterre, Henri IV de France, le doge de la Sérénissime. Mais Christian savait pertinemment qu'à Londres, Paris, Venise ou Madrid, les gouvernements s'étaient dotés d'astronomes dont la tâche était de concourir aux progrès de la navigation et de la géographie, domaines que Tycho méprisait : lui, à la barre de son île, naviguait dans les étoiles.

Tycho commença par envoyer son assistant Longomontanus finir ses études à Wittenberg. Le jeune astronome y fit courir le bruit que son maître pourrait offrir son laboratoire à la prestigieuse université. À Copenhague on s'esclaffa : Tycho donnant des cours d'astronomie à des bacheliers faméliques, c'est ça qui serait drôle !

L'exilé fit également savoir que les Provinces-Unies et leur stadhouder Maurice de Nassau, qui venait de chasser les Espagnols de Hollande, l'appelaient auprès d'eux. Tengnagel et le jeune Tyge, seize ans, partirent pour Amsterdam, tandis que Tycho écrivait partout qu'il se plairait parmi ces « Bataves sagaces ». Cela aussi fit beaucoup rire à Copenhague. On imaginait déjà le fastueux astronome devant rendre compte de ses dépenses à cette république de marchands âpres au gain.

En revanche, au château de Wandsbeck, le maître des lieux ne riait plus du tout. En l'absence de Tengnagel le gardien, le sérail était lâché. Le comte Rantzau dut même chasser de son lit, où elle l'attendait, la plus jeune des Brahé, Cécile, âgée de quinze ans. Le comte hésita à alerter Tycho qui n'avait pas l'air de se soucier de la vertu de ses filles. Mais le lendemain de cette intrusion nocturne, il ne put résister aux assauts d'Élisabeth, dont tout le monde, à part son père, savait que Tengnagel avait jeté son dévolu sur elle. Sophie lui fut épargnée : elle posait à l'amazone et passait la plupart de son temps aux écuries. Sa passion des chevaux s'était étendue aux palefreniers. Restait Madeleine, que

Tycho voulait à toute force lui faire épouser. Un jour, la fille de son ancienne nourrice, que le comte aimait comme une petite sœur, vint le voir, en larmes. Elle se plaignit de l'affection trop débordante que lui dispensait l'aînée des filles Brahé. La coupe était pleine. Le comte envoya une lettre suppliante au chancelier de l'empereur pour qu'il le débarrasse de la horde.

Le chancelier, grand électeur de Cologne et ami d'enfance de Rantzau, dépêcha un émissaire au château de Wandsbeck, un homme féru de mathématiques et d'astronomie qui n'était autre que le protecteur de Kepler, le baron Frédéric von Hoffman, dont la situation de conseiller aulique en Styrie devenait délicate.

Le lendemain de son arrivée, Tengnagel et Tyge revinrent bredouilles de leur ambassade aux Provinces-Unies. Tycho avait volontairement exagéré ses prétentions financières auprès du stadhouder dans le but d'essuyer un refus. Or, Maurice de Nassau les aurait bien acceptées. Le vainqueur des Espagnols, qui rêvait de transformer la république batave en un royaume dont il serait le monarque, se serait volontiers adjoint un *mathematicus* aussi prestigieux. Mais les états généraux s'y opposèrent. Il y avait des urgences autres qu'un observatoire dans cette jeune nation de marchands, à commencer par se constituer une flotte importante qui irait arracher à Philippe II les îles aux épices des Indes orientales.

— Ce serait pour moi le couronnement de ma vie que de servir Sa Majesté l'empereur, dit Tycho, mais…

— Ursus ? répliqua Hoffman. Il est en disgrâce. Malgré la demande insistante de certains conseillers impériaux, il s'est refusé à donner un horoscope favorable à une offensive contre les Turcs. Je ne donne pas cher de sa place.

Le nouvel envoyé de Rodolphe n'avait pas été long à comprendre quel genre d'homme était Tycho : impitoyable avec les plus faibles que lui, plat et docile avec les plus puissants. Or, face à lui, Hoffman était en position de force.

— Je ne parlais pas de cette canaille, rétorqua l'astronome. Sitôt qu'il apprendra ma venue à Prague, il déguerpira comme un goret. Non, je pensais à mon pauvre observatoire de Venusia, à l'abandon par la faute d'un despote barbare…

— Pour cela, cher Tycho, laissez faire la diplomatie. L'empereur a autant de hâte de voir se dresser vos étonnants instruments dans le parc de son palais de Prââââgue que Christian IV de s'en débarrasser.

S'en débarrasser ! Le mot était dur. Mais comment convaincre autrement ce Danois buté qu'il ne rentrerait plus jamais dans les faveurs de son roi ?

— Ne tergiversez plus, Tycho. Sa Majesté attend votre venue comme celle du Messie. Rodolphe vous aime et vous admire. Il mettra à votre disposition le lieu le mieux adapté à vos travaux. Il m'a même affirmé qu'il ne vous donnera aucune directive et se comportera à votre égard comme le plus dévoué des disciples. Toutefois, il est une chose sur laquelle la chancellerie ne transige pas : le montant de votre pension.

Tycho ôta son nez, le posa sur une tablette à côté de son fauteuil, et enfouit sa face trouée dans ses mains.

— Une pension ! Moi, Tycho Brahé ! Oh, Christian, Christian, qu'as-tu fait de moi ? Un mendiant, malheureux que je suis !

Le spectacle était écœurant, surtout quand on songeait, comme Hoffman, à la bourse plate d'un certain *mathematicus* des États de Styrie, Johann Kepler. Il dit sèchement :

— Ne vous plaignez pas trop, vos émoluments seront le triple de ceux versés à Ursus. D'ailleurs, il ne manque pas, dans tout l'empire, de personnes de grand talent prêtes à servir Sa Majesté dans le domaine des arts et de la philosophie naturelle. Ainsi, j'ai eu l'honneur de présenter à l'empereur un étonnant petit ouvrage, *Le Mystère cosmographique*, du jeune Johann Kepler, qui a eu l'heur de lui plaire.

Tycho remit son nez en place, renifla et prit une mine sérieuse un peu plus en accord avec celle du grand savant qu'il était.

— Kepler, dites-vous ? Ce nom me dit quelque chose.

— Je le connais, père, intervint Tyge, l'aîné de ses garçons, en levant le doigt comme un écolier cherchant les faveurs de son professeur. Vous m'aviez confié ce livre à notre départ de Rostock afin que je vous en fasse une note de lecture. Hélas, je n'ai pas eu le temps. Ce voyage en Hollande…

— Pas eu le temps, tu parles ! ricana son cadet. Dis plutôt que tu ne l'as pas lu ou que tu n'y as rien compris.

— Cela suffit, Jorgen, gronda Tycho, arrête de taquiner ton frère et tâche plutôt de prendre modèle sur lui. Mais dites-moi, baron, de quoi parle ce jeune homme dans ce livre ?

Hoffman entreprit alors d'expliquer, non sans enthousiasme, la théorie téplérienne des polyèdres. Tycho avait quitté son masque de mauvais comédien et écoutait avec une attention profonde.

— Ingénieux, ingénieux, avoua-t-il enfin. Voilà qui pourrait parfaitement s'adapter au système de Tycho. Mais apparemment, ce Kepler est copernicien. Un ancien élève de mon ami Maestlin ?

— Le meilleur de ses disciples, et qui a depuis largement dépassé le maître.

— Observe-t-il au moins ?

— S'il le pouvait… Hélas, son salaire de *mathematicus* à Graz ne lui permet pas de se procurer les instruments nécessaires, ni même de les fabriquer. Et puis, il souffre de myopie.

— C'est bien, c'est bien. Le verrai-je, à Prague ?

L'affaire était gagnée ! Tycho venait enfin de se rendre compte que sa place était parmi les siens, parmi les savants et les artistes, et non plus isolé dans sa forteresse danoise. Alors, Hoffman rêva déjà d'une rencontre entre lui et Kepler, pour qu'enfin, à nouveau, le génie de Tycho s'épanouisse sous cette rosée. Cependant, Tengnagel s'était levé et parcourait les rayons de la bibliothèque, lisant les titres à voix basse. Il en sortit un livre, le feuilleta et s'écria :

— Je le tiens ! Je savais bien qu'il me disait quelque chose, à moi aussi, ce Kepler. Écoutez ça : « ... *ta renommée qui te met au premier rang des mathématiciens de notre temps, de même que le Soleil parmi les autres astres.* »

— Joliment tourné et très flatteur, se rengorgea Tycho.

— Hélas, ce n'est pas à vous qu'il s'adresse, le Kepler, mais à Ursus. Souvenez-vous, maître, pendant que nous classions votre bibliothèque à Uraniborg. Nous étions tombés sur ce livre du gardien de porcs, où était publiée cette flagornerie. Nous en avions fait des gorges chaudes.

Tycho frappa du poing sur le bras de son fauteuil.

— Quoi ? Eh bien, nous allons l'écraser, ce Kepler, ce ver de terre qui rampe devant ce prétendu Soleil n'éclairant que sa bauge ! Vous avez gagné, baron, je pars à Prague.

— Cet homme est le plus honnête et le plus sincère que je connaisse, plaida Hoffman. Malgré ses prodigieux talents, mon cher docteur Kepler a été relégué au fin fond de la Styrie, en butte aux persécutions des jésuites, pauvre comme Job. Mettez-vous un instant à sa place : pour tenter de sortir de ce piège, il ne pouvait que s'adresser au mathématicien impérial.

— L'amitié vous aveugle, trancha Tengnagel. Cet individu, monsieur le baron, n'est qu'un intrigant de la pire espèce.

— Il est vrai qu'en matière d'intrigue, chevalier, vous êtes un connaisseur, répliqua Hoffman ironiquement.

— Certes oui ! répliqua le junker. Si vous saviez le nombre de parasites et d'escrocs que j'ai dû chasser de Venusia, car ils abusaient de la trop grande bonté du seigneur Tycho.

Tengnagel n'avait pas compris le sarcasme. Cet être sournois était aussi un imbécile.

45

Les premiers temps qui suivirent leur mariage furent plutôt tendres et charmants. Quand ils s'unirent, la première nuit, ils étaient comme vierges. Kepler n'avait connu que les putains de Tübingen et de Stuttgart, mais il n'était pas question, à Graz, de fréquenter le bordel de la cité ou les bergères de la campagne. Il était surveillé de trop près. Barbara, elle, avait seize ans lors de ses premières noces avec un vieil ébéniste qui, par chance, mourut vite. La petite Regina était née cependant de cette brève union. Le second mari, le trésorier-payeur, sentait déjà le cadavre. La nuit de noces, il s'était contenté de la contempler nue, en se tripotant. Puis il l'avait laissée en paix, la dot suffisant à sa satisfaction. C'est avec un grand soulagement qu'elle était devenue veuve une deuxième fois.

La nuit de noces avec Johann fut tout autre. Le torse glabre de son nouvel époux, ses bras maigres, la peur qu'elle lisait dans son visage lui donnèrent envie de le prendre dans ses bras et de le bercer comme un enfant. Lui, de son côté, se pencha sur cette chair opulente et rose d'où émanaient des parfums sucrés. Il enfouit son visage dans cette poitrine moelleuse au fond de laquelle coulait un ruisseau frais et salé. Dans la douce nuit de printemps, ils découvrirent la tendresse.

Leur lune de miel dura jusqu'au début de l'été. Ils s'étaient installés dans la grande demeure de feu le trésorier-payeur, qu'ils réaménagèrent de telle sorte que plus une trace de la vieille canaille y restât. Le père Mulleck s'était fait discret, ne visitant sa fille qu'une fois par mois, s'occupant seulement de gérer la dot, car lui au moins gardait la tête sur les épaules. Il évitait son gendre : le meunier avait peur du philosophe. Johann, de son côté, entreprit de faire l'éducation de Barbara et de la petite Régine. Il y montra bien plus de patience qu'avec ses élèves des Paradies. Mais sa femme, qui s'appliquait pourtant, sentait parfois les larmes lui monter aux yeux, quand elle ne comprenait pas ce que son mari lui expliquait. Elle s'enfuyait à la cuisine en gémissant qu'elle était trop bête pour toutes ces choses. Johann la consolait en s'excusant de n'avoir pas été plus simple dans son explication.

Les choses se gâtèrent quand Barbara fut sûre qu'elle était enceinte. Sous la grosse brebis indolente, la louve réapparut. Elle repoussa systématiquement les avances quotidiennes d'un mari de plus en plus assidu. Il mit cela sur le compte de sa crainte de perdre son enfant à naître, et rongea son frein. Plus le ventre de Barbara s'arrondissait, plus son caractère s'aigrissait. Elle poursuivait leur servante de ses récriminations, refusait désormais de suivre les « leçons » de son mari et commençait à protester qu'il donnait à sa fille des idées diaboliques, comme de lui faire croire que la Terre tournait autour du Soleil.

Kepler ne s'aperçut pas tout de suite du changement de caractère de son épouse. Il vivait alors une douce euphorie : *Le Mystère cosmographique* avait connu un certain retentissement. Maestlin et Hoffman lui avaient donné quelques pertinentes adresses de personnes à qui envoyer le livre, son ancien professeur ayant fait également sa réclame à la foire de Francfort. Kepler, même s'il se savait porteur de grandes choses en gestation, se jugeait trop petit personnage dans la république de la philosophie. Aussi fut-il très étonné quand il reçut en réponse à ses envois et ses lettres d'accompagnement éloges, critiques, suggestions venant de ce que toutes les universités allemandes comptaient d'éminents mathématiciens et théologiens. Il eut même la surprise de lire la signature du chancelier du très catholique grand-duché de Bavière, George Herwart von Hohenburg. Cet important personnage, qui n'était autre que le frère de l'ancien supérieur des jésuites de Graz avec qui Kepler avait sympathisé, lui proposait de collaborer, avec d'autres savants de toutes confessions, à une nouvelle chronologie des Livres saints. Une deuxième vague de courrier lui arriva d'Italie, dont la lettre d'un professeur de mathématiques de Padoue, physicien et mécanicien qui étudiait la chute des corps : Galileo Galilei. Ce dernier lui confiait son ralliement à la théorie de Copernic, mais ne se sentait pas encore le courage de publier quoi que ce soit à ce sujet : il n'avait encore guère d'arguments du « monde sensible » à avancer. Il était en outre bien dangereux, en pays catholique, de s'opposer ouvertement aux Écritures saintes : Giordano Bruno ne croupissait-il pas dans les geôles de l'Inquisition pour avoir soutenu des idées astronomiques anticonformistes ?

Kepler était comblé, ou presque. Dans son livre, il avait appelé le lecteur au débat, non seulement autour de son hypothèse, mais aussi de sa méthode. Et c'était surtout autour de celle-ci que les éloges pleuvaient. Avant lui, depuis Ptolémée et jusqu'à Tycho inclus, les astronomes n'étaient que des cartographes, des botanistes des étoiles. On décrivait, on répertoriait, on cherchait la signification de ces mouvements, ces oppositions, ces conjonctions. Leur signification, mais pas leurs causes. C'était là que le *Mystère* révolutionnait la pensée, et non dans la théorie des polyèdres, qui en valait bien une autre, mais qui avait au moins le mérite de donner une assise logique à la démarche keplérienne, à sa recherche de la causalité physique des phénomènes. La plupart de ses correspondants l'avaient compris. Maestlin répétait partout qu'avant Kepler on avait pris l'astronomie « à l'envers » et déclarait qu'il s'effaçait désormais derrière son disciple. Un peu partout, l'armée secrète de l'héliocentrisme se réveillait et le petit professeur de Graz en était devenu, sans le savoir, le général.

Kepler ne voyait pas les choses de façon aussi belliqueuse. Les idées devaient se polir en se frottant les unes aux autres, et non se heurter comme des silex ne provoquant qu'une étincelle éphémère. C'était une fratrie qu'il voulait, pas une armée. Et les correspondants dont il se sentait proche, il les appelait « cher humaniste », comme le padouan Galilée qui, hélas, l'avait laissé sans réponse après leur bref échange épistolaire.

Ursus, qui n'avait jamais daigné lui envoyer le moindre petit mot, avait publié l'unique lettre que Kepler lui avait adressée, deux ans auparavant, dans son nouvel ouvrage, au demeurant médiocre et n'apportant rien de nouveau. Venant de l'astronome personnel de l'empereur, la chose était malgré tout flatteuse et prouvait que sa renommée allait grandissant. Mais, à l'exception du culte que lui vouaient désormais le pasteur et le directeur du collège, il ne tira pas grand-chose d'autre qu'un peu de vanité passagère de la publication de sa lettre à Ursus.

Du côté de Tycho, malgré le dithyrambe dont Kepler avait accompagné l'envoi de son ouvrage, ce ne fut que silence. Il ne reçut, adressé par une main anonyme, que le dernier ouvrage du Danois, un catalogue de toutes les étoiles fixes qu'il avait observées. En le feuilletant, Kepler eut l'impression de visiter un de ces cabinets de curiosités où des princes se voulant érudits exposent des bizarreries et des monstres, moutons à cinq pattes, trèfles au même nombre de feuilles, pierres de lune, crânes d'ennemis réduits par des sauvages à la grosseur d'un poing, et autres choses qui ne servent qu'à donner des frissons. Le catalogue de Tycho était un leurre. Seules ses observations sur le mouvement des planètes sauraient démontrer la réalité ou l'inanité du système du monde selon Ptolémée, ou selon Copernic… ou selon Tycho.

Maintenant, parce qu'il échangeait volontiers ses découvertes avec de nombreux savants, Kepler comprenait pourquoi le Danois restait assis sur son trésor sans rien en faire. Parce que s'il livrait au monde cette somme considérable, il révélerait en même temps que son fameux système d'une Terre immobile en dessous des cinq autres planètes tournant autour d'un Soleil lui-même mobile était faux. Et Tycho le savait. Il savait aussi que Copernic avait raison. Tycho n'était pas seulement un avare, Tycho était un tricheur. Kepler, lui, était un joueur, et des meilleurs. Avec lui, les dés pipés, les cartes cachées dans la manche n'y pourraient rien. Il gagnerait. Mais il lui faudrait d'abord s'emparer du trésor. Et pour cela, défier Tycho face à face, en duel. Ce ne serait pas son nez qu'il lui arracherait, mais son œil, qui n'avait fait qu'observer sans jamais rien transmettre à son âme.

L'enfant qui grossissait le ventre de Barbara, la reconnaissance dont il faisait l'objet désormais un peu partout dans l'Europe savante le rendaient fort comme jamais. Son chemin de vie devenait une large allée menant au temple de la Vérité.

Et puis, Barbara accoucha d'un pauvre petit être qui, un mois durant, ne cessa de hurler la méningite qui lui tordait la cervelle, et ne se tut qu'en mourant. Barbara s'enfonça dans une prostration morne qui ne semblait même pas être du désespoir, se plaignant de mille maux dont elle faisait reproche à son mari. Johann, quant à lui, ne tomba pas dans ces fièvres qui le frappaient chaque fois que le sort s'acharnait sur lui. Le décès d'un nourrisson était un drame banal, qui frappait aussi bien les rois que les gueux. Alors, pourquoi le *mathematicus* des États de Styrie et son épouse seraient-ils épargnés ?

« Dieu ne fait rien sans motif », se dit-il. Puis, durant la veillée funèbre, sa méditation l'entraîna ailleurs, non vers l'infinie omnipotence divine, mais au fond de lui-même. Kepler plongea dans l'âme de Johann et se mit à naviguer dans sa mémoire, un marécage qu'il croyait lisse et uni comme une plaque d'étain. Des souvenirs qu'il avait crus perdus y flottaient, tels des nénuphars. Quand il voulait en cueillir un, il arrachait avec lui de longues racines aux mille ramifications, puisant très loin dans la fange de sa cervelle. La fleur rose sur sa collerette verte n'était que l'apparence du présent ; tous ces filaments noirs et boueux, c'était le passé, son père le déserteur, sa mère la harpie, et tous les autres, sa famille, ses professeurs, ses condisciples, et surtout ses péchés, à lui, Johann Kepler, qui l'avaient mené jusqu'à Graz, son Golgotha.

Il lui fallait trouver les causes de cette terrible punition. Il quitta la chambre et se rendit dans la grande pièce qui lui servait de cabinet de travail et de bibliothèque. Trouver les causes, de la même façon qu'il avait procédé pour le Mystère cosmographique. Mais cette fois, il n'avait plus ces outils fiables qu'étaient l'algèbre et la géométrie. Pour explorer le Mystère képlérographique, il n'avait que ces breloques que sont les signes du zodiaque, dont il savait, lui l'astrologue des États de Styrie, que ce n'étaient que charlataneries. Cependant, quel autre appareil de mesure utiliser que ces configurations planétaires correspondant aux dates de conception et de naissance, de lui, des siens et des événements petits et grands qui avaient jalonné sa vie ? Quels autres triangles ou polyèdres que ces mots chargés de symboles, lion, vierge, balance, maisons, pour trouver la raison de l'atroce punition qu'il subissait maintenant ?

Après l'enterrement, Kepler connut un regain de vigueur, d'appétit de travail et d'étude. Étude de la lumière, de la chute des corps, études aussi de musicologie, depuis qu'il s'était procuré le traité du père de son correspondant italien Galilée. Mais surtout, durant tout l'été, il cisela, tailla et retailla son autoportrait horoscopique, au fur et à mesure que les souvenirs affluaient à sa mémoire. Il n'y cherchait plus la raison pour laquelle Dieu lui avait enlevé son enfant ; il avait vite compris que la nature seule était responsable, en faisant la longue liste des enfants mort-nés ou en bas âge dont sa mère et ses grands-mères avaient accouché. Et lui-même, le prématuré, lui qui avait été moribond jusqu'à l'âge de sept ans, pourquoi avait-il survécu, dans quel but ? Cette quête le rendit fort ; douloureusement lucide, mais fort.

Bien des années plus tard, j'ai eu le privilège d'être parmi les rares personnes à entendre Kepler nous lire cet horoscope sans indulgence qu'il s'était servi à lui-même. Il en riait, et les autres avec lui. Moi, je sentais les larmes me piquer les yeux. Cela me faisait penser à ces tableaux de Jérôme Bosch, ses « saint Antoine » méditant au milieu d'un monde peuplé de monstres obscènes. Tant chez le peintre que chez l'astronome, il fallait déceler, dans le foisonnement de symboles, codes et mystères, la part de l'ironie. La part du jeu, tout simplement. « Naturellement, moi aussi je joue avec les symboles, me confia Kepler, mais je joue de telle façon que je n'oublie pas que je suis en train de jouer. Car on ne prouve rien, on ne découvre aucun secret du monde par des symboles. »

46

Un matin d'octobre, la grille des Paradies était gardée par deux soldats. Un petit attroupement s'était fait autour d'un panonceau. Johann Kepler vit un peu à l'écart le directeur enlaçant son épouse en sanglots.

— Que se passe-t-il ?

— Hélas, mon frère, hélas. Le collège a été fermé par décret de l'archiduc. Professeurs et vicaires réformés ont huit jours soit pour se convertir, soit pour quitter la Styrie.

— Mais… Je croyais que Ferdinand guerroyait en Hongrie. Et le gouverneur ? Et le conseiller aulique ?

— Tous deux sont à Prague pour assister à je ne sais quel conseil impérial. Les chats ne sont pas là et ces rats noirs de jésuites en ont profité pour faire leur sale coup.

— Qu'allons-nous faire, alors ?

— Partir. Nous n'attendions plus que vous pour nous réunir au temple, avant qu'il ne soit fermé lui aussi.

Et il ajouta, avec un triste sourire, sa sempiternelle remarque :

— Mais, comme d'habitude, cher Kepler, vous êtes en retard.

Le temple était noir de monde. Même ceux des réformés qui n'étaient pas concernés par la mesure d'expulsion – médecins, négociants, artisans – avaient tenu à être présents, solidaires et graves. Mme la directrice avait séché ses larmes. En revanche, pas le moindre hobereau luthérien de Styrie n'avait daigné se déplacer.

— Le Seigneur dit à Moïse : « Va ! Parle à Pharaon ! Qu'il laisse partir les fils d'Israël de son pays ! »

Ainsi commença le prêche exalté du révérend Daniel Hitzler, un jeune pasteur qui officiait de l'autre côté de la ville : Schubert, trop impliqué dans cette expulsion par sa fonction de professeur de théologie au collège, avait préféré lui laisser la parole. Kepler songea que cette référence à l'Exode n'était pas la plus appropriée : le Pharaon de Styrie ne retenait pas le peuple réformé, il le chassait ; ou du moins ses chefs religieux et ses enseignants, espérant ainsi que, privés de leur conscience, les autres se convertiraient.

Le discours du prêcheur devint bientôt un appel à l'exil massif. Mais Hitzler n'était pas Moïse. D'ailleurs, vers quelle terre promise voulait-il les entraîner ?

— C'est bien joli, ce qu'il dit, le révérend, mais je ne vais pas quitter la terre de mes aïeux pour lui faire plaisir.

Kepler tourna la tête. Son beau-père, le meunier Mulleck, avait grommelé cela à son oreille, reflétant sans doute l'opinion de la majorité de l'assemblée, qui commençait à murmurer. Hitzler le perçut, car il poursuivit avec des intonations fanatiques :

— Quand nous aurons tous quitté ce pays, les sept plaies d'Égypte le frapperont : plus de médecins pour soigner ses enfants, plus de paysans pour récolter son blé, plus de marchands pour lui apporter la prospérité et la richesse. Alors, tel Pharaon, Exode 14-5, l'archiduc gémira : « Qu'avons-nous fait là ? Nous avons laissé Israël quitter notre service. »

— Et Pharaon offrira mes moulins à l'un de ses moines ou de ses Italiens, compléta Mulleck.

Kepler approuva de la tête. Tel était très évidemment le but recherché par les jésuites. Hitzler acheva son prêche, moustache hérissée, mèche en bataille, enivré par son verbe, en appelant au vote de ceux qui voulaient le suivre. Il s'attendait à voir se lever une forêt de bras. Il n'y eut qu'un bosquet, celui des plus démunis, qui n'avaient pas grand-chose à perdre en quittant le pays. Le jeune pasteur devint rouge de colère. Kepler décida d'intervenir.

— Mes frères, je suis moi aussi, comme tous les professeurs du collège, frappé par cette mesure infâme. Mais je ne partirai pas. Non que je cherche le martyre, mais mon statut de *mathematicus* des États de Styrie et la mince renommée que me donne mon petit ouvrage me permettront peut-être de faire revenir la Diète sur cette décision inique. Je propose que nos frères contraints à l'exil aillent se réfugier à Linz, parmi les nôtres, le temps qu'il sera nécessaire. Le gouverneur et le conseiller aulique ne tarderont pas à revenir de Prague. En attendant…

— En attendant, tu es le bienvenu chez moi, mon gendre, dit Mulleck en lui posant la main sur l'épaule.

— Et c'est sans doute toi, Kepler, qui remplira pendant ce temps ma mission pastorale ? vitupéra un Hitzler sarcastique. Comptes-tu leur prêcher l'Évangile selon Copernic ?

Johann haussa les épaules et répliqua :

— Les premiers chrétiens n'avaient pas besoin d'une moitié de maîtrise en théologie obtenue à l'université d'Offenbach pour communier.

L'assemblée éclata de rire à cette repartie. Les esprits s'échauffaient. Schubert décida d'intervenir et de mettre aux voix la proposition de son ami. À l'exception de Hitzler et de quelques autres exaltés, tous l'approuvèrent.

« Je suis décidément un indécrottable imbécile, songea Kepler en revenant chez lui dans la carriole de son beau-père. Moi qui, depuis quatre ans que je vis ici, ne rêve qu'à m'en évader, voilà que je me porte volontaire pour y rester, dans les pires conditions. »

Il s'installa donc avec sa famille dans la belle demeure hors les murs du meunier. Barbara y retrouva un peu de vigueur et un regain de tendresse pour son époux. Si Kepler n'avait pas détesté la campagne, qui provoquait en lui démangeaisons et éternuements, si un homme aussi farouchement libre que lui n'avait pas eu le sentiment de vivre dans la totale dépendance du meunier Mulleck, s'il n'avait pas été aussi loin de sa bibliothèque, de ses papiers et de l'hôtel des postes, alors, peut-être, durant ce mois de septembre-là, Kepler aurait été heureux. Mais la recherche du bonheur n'était pas son principal souci.

Au début octobre, enfin, un messager à la livrée de l'archiduc vint lui remettre un pli. Ferdinand le rappelait à ses devoirs de *mathematicus* des États et lui enjoignait de publier les éphémérides de l'année 1599, avec, bien sûr à la clé, menace de blâme et d'amende. Les éphémérides ! Kepler en serait mort de rire s'il n'avait cru en crever de rage. Il revint donc à Graz et se rendit au palais ducal. Comme il s'y attendait, et bien qu'il eût été convoqué en audience, Ferdinand était absent. Il chassait. L'huissier le guida jusqu'à une petite salle où l'attendaient le gouverneur et le baron Hoffman. Pas de greffier, pas de jésuite, seulement un laquais qui servait à boire aux deux plus importants personnages de Styrie, derrière le Habsbourg évidemment.

Au contraire de l'espèce de procès qui s'était tenu contre lui deux ans auparavant, l'entretien se déroula cette fois comme une rencontre entre amis. Le gouverneur exposa d'abord la situation : le supérieur des jésuites de Graz, principal conseiller de Ferdinand, avait fait fermer le collège des Paradies et expulser ses enseignants. L'affaire avait fait grand bruit, jusqu'à l'empereur. Un tel incident pouvait mettre en péril la fragile paix d'Augsbourg entre réformés et catholiques. On était arrivé à un compromis : les bannis pourraient revenir, mais le collège resterait fermé.

— Les Paradies ne sont pourtant pas un sérieux concurrent de la faculté des jésuites, objecta Kepler. Et me voilà plus pauvre que Job sur son fumier.

— Le plus amusant, poursuivit le gouverneur à qui ces contingences matérielles étaient complètement étrangères, le plus amusant est que ce compromis a eu lieu grâce à vous, cher Kepler.

— À moi ?

— Oui, quand j'ai fait valoir à Son Altesse qu'elle tenait en vous le meilleur astrologue de tout l'empire. Vos éphémérides, n'est-ce pas… Pourtant, je ne sais pas ce que vous lui avez fait, mais Ferdinand vous déteste plus encore que le sultan.

— Mais… il ne m'a jamais rencontré. *Le Mystère cosmographique* lui aurait-il déplu ?

— Pour cela, intervint Hoffman, encore aurait-il fallu que Son Altesse apprît…

— Apprît quoi ?

— À lire, pardi !

Les deux barons s'esclaffèrent. Kepler, lui, n'ébaucha qu'une grimace. Non seulement il avait perdu la moitié de ses gains annuels, mais en plus, son employeur, l'un des princes les plus puissants de l'Empire, le haïssait.

Après avoir quitté ses amis, Kepler passa par l'hôtel des postes où son courrier l'attendait depuis un mois. Parmi les nombreuses lettres de ses correspondants habituels, une grande enveloppe rouge : Tycho Brahé, enfin. Il rentra précipitamment à la maison. Mais, devant le pas de la porte, il s'aperçut qu'il avait laissé les clés chez son beau-père, ne sachant pas alors s'il sortirait libre du palais ducal. Deux heures de marche ! Puis le chargement des bagages, le retour, l'installation, les criailleries de Barbara à propos d'une malle qui devrait aller ici et pas là. La paix de la bibliothèque, enfin. Non, pas encore. Barbara surgit dans la pièce :

— Qu'est-ce qui te ferait plaisir pour manger, mon chéri ? Une bonne soupe au chou à ma façon, cela te va ?

Alors, Kepler explosa :

— Une soupe à la merde, si ça te chante ! Qu'on me foute un peu la paix, à la fin !

— Mais pourquoi es-tu si méchant ? Et tous ces gros mots ! Je voulais seulement savoir ce que tu voulais…

Et la voilà qui se met à sangloter. Se lever, la prendre dans ses bras, lui expliquer avec des mots simples que l'on doit lire des lettres très importantes, s'entendre répliquer, parmi les reniflements, le sempiternel « je suis trop bête pour comprendre ces choses », protester que non tout en étant convaincu du contraire, la chasser doucement de la pièce en posant sa main sur la fesse rebondie, revenir à la table de travail, bourrelé de remords. Tycho…

C'était une très longue lettre, s'excusant d'abord du retard pris avant de remercier Kepler pour l'envoi de son livre. Puis le Danois saluait l'ingéniosité du *Mys-*

tère cosmographique, en critiquait quelques passages et invitait son auteur à appliquer sa théorie des polyèdres à son propre système. Cela fit sourire Kepler, qui avait compris depuis belle lurette pourquoi le Danois gardait pour lui seul ses observations sur les planètes. Il nota en marge : « Voilà ce que je pense de Tycho ; il nage dans les richesses, mais il ne sait pas se servir de ce qu'il a, comme c'est le cas de la plupart des riches. Il faut donc essayer de lui dérober ses richesses, et moi-même, modestement, je jouerai mon rôle, pour que ses observations soient divulguées de manière complète. »

Il y avait un post-scriptum. De façon incompréhensible, le ton changeait, et après la chaleureuse courtoisie du reste de la lettre, Tycho se faisait péremptoire. Il ordonnait carrément à Kepler de cesser immédiatement toute relation avec Ursus, qu'il traitait de plagiaire, et de refuser à l'avenir de laisser paraître quoi que ce soit dans un ouvrage de l'astronome impérial.

Avant de répondre, Kepler ouvrit quelques autres lettres, dont une de Maestlin. Celui-ci lui racontait que « Tyrannyco », comme il appelait le despote des étoiles, lui avait écrit à propos de la publication par Ursus du compliment commis par Johann deux ans auparavant. Le Danois avait fini par se persuader qu'il était la victime d'un vaste complot mené par le roi du Danemark et comprenant, en vrac, Ursus, Maestlin et bien d'autres, dont ce nouveau venu, Kepler.

Tycho était un fauve, d'autant plus dangereux que son exil l'avait blessé. Kepler l'imaginait, tapi dans ce château de Wandsbek d'où sa lettre était partie, veillant en grondant sur le gras gibier qu'il avait capturé, incapable de le manger, mais refusant de le partager. Le lion irait chercher un autre antre, Prague, quand l'ours serait dépecé par ses crocs. « Eh bien, dans ce bestiaire, se dit Kepler, je serai le renard. Je m'emparerai par la ruse du gibier de Tycho, et le partagerai avec tous, au grand banquet de la Vérité cosmique. »

Il lui fallait ruser, mais il ne voulait pas s'aplatir : naïveté, manque d'expérience, jeunesse, telles seraient les excuses avec lesquelles il jouerait. Il prit sa plume de latiniste gourmet pour expliquer qu'il avait été dupé par Ursus quand celui-ci avait affirmé, dans ses *Fondements de l'astronomie*, avoir découvert des règles de trigonométrie qui se trouvaient déjà dans Euclide et Regiomontanus. *Mon esprit bouillait, fondait de joie à la découverte que je venais de faire. Si dans le désir égoïste de le flatter, je laissai échapper des paroles qui dépassaient l'opinion que j'avais de lui*… « et que je vais me hâter de te servir à ton tour », jubilait-il, *c'est à mettre sur le compte du caractère impulsif de la jeunesse*… « Et de l'ignorance que j'avais de vos puériles querelles », s'abstint-il d'ajouter… *La nullité que j'étais cherchait un homme célèbre pour louer ma découverte*… « Tycho ou Ursus, pour moi, c'est du pareil au même. As-tu un jour, comme moi, gros Danois plein de bière, compté les miettes de pain restant dans un buffet vide ? » Et il poursuivit ses explications de façon tellement biscornue qu'on pouvait y lire tout et son contraire. En somme, il usa du même langage que dans ses prédictions horoscopiques, où chacun pouvait lire ce qui lui convenait.

Barbara était à nouveau enceinte, et la mégère réapparut sous la grosse benoîte. Elle comprit que tout, dans ce foyer, dépendait d'elle. La vie à venir, mais aussi celle de tous les jours, qui bouillait dans la marmite ou pétillait dans la cheminée. Johann, lui, ne sortait plus de sa bibliothèque depuis que le collège était fermé.

Il s'adonnait avec délices à la chronologie biblique, recoupant les événements racontés par le Livre avec les phénomènes célestes relatés par les Anciens, éclipses, comètes, configurations planétaires… Ces spéculations tenaient plus des plaisirs du jeu que de la théologie. C'était Dieu qui l'invitait à sa table, pour jouer de la mécanique astrale, de la musique des sphères et des Nombres de l'Ancien Testament. Parfois, seulement, il allait au château pour s'entretenir avec quelqu'un de ces messieurs les Grands ; parfois, l'un d'entre eux venait le visiter et ils jargonnaient en latin ; ou encore, quand la nuit était belle, il la passait à la minoterie pour y chercher des diableries dans les étoiles. Mais, pour Barbara, Johann ne travaillait pas, puisqu'il ne rapportait pas d'argent à la maison. Alors, elle se sentit plus puissante que lui : sa dot lui donnait le pouvoir. Certes, elle ne lésinait pas sur la nourriture, car elle-même s'empiffrait de charcuteries et de gâteaux ; elle apportait un grand soin à sa toilette et à la propreté de ses vêtements, pour tenir son rang et ne subir aucune humiliation devant un illustre visiteur. Mais pour l'encre, le papier, les livres, les frais de poste, elle lui refusait la moindre pièce avant qu'il ne justifie les raisons de ces dépenses inutiles. Comme le caractère de Kepler n'était pas non plus des plus souples, l'ancienne demeure du trésorier-payeur se mit à résonner de cris. Excédé, Johann finit par trouver la bonne méthode pour obtenir son argent ou simplement avoir la paix : lui parler comme à un enfant, lui faire la leçon comme à une écolière. Elle l'écoutait alors en fronçant les sourcils, bouche entrebâillée. Puis son œil se voilait, elle fondait en larmes et s'enfuyait en répétant :

— Je suis trop bête, je suis trop bête !

Alors, quelque peu hypocrite, il protestait :

— Mais je n'ai jamais dit cela, voyons !

La tactique fonctionnait chaque fois. Elle partait en cuisine et se vengeait sur la servante, en l'accusant de tourner autour de son époux. Car en plus elle était jalouse !

47

Ainsi passa l'hiver, puis le printemps 1598. La situation devenait de plus en plus difficile pour les réformés. Les derniers fidèles, dont Kepler, se rendaient pour communier au manoir du baron Hoffman, à deux lieues hors de Graz. Mais ils étaient tenus, quand ils revenaient aux portes de la ville, de payer l'octroi. Ce n'était pas seulement pour afficher sa foi et embarrasser les jésuites que Kepler se rendait au manoir : même si Hoffman était rarement là, courrier et nouvelles l'y attendaient, car l'hôtel des postes n'était plus sûr.

Le conseiller aulique fut pourtant présent à la fin de l'année 1598. Il devait représenter l'empereur auprès de Ferdinand pour les cérémonies du Noël catholique, puis auprès des réformés, pour bien marquer que Rodolphe gardait encore sous sa protection tous ses sujets, de quelque confession qu'ils fussent.

— Mais ça ne saurait durer, raconta Hoffman à Kepler lors du banquet qu'il avait offert aux notables luthériens de Styrie. Sa Majesté cherche en ce moment à élaborer un édit de tolérance, sur le modèle de celui que vient de promulguer Henri IV de France, mais qui concernerait les trois religions.

— Quoi, s'exclama Barbara, une alliance avec le Grand Turc ?

— Certes non, belle dame, la troisième religion en question est celle des enfants d'Abraham, et non de Mahomet !

— Les juifs ! Seigneur ! gémit Mme Kepler avant de s'écrier : Aïe, Johann, fais attention où tu mets les pieds, tu viens de m'écraser l'orteil !

— Vous disiez, monsieur le baron, que ça ne saurait durer, intervint Kepler pour tenter de calmer la colère contre son épouse qui montait en lui.

— Oui, car dans cette révision du traité d'Augsbourg, les négociations avec Rome sont d'une grande âpreté. Les jésuites font mine de lâcher Prague aux extravagances impériales, mais veulent en échange toute l'Autriche, selon les prescriptions d'Augsbourg : un État, un prince, une religion. Et, à moins que je devienne papiste, je ne donne pas cher de ma charge de conseiller aulique.

— Ils vont donc nous expulser à nouveau ?

— L'archiduc Ferdinand a fait sienne la fameuse phrase d'Isabelle la Catholique à propos des juifs d'Espagne : « Un tiers se convertira, un tiers partira, un tiers périra. » Mes frères, préparez-vous au martyre ou bouclez vos malles.

— Hélas ! Où irons-nous ? gémit Barbara.

Johann se pencha à l'oreille de sa femme et lui chuchota rapidement :

— Je t'en supplie, tais-toi. Il s'agit de nos vies et de celles de nos enfants.

— Le cas de votre époux, douce dame, répliqua le baron, a été lui aussi débattu, tant à Prâââgue qu'à Graz. Il paraît que les jésuites se font fort de vous ramener à eux, mon bon Kepler, pour que vous deveniez le plus papiste des *mathematicus* de Styrie.

— C'est absurde ! Jamais je ne trahirai les miens.

— Nous le savons, cher ami. L'empereur, de son côté, a beaucoup apprécié votre *Mystère cosmographique*, mais…

— L'empereur ! s'exclama Barbara.

— … mais avant de vous faire venir à Prague, il attend l'avis de Tycho.

Kepler n'avait eu, quelques mois auparavant, qu'une brève réponse du Danois, plein de condescendance et faisant mine de prendre pour des excuses ses explications sur « l'affaire Ursus ».

— Tycho, pour le moment, poursuivit le baron, ne songe qu'à ses intérêts. Ayant enfin compris que son roi Christian ne lui rendrait plus son île, il a levé le siège du Danemark, je veux dire qu'il a quitté le château de Wandsbek avant que son hôte ne l'étrangle, lui et sa tribu, en octobre dernier. Je me flatte d'être à l'origine de cette décision. Une fois Ursus chassé, il a consenti à se rendre à Prââââgue. Il n'y est toujours pas. Une rumeur de peste, et le voilà à Wittenberg, à disséquer des cadavres humains avec le docteur Jessenius…

— Quelle horreur !

— Barbara, par pitié, tais-toi ! Cette rumeur de peste, avait-elle quelque fondement ?

— Dans les bas quartiers, peut-être. Une fièvre populacière plus qu'autre chose. Le bruit courait que les juifs ou les lépreux empoisonnaient les puits… Cela n'a pas empêché Tycho d'envoyer Tengnagel et son fils aîné au palais impérial pour faire monter les enchères. Il exige maintenant que Sa Majesté lui offre un endroit loin de la ville pour y reconstruire un nouvel Uraniborg. Rodolphe est prêt à accepter, mais ses conseillers restent réticents, compte tenu de l'état des finances impériales. Ce n'est qu'une question de temps. Rassurez-vous, Tycho aimerait beaucoup vous avoir à ses côtés. Tous ses assistants l'ont lâché. Il les tue sous lui comme une estafette ses chevaux. Reste encore le fidèle Longomontanus, mais il paraît que le roi du Danemark lui a fait des offres très alléchantes. De plus, votre épouse ne pourrait faire ce long voyage, dans l'état où elle est, avant de nous avoir donné un joli petit *mathematicus* tout rose et braillard à souhait.

Comme le baron Hoffman l'avait prévu, un nouveau décret d'expulsion frappa, cette fois-ci, tous les réformés de la capitale styrienne. Pour les campagnes, on verrait plus tard. Dans un grand élan de charité chrétienne, l'archiduc les autorisait à attendre les premiers beaux jours pour déguerpir. Début avril 1599, la cité de Graz pouvait se vanter de n'avoir plus qu'un seul luthérien dans ses murs : Johann Kepler. En l'autorisant à rester, les jésuites l'isolaient de ses coreligionnaires et alimentaient la rumeur que l'auteur du *Mystère cosmographique* allait bientôt s'agenouiller devant la Vierge Marie. Il enseignerait toutes les théories qu'il voudrait dans la petite faculté catholique de Graz, comme le faisait à l'université de Padoue son homologue Galilée, dont la copie des deux lettres à Kepler et leurs réponses avaient été soigneusement classées dans les archives de l'Inquisition à Rome.

Au début de l'été 1599, Barbara mit au monde une petite fille dont l'agonie dura trente-cinq jours. Johann n'eut même pas le temps de ressentir du chagrin. L'accouchement avait été difficile et Barbara était restée alitée durant ces trente-cinq jours-là. Leur nouvelle servante les avait quittés. Le médecin, qui venait de se convertir au catholicisme et qui vivait de l'autre côté de la ville, mettait une évidente mauvaise volonté à venir au chevet de la mère et du nourrisson.

Le lendemain du décès, Kepler sortit de la ville et, après deux heures de marche, atteignit une cabane de berger perdue dans la montagne, où s'était réfugié le pasteur Hitzler, avec qui le *mathematicus* avait eu une sévère passe d'armes lors de la fermeture des Paradies, l'an passé. Kepler supplia le pasteur de venir enterrer son enfant selon le rite réformé. Hitzler y consentit seulement après que Johann eut fait une confession complète de toutes ses fautes.

Ils arrivèrent aux portes de la ville à la nuit tombée. Ils firent le détour par la propriété du meunier. Mulleck avait été parmi les premiers à devenir papiste. Son gendre ne lui en avait pas tenu rigueur, et l'avait même approuvé quand le bonhomme était venu le consulter. Se convertir sous la contrainte est comme avouer sous la torture : le bourreau seul est coupable. Mulleck, pour montrer qu'il n'était pas un lâche, exigea d'assister aux funérailles de sa petite-fille, et déclara qu'il paierait le fossoyeur.

La nuit même, les funérailles du nourrisson eurent lieu dans la partie réformée du cimetière que les jésuites n'avaient pas encore eu le temps de faire labourer. Barbara, soutenue par son père et son mari, gémissait doucement, tandis que la petite Régine avait glissé sa menotte dans la main de Kepler.

Trois jours après, un sergent vint chercher Kepler en lui signifiant qu'il était convoqué au palais de justice. Encadré par une phalange de soldats, le *mathematicus* y fut mené comme un malfaiteur pris sur le fait. En chemin, le sous-officier lui chuchota que c'était le fossoyeur qui l'avait dénoncé. Il dut attendre une bonne heure dans l'antichambre du tribunal, coincé entre un voleur de poules et deux fermiers qui continuaient de se chamailler à voix basse à propos de la réparation d'un mur mitoyen. Pour n'importe quelle autre affaire, le *mathematicus* des États de Styrie serait passé avant tout le monde. Mais il s'agissait là de l'humilier. Enfin, il pénétra dans la salle d'audience, toujours escorté par le sergent et son escouade. Naturellement, il connaissait bien les membres du tribunal : tous les notables de la ville s'arrachaient naguère le brillant causeur qu'il était, l'astrologue qui faisait d'aussi exactes prévisions.

Le greffier lut l'acte d'accusation : Kepler avait organisé clandestinement des funérailles selon les rituels de la religion réformée. Kepler reconnut les faits et entama un plaidoyer pour la liberté de conscience et de culte. Le procureur l'interrompit : de tels talents d'orateur pouvaient devenir dangereux. Jouant la clémence, il ne réclama qu'une forte amende, et non la prison. Kepler repartit qu'il ne pourrait jamais payer une telle somme, et qu'il vaudrait mieux l'enfermer, ce qui le mettrait dans l'impossibilité de rédiger des éphémérides d'une grande importance : celles de l'an 1600. L'argument fit mouche. L'amende fut baissée à dix thalers et le *mathematicus* put sortir libre du tribunal.

Alors, la folie frôla Kepler de son aile. Obligé de rédiger les éphémérides, il chercha partout des signes annonçant des catastrophes qui inaugureraient le nouveau siècle : invasion turque, peste et fléaux ; bref, l'apocalypse. Il lui était interdit de sortir des murs de la ville, mais son beau-père, lui, n'avait aucun souci pour circuler à son aise pour livrer ses farines. En plus du courrier que son gendre avait fait suivre chez lui, par prudence, il lui rapportait les rumeurs les plus folles colportées par les paysans venus lui confier leur blé en ces temps de moissons. On disait que les arbres se desséchaient, rongés par les vers, qu'une épidémie de dysenterie frappait tous les enfants en bas âge, et d'autres signes annonciateurs de calamités pires encore. Kepler, qui avait perdu toute lucidité, y crut dur comme fer. Ce fut pire encore quand le meunier lui raconta qu'un voyageur fuyant devant l'offensive annuelle des Ottomans avait prétendu qu'en Hongrie, on voyait partout des croix sanglantes apparaître sur les portes, les bancs, les murs, et même les corps humains. Dès qu'il fut seul, Kepler s'examina sous toutes les coutures, et bien sûr il décela une petite tache cruciforme rouge sous son pied gauche, juste à l'endroit où le clou fut enfoncé dans la chair du Christ. Il s'effondra dans un fauteuil et resta de longues heures à attendre que des taches de sang germent au creux de ses paumes. Les larmes lui coulaient le long des joues.

Comme aucun stigmate n'apparut sur ses mains déformées, il sortit de sa prostration et se décida à ouvrir la lettre de Maestlin que le meunier lui avait communiquée. Le professeur de Tübingen était tout joyeux. Sa jeune épouse, Helena, venait de lui donner un enfant. À la lecture de cette nouvelle, Kepler ne ressentit ni envie ni amertume : Maestlin était fait pour le bonheur, Kepler pour le martyre. C'était dans l'ordre des choses. Il commença sa réponse par un horoscope très favorable au nouveau-né de son ancien maître, persuadé que cela lui plairait, et oublieux que Maestlin était au moins aussi sceptique que lui en matière d'astrologie individuelle. Puis il lui raconta la mort de sa petite fille, égrena les oracles et les signes annonçant pour la Styrie les pires calamités, et se perdit dans le délire : « Comme la vessie l'urine, les montagnes sécrètent des fleuves ; et comme le corps produit des excréments à l'odeur soufrée et des vents qui peuvent même s'enflammer, de même la Terre produit du soufre, des feux souterrains, des tonnerres, des éclairs. » Enfin, il décrivit avec précision le stigmate qu'il croyait avoir au pied. Sûr alors d'avoir apitoyé son correspondant, il formula sa demande. Certes, il ne sollicitait pas Maestlin pour un emploi à l'université, non, bien sûr, mais la vie était-elle plus ou moins chère qu'en Styrie, demandait-il en agrémentant son propos de lourdes plaisanteries : « *En ce qui concerne la charcuterie car ma femme n'a pas l'habitude de vivre de pois chiches.* » C'était lamentable, et cela aurait dû alerter Maestlin, de même que les délires christiques de son ami. Mais la lettre de Kepler, avec son horoscope tout rose pour son enfant et le reste tout noir, lui arriva au plus mauvais moment : sa fille venait de mourir, elle aussi.

Puis Kepler sombra. Une fois rédigées et imprimées les éphémérides de l'an 1600, d'une noirceur à désespérer le plus sceptique de ses lecteurs, il se sentit incapable d'écrire un seul mot, de lire une seule phrase. Tout l'épuisait, à commencer par lui-même. Et Barbara, grosse harpie vitupérante, qui non seulement lui reprochait de ne pas rapporter d'argent à la maison, mais encore le tenait responsable de la mort de ses deux enfants. Un jour, au cours d'un dispute particulièrement virulente, Kepler, découragé, finit par lui donner raison. Alors elle entra dans une grande fureur et jeta une pile d'assiettes sur le sol. Au bruit de la faïence brisée apparut brutalement dans la cervelle de Kepler la vision nette de l'auberge de son enfance, son père et sa mère, nés sous des étoiles hargneuses, ivres tous deux et se donnant des gifles dans un tohu-bohu de vaisselle cassée. Il s'en fut en sanglotant dans la bibliothèque, tandis que la voix de Barbara le poursuivait de ses reproches.

Les semaines défilèrent comme un éternel crépuscule. Le monde semblait l'avoir oublié. Durant les cinq mois qu'il resta encore à Graz, il ne reçut qu'une lettre, celle de Maestlin lui annonçant la mort de son enfant et l'encourageant à aller jusqu'au bout de son martyre. Pris d'un élan de compassion, Kepler tenta de consoler le professeur de Tübingen de son deuil, comme s'il était plus terrible que ceux qu'il avait subis. Et il attendit la mort. Viendrait-elle des fièvres et des douleurs qui le harcelaient sans cesse ? Viendrait-elle des bûchers qui se dressaient un peu partout en pays catholique et sur lequel allait monter le pauvre Giordano Bruno, après sept ans de geôle et de torture ?

Quand vint le dernier Noël catholique du XVIe siècle, alors que toute la ville, enfouie sous un épais tapis de neige, s'illuminait de torches et de lampions, seule la maison de Kepler resta close et plongée dans l'obscurité. Tous les citoyens de Styrie étant censés être revenus à la foi catholique, il aurait dû se rendre en famille à la messe du quartier qui lui avait été désigné comme sa paroisse. Il avait tenté, le matin, de quitter la ville avec Barbara et Régine, pour se rendre chez son beau-père, mais les gardes l'en empêchèrent. Il était assigné à résidence dans l'enceinte de la cité. Alors, tandis que sonnaient, à minuit, les cloches des nombreuses églises de Graz, et malgré les supplications de son épouse, il resta cloîtré. Puis tout s'apaisa et la ville s'endormit. Seul au cœur de la nuit, Kepler veillait, éclairé par une seule bougie, car Barbara cachait les autres dans une armoire dont elle seule avait la clé. Il corrigeait sans cesse l'autoportrait sous forme d'horoscope qu'il avait dressé plus de vingt mois auparavant, après la mort de son premier enfant. Il n'arrivait pas à comprendre pourquoi il en était arrivé là.

48

La porte d'entrée résonna de violents coups de marteau. « Eh bien, se dit Kepler, ils n'ont pas tardé à venir me chercher. » Son cœur battit plus fort, ses mains tremblaient, mais il sentit que son âme était ferme. Il jeta un œil dans la chambre de Régine. L'enfant dormait paisiblement en tétant son pouce, malgré ses huit ans, et Johann songea qu'un jour il faudrait lui enlever cette mauvaise habitude. Un jour… S'il sortait de prison pour se rendre autre part qu'à son supplice. En passant devant sa chambre, il entendit les ronflements de Barbara : « Dors en paix, ma bonne grosse, murmura-t-il. Tu seras bientôt une troisième fois veuve. Et je ne suis pas sûr que tu en seras chagrinée. » Il fit glisser le judas en grommelant :

— Cessez donc ce vacarme, vous allez réveiller ma famille.

Il eut la surprise de reconnaître dans l'encadrement le visage du baron Hoffman. Il poussa à la hâte les serrures. Hoffman entra précipitamment en grelottant :

— Quel froid ! Avez-vous un endroit où remiser mes voitures, faire dormir mes chevaux et mes gens ?

— Sans doute… Les voitures dans l'arrière-cour, les chevaux dans l'écurie et vos hommes au grenier. L'endroit est assez chaud.

— Ils se contenteront de l'écurie. Me laisserez-vous entrer maintenant ? Par tous les diables, on se gèle dans cette baraque. Renato, occupe-toi du feu ! Et vous, mon bon Johann, vous reste-t-il un peu de cet alcool de cerise que distille si bien votre beau-père ?

Kepler chuchota à l'oreille du domestique dénommé Renato que le bûcher se trouvait derrière la cuisine, mais qu'il lui faudrait forcer la serrure. Puis il introduisit le baron dans le salon. Tandis que celui-ci s'affalait dans un fauteuil, il tordit le plus discrètement possible le petit cadenas de la cave à liqueurs pour le faire sauter.

— Il n'y a pas que vous, mon cher, ricana le baron, à avoir égaré vos clés. Ma résidence à Graz a été mise sous scellés, les portes de la ville sont fermées depuis midi. Impossible de me rendre dans mon manoir. M'offrirez-vous l'hospitalité ?

— C'est pour moi le plus grand des honneurs. Je vais réveiller mon épouse pour qu'elle vous dresse un lit et…

— Laissez-la donc. Il se pourrait bien que cette nuit soit la dernière avant longtemps où elle pourra dormir en paix.

— Mais que se passe-t-il ?

— Eh bien, mon cher, depuis minuit, je ne suis plus rien. Ferdinand a obtenu ma radiation de ma charge de conseiller aulique. Non seulement je ne représente plus l'empereur dans mon pays natal, mais en plus mes biens ancestraux en Styrie sont confisqués. Je suis ruiné. Ou du moins je le serai au premier jour du siècle prochain, selon le calendrier grégorien. Comme me l'a prophétisé mon astrologue Valentin Otho : « Le XVIIe siècle sera papiste ou ne sera pas. » Quoi qu'il en soit, nous devrons quitter la région avant le premier de l'an.

— Nous ?

— Bien sûr, vous et moi ! N'avez-vous pas reçu un courrier de Tycho ?

— Je n'ai rien reçu de personne depuis bientôt trois mois. Comme si j'étais mort aux yeux de tous.

— Allons donc ! À Prague, on ne parle que de vous. À Graz, également, car croyez-moi, nos amis jésuites ne vous ont pas oublié, loin de là : ils se délectent de toutes les lettres que vous recevez, et partagent leur lecture avec leurs collègues romains du Saint-Office.

— Que me dit Tycho ?

— Qu'il vous attend. Tenez, j'ai réussi à avoir une copie.

Le baron sortit de sa poche une feuille et lut : « Je voudrais que vous veniez ici non point contraint par l'adversité, mais de votre propre volonté et mû par le désir de travailler avec moi. Mais quelles que soient vos raisons, vous trouverez en moi un ami qui ne refusera pas ses conseils et son aide dans l'adversité, et qui sera prêt à vous assister. Et si vous venez bientôt nous trouverons peut-être des moyens pour que vous soyez, vous et votre famille, mieux pourvus dans l'avenir. »

Un an auparavant, Kepler aurait bondi de joie et aurait demandé à partir sur-le-champ. Mais maintenant, lui qui s'était préparé à mourir à Graz à l'orée de ce XVIIe siècle, il ne voyait plus que les dangers et les peines d'un tel voyage. Plus de cent cinquante lieues à parcourir, en plein hiver, lui et les siens n'y survivraient pas. Et puis, abandonner derrière lui tous ses travaux sur la lumière, la musique, la chronologie biblique… Pour aller où ? Pour donner quel avenir à la petite Régine ? Et Barbara, à la cour impériale…

— Kepler, vous n'êtes pas raisonnable. On ne peut emmener une femme et une enfant dans un tel voyage d'hiver. Vous ne les ferez venir à Prague qu'aux beaux jours, une fois que vous serez bien installé dans le château que Sa Majesté a offert à Tycho. Benatky, qu'on appelle la Venise de Bohême.

— Mais ce serait un abandon ! L'archiduc se vengera sur elles de ma fuite. Les jésuites…

— Je puis vous garantir qu'il n'en sera rien. Tout ce que la politique connaît d'observateurs affirme que Rome ne lâchera pas ses meutes d'inquisiteurs avant l'été.

Le lendemain matin, après quelques heures de sommeil, Hoffman dut batailler ferme pour arracher Kepler à sa résignation. Le baron eut en Barbara une alliée inattendue, non qu'elle approuvât ce départ, bien au contraire. Elle pleurait, elle criait, la mousse lui venait à la commissure des lèvres. Hoffman diagnostiqua dans son for intérieur qu'elle était atteinte du haut mal. Son mari, lui, était pitoyable. N'importe qui d'autre n'aurait toléré une minute une telle attitude venant de sa femme. Mais il semblait ne rien écouter, ne rien voir. Jusqu'au moment où, se jetant à genoux, elle lança vers le plafond cette prière geignarde :

— Pardonne-moi, Seigneur, mais tu ne nous laisses pas le choix : pour sauver ma fille, nous irons à la messe, nous baiserons les pieds de l'antéchrist de Rome, nous deviendrons papistes. Mon père ne l'est-il pas devenu ?

Kepler se redressa d'un coup et, pointant un index vindicatif vers son épouse prosternée, clama :

— Cela, jamais, Barbara, tu m'entends, jamais ! La croyance luthérienne m'a été enseignée par mes parents, je l'ai assumée par des recherches répétées et je m'y tiens. Je n'ai pas appris l'hypocrisie. Sors de cette pièce, pauvre femme, et laisse le baron et moi-même préparer notre départ, loin de tes cris et de tes plaintes !

Jamais son mari ne lui avait parlé avec un tel ton d'autorité. D'ordinaire, il usait de sarcasmes méchants auxquels elle répondait par des injures et des pleurs. Estomaquée par ce changement, consciente aussi de s'être humiliée devant leur noble visiteur, elle s'en fut dans sa chambre. Les deux hommes restèrent cloîtrés dans la grande maison une semaine durant. Seule Barbara sortait acheter le pain, car leur dernière domestique avait fui cet enfer depuis longtemps. Cependant, dans la bibliothèque, Hoffman aidait Kepler à classer et emballer ses manuscrits, ses lettres et tout ce qu'il avait entassé durant ses cinq années de séjour à Graz.

Le baron fut ébloui et satisfait de lui-même : il n'avait pas protégé en vain, durant tout ce temps, le petit professeur. Cet homme d'apparence fragile, dont on pouvait redouter qu'il se brise comme verre à la moindre contrariété, avait une pensée puissante, universelle, aussi solide que droite, sûre d'elle-même et de l'étendue de son génie, mais sans indulgence ni complaisance pour ses erreurs, ses tâtonnements, ses doutes. Hoffman en avait pourtant rencontré beaucoup, des philosophes, des mathématiciens, des artistes, des poètes ; et non des moindres. Il les avait observés, questionnés, écoutés, décelant à chaque fois leur principale faiblesse : une immense vanité. Kepler en était dépourvu. Alors, le baron Johann Friedrich von Hoffman, dont la lignée remontait aux seigneurs de Steyr, fondateurs de la province, se prit d'une admiration sans réserve pour le fils de l'aubergiste.

Ils n'eurent pas besoin du zodiaque pour déterminer la date de leur fuite : le 1er janvier 1600 du calendrier grégorien à 6 heures du matin. Ils feraient d'abord un détour pour aller déposer discrètement Barbara et Régine chez Mulleck, où elles seraient plus en sécurité qu'en ville.

Le jour était encore loin de poindre derrière les montagnes, et la ville n'était pas près de se réveiller. Même les cloches des églises ne sonnaient plus les heures, leurs bedeaux cuvant leur vin, comme d'ailleurs toute la population de Graz, qui avait fêté jusque tard dans la nuit l'entrée dans un nouveau siècle avec cette frénésie mortifère que donne la peur de la fin des temps.

Un soldat à moitié endormi leur ouvrit la porte Nord sans prendre la peine de consulter leurs passeports. Ils quittèrent donc la ville sans encombre. Tout se passait comme prévu. Quand on s'apercevrait, à Graz, de la disparition du *mathematicus*, celui-ci serait loin.

— D'ailleurs, sourit Kepler, je ne suis pas sûr que l'archiduc cherchera à me poursuivre, en plein hiver. Lui et ses jésuites doivent être ravis d'être débarrassés de moi. Cela compensera leur blessure d'amour-propre d'avoir été bernés.

Il leva le rideau et le soleil levant éclaira son fin visage.

— Vous ne connaissez pas les grands de ce monde, répliqua Hoffman. La rancune est souvent tout ce qui leur sert de politique. En mécontentant Ferdinand, ce sont tous les Habsbourg que vous avez froissés. À l'exception de l'empereur Rodolphe, bien sûr. Mais Sa Majesté est-elle bien encore un Habsbourg ?

— Bah ! Je ne sais plus quel philosophe a dit qu'on ne reconnaît la valeur d'un homme qu'à la puissance de ses ennemis.

Sous la couverture qui couvrait entièrement Barbara, on entendit un soupir à fendre l'âme.

— Père, quand arrive-t-on chez grand-papa ? questionna Régine, qui s'était nichée sous le bras de Johann.

— Dans une heure à peu près. Mais quand je reviendrai vous chercher, au printemps, ton voyage durera aussi longtemps que celui des argonautes. Veux-tu que je te raconte la légende de Jason parti conquérir la Toison d'or ?

— Un jour, jolie amazone, tu raconteras celle de Kepler allant s'emparer du trésor de Tycho, ajouta le baron Hoffman.

— Qui est donc ce Tycho, dont vous parlez tout le temps, monsieur le baron ? demanda la petite fille.

— Tycho, c'est le Goliath de l'astronomie. Et ton père, mon enfant, c'est le roi David.

49

Le château de Benatky s'élevait sur une butte dominant une plaine régulièrement inondée par la rivière Jyzera. La cité qu'il dominait était à l'origine un village du nom de Obodr. Mais le seigneur qui en avait pris possession, un petit siècle auparavant, lui avait trouvé, de retour d'un voyage en Italie, de grandes similitudes avec la Sérénissime. L'eau, sans doute… Aussi rebaptisa-t-il l'endroit du nom de Benatky, qui veut dire Venise en langue de Bohême. Il reconstruisit son château à la mode de la cité des Doges, bâtit dans le village un système de canaux, y lança au-dessus des passerelles en pierres ouvragées, et ouvrit même une place Saint-Marc en miniature, avec son campanile.

La Venise bohémienne n'était encore qu'une ébauche de son illustre modèle lorsque l'empereur Rodolphe décida d'installer sa capitale à Prague. Dans sa passion des arts et de la beauté, il acheta Benatky, pour que l'ancien hameau de Obodr devienne réellement sa Venise à lui.

Quand enfin Tycho consentit à devenir *mathematicus* de Rodolphe II, celui-ci le reçut à Prague tête nue, lui parlant latin. L'affaire fit grand scandale. Le maître de l'antique Saint Empire romain germanique n'aurait dû réserver cet accueil qu'à Sa Sainteté. Mais Tycho n'était-il pas le pape de l'astronomie? Et l'empereur n'en était pas à une excentricité près. Il passait des heures le pinceau en main, à tenter de percer les secrets du défunt Arcimboldo ou les mystères symboliques des toiles de Jérôme Bosch qui avaient hanté son enfance dans le sombre Escurial de son oncle Philippe II. Il passait ses nuits sur les terrasses de son palais, à chercher derrière un verre grossissant les habitants de la Lune, quand il ne partait pas, déguisé, dans le ghetto, s'entretenir avec le rabbin Loew qui avait réussi à réanimer le golem. Entre ces activités étranges pour un monarque, son peu de goût pour les choses de la politique, sa sympathie pour les savants protestants et les philosophes juifs, tous comptes faits, Rodolphe satisfaisait les jésuites et son frère Matthias : ils attendaient son premier faux pas pour le déposséder de ses couronnes. Tycho leur procurerait-il l'occasion? Avec la pension de trois mille florins que l'empereur lui avait consentie, le Danois s'était fait plus d'un ennemi parmi les conseillers, secrétaires et ministres : leur salaire n'atteignait pas la moitié de cette somme.

Tycho de son côté trouvait tout naturel d'être ainsi choyé et admiré. Il savourait en imagination la fureur du roi Christian du Danemark et laissait le soin à Tengnagel de traquer les intrigues des envieux.

L'idylle entre le monarque et l'astronome dura un mois. Puis il y eut une de ces récurrentes alertes à l'épidémie de peste, dont Prague était familière. Comme d'habitude, Rodolphe aurait dû se réfugier dans une de ses résidences d'été, suivi de sa cour d'astrologues, devins, alchimistes, guérisseurs, magiciens et peintres. Mais cette fois, il n'emmena que Tycho. Une fois l'alerte passée, ils revinrent à Prague où une rumeur commença à courir : le Danois avait sauvé l'empereur de la peste en lui composant un remède à sa façon. Et bientôt tous les apothicaires de la ville exposèrent en vitrine « l'Elixir de Tycho », avec sur l'étiquette le portrait de l'homme au nez d'or. Avec le produit de la vente, Tengnagel put s'acheter un joli manoir à la campagne où il se rendait fréquemment, en compagnie des filles de son bienfaiteur.

Cependant, l'empereur ne laissait pas à Tycho le moindre moment de répit. Il le voulait toujours à ses côtés, jour et nuit, pour lui faire partager ses peurs et ses angoisses, le protéger des spectres de Charles Quint et de Philippe II, quand ce n'était pas Charlemagne ou Alexandre, qui venaient lui tirer les pieds pendant son sommeil. Le Danois, lui-même hanté par ses propres fantômes, qu'il tentait d'étouffer sous l'alcool et le travail, ne savait comment se débarrasser de cette confiance enfantine que Rodolphe mettait en lui. Il essaya d'abord de lui faire les horoscopes les plus sombres, tant pour le monarque que pour son gouvernement. Il s'aperçut trop tard que l'empereur lui était reconnaissant de son intégrité, l'incitant même à noircir plus encore son avenir, tout en lui demandant des conseils sur la bonne marche de l'État.

Tycho prit peur : à force de prédire le malheur, ne finirait-il pas par l'attirer ? Il lui fallait desserrer l'étreinte, mettre quelques lieues entre l'empereur et lui. Il se plaignit alors de l'impossibilité dans laquelle il était d'installer un observatoire digne de ce nom à Prague, d'abord parce que ses instruments étaient toujours à Venusia, ensuite à cause des brumes s'élevant de la Moldau et des fumées montant des faubourgs. L'empereur proposa quelques-unes de ses résidences qui avaient l'avantage de n'être qu'à une ou deux heures de marche du palais. Tycho refusa. Il voulait Benatky, il voulait Venise, cette Venise qu'il n'avait jamais pu atteindre malgré ce que ses mensonges avaient laissé croire.

Quand la noblesse de Bohême apprit ses prétentions, ce fut un tollé général : qu'un étranger s'emparât du plus beau joyau de la patrie leur était odieux. L'empereur lui-même plaida que s'y dresserait un jour le plus grand observatoire du monde, ils ne furent pas convaincus. Quant à Tycho, il négocia avec le Trésor et concéda qu'on ne lui verse, du moins la première année, que la moitié de son dû. Les jésuites se frottaient les mains. Au mois de juillet 1599, Tycho s'installa à Benatky et les travaux commencèrent. L'imitation miniature du palais des doges dominant l'ancien village d'Obodr allait se transformer en copie d'Uraniborg.

— Eh bien, il n'a pas mis beaucoup de temps à rappliquer, le Kepler, s'esclaffa Tycho. Quarante jours après que je lui ai envoyé ma lettre !

— Cet homme-là doit avoir bien des choses à se faire pardonner, insinua Tyge, son fils aîné. Ses complots avec Ursus, par exemple.

Longomontanus, fidèle assistant du maître, eut du mal à ne pas hausser les épaules. À Venusia, Tycho lui avait ordonné d'inculquer quelques notions de mathématiques à son héritier et successeur désigné, mais l'astronome assistant s'était heurté à un mur de sottise et de suffisance. Il avait tenté de s'en plaindre à Tycho et faillit bien y perdre son emploi. Puis Tengnagel était arrivé. Le chevalier saxon avait subjugué le jeune Brahé, mais aussi son père et ses sœurs. Longomontanus en avait d'abord ressenti une certaine jalousie, vite compensée quand il s'aperçut que le nouveau venu le débarrassait de l'insupportable Tyge. Il put se consacrer entièrement à son travail. C'est ainsi qu'il lut *Le Mystère cosmographique*. Il en fut bouleversé, et convainquit Tycho qu'il s'agissait là d'une très grande œuvre.

— Il me semble, intervint-il, que notre Styrien a hâté son départ pour pouvoir observer en votre compagnie l'opposition de Mars et de Jupiter de la semaine prochaine, à laquelle succédera immédiatement une éclipse de Lune.

— Belle occasion de juger de ses capacités, renchérit le docteur Jessenius.

Jan Jesensky, alias Jessenius, avait hébergé Tycho à Wittenberg, où il professait la médecine. Quand le fameux exilé danois eut enfin consenti, moyennant la rente exorbitante de trois mille florins, à se rendre à Prague pour y devenir *mathematicus* impérial, Jessenius l'avait suivi : la cour de Rodolphe offrait des perspectives autrement plus alléchantes que la vieille université, et surtout ce médecin d'une quarantaine d'années y jouirait d'une liberté lui permettant de pratiquer sans risques l'anatomie sur des cadavres humains. Ce choix était le bon : on lui avait déjà promis, grâce à l'intercession de Tycho, la charge de doyen de l'université de Prague. Ce serait le couronnement de sa carrière et il se débarrasserait de la tutelle de son protecteur, qui en avait fait d'autorité son médecin personnel.

— Eh bien, c'est dit, déclara Tycho. Je me rendrai à Prague demain. Je suis très curieux de voir ce phénomène. Tengnagel, où est-il logé, déjà ?

— Chez le baron Hoffman, maître, qui vous avait rendu visite en Holstein. Mais…

Tengnagel n'avait pas pardonné à l'ancien conseiller aulique d'avoir démasqué en lui, sous l'apparence du junker pédant, le parasite et le fripon.

— Mais… on dit qu'Ursus, malade, sans un écu en poche, est revenu en ville. Où le porcher pourrait-il se réfugier ailleurs que sous les dentelles de son ancien élève, le très riche baron Hoffman, dont l'astrologue, dois-je le rappeler, n'est autre que Valentin Otho ?

En nommant l'ancien disciple de Rheticus, Tengnagel fit un gracieux geste de la main, qui se voulait efféminé. Seul Tyge éclata de rire. Jorgen, son cadet, intervint. À bientôt dix-sept ans, il se voulait sage et pondéré, puisque son aîné était étourdi et futile. Il n'était que sentencieux :

— Il faut soutirer le docteur Kepler à la néfaste influence de ces gens. C'est un provincial, n'est-ce pas ? Il ne doit pas être au fait des intrigues praguoises, et il se fera vite manipuler par tous ces ministres et ces jaloux qui complotent contre nous depuis notre venue en Bohême. Mon père, laissez-moi aller le chercher. Si vous vous retrouvez face à Ursus, je crains que vous le mettiez à mal.

— Tu as raison mon garçon. Je suis parfois trop impulsif. Mais toi, tu es trop jeune et influençable. Il ne faudrait pas longtemps pour qu'un Valentin Otho et un Kepler réunis te transforment en un copernicien convaincu.

— Ou pire encore ! rigola Tyge en répétant le geste efféminé de Tengnagel. Laissez-moi y aller, mon père, avec le chevalier. On va vous le ramener par la peau des fesses, votre petit prof de campagne !

— Il ne s'agit pas de cela !

Tycho eut un geste désabusé. Il commençait à se rendre compte que son fils aîné, en qui il avait mis tous ses espoirs, n'était qu'un fruit sec : un Brahé, pas un Tycho.

— Il ne s'agit pas de cela, répéta-t-il en sentant la colère monter en lui. J'ai besoin de la plume de Kepler. J'ai besoin de sa virtuosité à manier des idées, des hypothèses, à les mettre noir sur blanc. Moi qui suis l'architecte d'un nouveau système du monde, j'ai besoin pour l'ériger d'un maçon aussi habile que lui. Mais je ne veux pas qu'il serve à vos jeux, qu'il devienne l'assistant de Jeppe !

— Cela, je ne le permettrai pas ! fit une voix grinçante en dessous de la table bien garnie autour de laquelle Tycho réunissait son « Conseil ».

— Tais-toi, petit monstre informe ! lança-t-il en jetant un magistral coup de pied au bouffon.

Puis il se servit un verre de vin plein à ras bord, qu'il but d'un coup, à la régalade. Tycho avait toujours été un gros mangeur et un gros buveur, mais, depuis qu'il avait quitté le Danemark, sa gloutonnerie et son ivrognerie étaient devenues frénétiques. Un laquais le suivait partout, porteur toujours d'au moins une volaille et d'un pichet rempli, qu'il avalait comme par mégarde. C'était ainsi qu'il soignait sa nostalgie du pays natal et de son île perdue. Le pape de l'astronomie avait gardé jusqu'au bout l'espoir que le roi du Danemark le rappellerait. Quand il apprit que tous ses biens immobiliers avaient été confisqués par la couronne et que sa famille avait fait main basse sur le reste, il comprit enfin qu'il ne reverrait jamais son château d'Uranie. Et il se résigna à se mettre au service de l'empereur – ou plutôt de mettre l'empereur à son service. Tengnagel leva le doigt pour demander la parole.

— Je t'écoute, Franz, dit Tycho avec une grande douceur, toi qui es la seule personne à peu près sensée dans cette maison de fous. Avec Jeppe, bien sûr.

— Vous l'avez dit mieux que moi, maître, jamais, depuis Ptolémée, on n'a vu un aussi grand architecte du monde que vous. Mais de là-haut, vous ne pouvez voir la triste réalité d'ici-bas. Kepler, affirmez-vous, est un bon maçon. Peut-être… Quand bien même cela serait, il paraîtrait étrange que le maître d'œuvre aille à la rencontre de son manouvrier. Quoi, vous que Sa Majesté a accueilli lui-même en bas de votre cheval en ôtant son chapeau pour saluer l'empereur de l'astronomie, vous vous déplaceriez pour aller chercher un obscur petit professeur de Styrie ? Ah, je l'entends d'ici, le Kepler, se rengorgeant que le grand Tycho en personne a couru à lui ! Maître, vous connaissez mal les hommes et leur petitesse !

— Que proposes-tu, alors ?

— Laissez-le mariner un peu dans son jus avant de lui répondre. J'irai le chercher dans une petite semaine, en lui expliquant que vos travaux ne vous laissent pas le temps de vous déplacer. Après tout, n'est-ce pas par bonté d'âme que vous l'avez arraché aux griffes de l'Inquisition en l'invitant à venir vous rejoindre ? Il vous doit tout, vous ne lui devez rien. Donnez-moi huit jours et je vous dirai à quel genre d'homme vous avez affaire.

— Tu as raison, Franz, comme toujours. Mais es-tu certain que Kepler a rencontré Ursus ?

Tengnagel se mordit les lèvres. Il s'était trop avancé tout à l'heure pour exciter Tycho contre Kepler. Lui aussi avait lu *Le Mystère cosmographique* sans y comprendre grand-chose, à l'exception du puissant génie de son auteur. Dans ses lettres également que Tycho lui demandait de recopier, car il avait une belle écriture, il avait parfaitement reconnu, lui, le virtuose du double langage, l'ironie et les sens cachés sous la flatterie et les compliments convenus. Quoi qu'il vienne chercher auprès de Tycho, ce Kepler serait un adversaire redoutable, qui pourrait bien évincer Tengnagel dans le cœur du maître. Heureusement pour lui, celui qu'il appelait en lui-même « le petit crétin », Tyge, intervint et le sortit de l'embarras.

— Pour ce qui est d'Ursus, mon père, je m'en charge. Si ce gardien de porcs, vicieux et sournois, s'avise de croiser mon chemin, j'en ferai de la charcuterie !

Tycho sursauta. Son fils avait pris exactement le même ton que son propre père et ses ennemis de jadis, les Manderup Parsberg et autres brutes. Quel crime avait-il donc commis pour avoir de tels rejetons ? Un voyou, un hypocrite, une lesbienne et deux putains… Il n'y avait qu'Élisabeth, la sage, qui trouvait grâce en son cœur. Mais ce n'était qu'une fille. Il avait pourtant, dès leur conception, dressé d'eux un horoscope prometteur. Quant aux autres… Longomontanus, un calculateur appliqué, certes, mais terne, servile, incapable de prendre la moindre initiative. Quant à Tengnagel, il l'aimait, sûr que le chevalier saxon lui vouait un culte sans faille. Ses conseils se révélaient toujours pertinents et il tenait à la perfection son double rôle de secrétaire et d'intendant. Tycho regrettait seulement qu'il fût un aussi piètre mathématicien.

Tycho Brahé avait cinquante-trois ans. Il en avait consacré plus de trente à l'observation du ciel. Il contemplait maintenant cette accumulation de chiffres et de tableaux. C'était le travail de toute une vie. C'était énorme. C'était informe. Un amoncellement de briques, de colonnes, de dalles, de poutres, d'escaliers, de vitraux, tout pour ériger le temple de l'univers sur des bases concrètes, chiffrées. Mais il ne le pouvait pas. Et de toute façon il ne le voulait pas. Il avait peur. Peur que la mise en ordre de ce chaos ne révèle un chaos plus grand encore : l'infini de Giordano Bruno. Peur que ce temple enfin construit ne soit celui de Copernic, et non de Tycho.

Comme toujours à l'aube d'un siècle, en cet an 1600, une vague de mélancolie avait balayé la Chrétienté. Plus que tout autre, l'astronome danois y fut sensible. « À quoi bon ? se disait-il, en quoi ma vie a-t-elle été utile ? » Naturellement, le grand seigneur qu'il demeurait n'en laissait guère paraître, mais le plus fameux des exilés croulait sous la solitude, la nostalgie du pays perdu. « J'ai vécu caché dans ma patrie, déclara-t-il un jour à Tengnagel, alors que j'étais connu de toute la Terre. Quels immenses soucis, quels immenses obstacles ai-je assumés, à combien d'hommes ai-je découvert les mystères de la sagesse, combien en ai-je nourris longtemps à mes frais ! Et, pour cela, ô Dieu, il m'a été donné en remerciement de vivre exilé avec mes six enfants et leur mère ! »

Quand avait sonné l'heure de la disgrâce, toute la république des savants s'était détournée de lui. Et même maintenant que l'empereur lui avait offert ce château de Benatky où il pourrait reconstruire à sa guise un nouveau palais d'Uranie, on fuyait celui qu'on appelait, selon le mot de Maestlin, « Tyrannycho ». Quand enfin, sous l'insistance de Longomontanus, il avait consenti à lire *Le Mystère cosmographique*, malgré les préventions qu'il avait contre ce complice d'Ursus et de Maestlin, il avait compris que Kepler lui serait complémentaire : Tycho accumulait, Kepler bâtissait.

Parfaitement étranger à toute forme d'ironie, le Danois se persuada que les questionnements qui jalonnaient l'œuvre du professeur styrien étaient une marque de faiblesse. Il le ferait plier d'autant plus facilement que l'autre serait sous sa totale dépendance. Alors Tycho attendit, tel un gros chat roux tapi derrière une touffe d'herbe, croupe et moustache à peine frémissantes, que la musaraigne veuille bien venir à portée de sa patte.

Kepler s'était attendu à ce manège. Durant tout le voyage, Hoffman lui avait dépeint le Tycho qu'il avait visité jadis dans l'île de Venusia et celui qu'il avait rencontré dans le Holstein, puis lors de son installation à Benatky. Pour compléter ce portrait, Johann possédait également les souvenirs de jeunesse de Maestlin et l'horoscope du Danois. Il ne s'étonna donc pas d'attendre une semaine, dans la belle résidence praguoise du baron, avant d'avoir la visite de son fils et du dénommé Tengnagel. Ils ne lui adressèrent qu'à peine la parole, sinon pour l'inviter à les accompagner, ainsi que le baron Hoffman, à partager les plaisirs des bas-fonds de la cité, bordels et autres tavernes.

— À vrai dire, répondit Kepler, je préférerais observer avec l'astrologue du baron, Valentin Otho, cette conjonction et cette éclipse lunaire dont me prive votre maître Tycho.

En réalité, ces deux phénomènes, plutôt courants, ne l'intéressaient guère, sinon pour s'exercer à manipuler les instruments du baron avant d'affronter le jugement du pape de l'astronomie. En revanche, la conversation de l'ancien disciple de Rheticus le passionnait bien plus.

— Allez-y sans nous, visiter cette vieille chiffe, ricanèrent les autres.

À soixante ans, Valentin Otho était devenu un vieil excentrique dont l'esprit se perdait entre Hermès Trismégiste, la Kabbale, les mages babyloniens et les sectes ésotériques qui proliféraient dans la capitale de l'empire. Bref, il était devenu praguois.

Quelques jours après son installation à Prague, Kepler lui rendit visite. Mis en confiance, Otho l'emmena dans sa chambre avec des mines de conspirateur. Là, le vieil astrologue souleva son matelas et en sortit un livre grossièrement relié, noué par un ruban de jute. Il le tendit à Kepler.

— Voyez cela, dit-il, mais dans cette chambre. Ce document ne doit pas sortir d'ici. Rassurez-vous, je n'en veux pas à votre vertu.

— Mais je n'ai pas…

— Allons ! Je sais bien ce que tout le monde pense : on croit que les gens de mon espèce n'ont qu'une idée en tête, courir après tout ce qui porte poil au menton. Eh bien, c'est faux. D'ailleurs, vous n'êtes pas mon genre d'homme. Lisez plutôt.

Après avoir dénoué le ruban et ouvert la couverture en carton, Kepler faillit pousser un cri : il avait sous les yeux le manuscrit original des *Révolutions* de Copernic, celui que Rheticus, près de soixante ans auparavant, avait confié à l'imprimeur de Nuremberg, Petreius. Tout y était, les repentirs et les ultimes corrections du maître, les indications typographiques du disciple. N'y manquait qu'une chose, la préface où il était dit que l'héliocentrisme n'était qu'une hypothèse parmi d'autres.

— Elle n'y a jamais été, commença à expliquer Otho, car…

— Voici donc la preuve par l'absence de ce que me racontait Maestlin, l'interrompit Kepler. Ni Copernic ni Rheticus n'ont jamais rédigé cela, mais ce fourbe d'Osiander. Oh… Voilà qui est curieux. Dans l'hommage aux Anciens, le nom d'Aristarque de Samos est biffé. Le vieux chanoine aurait-il eu la vanité de laisser croire qu'il était le premier ? Décidément, ce grand homme avait bien des petitesses. Ces chiffres truqués, son refus de remercier Rheticus…

Otho sursauta comme s'il avait entendu un blasphème.

— Qui êtes-vous donc, monsieur, pour condamner sans jugement les grands hommes du passé ? Si Copernic n'a fait nulle mention de mon maître, c'était pour éviter de le mettre en danger. Ce temps-là était terrible. Un mot de trop pouvait vous valoir le bûcher. Vous ne pouvez pas imaginer cela, monsieur Kepler, vous qui vivez en une époque de tolérance, sous le règne magnanime de Rodolphe...

— Si vous le dites..., répliqua Kepler en songeant à Barbara et Régine laissées à Graz dans les griffes des jésuites.

Otho se mit à marcher en rond dans la chambre, longue barbe et chevelure blanche frémissantes.

— Vous êtes bien léger, mon garçon, de parler de chiffres truqués. Ni Copernic ni Rheticus ne possédaient les machines parfaites que votre riche ami Tycho et vous avez à votre disposition.

— Mon ami Tycho est en effet fort riche, approuva Kepler, hésitant entre le rire et la colère. N'importe lequel de ses instruments vaut plus que ma fortune et toute celle de ma famille ensemble !

— ... Quant à accuser Copernic d'ingratitude vis-à-vis des Anciens, c'est mon maître Rheticus, figurez-vous, qui a rayé Aristarque de cette liste, sans l'accord de l'auteur. Je le tiens de sa bouche. Et il a eu raison. Car, peu de temps après la parution des *Révolutions*, Melanchthon avait exhumé la copie de quelques papyrus du philosophe alexandrin où il évoquait l'héliocentrisme, plus de mille cinq cents ans avant Copernic et Rheticus, comme pour déprécier l'extraordinaire découverte du grand homme et de son disciple.

— Êtes-vous sûr que ce soit Melanchthon ? demanda Kepler d'un air faussement naïf.

— Bien sûr ! Le comparse de Luther a dû fouiner dans les affaires de mon maître, qui cachait dans un endroit secret l'unique exemplaire du texte d'Aristarque.

— Ah oui ! Cette fable du bâton d'Euclide dont Maestlin m'a rebattu les oreilles. Michael possède une imagination de poète, faute d'en avoir l'inspiration.

— Une fable ? Ainsi, Maestlin vous a révélé le grand secret ! Ce voleur, ce Judas qui, après avoir dérobé cette relique dans le temple copernicien de Frauenburg, a osé le revendre pour trente deniers ! Quand vous rencontrerez votre ami Tycho, observez bien la canne dont il ne se sépare jamais. C'est le bâton d'Euclide ! Quel mystère recèle-t-il ?

Kepler en eut assez de ce délire. Otho lui avait gâché son émerveillement de découvrir le manuscrit des *Révolutions*. Quand Tengnagel et Tyge consentiraient-ils enfin à le mener auprès de Tycho et de son trésor ? Pourquoi son temps était-il perdu par la faute de tant de fous ?

50

Après une semaine à avoir couru les tavernes, les cabarets et les salons huppés de Prague, Hoffman, Tengnagel et Tyge réapparurent dans la demeure du premier d'entre eux. Paupières violettes et yeux sanglants, teint jaune et mains tremblantes, leurs regards s'évitaient, honteux de leurs débauches. Ce fut Tengnagel qui décida, tel le pitoyable capitaine d'un équipage en fin de bordée, qu'ils partiraient la nuit même, avec Kepler, pour Benatky.

Après neuf lieues de route, ils arrivèrent au matin devant le château. Tyge et Tengnagel avaient dormi tout le temps du voyage, ce qui avait laissé à Kepler le temps de préparer cette rencontre qu'il redoutait et espérait tout à la fois.

Le château de Benatky était redevenu un chantier. Depuis six mois qu'il avait pris possession des lieux, Tycho entreprenait, aux frais de la couronne, des travaux qui lui permettraient d'installer les énormes instruments laissés au Danemark, dans des bâtiments qui n'avaient été conçus à l'origine que pour être une copie du palais des doges. Ce grand réaménagement se compliquait encore car il lui fallait prévoir une entrée et des appartements susceptibles d'accueillir à n'importe quel moment l'empereur et son train. Le château résonnait du martèlement des outils, du grincement des poulies, du grondement des murs s'effondrant en gravats, des ordres des contremaîtres, du chant des maçons et des peintres. En prenant bien garde à ne pas se faire écraser par un chariot empli de briques et en évitant les flaques de boue plâtreuses, Kepler songeait qu'il n'entrait pas ici dans le temple serein d'Uranie, mais dans les forges de Vulcain.

Sitôt descendus de voiture, Tengnagel et Tyge l'avaient laissé seul en haut des quelques marches du perron, sa petite malle à ses pieds. Pourquoi Tycho n'était-il pas venu l'accueillir ? Cherchait-il à l'humilier ? Cela ne ressemblait guère au ton paternel de ses lettres, mais plutôt aux portraits arrogants du grand seigneur tracés par Maestlin et Hoffman.

Un grand jeune homme blond de mine avenante, tout de noir vêtu, s'avança vers lui, main tendue, sourire aux lèvres. Il se présenta dans un latin hésitant :

— Bienvenue, Keplerus, au nouveau palais d'Uranie. Je suis Longomontanus, l'assistant astronome du maître. Tycho est désolé de ne pas te recevoir, mais il travaille avec son fils Jorgen et son médecin Jessenius dans son laboratoire d'alchimie. C'est à moi donc que revient l'honneur d'emmener l'admirable auteur du *Mystère cosmographique* jusqu'à ses appartements.

Pour ne pas avoir l'air d'écraser Longomontanus par sa supériorité en latin, Kepler le remercia du compliment en allemand, mais l'autre, en cherchant du regard pour savoir si quelqu'un ne les avait pas entendus, chuchota :

— En latin, maître Kepler, en latin, toute autre langue est interdite pour les aides du maître.

Les aides ! Eh bien soit, il jouerait le jeu.

L'appartement que Tycho lui avait réservé était situé au bout d'une aile du château : une grande chambre et une pièce meublée comme cabinet de travail. Certes, l'endroit était éloigné de l'aile où Tycho avait concentré l'ensemble de ses activités, mais cela lui aurait convenu parfaitement si les fenêtres n'étaient masquées par les échafaudages et si la courette en dessous n'avait servi de bivouac aux ouvriers.

Cependant, Longomontanus continuait de couvrir Kepler de compliments qui, visiblement, étaient sincères. Puis il ajouta en soupirant :

— Il était temps que vous arriviez. Depuis notre installation à Benatky, je suis seul à assister le maître. Et je ne m'en sors plus. Rendez-vous compte : je travaille tout à la fois sur les excentricités et les distances moyennes de la Lune et de Mars.

— Lourde tâche, je le reconnais. Mais le nombre extraordinaire d'observations collectées par Tycho depuis maintenant quarante ans doit vous la faciliter.

— Oui… Bien sûr… Mais… Les choses sont assez compliquées. Depuis notre départ du Danemark, nous n'avons cessé d'aller de lieu en lieu et…

— Je comprends. Eh bien, cher collègue, cela vous conviendrait-il si je vous déchargeais du fardeau martien ?

— Quel soulagement cela serait ! Mais seul le maître peut en décider.

Cette soumission était pitoyable. La vie de Longomontanus dépendait entièrement de Tycho. Kepler ne l'entendait pas ainsi. Pour le montrer à Longomontanus, il usa de son arme favorite, l'ironie :

— Quand Tycho daignera-t-il me recevoir afin que je lui rende mes hommages vassaliques ?

Pour toute réponse, son interlocuteur blêmit, ses yeux s'écarquillèrent et sa bouche s'ouvrit, tandis qu'une grosse voix rigolarde s'éleva derrière eux :

— Je ne t'en demande pas tant, Kepler. Que tu renonces à tes dieux Copernic et Ursus me suffira.

Kepler se retourna brusquement. Il fut surpris. Selon les nombreux portraits de Tycho qui circulaient partout, et ce que lui en avaient dit Maestlin et Hoffman, il s'était figuré le Danois comme un colosse cultivant des allures de dieu païen, Thor ou Odin. Il avait devant lui un gros bonhomme ventripotent et joufflu, qu'il jugea à peine plus grand que lui, dont le teint rubicond, couperosé, sous la longue moustache teinte en roux, apportait une nuance pittoresque à son habit vermillon. Quant au fameux nez postiche, Kepler le trouva plutôt comique, dans sa petitesse, son rose brillant sur lequel la fenêtre se reflétait. « On dirait un tavernier saxon », songea-t-il incongrûment. Mais son hôte possédait aussi ce regard bleu très pâle, perçant, cruel au-dessus des lourds cernes bistres, qui donnait envie de baisser les yeux. Kepler dut se forcer pour ne pas ciller et le soutenir jusqu'au moment où Tycho baissa les paupières. Était-ce bien une victoire ?

Tycho lui aussi fut surpris par l'aspect physique de Kepler. Son imagination avait hésité entre un Maestlin de vingt-huit ans, avec ses allures de faux brave garçon jovial, et Ursus, l'ours sombre et sournois. Ou encore, sous les traits d'un certain professeur en théologie qu'il avait rencontré à Wittenberg, petit homme rabougri dans sa toge noire, prêcheur aussi narquois qu'austère. Narquois, Kepler en avait toutes les apparences, avec ce perpétuel sourire masqué sous l'épaisse barbe noire laissant les joues glabres, soigneusement taillée et peignée, qui allongeait encore son visage émacié. Austère, ses habits auraient pu le laisser croire si, sous l'étole de renard, le col rabattu n'avait pas été de dentelles. Ce n'étaient certes pas des vêtements de la toute première jeunesse, mais on ne savait quoi dans la silhouette de celui qui les portait leur donnait une élégance coquette. L'homme était tellement mince et élancé qu'il parut à Tycho plus grand que lui. Ce qui inquiéta surtout le Danois, c'était ce regard très sombre et profond, qui faisait oublier les macules roses et les cratères de la petite vérole sur le visage pâle. Tycho, qui se flattait de juger les hommes sur un premier coup d'œil, ne savait cette fois s'il fallait aimer ou haïr celui-là. Il décida, pour le moment, de se contenter de s'en méfier.

Cet examen réciproque, comme celui de deux lutteurs de foire s'apprêtant à s'empoigner, n'avait duré que quelques secondes. Mais à un Longomontanus terrifié, il avait semblé durer une éternité. Il se rassura un peu en écoutant les banalités qu'ils échangèrent sur un ton apparemment amical :

— Ton logement te convient-il ? demanda Tycho.

— Parfaitement, quoiqu'un peu petit pour recevoir ma famille. Les travaux d'aménagement vont-ils durer longtemps ? Mon épouse est de la campagne et je crains que le vacarme des ouvriers nuise à son repos.

— Tu as une fille, c'est cela ? Mme Kepler donne-t-elle des nouveaux signes du poupon ?

— Je l'ignore, et je ne sais si je dois le souhaiter. Les deux enfants que nous avons eus ensemble sont morts au bout de quelques semaines. Je crains que Barbara ne se relève pas d'un troisième accouchement.

— Bah ! Moi aussi j'ai eu à subir ce genre de drame. Par trois fois. Et me voilà à la tête d'une belle descendance. Vous êtes jeunes, tous les deux. Patientez. Avais-tu fait l'horoscope de ces pauvres petits ? Dès la conception ?

— Sans doute, mais je dois posséder de piètres dons divinatoires. Je me suis trompé à chaque fois.

— Eh bien, je t'aiderai pour le prochain. J'ai trouvé une méthode infaillible, qui allie l'observation des astres et l'étude des nombres. Je te l'enseignerai, si tu veux. À ce propos, je dois te laisser. Sa Majesté attend mes prédictions du mois de février.

— Là, je peux t'aider, répliqua Kepler mis en confiance. J'ai tant commis d'éphémérides pour Ferdinand d'Autriche que j'ai fini par comprendre ce que les Princes attendent de nos prédictions. Nous nous amuserons bien. Cicéron ne disait-il pas que deux augures ne peuvent se regarder sans rire ?

Tycho eut un mouvement de recul. Son visage rond et inexpressif se plissa et une cicatrice apparut sur son front.

— Ne plaisante pas avec cela, Kepler. Ça porte malheur. Nous nous reverrons ce soir à souper. 20 h 30 exactement. Je ne souffre aucun retard.

Il tourna les talons et s'en fut en martelant le sol d'une grosse canne que Kepler n'avait pas remarquée jusque-là.

51

La table avait été dressée dans ce qui avait dû être jadis une salle des gardes. Malgré les deux grandes cheminées où ronflait un feu d'enfer, il y faisait très froid. Kepler était arrivé un peu avant l'heure dite, mais quinze bonnes minutes s'étaient écoulées et aucun des autres convives n'était apparu. Les domestiques avaient disposé quatorze couverts du même côté de la table afin sans doute que l'on bénéficie dans le dos de la chaleur du feu.

Enfin, Tycho entra, comme tiré par deux molosses noirs qu'il tenait en laisse, le fameux nain Jeppe à ses côtés et suivi par sa famille. Kepler s'avança en souriant, mais le maître de maison, l'air grave, fit comme s'il ne l'avait pas vu. Le Danois s'installa à la place du milieu, son fils aîné Tyge à sa droite, puis Tengnagel, ensuite une de ses filles, Longomontanus, une autre de ses filles et enfin, juché sur un haut tabouret sur le petit côté de la table, le nain. À sa gauche, le cadet Jorgen, Mme Brahé, un pasteur, une fille de Tycho, le docteur Jessenius, la fille cadette… Une fois qu'ils furent tous debout derrière leur chaise, un domestique désigna à Kepler la dernière place à l'extrémité gauche. Il avait assisté à cette entrée solennelle comme à une pièce de théâtre. Il en devenait l'acteur, mais le plus obscur.

Cette fois, la volonté de l'humilier était flagrante. Dans quel but ? Il crut avoir la réponse après la prière, quand Tycho s'adressa à son nain :

— Alors, Jeppe, quelle impression cela te fait de présider enfin à nos repas ?

— Présider, comme tu y vas ! Me voilà à la place du pauvre. Sans moi, vous auriez été treize, avec ce grand maigrichon du bout. Ursus les nourrit bien mal, ses cochons !

— Peste, oui, j'oubliais, clama Tycho. On m'a dit, Kepler, que tu avais rencontré ce plagiaire d'Ursus, à Prague.

— Peux-tu répéter ? D'où je suis placé, je t'entends mal ! mentit Kepler en criant plus que de raison.

— N'est pire sourd que celui qui ne veut entendre, hurla le nain de sa voix suraiguë. On te demande si tu as barboté dans la bauge du gardien de porcs, à Prague.

Toute la tablée éclata de rire. Les deux molosses se mirent à aboyer. D'un coup de poing sur la table, Tycho rétablit le silence.

— Alors, Kepler, as-tu ou non rencontré Ursus ?

Le professeur de Graz se connaissait trop, lui qui s'appelait lui-même, dans son horoscope, « le roquet ». Il se retint d'aboyer et d'une voix qu'il voulait posée, même si elle vibrait un peu trop à son goût :

— Non, je ne l'ai pas rencontré. Et quand bien même l'aurais-je fait, en quoi cela concerne cet homoncule ? Je suis venu ici pour rendre visite au plus grand astronome de ce temps. Et non pas un gnome tout droit sorti de la cour du roi Carnaval.

Tycho s'apprêta à répondre, mais resta bouche bée. Le petit prof lui tenait tête. Il n'avait pas peur de lui. Les autres convives étaient aussi stupéfaits qu'on ait osé traiter le Maître de roi Carnaval. Il lui fallait intervenir, avant que Tengnagel, en fougueux chevalier, ne mette à mal l'insolent. Quant à Jeppe, il était assez fin pour avoir compris qu'il valait mieux oublier un instant sa fonction de bouffon.

— Tu me plais, Kepler, dit alors Tycho. J'aime les gens qui ont du caractère. Nous allons faire du bon travail. Dès demain, nous nous remettrons à la tâche. J'ai pour idée de te faire mettre en ordre les excentricités et les distances moyennes des planètes, à l'exception de celles de Mars, dont Longomontanus a la charge.

Kepler se détendit. Il avait gagné la première escarmouche.

— C'est une véritable sinécure que tu m'offres là, tandis que notre collègue, puisqu'il s'occupe également de la Lune, se voit accablé de travaux pires que ceux d'Hercule.

— Depuis quand, Longomontanus, vas-tu te plaindre auprès des étrangers ? gronda Tycho.

— Pauvre assistant martyr, qui pleure son sort sur l'épaule du plus grand mathématicien de Graz et dépendances ! lança Jeppe.

Machinalement, Kepler brossa les poussières du chantier qui constellaient le haut de son habit noir. Cependant, Tycho continuait de tancer Longomontanus, lequel rougissait comme un collégien pris en faute par le recteur du réfectoire :

— Je ne t'ai pas payé des études à Wittenberg, je ne t'ai pas nourri et logé des années pour que tu ailles dévoiler mes secrets au premier venu…

— Mais ce n'est pas moi ! C'est Kepler !

Tycho tentait une manœuvre classique : diviser pour régner. Et ce naïf de Longomontanus tombait dans le piège. Kepler dut parer au plus pressé :

— Je suis en effet seul en cause. Par vanité, j'ai lancé à notre collègue un de ces défis stupides de bachelier : j'ai parié un bon repas avec lui que je résoudrais en une semaine le problème de l'orbite de Mars.

Il avait appuyé sur l'expression « notre collègue » pour montrer au maître de maison que, dans le domaine de l'astronomie, ils étaient tous trois égaux. Tycho éclata de rire, rassuré. Un pari !

— Un repas seulement, pour un tel défi ? Allons, un enjeu de cent florins ferait bien mieux l'affaire !

Kepler serra les dents. Où trouver une telle somme ? Car ce pari, il le perdrait. Il savait pertinemment qu'il n'arriverait jamais à déterminer la capricieuse orbite de Mars en aussi peu de temps, même si…

— … Si j'ai à ma disposition la somme fabuleuse de tes observations, je crois bien que Longomontanus sera ruiné.

Tycho ôta son nez, ouvrit une petite boîte en or qu'il avait posée auprès de son assiette. Son index y recueillit un peu d'onguent dont il enduisit l'intérieur du postiche. Du coin de l'œil, il observait Kepler. Celui-ci n'avait pas détourné le regard, au contraire de bien des gens, embarrassés par ce peu ragoûtant spectacle. Décidément, l'homme était courageux. À moins que sa myopie l'empêchât de voir le trou noir au milieu de la face rougeaude… Le Danois remit son appendice en place, vida d'un trait son verre de vin qu'un valet remplit aussitôt. Il s'essuya les lèvres et grommela :

— Ascension droite au 17 janvier 1600 à 23 heures 05, 9 heures 29 minutes, déclinaison 19 degrés 28, magnitude moins 1,1.

— Peux-tu répéter ? demanda Kepler. Ton nain a raison, je suis un peu dur d'oreille.

— Eh, je n'ai rien parié, moi. Il se fait tard. Le temps est couvert. Nous allons donc dormir. Messieurs, je veux vous voir tous debout demain à 5 heures. Je réorganiserai le travail en fonction de mon nouveau collaborateur.

Il se leva et s'en fut, suivi par sa famille. Ne restèrent que l'assistant astronome, le médecin et Kepler.

— Merci, cher collègue, dit Longomontanus, vous m'avez tiré une sacrée épine du pied. Mais… est-ce sérieux, ce pari ?

— Un instant, intervint le docteur Jessenius. Il y a là des oreilles qui traînent… Veux-tu bien déguerpir, sale petit espion, avant que je te jette dans la cheminée !

Jeppe, en effet, s'était caché sous la table.

— Tu as donc de vilaines choses à cacher, l'empoisonneur ?

— Déguerpis, te dis-je, si tu ne veux pas tâter de ma botte !

Le nain s'en fut en courant, de sa démarche roulante.

— Eh bien, docteur, vous ne vous êtes pas fait un ami, dit Kepler.

— Bah ! L'université de Prague rouvrira ses portes au printemps. Dans six semaines, j'aurai quitté cette maison de fous. Vous, en revanche, je crains que vous ne viviez l'enfer. J'ignore dans quelle estime vous tient Tycho. Mais les autres…

— Durant mon enfance, il y avait à l'auberge un chien méchant. Mon jeune frère en avait peur, et il s'est fait mordre plus d'une fois. Pour ma part, au lieu de le fuir, je m'avançais vers lui d'un pas lent, en dressant une badine. Le chien se couchait alors en gémissant et en remuant la queue.

Le médecin eut une moue dubitative. Quant à Longomontanus, il posa sa main sur l'épaule de Kepler. Il venait de comprendre qu'il n'avait pas en lui un rival, mais un allié.

La semaine qui suivit ne fut pas loin d'être l'enfer promis par le médecin. Les repas surtout, qui suivaient toujours le même cérémonial et duraient plusieurs heures. Tycho mangeait beaucoup et buvait plus encore. À midi, il finissait par somnoler, n'écoutant plus ce qui se disait autour de la table. Tengnagel provoquait alors le nain Jeppe pour qu'il lance des piques aussi venimeuses que vulgaires vers Kepler, sur sa maigreur, son petit appétit, sa mauvaise vue, ses mains toujours gantées. Le bouffon était intarissable à propos de prétendues amours sodomites avec le vieux Valentin Otho, où Ursus, bien sûr, avait son rôle. C'était bas, mais cela provoquait les rires des deux fils Brahé et des filles Sophie et Élisabeth, qui pouffaient derrière leurs mouchoirs. La mère, elle, ne disait rien, car si par malheur elle ouvrait la bouche, pour une question de service par exemple, son époux sortait de sa torpeur et lançait un tonitruant « Silence, femme ! » avant de retomber dans sa somnolence. L'aînée, Madeleine, se taisait aussi, mais avec un air d'écrasant mépris. Kepler n'avait droit qu'à la compassion de la benjamine Cécile, dix-huit ans bientôt, mais c'était pire encore et bien plus dangereux, car la pitié de la jeune fille s'accompagnait d'un pied lancé en dessous de la table ou d'un genou tentant de se poser contre sa cuisse. En évitant ces caresses, il se montrait bien plus héroïque qu'à essuyer sans plaintes les sarcasmes du nain. Cécile en effet était d'une beauté radieuse. Sa blondeur ruisselant le long de son cou de cygne, l'ovale parfait de son visage faisaient irrésistiblement penser à la Vénus de Botticelli, dont une reproduction lui avait donné tant d'émois, dans les nuits solitaires du collège de Maulbraun. Kepler n'était pas de bois, mais céder aux avances de la fille de Tycho aurait fortement risqué de compromettre la mission qu'il s'était impartie : s'emparer des observations sur Mars.

Au souper, c'était pire encore. Le maître de maison semblait s'éveiller au crépuscule. Était-ce la perspective d'une nuit d'observation ? Avait-il cuvé son vin dans le secret de son laboratoire d'alchimie ? En tout cas, il devenait taquin, à sa manière. Kepler et son pari étaient naturellement la cible de ses sarcasmes, au grand soulagement de Longomontanus, sa victime ordinaire. Pour l'aider dans ses calculs, il faisait mine de se montrer bon prince et lui lâchait comme en passant quelques informations, un jour le chiffre de l'apogée d'une planète, le lendemain les nœuds d'une autre, mais sur la planète rouge, jamais rien de tangible.

Chaque soir s'installait à la table un visiteur de marque, proche de l'empereur venu regarder le pape de l'astronomie à l'œuvre, mais aussi apprendre comment il dépensait les deniers publics. Tycho leur présentait Kepler comme son « deuxième assistant », sans le nommer. L'autre rongeait son frein et tentait de répondre par l'ironie aux lourdes blagues de son tourmenteur, de sorte qu'il eut bientôt le sentiment de remplacer un Jeppe silencieux au souper dans son rôle de bouffon. Il se trompait, car ces courtisans raffinés appréciaient mieux l'esprit du jeune roturier allemand que les lourdeurs de l'aristocrate danois, qui, en plus, grevait singulièrement les finances impériales. Et ils calculaient que l'obscur petit mathématicien aurait de bien moins grandes prétentions s'il venait à remplacer Tycho dans le cœur de Sa Majesté Rodolphe II…

Au bout d'une semaine d'humiliations, Kepler eut l'agréable surprise de voir s'installer entre Tyge et Mme Brahé le baron von Herberstein, gouverneur des États de Styrie. Après avoir présenté toute sa parentèle, puis le docteur Jessenius et Longomontanus, Tycho lança avec désinvolture :

— Et là-bas, en bout de table, mon deuxième assistant astronome, qui vient de perdre son pari de calculer en huit jours l'orbite de Mars.

— Je connais fort bien mon cher Kepler, répliqua le baron. Et je me flatte d'avoir gagné son estime. Durant les cinq ans qu'il fut le *mathematicus* des États de Styrie, il nous a dressé des éphémérides remarquables, selon les deux calendriers, et dont les prédictions ont toujours été d'une justesse étonnante.

Kepler remercia le baron d'un sourire complice. Tycho fut un instant dérouté. En une semaine, il s'était convaincu d'avoir trouvé un nouvel adjoint, plus brillant que Longomontanus, mais bien moins discipliné et qu'il fallait mater. Il eut la naïveté de s'étonner :

— J'ignorais que tu avais des compétences dans l'art astrologique. Tu m'avais dit ne pas croire à la divination par le zodiaque.

Kepler se crut enfin en position de force. Il haussa les épaules ostensiblement et dit avec un certain mépris :

— J'ai simplement tenté de t'expliquer que les mouvements des astres et leurs positions avaient certainement une grande influence sur le destin des hommes et des nations, car Dieu ne fait rien au hasard. Mais nous sommes encore trop ignorants des secrets de l'Univers pour nous aventurer à lire l'avenir comme dans un livre ouvert. Surtout quand il s'agit de nos pauvres destins individuels.

Tycho s'apprêtait à répondre quand son fils cadet Jorgen intervint en ricanant :

— Sauf le tien, petit professeur, de destin individuel ! « *Cet homme a en toutes choses une nature canine. Son apparence est celle d'un petit chien…* »

Kepler se dressa d'un bond, livide :

— Quoi ! On a osé fouiller dans mes papiers les plus intimes ? C'est indigne ! Procédés de basse police, de familiers de l'Inquisition !

Il ne se contrôlait plus, il bafouillait. Il sentit une poussée de fièvre monter en lui, et dépendre ainsi de son corps faisait monter encore plus haut sa colère.

— Je ne resterai pas une minute de plus dans cet antre de loups. Je m'en vais, Tycho, je t'abandonne à tes manies. Tu te moques d'Ursus parce qu'il était gardien de porcs. Mais lui, au moins, il savait quoi en faire, de ses cochons, tandis que toi, tu es assis sur ton trésor inutile, et…

Il vacilla. La tête lui tournait. Il enfouit son visage dans ses mains gantées. Le docteur Jessenius s'écria :

— Empêchez-le de tomber ! Il va se trouver mal !

Cécile le prit sous les bras en soupirant :

— Le pauvre ! Qu'il est léger, qu'il est maigre !

Il reprit connaissance, allongé sur son lit, dans sa chambre. Malgré le froid, il était inondé de sueur. Jessenius lui essuyait le front et Tycho lui tenait la main. Debout au pied du lit, le baron von Herberstein.

— Johann, mon vieux, chuchota Tycho en allemand, vous nous avez fait une de ces peurs…

— Ne vous inquiétez pas. Cela m'arrive quelquefois et j'ai dû prononcer dans mon délire des mots impardonnables.

— Non, c'est l'indiscrétion de Jorgen qui est impardonnable. Ce garçon est moins doué que son aîné pour les études et la philosophie. Alors, pour me complaire, il se prend parfois d'un zèle intempestif. Vous verrez, mon ami, quand vous aurez des fils, le poids des soucis est au moins aussi lourd que celui des joies. Ah,

Jorgen était au désespoir. Aussi, je lui ai demandé de partir au laboratoire afin d'y composer pour vous un élixir de mon cru qui a su remettre sur pied Sa Majesté Rodolphe en personne.

Kepler se prit à sourire :

— Quitte à être empoisonné, je préfère l'être par le docteur Jessenius. Lui au moins a les diplômes pour cela.

Tycho se signa vivement et bredouilla :

— Il ne faut pas dire des choses pareilles. Ça attire le malheur.

Kepler et Jessenius se regardèrent d'un air embarrassé. Le baron dit alors :

— Pardonnez-moi, Tycho, si je vous offense, mais je suis venu également à Benatky pour informer le plus renommé de mes administrés de choses inquiétantes qui se préparent dans mon gouvernement de Styrie.

— Cela vous honore au contraire, répliqua le Danois, un peu vexé quand même en s'apercevant que « le petit professeur » disposait d'appuis haut placés.

— Que se passe-t-il à Graz ? s'inquiéta Kepler. Ma famille ?

— Il vaudrait mieux que notre ami se repose un peu, intervint Jessenius.

— Je vous remercie, docteur, mais je connais bien ma pauvre carcasse. Je suis prêt à tout entendre.

— Eh bien, le décret n'a pas encore été signé par l'archiduc, dit le gouverneur de Styrie, mais je puis vous affirmer qu'à coup sûr, tous les luthériens non convertis devront quitter le pays avant le 31 juillet.

— Bah ! Ce ne sera jamais que la troisième fois, ironisa Kepler.

— Certes, mais la dernière. Rome a choisi cette date symbolique de 1600 pour lancer sa plus grande offensive. Par exemple, hier à Prague, j'ai appris que Giordano Bruno venait d'être enfin condamné à mort, après huit ans de cachot et de torture. Demain matin, peut-être, ce martyr de la philosophie montera sur le bûcher de Campo dei Fiori, après avoir eu la langue arrachée.

Il y eut un silence. Tycho s'était redressé et se dandinait d'une jambe sur l'autre. Il fit le geste d'ôter son nez, puis se retint : il avait oublié sa boîte d'onguent sur la table. Après Kepler, c'était maintenant Bruno qui était le centre de tous les intérêts. La chose était insupportable. Il se mit à grommeler :

— Il l'avait bien cherché, après tout. Quelle idée de revenir à Venise, alors qu'on le cherchait partout en Italie.

Puis il mentit pour se donner le beau rôle :

— Je lui avais pourtant proposé maintes fois de l'héberger à Uraniborg. Bruno ne m'a jamais répondu. Que Dieu le prenne en sa sainte garde, mais quand même, vous autres, coperniciens... On dirait que vous cherchez à attirer la foudre. Après avoir arraché la terre des hommes au centre du monde, voilà que vous brisez la sphère des étoiles fixes et que vous envoyez les astres dans un infini non figurable. Ne vous arrêterez-vous donc jamais ? Vous jetez des idées à tout vent, sans jamais les assurer par le calcul et l'observation.

— Encore faudrait-il, répliqua Kepler d'une voix faible, que ceux qui ont eu la fortune et le loisir d'accumuler ces observations en fassent bénéficier ceux qui...

— Tycho, Kepler, je vous en prie, coupa Jessenius, la chambre d'un malade ne convient pas à ce genre de débats.

— Vous avez raison, docteur. Je vais prendre deux ou trois jours de repos, et je repars à Graz chercher ma famille.

— Mais j'ai besoin de toi, moi ! s'exclama Tycho.

Un tel aveu venant d'un tel homme stupéfia le baron, qui comprit que, quoi qu'il en coûtât, il ne fallait pas interrompre cette rencontre entre les deux astronomes.

— Le décret d'expulsion ne sera pas appliqué avant la fin juillet, précisa-t-il. Cela nous laisse du temps. Je repars à Graz dans quelques jours. Soyez sûr, mon ami, que Barbara et Régine seront sous ma protection durant ces quelques mois.

— Et s'il le faut, renchérit Tycho pris d'un soudain héroïsme, j'irai moi-même les chercher.

52

Après une bonne nuit de sommeil, Kepler fut sur pied. Comme toujours, ses accès de fièvre étaient aussi brutaux que ses rétablissements. Au point que Tycho se demanda si le malaise de la veille au soir n'avait pas été une comédie. Jessenius lui affirma le contraire, forçant les choses en affirmant avoir craint que son nouveau patient ne passerait pas la nuit. Tycho soupçonna le médecin de complicité avec le malade, il fit néanmoins bonne figure.

Pour obtenir ce qu'il voulait de cet homme insaisissable, après le bâton, Tycho décida de manier la carotte. Il reçut Kepler seul, dans un cabinet dont il avait la clé et où il ne laissait jamais entrer personne. Il commença par le questionner longuement sur sa santé, puis sur la situation des luthériens en Styrie. Kepler répondit avec le plus grand sérieux. Alors ils négocièrent, pas à pas, tels des maquignons à la foire, jusqu'à l'accord final.

Tycho donnerait à Kepler la somme de ses observations sur Mars. En échange, ce dernier, de sa plume plus acerbe que celle de son hôte, rédigerait un pamphlet réfutant l'antériorité d'Ursus à propos du système géo-héliocentrique. Kepler accepta à l'unique condition qu'il n'ait pas à défendre le système en question, ce qui aurait été absurde et mal fait, argua-t-il, puisque ce n'était pas le sien. Une fois l'opuscule publié, Tycho lui confierait ses observations sur les cinq autres planètes, en échange de quoi Kepler entreprendrait un autre pamphlet sur l'astronome du roi Jacques d'Écosse, John Craig. Celui-ci venait de publier un petit ouvrage où il dénonçait avec beaucoup de virulence l'autre théorie de Tycho, sur les comètes, où le Danois démontrait que les astres vagabonds n'étaient pas des phénomènes sublunaires. Kepler se serait plus volontiers attelé à ce deuxième ouvrage, car il approuvait entièrement cette découverte majeure de son hôte. Mais les priorités de Tycho étaient autres : d'abord régler son compte à Ursus, ensuite celui du roi Jacques. Tycho était un noble : la vie n'était pour lui qu'une suite de duels, et il voulait la victoire.

Quand ils eurent conclu leur marché, Kepler tenta une plaisanterie en proposant à Tycho de se claquer dans la main, tels deux marchands à la foire. L'autre ébaucha un sourire condescendant, se leva lourdement de son fauteuil, saisit sa lourde canne en bois d'olivier, en dévissa le pommeau d'ivoire, et d'un geste théâtral fit sortir du bâton d'Euclide un rouleau de papier. Il le tendit à Kepler en déclarant d'un ton solennel :

— Je te confie l'ensemble de mes travaux sur Mars. C'est toute une part de ma vie que je te donne là. N'essaie pas de t'en servir pour démontrer ton hypothèse héliocentrique. Ce sont des faits, observés, répertoriés. Tous ces chiffres sont les plus exacts possible, et s'il y a des erreurs, infimes sans doute, elles sont dues à l'imperfection de mes instruments. Je n'ai jamais triché, moi, je n'ai jamais faussé la réalité physique pour la faire aller dans le sens de ce que je crois.

Jamais Tycho n'avait été aussi sincère, Kepler en fut convaincu. Ils étaient partis de deux pôles opposés,

Tycho de la physique, Kepler de la métaphysique. Ils ne pouvaient que se rencontrer. Réalité et Vérité allaient-elles enfin fusionner ?

Ils se quittèrent très contents l'un de l'autre. Tycho avait ce qu'il voulait : un calculateur hors pair et un bourreau de travail qui saurait mettre en ordre l'océan de chiffres dans lequel il s'était noyé. Et puis, enfin, il avait trouvé une plume. Depuis toujours, écrire lui faisait horreur. Non pas, comme il l'avait prétendu jadis, qu'il avait le sentiment de déroger à sa naissance, mais parce que mettre en forme figée, sur le papier, ses idées, qui pourtant s'énonçaient clairement dans sa tête, lui était impossible. Pour la *Stella Nova*, son chef-d'œuvre, après s'être longtemps fait prier, il avait travaillé avec Pratensis et la petite académie danoise, sûr que ces gens tairaient leur collaboration. Pour ses lettres, il les dictait à un secrétaire. Les poèmes gravés un peu partout dans les bâtiments de Venusia étaient de la composition de son ancien précepteur Vedel. Quand il avait quitté le Danemark, il n'avait plus pour le seconder, dans son écriture, que Longomontanus, exécutant scrupuleux, mais dépourvu de la flamme que Tycho voulait allumer en toute chose. Pour la poésie, il ne lui restait que Tengnagel, mais il avait conscience que les vers pompeux qu'il avait fait graver au fronton du château de Benatky étaient exécrables. Aussi, quand il avait lu *Le Mystère cosmographique*, ce n'était pas le fond, l'hypothèse des polyèdres, qui l'avait conquis, loin s'en fallait, mais le style déroutant, nouveau, et qui atteignait des sommets dans l'hymne à Yahvé qui concluait l'ouvrage. En Kepler, il avait trouvé tout à la fois un nouveau Pratensis et un nouveau Vedel.

Kepler, lui aussi, était sûr d'avoir fait une bonne affaire, même si, en rentrant dans son appartement, il s'aperçut que son hôte lui avait donné des tables martiennes incomplètes et dans le plus grand désordre. Tycho voulait sans doute jauger ses capacités. Quant à cette réfutation d'Ursus, il décida de faire traîner les choses en longueur. Hoffman lui avait raconté que l'ennemi de Tycho se mourait de désespoir d'avoir été évincé par l'empereur et remplacé par son ancien bourreau. Il suffisait d'attendre… Kepler n'imaginait pas que la vindicte du Danois pourrait se poursuivre dans l'au-delà : ses craintes superstitieuses, mais aussi un fond de clémence le lui interdiraient sûrement.

En cette fin de matinée, Kepler décida de se mettre à l'ouvrage. Il passa d'abord à l'office pour demander qu'on lui fasse une bonne flambée et qu'on lui serve une collation midi et soir dans son appartement. On lui répondit que « Madame en déciderait ». Puis il commença à examiner les colonnes de chiffres de Tycho, malgré le vacarme que faisaient les ouvriers, dont il voyait les pieds défiler sur l'échafaudage obstruant sa fenêtre. Par prudence, il entreprit dans un premier temps la fastidieuse tâche de copiste, le nez collé sur le papier. Avec son caractère fantasque, le Danois pourrait bien changer d'avis et lui reprendre cette part du trésor. Pour prévenir un nouveau caprice du maître, il lui fallait être prêt à insérer en cas d'urgence la copie dans un bâton d'Euclide improvisé, hauts-de-chausses d'Archimède ou chapeau de Hipparque.

— Le repas est servi et on vous attend impatiemment, monsieur Kepler.

Le valet était entré sans frapper, et personne n'avait donné une clé à Kepler.

— J'avais demandé qu'on me serve ici.

— Le seigneur exige que l'on soit toujours à sa table.

Si le seigneur l'exigeait... Très agacé, Kepler suivit le domestique, après avoir enfoui les quelques feuillets copiés à l'encre à peine sèche dans la poche intérieure de son manteau. Les convives étaient exactement à la même place que la veille. Kepler vint saluer Mme Brahé et lui présenta ses excuses pour son retard. Elle les accepta d'un vague sourire, paupières baissées. Tycho, lui, ne lui jeta pas un regard : il mangeait goulûment, le visage congestionné. À ses côtés, le baron Herberstein ne cachait pas son dégoût. Kepler s'assit.

— J'avais raison, lança le nain Jeppe, il est sourd, le petit prof. Il n'a même pas entendu la cloche. Il est vrai que les hiboux ne sortent que la nuit.

Kepler arracha rageusement les bésicles qu'il avait oubliées sur son nez. Personne n'ébaucha le moindre sourire. Le silence qui suivit n'était troublé que par le bruit de la mastication du maître de maison. Malgré le froid, il régnait dans la vaste salle des gardes comme la lourdeur d'un orage d'été qui ne veut pas éclater. Tengnagel tenta de crever le nuage.

— Je dois vous communiquer, monsieur Kepler, les lois qui régissent cette maison. Chacun doit s'y plier, à l'exception de nos invités, bien sûr, monsieur le baron. Le Maître exige de nous tous la plus grande ponctualité. Dès 6 heures du matin...

Suivit une fastidieuse énumération d'heures et d'activités qui ne laissait à ceux qui devaient s'y plier que très peu de liberté : deux heures après le repas de midi, pour laisser digérer Tycho, et la nuit, quand l'état du ciel ne permettait pas son observation.

Heureusement pour Kepler, durant les deux semaines qui suivirent, le temps fut exécrable. Certes, il était curieux de voir Tycho à la manœuvre de ses prodigieux instruments, encore que les plus grands de ceux-ci fussent encore au Danemark, mais il avait pour le moment plus urgent à faire de ses nuits. Tout en recopiant les données de Tycho sur Mars, il pouvait laisser son esprit battre la campagne, même si sa pensée suivait le chemin ouvert par sa main et ses yeux. En mettant en ordre ces chiffres, il prenait le même plaisir qu'à démonter et remonter la belle horloge de Graz laissée en héritage par le trésorier-payeur, deuxième mari de Barbara.

C'était ainsi qu'il faudrait procéder quand il aurait en main tout le trésor de Tycho. Comme on construit une mécanique avec des éléments épars, Dieu avait construit l'univers comme un horloger, pas comme un magicien. Et quel mécanicien aurait été assez stupide pour faire faire à l'un des éléments principaux de sa machine des mouvements irréguliers comme ces épicycles ? Pour reconstituer l'œuvre de l'Horloger, Kepler devrait écarter toute notion ayant trait à la métaphysique. Il lui faudrait en somme reprendre à néant toute l'astronomie. Tycho ne lui avait donné que quelques rouages de cette mécanique. Kepler obtiendrait le reste, non seulement de Mars mais aussi de la Lune. Pour les autres planètes, il y surseoirait. Pour la sphère des étoiles fixes – mais était-ce bien une sphère ? –, ce n'était que l'enveloppe, la peinture extérieure du temple.

Durant les pénibles repas imposés par le maître, Kepler tenta de lui arracher encore quelques données, en vain. Il essuyait alors les quolibets de Jeppe ou de Tengnagel sur son incapacité à résoudre la question de l'orbite martienne. Tycho, quant à lui, répondait avec la morne obstination de l'ivrogne que son nouvel assistant devrait achever le pamphlet contre Ursus avant d'obtenir quoi que ce soit.

Quand ils pouvaient parler sans témoin, Longomontanus tentait d'excuser son maître, affirmant que, depuis son départ du Danemark, il n'était plus le même. Cela confortait Kepler dans sa hâte d'obtenir ce qu'il voulait : si Tycho sombrait prématurément dans la sénilité, sa horde de loups ne laisserait pas une miette de son trésor au « petit chien », comme disait Jeppe, mais braderait au plus offrant ce dont ils ne pourraient se servir.

L'urgence était donc d'obtenir la totalité des observations sur Mars. Une seule personne au monde était capable de compléter celles que Tycho avait consenti à lui donner : Giovanni Antonio Magini, professeur d'astronomie et de mathématiques à Bologne, observateur et calculateur de renom, qui était aux papes ce que Tycho était à l'empereur. Mais l'Italien, au moins, ne se montrait jamais avare de ses découvertes et les dispensait largement à ceux qui voulaient bien les lui demander. Magini avait cet autre avantage : cet ami de Maestlin, lui aussi prudent copernicien, avait été le seul à faire la réclame en Italie du *Mystère cosmographique*. Entre Tycho et lui, les rapports étaient rares, sinon inexistants. Kepler lui écrivit donc et, par prudence, confia sa lettre et celle pour Maestlin à Jessenius, qui devait se rendre à Prague.

Les semaines passèrent, routinières, tendues. Même si la discipline de caserne qui régnait à Benatky lui était de plus en plus pénible, le professeur de Graz s'appliquait à paraître l'assistant le plus dévoué possible. Mais il n'en avait ni le statut ni le salaire. Tycho ne s'humanisait que la nuit, sur la terrasse où il avait installé ses instruments, quand la voûte nocturne était belle et que son fils Tyge et Tengnagel étaient absents, ce qui devenait de plus en plus fréquent.

Malgré sa myopie, Kepler apprit vite le maniement du quart de cercle et du sextant, sur les conseils d'un

Tycho patient et paternel, qui consentait parfois à lui lâcher quelques autres données, comme une récompense à un bon élève, ou un os à son chien. Puis, quand le ciel blêmissait, encadré par Kepler et Longomontanus, il redescendait aux cuisines où on leur servait un bouillon revigorant trempé de pain et mouillé de vin. Alors, seulement, dans la douce excitation qui suit les nuits sans sommeil, le gros homme se laissait aller à des confidences, ou s'intéressait enfin aux autres. Il écoutait volontiers Kepler lui parler de sa vie à Graz. C'était pour lui comme le récit d'un voyageur revenu des Indes. Il n'avait jamais manqué de rien et la nécessité, sinon la misère, lui était exotique. Kepler profita d'une de ces aubes apaisées pour évoquer sa situation financière, le salaire que comptait lui verser son hôte et le voyage qu'il devrait faire pour aller chercher sa famille. Tycho lui répondit qu'il devait se rendre à Prague le jour même et qu'il évoquerait devant l'empereur la possibilité de se doter d'un *mathematicus* adjoint rémunéré par le Trésor.

Les absences de Tycho ne duraient guère plus de quelques jours. Il ne se rendait au palais impérial qu'après mille et une supplications de Rodolphe, ou sur l'ordre exprès d'un ministre jugeant que le locataire de Benatky en prenait à son aise avec les deniers de l'État. Il partait avec ses deux fils et Tengnagel, voire l'une de ses filles quand la rumeur courait qu'il se présentait pour elle un parti. Durant son absence, au château, la discipline se relâchait singulièrement. La transparente Mme Brahé ne s'occupait plus que de sa maisonnée. Pour se restaurer ou se chauffer, Kepler suivait Longomontanus, qui avait une longue pratique du chapardage. Être obligé de commettre, à bientôt trente ans, ce genre de puérilités collégiennes était à peine compensé par la libre disposition des instruments astronomiques. Une fois maîtrisés, ceux-ci n'eurent bientôt plus grand-chose à apprendre à Kepler, d'autant que sa mauvaise vue lui interdisait de faire des observations précises. Et Longomontanus, que les scrupules n'étouffaient pourtant pas dans les cuisines ou le cellier, était terrorisé à l'idée de voler le moindre apogée au pape de l'astronomie.

Le 3 avril 1600, Tycho revint de Prague de très bonne humeur. Rodolphe s'était montré enchanté de son dernier horoscope, où pourtant lui était prédite une nouvelle année de règne épouvantable. Par ailleurs, le fameux remède qui avait sauvé l'empereur de la peste connaissait un immense succès dans toute la Bohême. Enfin et surtout, après de longues négociations, le roi du Danemark avait consenti à se défaire des instruments laissés à Venusia, moyennant quelques compensations.

— Longomontanus, tu partiras à Copenhague au début de l'été. Tu veilleras à leur démontage et leur acheminement. Je veux tout, quel que soit l'état dans lequel ma famille barbare me les a laissés. À nous deux, maintenant, Kepler. J'ai parlé de toi à Sa Majesté. Elle approuve ta nomination à la charge de *mathematicus* adjoint et a chargé son conseiller privé Barwitz de régler les histoires d'intendance. Ça peut prendre un peu de temps. Aussi, en attendant, je te prends à ma charge. Tingangel te donnera les modalités de ta collaboration. Où en es-tu avec Ursus ?

— J'avance, j'avance, mentit Kepler. Quant à l'orbite de Mars… Seule son étude nous permettra de pénétrer les secrets de l'Astronomie. La planète bafoue tous nos stratagèmes. Comme disait Pline, Mars défie l'observation. Il nous faut entrer en guerre contre elle. Mais comment pourrons-nous gagner si toi, notre général en chef, ne nous donnes pas les armes nécessaires à ce combat ?

— D'après ce qu'on m'a dit, tu en as demandé quelques-unes à Magini. Non, ne va pas nous faire une nouvelle poussée de fièvre, je ne surveille pas ton courrier ! Seulement, tout se sait à Prague. Et nombreux sont ceux qui verraient bien une belle bataille entre nous deux. Mes ennemis sont puissants, Kepler. Ils ne sont pas dans les cieux, mais dans les antichambres du palais impérial. Et ces adversaires-là sont devenus les tiens. Quand on m'a rapporté que tu avais écrit au Bolonais, j'ai répondu que tu avais eu mon accord. Ce n'était d'ailleurs pas une aussi mauvaise idée que cela. Je pourrais croiser ses observations avec les miennes.

— Mais alors, Tycho, pourquoi ne me donnes-tu pas les moyens d'accomplir la tâche que tu m'as confiée ?

— Pourquoi ? Mais enfin, qui es-tu, petit Kepler, pour t'imaginer que je vais te servir mon travail de trente ans sur un plateau d'argent ? Crois-tu que tu peux t'approprier en un instant l'œuvre de toute une vie ?

Kepler faillit répondre que le ciel n'était pas sa propriété, mais s'en abstint. Au fond, son hôte n'avait pas tort et s'il s'était résolu à l'affronter, c'était bel et bien pour s'emparer de ce que Tycho avait mis tant d'années à collecter. Le Danois l'avait-il compris ? Et dans ce cas, pourquoi ne le renvoyait-il pas, comme il avait jadis chassé Ursus ? Pour se distraire ? Il songea que l'autre jouait peut-être avec lui, comme le grand-duc du Wurtemberg quand il lui faisait refaire son planétarium. Ainsi les princes, en maniant les hommes comme des pièces d'échecs, s'amusent à mesurer leur pouvoir.

Tengnagel jouait, lui aussi, à sa façon. Façon médiocre, à la taille de son rôle indéfini dans la maisonnée Brahé. Pour les questions matérielles, salaire, vivres et chauffage, il renvoya Kepler à « l'intendant ». Pour les modalités de la collaboration astronomique de Kepler, il estimait que ce n'était pas son affaire, mais celle du « secrétaire » Longomontanus. Tengnagel était bien tel que le lui avait décrit Hoffman, un écornifleur aussi sournois que stupide. Kepler dédaigna donc de lui répondre, se contentant de hausser les épaules et signifier que pour tout désormais, il ne voudrait avoir affaire qu'avec Tycho. Il sortit en claquant la porte.

Ce soir-là, la cloche du souper ne tinta pas. Tycho se reposait des fatigues de son voyage à Prague. Kepler s'apprêtait donc à passer une nuit le ventre creux quand Jessenius apparut, portant un panier de charcuterie et une jarre de vin. Il n'avait pas eu à les voler car ses soins médicaux lui avaient permis d'entrer facilement dans les bonnes grâces de Mme Brahé. Et c'est encore en médecin qu'il venait à une heure aussi tardive : il craignait que Kepler, à la suite de l'entretien houleux avec Tengnagel, ne fût repris d'une poussée de fièvre.

— Cela fait trente ans, docteur, le rassura Johann, que nous bataillons, mon corps et moi. Il finira bien par gagner. Le temps m'est compté. Et les gens d'ici s'acharnent à me le faire perdre. Docteur, j'ai besoin de votre aide. Vous allez quitter cet enfer dans peu de temps. Moi, je me dois d'y rester tant que je n'ai pas accompli ma mission. Il paraît cependant que nos hôtes s'acharnent à m'entraver dans mon travail, en me plaçant dans des conditions précaires. C'est de ces conditions dont je veux parler à Tycho, jusque dans les plus petits détails.

— Mais Tycho vous échappe comme le sable entre les doigts, et j'imagine que vous me demandez d'intercéder auprès de lui, en tant que médecin qui s'inquiète de votre santé. J'accepte volontiers, mais ne préjugeons pas de sa réaction. Cet homme est imprévisible. Sur un coup de sang, il pourra vous renvoyer comme le moindre de ses laquais.

— Je n'ai rien à perdre. De toute façon je préfère l'affrontement à ces escarmouches puériles.

Les deux hommes établirent alors un catalogue précis des modalités de la collaboration de Kepler. En attendant la charge d'aide *mathematicus* promise par l'empereur, son salaire serait de cinquante florins par trimestre, soit le double de Longomontanus. Autre exigence, un appartement digne de le recevoir, lui et sa famille, orienté vers le soleil, loin du vacarme du chantier et pourvu de clés. Enfin, il lui fallait une meilleure place à table, celle de Tengnagel. Jessenius trouva cette revendication dérisoire, mais Kepler n'en démordit pas. Il ne s'agissait pas pour lui d'un point de préséance, mais d'être le plus près possible du maître de maison, quand celui-ci, sous l'effet de la boisson ou de la réplétion, se laissait aller à entrouvrir le coffre de son trésor. Dernier point, il sollicitait un entretien en tête à tête, sans témoin. Pour le reste, ce fut le médecin qui quantifia le bois, le pain, l'eau, les chandelles nécessaires à un couple doté d'un enfant d'une dizaine d'années. Ce fut lui également qui décida du temps de repos qu'il faudrait après une nuit consacrée à l'observation.

Jessenius avait pu examiner les deux astronomes et avait été frappé par l'opposition radicale de leurs tempéraments : froid et sec pour le plus jeune, chaud et humide pour le plus vieux. L'un était de nerfs et d'os, l'autre de chair et de sang. Le plus fragile des deux n'était pas celui qu'on aurait pu penser. Kepler, hypocondriaque, se plaignait toujours de mille et une maladies, la dernière en date étant une phtisie galopante provoquée, disait-il, par le surmenage. Tycho, au contraire, jouait à l'homme respirant la santé, mais c'était chez lui que les symptômes étaient le plus inquiétants. Jessenius pressentait que la rencontre entre les deux savants, si elle n'avortait pas, serait un moment capital dans l'histoire de l'astronomie.

C'est pourquoi le lendemain, il se rendit dans la chambre de Tycho, prétextant un examen de ses urines. Après avoir affirmé que son patient se portait comme un charme et constaté qu'il était d'humeur joyeuse, il lui présenta les doléances, tout en expliquant être très inquiet sur la santé de Kepler. Tycho lut le mémoire en soupirant parfois « des bûches ! », « du pain ! ». Enfin, il ôta son nez et dit :

— Tout cela concerne Tengnagel. J'ai d'autres préoccupations que ces affaires d'intendance.

— Le chevalier, répliqua le médecin, a traité le professeur comme le dernier des valets.

— Oui, je sais, on n'aime pas Tengnagel. Il faut dire qu'il ne fait rien pour être aimable. Mais j'ai confiance en cet homme-là comme en moi-même. Mettez-vous à sa place… Je le charge d'organiser la collaboration de Kepler, et le petit prof lui parle de quantité de bois à brûler. Ça suffit, maintenant. Je veux voir tout le monde dans la salle des gardes d'ici une heure.

— Je puis vous assurer que Kepler refusera de s'y rendre. Il ne désire qu'un tête-à-tête avec vous, hors de la présence de vos fils, de Tengnagel, et *a fortiori* de Jeppe.

Le souvenir du duel avec Manderup, jadis à Rostock, traversa en un éclair l'esprit de Tycho.

— Ah, bredouilla-t-il sans pouvoir cacher son embarras. Je ne comprends pas… Cette affaire concerne toute ma maisonnée…

Ses vieilles peurs remontaient à sa mémoire. Était-ce le bon jour pour cette rencontre, la bonne configuration astrale ? Il sentait peser sur lui le regard du médecin. Vite, prendre une décision.

— Soit, dit-il enfin d'une voix plus ferme. Mais je veux que vous assistiez à l'entretien, docteur, et que vous en notiez les propos sur papier. Disons… ce soir, dans mon cabinet.

— Le plus tôt sera le mieux. Ne laissons pas le temps envenimer les choses.

À nouveau, comme avec Manderup, il était acculé. Dix minutes plus tard, Kepler était dans son cabinet, en habits de voyage.

— Tu… tu t'en vas ? demanda Tycho en s'essayant à un ton paternel. De mauvaises nouvelles de ta famille, à Graz ?

— Il ne s'agit pas de cela, Tycho, et tu le sais bien, répliqua Kepler avec une hargne fébrile.

Il avait pourtant bien préparé cet entretien, qu'il avait conçu comme une partie d'échecs. Il s'était juré de garder son calme, de se montrer le plus raisonnable des deux. Mais cette hypocrisie… Il serra ses poings gantés.

— Je partirai, poursuivit-il, si je n'obtiens pas satisfaction des différents points soulevés dans mon mémoire.

Il aurait voulu aller plus prudemment, éviter de défier en Tycho le grand seigneur, et parler entre égaux dans la république de la philosophie. Il se mentait à lui-même, tant il était conscient de sa supériorité dans leur domaine commun de recherche. Brahé n'avait plus qu'un mot à dire : « Tu veux partir ? Eh bien, pars ! » Tycho ne le dit pas. Il avait trop besoin de lui. Mais Brahé, de son côté, ne pouvait céder aux prétentions d'un roturier, fussent-elles dérisoires. Il choisit de négocier, comme il le faisait jadis à Venusia avec l'un de ses fermiers mécontents. Pour cela, il passa du latin à l'allemand.

— Monsieur le professeur Kepler, en attendant que Sa Majesté consente à vous donner cette charge que j'ai sollicitée pour vous, je me sens le devoir de vous accueillir dans ma maison autant de temps qu'il le faudra, et dans les meilleures conditions matérielles possibles, car vos talents de calculateur pourront m'être d'un certain secours. Je vous avancerai donc la somme que vous me demandez et qui me sera remboursée par le Trésor impérial une fois que sera avalisé votre emploi d'aide *mathematicus* impérial. Je communiquerai à mon intendant vos demandes en chauffage et en nourriture. Toutefois…

Il s'enfonça dans son fauteuil, respira un grand coup, croisa les doigts sur ses lèvres et laissa passer un moment de silence.

— Toutefois, cette situation est temporaire et, que je sache, vous ne faites partie ni de ma famille ni même de ma maisonnée. Je prends plaisir à votre conversation, mais…

Son visage s'enflamma d'un coup. Il frappa du poing sur la table et explosa :

— J'entends inviter à ma table qui bon me semble et à la place que je leur assigne, selon leur rang ! Depuis quand un fils de cabaretier déciderait de la façon dont je dois diriger ma maison ? Nom de Dieu, mon garçon, tu pourrais tout aussi bien te nourrir aux cuisines, avec la valetaille, si je le désirais !

Blême, Kepler bondit de son siège. Tycho eut un mouvement de recul, comme si l'autre allait le frapper.

— Messieurs, voyons, messieurs, au nom de la philosophie…, s'écria Jessenius.

— Où voyez-vous un philosophe ici ? écuma Kepler d'une voix suraiguë en désignant Tycho de son long bras maigre. Moi, je ne vois qu'un tyran, un satrape ignorant qui abuse de sa lignée et de sa richesse pour humilier les vrais amis du savoir ! Un ogre qui se bâfre d'étoiles comme il s'abrutit d'alcool ! Un avare qui entasse ses observations, hanté par la crainte stupide que des hommes sensés les lui volent par amour de la Vérité ! Un lâche terrorisé à l'idée que s'il distribuait son trésor inutile à de plus courageux que lui, cette Vérité ne serait pas le système bancal qu'il a inventé de toutes pièces, mais la divine harmonie voulue par le Créateur ! Tycho, tu auras beau faire construire par tes esclaves des cadrans aussi grands que la tour de Babel, tu ne pourras jamais atteindre la semelle de Hipparque, de Ptolémée ou de Copernic. Eux avaient fait don d'une vie de travaux à ceux qui voulaient les suivre. Mais toi, à quoi te sert ton bâton d'Euclide si tu descends sous terre avec lui ? Je perds mon temps ici. Adieu, Tycho, je te laisse à ta vanité, à ton inutilité !

Kepler tourna les talons et sortit en claquant la porte derrière lui.

— Il est devenu fou ! s'exclama Tycho. En d'autres temps et sous d'autres cieux, cela lui aurait valu la roue et la potence. Courez après lui, docteur, car je crains qu'il nous fasse un coup de sang. Qu'il ne meure pas chez moi, au moins ! Mes ennemis m'accuseraient de son assassinat.

Jessenius s'en fut en grande hâte. Tycho resta seul avec son désarroi. Le grand seigneur se sentait outragé par les injures du roturier, mais l'astronome avait été touché en plein cœur. Les mots de Kepler avaient pénétré comme un stylet dans son épaisse carapace de certitudes et atteint ses doutes les plus secrets, qui le tourmentaient depuis le début de son exil, et qui pouvaient se résumer à cette seule question : sa vie consacrée à observer le ciel avait-elle été utile ? Kepler seul avait la réponse.

Jessenius revint, fort inquiet. À la colère avaient succédé chez Kepler un profond abattement et, bien sûr, la fièvre.

— En le voyant pleurer, même le cœur le plus dur aurait fondu. Il regrette, il avoue que ses mots ont dépassé sa pensée. Il est prêt à vous présenter ses excuses.

— Mouais, gronda Tycho. Je les accepterai, mais de vive voix et demain matin, devant tous.

— Puis-je vous parler franchement, mon cher Tycho ? Kepler et vous vous comportez comme deux garnements des rues qui se chamaillent pour une brioche volée. Or, c'est le médecin qui vous le dit, le temps vous est compté, comme à tout être humain. Vous avez tous deux une part de la vérité céleste, complémentaires comme vous l'êtes. Il a besoin de vous comme vous avez besoin de lui. Vous n'aimez pas Kepler, il ne vous aime pas non plus. Mais demande-t-on au joueur de viole et au flûtiste de fraterniser ? Qu'ils s'accordent et qu'ils jouent, même s'ils se haïssent !

Tycho allait protester qu'il avait pour Kepler de l'affection, mais il se retint : selon Jessenius, cette affection ne serait pas réciproque, et cela froissait son amour-propre.

Le lendemain matin à l'heure dite, Kepler entra dans la salle des gardes accompagné de Jessenius. Derrière la grande table, tout le clan Brahé était à sa place. Seul manquait Longomontanus ; le pénitent sut gré à Tycho de lui avoir épargné de s'humilier devant son jeune collègue. Puis il présenta ses excuses, ou plutôt il les lut. Il demandait pardon, lui, l'humble roturier d'origine obscure, d'avoir osé insulter un gentilhomme d'une aussi haute lignée que Tycho Brahé, prince du Danemark, en bafouant également les lois de l'hospitalité. Puis il témoigna de sa gratitude envers son hôte, qui avait su le recueillir alors qu'il fuyait les persécutions. Mais à nul endroit de ce discours, il ne fut question d'astronomie. Il montrait ainsi que dans ce domaine, ils étaient des égaux. Tycho, qui n'avait jamais eu de disciples, mais seulement des assistants, des concurrents ou des admirateurs, eut beaucoup de mal à l'admettre. Il accepta pourtant, avec la clémence ostentatoire des Grands, les excuses de Kepler. Puis il ajouta, pour marquer plus encore sa victoire :

— L'incident est donc clos. Mais ta première tâche, désormais, sera de rédiger enfin la réfutation d'Ursus.

Jeppe monta sur la table et, prenant des pauses d'accusateur public, désigna le coupable d'un index vindicatif :

— Que le roquet enragé aille mordre l'ours pelé !

Kepler se redressa de toute sa taille et dit sèchement :

— Adieu Tycho.

Et il sortit, raide comme un passe-lacet.

— Mais qu'ai-je dit, encore, qui lui a déplu ? s'étonna sincèrement Tycho.

— Je vais le chercher, dit Jessenius, qui s'en fut à son tour.

Le docteur rattrapa Kepler au bout des longs corridors et de l'escalier en colimaçon menant à sa chambre.

— Mon ami, mon ami, ne commettez pas l'irréparable. Malgré les apparences, vous avez dompté le fauve. Qu'une blessure d'amour-propre provoquée par un bouffon ridicule ne réduise pas à néant une rencontre qui bouleversera la cosmographie.

— Vous en parlez à votre aise, docteur, vous qui pouvez quitter cet enfer à tout moment et à qui, durant tout votre séjour, on a épargné ces crachats. Mais moi, je n'ai ni lancette ni clystère pour forcer le respect de ces brutes. Alors, je pars.

Dans la chambre, la malle et le bagage à main étaient déjà bouclés : Kepler avait prévu l'éventualité d'un départ précipité.

— Vous n'allez pas rentrer à Prague à pied, s'exclama le médecin. C'est à une longue journée de marche. Et dans votre état…

— Si vous saviez, docteur, le nombre de lieues que j'ai pu parcourir durant ma pauvre existence… Vous leur direz de m'expédier ma malle chez le baron Hoffman. À moins qu'ils veuillent se partager mes hardes, comme un butin.

— Je vous accompagne. Je vais immédiatement faire préparer ma voiture par mon valet. Il viendra chercher votre bagage. Venez, je vous prie.

« Mon valet… Ma voiture… » Ce n'était pas seulement pour respecter le serment d'Hippocrate en venant en aide à une personne en danger que Jessenius avait pris soudainement sa décision de quitter Tycho à tout jamais. Kepler était pauvre, presque inconnu, chargé de famille, son avenir était incertain. De son côté, le plus fameux professeur de médecine et d'anatomie de l'université de Wittenberg, célibataire, disposant d'une coquette fortune familiale, sûr de devenir sous peu le doyen de la faculté de Prague et l'un des praticiens de l'empereur, s'était laissé emprisonner dans cette cage dorée de Benatky, se soumettant de bonne grâce aux caprices de Tycho et à la méchanceté de sa maisonnée, sous prétexte d'observer l'étrange astronome comme un cas clinique. Kepler, en tenant tête à ce tyran, venait de lui démontrer qu'il y avait un bien plus précieux que la richesse et la gloire : la liberté.

53

Le chancelier Herwart von Hohenburg, de retour de Rome en cette année jubilaire, avait fait le détour de Prague pour saluer l'empereur avant de rentrer dans son grand-duché de Bavière où l'attendaient ses charges de ministre et de supérieur des jésuites. Durant ce périple, il avait reçu les deux longues lettres de Kepler, qui lui racontait par le menu ses mésaventures avec Tycho. Le chancelier venait à peine de s'installer dans la belle demeure de l'ambassade de Bavière qu'il apprit la rupture entre le jeune professeur et l'astronome danois. Celle-ci n'avait pourtant eu lieu que la veille, et Kepler venait de passer sa première nuit chez le baron Hoffman. Pourtant la rumeur courait déjà les palais et les jardins du Hradschin, l'immense résidence impériale dominant le fleuve : les deux hommes en seraient venus aux mains, il y aurait duel et Tycho n'aurait pas forcément le dessus. Aussitôt, Herwart von Hohenburg fit dépêcher un messager qui ramena Kepler avec lui.

Ils ne se connaissaient que par leur correspondance. Après un moment de gêne, Kepler se lança dans le récit de ses deux mois et demi de séjour orageux à Benatky, usant du parler rustique et plein de verve de son Wurtemberg natal, ce qui réjouit le très raffiné aristocrate bavarois. Mais Herwart ne rit plus quand le narrateur lui raconta que, sitôt arrivé chez le baron Hoffman, il avait rédigé pour Tycho une lettre où il avait couché noir sur blanc les reproches faits de vive voix l'avant-veille.

— Je dois avouer, cher ami, que je ne vous comprends pas. Que Tycho vous ait poussé à bout et vous ait obligé à partir sur un coup d'éclat, je le conçois parfaitement, au regard de la fougue de votre jeunesse et de vos convictions. Mais que vous réitériez, sitôt arrivé à Prague, vos reproches par écrit, cela me semble être du plus grand maladroit. *Verba volent…*

— C'est que je suis pourvu d'une étrange nature, Votre Excellence, se justifia Kepler. Je peux rester d'un calme olympien face aux pires contrariétés de la vie, mais il est des mots dérisoires qui me font sortir de mes gonds, car ils n'ont rien à voir avec la raison. Alors, je ne peux plus me contrôler. Les pires injures sortent de ma bouche. Le plus affreux est qu'une fois cette fureur apaisée, je ne me souviens plus exactement de ce que j'ai dit. Quand il s'agissait d'un âne de collégien, ou de mon épouse, je trouvais toujours, une fois calmé, une meilleure manière d'expliquer la même chose. Mais Tycho ne m'en a pas laissé l'occasion. C'est donc par lettre que j'ai posément réitéré mes reproches et mes revendications. Si Tycho est un homme sensé, il reconnaîtra facilement ses torts.

— Mais, mon ami, s'exclama Herwart, Tycho n'est pas un homme sensé ! Et si je n'avais pas eu le bonheur d'admirer vos brillantes analyses de la chronologie biblique, je me serais posé des questions sur votre santé mentale. Vous écrivez bien, mais vous parlez mal, si je puis me permettre.

— J'aurais donc fait un fort mauvais jésuite, Excellence ! D'ailleurs, je n'écris pas « bien » ; j'essaie seulement d'écrire « juste ». Si je puis me permettre.

Le chancelier eut un mouvement de surprise. Kepler était exactement comme dans ses lettres : brillant, intelligent, insolent, ironique. Mais en plus, il pouvait constater maintenant que cet homme frêle et maladif était courageux dans ses actes. Un homme d'honneur. À plusieurs reprises, le supérieur des jésuites de Bavière avait tenté de l'attirer à Augsbourg où on l'aurait accueilli comme le prince des astronomes. Mais il y avait pour cela une condition, dont Herwart d'ailleurs se serait bien passé : qu'il devienne catholique. Et Kepler s'y refusait, plus par fidélité aux siens que par doctrine, semblait-il. Le chancelier savait qu'il ne plierait jamais. Pourtant, il soupira :

— Ah, si vous consentiez enfin à devenir des nôtres ! Mais ne recommençons pas ce débat. Il risquerait de gâter cette amitié exemplaire qui nous unit, moi le jésuite et vous le luthérien. Vous venez de gâter l'occasion unique de voler le trésor de Tycho. Peut-être pourriez-vous rattraper l'affaire en lui présentant vos plus plates excuses…

— Cela, jamais ! Il y va de mon honneur !

— Votre honneur ? Dites plutôt votre amour-propre. Les humiliations que vous avez subies ne salissent que ceux qui vous les ont données. Et puis, en rompant avec Tycho, vous vous rangez parmi ses ennemis. Et ils sont légion, à la cour, ceux qui veulent sa perte. À commencer par vos amis les barons Hoffman et Herberstein. L'empereur est aussi capricieux qu'influençable. Il peut faire tomber Tycho demain, aussi brutalement qu'il s'en est entiché. La postérité dira alors de vous que vous avez préféré le camp des puissants à celui des philosophes, des amis de la Vérité, et que vous avez précipité la chute de celui qui reste malgré tout le plus grand astronome du siècle passé.

Postérité, philosophie, vérité… Une blessure d'amour-propre ne pesait pas lourd dans le cœur de Kepler face à ces trois idéaux qui avaient guidé toute sa vie. Mais, totalement étranger à l'intrigue, comment aurait-il pu deviner qu'en œuvrant à la réconciliation entre les deux astronomes, et parant ainsi une éventuelle disgrâce de Tycho, le supérieur des jésuites Herwart espérait bien accroître les extravagances de Rodolphe, dont il semblait que l'unique préoccupation diplomatique était de faire venir à grands frais les appareils de Tycho restés au Danemark? Nouvelle lubie qui s'ajoutait à l'alchimie, l'hermétisme, la Kabbale, au milieu de juifs, de protestants, d'esprits forts, pour ne pas dire d'athées. En conjuguant leurs efforts pour le faire aller dans le sens de sa pente, Rome et les Habsbourg pourraient un jour le décréter irresponsable et le priver de sa triple couronne… Après un long moment de réflexion, Kepler consentit à rédiger cette lettre d'excuses, à la seule condition que le chancelier participe à sa rédaction.

Ils s'amusèrent beaucoup. En partant du principe que tout ce qui est exagéré est insignifiant, ils amplifièrent la prétendue faute de Kepler au point d'en faire un crime : « *Je viens en suppliant vous demander au nom de la Miséricorde divine de pardonner mes terribles offenses...* » Ils jouèrent également à décrire exactement le contraire du comportement de Tycho vis-à-vis de son invité : « … *Je ne peux me rappeler sans douleurs vos bienfaits que l'on ne peut ni dénombrer ni évaluer... Pendant deux mois, vous avez très généreusement pourvu à mes besoins. Vous m'avez fait toutes les faveurs, vous m'avez laissé prendre la part de vos biens les plus précieux...* »

— Excellence, ne croyez-vous pas que nous exagérons un peu? Tycho n'est pas un sot, loin de là. Il n'aura aucun mal à comprendre la supercherie.

— Vous vous trompez, mon cher, car vous ignorez à quel point la vanité aveugle les grands de ce monde. Ils prennent pour argent comptant le plus mensonger des compliments.

— Hélas, on ne nous apprend pas cela dans les universités réformées. La flatterie serait-elle considérée, dans vos séminaires, comme un nouvel art libéral ?

— Mouche ! Connaissez-vous la stratégie du miroir ?

— Ça oui ! Il s'agit de se donner à soi-même tous les défauts de celui à qui l'on s'adresse. Cette pratique est courante chez les opprimés, par exemple : « *Au lieu de vous adresser d'aimables salutations, je me suis laissé emporter par les soupçons et les insinuations, quand j'étais mordu d'amertume. Je n'ai pas considéré combien cruellement j'ai dû vous blesser par cette méprisable conduite.* »

— En progrès, élève Kepler. En remplaçant le « Je » par le « Vous », Tycho pourrait contempler son portrait, autrement plus ressemblant que celui qui orne les étiquettes des bocaux de ses poudres de perlimpinpin.

Douze jours durant, dans la résidence du baron Hoffman, Kepler attendit la réponse de Tycho. Il finit par croire que la partie était perdue. Il s'en consolait en se disant qu'il avait malgré tout obtenu une bonne part du trésor : les observations martiennes, qu'étaient venues compléter celles que Magini venait de lui envoyer de Bologne. Mais l'avenir était sombre. Dans trois mois et demi, son poste de *mathematicus* de Styrie lui serait enlevé, à moins de se convertir à l'Église romaine, il n'avait plus de ressources pour faire venir sa femme et sa belle-fille. Pour aller où, d'ailleurs ? Hoffman, qui avait brûlé une bonne part de la fortune familiale, n'avait plus les moyens de s'offrir un deuxième astrologue. Plus que jamais, le salut de Kepler viendrait de Tycho.

Le matin du 27 avril, un laquais en livrée impériale vint le chercher : Sa Majesté Rodolphe consentait à recevoir immédiatement le *mathematicus* de Graz en audience privée. Comme toutes les demeures aristocratiques de Prague, la résidence de Hoffman était à deux pas du palais impérial. Le laquais l'emmena jusqu'à une serre où proliféraient arbres et plantes exotiques. Il y régnait une chaleur d'enfer, mais la maigre complexion de Kepler le rendait insensible aux écarts de température. Au bout d'une allée de gravillons, un gros et petit homme en blouse maculée peignait. L'astronome n'eut aucun mal à reconnaître sous le bonnet d'artiste et la large barbe masquant le menton proéminent des Habsbourg l'homme le plus puissant de l'univers, avec le Grand Turc et l'empereur de Chine : Rodolphe. Il était entouré de deux ou trois gentilshommes dont la riche vêture contrastait avec sa modeste blouse.

— Ainsi, c'est vous, Kepler, dit seulement l'empereur en ne jetant qu'un regard furtif au nouveau venu qui s'inclinait très profondément. Quels sont vos maîtres, en peinture ?

— Hélas, Votre Majesté, je suis moi-même trop mauvais dessinateur pour me donner des maîtres.

— Vous êtes également très mauvais courtisan, mon garçon. Sinon vous m'auriez prétendu que vous n'en aviez qu'un seul : moi. Que fait Tycho ? Toujours en retard, ce bougre-là ! J'ai hâte de connaître la fable qu'il va m'inventer cette fois-ci pour justifier cela. Une roue cassée, un chat noir, une vieille femme croisant son chemin…

— Rien de tout cela, Majesté. Je suis d'abord passé chez le baron Hoffman pour y chercher M. Kepler, mais j'ai trouvé porte close.

Tycho était apparu, tout de rouge vêtu, la main posée sur le bâton d'Euclide. Un émissaire du roi des Indes aurait pu croire que c'était lui, l'empereur, et non le rapin.

— Il paraît, dit l'empereur, que vous avez eu une violente dispute à propos de Copernic et du système de Ptolémée amendé par Tycho. Décidément, vous êtes incorrigibles. Si l'on met trois réformés dans une même pièce, au bout d'une heure il en sort trois Églises.

— Il ne s'agissait pas de religion, répliqua Tycho, mais de philosophie.

— En ce cas mes amis, la raison et l'argumentation doivent prendre le pas sur la passion et la colère. Qu'en penses-tu, Kepler ?

À l'évidence, Tycho avait provoqué cette audience en mentant sur les causes de leur rupture : ils ne s'étaient jamais disputés à propos des sytèmes du monde, même si leurs opinions divergeaient sur la question. Implicitement, Tycho reconnaissait ainsi ses torts. Il fallait abonder dans son sens.

— Sire, dit Kepler, je porte l'entière responsabilité de cette fâcherie. Emporté par mes convictions, le copernicien fanatique que je suis a eu pour le seigneur Tycho des mots impardonnables, oublieux de ses bontés et du respect que je dois à sa haute lignée. Quand je me suis aperçu de ma folie, j'ai cru mourir de honte et j'ai préféré m'enfuir.

Tycho éclata d'un rire un peu forcé :

— Quoi ? Ce n'était que pour cela ? Pour des questions de préséance ? Mais, mon vieux Johann, cela fait longtemps que je me suis débarrassé de ces préjugés de naissance. En philosophie, nous sommes tous égaux, tous frères.

Le visage de l'empereur se décomposa soudain, comme pris d'une immense lassitude.

— Puisque vous êtes réconciliés, embrassez-vous et laissez-nous en paix.

Kepler se jeta aux genoux de Rodolphe et s'écria :

— Sire, lumière universelle des arts et de la philosophie, votre clémence n'a d'égale que votre sapience et votre amour de la vérité. On ne peut comparer Sa Majesté qu'à son lointain ancêtre le roi Alphonse X de Castille, dit le Sage, l'Astronome ou le Philosophe, qui fit rédiger ces fameuses tables astronomiques qui sont encore d'usage aujourd'hui. Le seigneur Tycho et moi sommes prêts à lui dresser un monument plus grand encore, que nous appellerons les tables rodolphines…

L'œil de l'empereur, qui s'était éteint sous la lourde paupière, s'alluma à nouveau :

— Les tables rodolphines ! Tycho, Tycho, mets-toi à l'ouvrage dès maintenant, avec ton jeune confrère. Que je puisse les consulter de mon vivant. Il me reste si peu de temps. On complote à ma mort, et l'assassin aiguise déjà la lame qui se plantera dans ma poitrine, comme tu me l'as prédit, fidèle ami. Allez maintenant !

Après s'être embrassés pour montrer leur réconciliation à l'empereur, les deux astronomes sortirent de la serre, bras dessus bras dessous. Mais, sitôt dehors, Tycho gronda :

— Qu'est-ce que c'est que cette histoire de tables rodolphines ? Pourquoi pas képlérines tant qu'à faire ? Tu continues de disposer de mes observations comme si c'étaient les tiennes.

— Mais ce sont les miennes, Tycho, ce sont celles de l'empereur, ce sont celles de tout le monde, ce sont celles de Dieu, aussi. À quoi servirais-tu, Tycho, si tu ne montrais pas à tous l'œuvre de ta vie ?

Une fois de plus, Kepler mettait le doigt dans la plaie. Et Tycho n'avait pas la réponse à cette question. Aussi reprit-il le bras de Kepler :

— Bon, nous n'allons pas recommencer à nous chamailler. Alors, où en es-tu de ta réfutation d'Ursus ?

— Je déteste frapper un homme à terre, répondit Kepler de nouveau agacé. Et Ursus est à terre, Tycho, il est perdu. Inutile de s'acharner contre lui.

— Il n'empêche. Il s'est éclipsé de Prague, soit par mauvaise conscience et parce qu'il redoute les rigueurs de la loi, soit parce qu'il rumine secrètement, à son habitude, une autre manigance. Quoi qu'il en soit, il faudra le déférer en justice et punir ses actes. La postérité doit savoir quel est mon bien et quel est son vol.

Durant le voyage de retour, ils ne parlèrent plus que de ces tables rodolphines dont Tycho se réappropria la paternité, comme si cela avait toujours été la grande idée de sa vie. Qu'importait à Kepler ! Le Danois ouvrait enfin son coffre en grand, et son trésor apparaissait infiniment plus riche qu'il ne l'avait imaginé.

Le château de Benatky était désert, à l'exception de la très nombreuse domesticité menée d'une main de fer par Mme Brahé et du cadet Jorgen, qui ne sortait que peu du laboratoire d'alchimie. Tengnagel avait emmené Tyge et les filles à Prague, au palais Curtius offert par l'empereur, afin d'y parer une grande conjuration qui cherchait à le perdre. Quant à Longomontanus, il était parti au Danemark afin d'y surveiller le démontage et le transport des instruments laissés à Venusia. Tycho n'aurait jamais avoué que c'était la véhémente lettre de reproches envoyée par Kepler qui était à l'origine d'un de ces capricieux revirements dont il était coutumier. Cette lecture avait ravivé sa hantise d'une mort prochaine, ne laissant rien à la postérité après une vie inutile. La lettre d'excuses qui avait suivi, dans son habile formalisme, n'y avait rien changé, au contraire.

Tel un mauvais collégien avant la rentrée scolaire, Tycho avait pris « de bonnes résolutions » : loin des fastes dont il aimait s'entourer et à l'écart de sa famille, il se ferait désormais sobre, ascétique, appliqué, précis, comme Kepler. Avec Kepler. Pour quoi faire ? « Le petit prof » lui avait donné la réponse lors de l'audience impériale : des tables astronomiques, tout bêtement. En bientôt quarante ans d'observations, il s'était contenté de relever méticuleusement ses données, nuit après nuit, en donnant la date et l'heure exacte, toutes planètes confondues, sans oublier les comètes, les éclipses et autres pluies de météores, mais toujours selon un classement chronologique, de sorte que cela ne voulait plus rien dire. Bien sûr, il avait eu parfois la velléité de les classer par phénomènes, sur le modèle des tables alphonsines ou pruténiques, mais à chaque fois il se sentait pris d'une indicible peur que la réalité du monde ne lui apparaisse *in fine* différente de celle qu'il avait décrétée. Cette fois il irait jusqu'au bout, il s'en fit le serment.

Kepler prit les choses en main. Il décida d'abord que la salle des gardes, où Tycho donnait d'ordinaire ses banquets, serait leur cabinet de travail, car bien éclairée, mieux chauffée en hiver et plus fraîche en été. Il y fit installer rayonnages et étagères. Tycho laissa faire, paisible, heureux de ne prendre aucune initiative. Puis le petit prof décida de concentrer ici les cahiers, les dossiers, les caisses et les cartons où étaient consignées toutes les observations du pape de l'astronomie. Une fois que cela fut fait, il aligna sur la grande table de grosses étiquettes où il avait inscrit : Soleil, Mercure, Vénus, Mars, Jupiter, Saturne, puis après un vide où l'on voyait le rond laissé par un verre, Terre, Lune, éclipse de Soleil, éclipse de Lune, comètes.

— Comme tu le vois, Tycho, je compose notre univers selon ton système, et non selon le mien… enfin, celui de Copernic.

— C'est bien joli, mais comment allons-nous procéder ?

— Au coup par coup. Tiens, prends ce cahier. Année 1569. Tu l'ouvres, et tu reportes telle angulation de Mars dans la rubrique Mars, tel apogée de Mercure dans la rubrique Mercure, telle conjonction de Jupiter et Vénus dans les rubriques correspondantes, et ainsi de suite.

— Mais cela va être extrêmement fastidieux. N'importe qui pouvant lire et écrire pourrait le faire à notre place !

— Pas du tout, Tycho, nous allons nous amuser, tu vas voir.

— Je veux bien te croire mais… L'année soixante-neuf. Quels souvenirs ! J'avais séjourné cette année-là chez les frères Hainzel, à Augsbourg. Nous y avions construit un quart de cercle énorme. Et c'est là que j'avais rencontré Ramus… Il faut que je te raconte…

— Eh bien, tu vois, Tycho ! Nous commençons déjà à nous amuser. Ah, ces beaux souvenirs qui remontent à la surface ! Je prends en charge l'année 1584. L'année de ma bourse…

— J'ai compris, Johann, j'ai compris ! Amusons-nous ! Du vin, nom de Dieu, du vin !

Ils s'amusèrent, comme des enfants. Quand, par hasard, ils devaient reporter en même temps telle donnée sous la même rubrique, ils se faisaient des grâces :

— Après vous, seigneur Tycho.

— Je n'en ferai rien, maître Kepler.

Puis ils riaient et trinquaient. Parfois, Tycho se sentait affreusement gêné, quand Johann dénichait sous un nuage de poussière telle observation notée à la hâte sur un bout de papier déchiré, et s'exclamait :

— Tycho, mais c'est extraordinaire cela. Pourquoi l'as-tu caché ?

Il reprenait l'initiative quand son confrère se laissait aller à des hypothèses extravagantes :

— Le cercle, le cercle ! Certes, voilà une figure parfaite. Mais Mars ne la juge pas ainsi, avec ses petites vadrouilles dans le cosmos. Il y en a d'autres, des figures parfaites et hautement symboliques. L'ovale, par exemple. L'œuf n'est-il pas le symbole de la fécondité ? Pourquoi Dieu n'aurait-il pas donné à Mars une orbite ovale ?

— Johann, je ne te comprends pas. Tu ne cesses de répéter qu'il faut en rester aux données concrètes, physiques, mathématiques, avérées, et voilà que tu te lances dans les hypothèses les plus saugrenues, que ton esprit vagabonde…

À la fin du mois de mai, ils avaient réussi à partir des éléments éparpillés dans mille et un documents à établir des tables de Mars et de la Lune à peu près complètes. Kepler s'avisa alors qu'il avait une famille en danger qui l'attendait en Styrie. Du moins c'est une lettre du baron Herberstein qui le lui rappela, en lui proposant de profiter de sa voiture pour rentrer à Graz en sa compagnie.

À son grand étonnement, Tycho ne fit aucune difficulté à cette séparation toute provisoire, lui avançant même une assez jolie somme d'argent qu'il comptait bien se faire rembourser par le Trésor impérial.

Il affirma se réjouir à l'avance de connaître enfin Mme Kepler, qu'il traiterait comme sa propre fille, et rappela qu'une éclipse de Soleil aurait lieu le 10 juillet. Son observation simultanée à Graz et à Prague serait des plus instructives.

54.

— J'espère que cela ne vous fâche pas, monsieur le baron, de voyager en compagnie du pire voleur d'étoiles que le monde ait jamais connu, dit joyeusement Kepler en s'installant, ce matin du 1er juin 1600, dans la voiture du gouverneur de Styrie, le baron Herberstein.

Jamais il ne reviendrait à Prague, il s'en fit le serment. Il avait tiré de Tycho ce qu'il avait voulu tirer, mais en aucun cas il ne retomberait sous la coupe de ce tyran capricieux, qui tantôt le traitait comme un enfant, tantôt comme un esclave. Et puis Barbara, par trop rustique et quelque peu niaise, pourrait-elle survivre au milieu de ces gens qui se voulaient raffinés mais n'étaient que méchants, superstitieux et intrigants ? Quant à la protection de l'empereur, il ne fallait pas y compter. Selon les dires du baron, des moines capucins envoyés par Rome répandaient partout la rumeur que Rodolphe était possédé par le Diable et qu'il avait refusé les soins d'un exorciste. La raison du monarque étant déjà chancelante, il s'enfonçait dans une mélancolie profonde, ayant même tenté de mettre fin à ses jours. Non, jamais Kepler ne reviendrait à Prague.

Sitôt arrivé à Graz, il écrivit à Maestlin pour l'informer du butin récolté chez Tycho, puis lui demander de voir si le grand-duc du Wurtemberg était toujours aussi intéressé par le planétarium. Et qu'il se hâte, car Kepler devrait passer avant la fin du mois de juillet devant le tribunal de l'Inquisition, tout comme les trois mille autres réformés restant encore en Styrie. La réponse, pour une fois, ne tarda pas. Maestlin n'avait pas changé. Pour le planétarium, il se déclarait incompétent dans « les choses de la politique ». Pour le reste, il affirmait prier pour « le ferme et vaillant martyr de Dieu », c'est-à-dire son ancien disciple. Mais pas un mot à propos d'un travail en commun sur les tables arrachées à Tycho.

Martyr ? Eh bien soit, Kepler le serait aux moindres frais en se présentant devant les inquisiteurs, le seul risque étant de se faire expulser comme les autres. Il donnerait ainsi des gages d'orthodoxie luthérienne au sénat de l'université de Tübingen, donc au grand-duc. Ensuite, il reviendrait là-bas pour leur forcer la main et obtenir peut-être un poste de professeur.

La comparution du *mathematicus* des États de Styrie devant le tribunal de l'Inquisition embarrassait tout le monde à Graz, à l'exception du principal intéressé et de l'archiduc Ferdinand, qui ne voyait en lui qu'un hérétique à brûler. Pour que le procès eût le moins de retentissement possible, on en fixa la date au début du mois. Kepler passerait ainsi parmi les premiers et quitterait la province avant les autres, discrètement. Les débats étaient dirigés par un jeune jésuite que Kepler connaissait pour avoir de solides notions de mathématiques. L'un de ses assesseurs n'était autre que le franciscain qui servait d'intermédiaire, naguère, dans sa correspondance avec le chancelier Herwart. Quant au dominicain, l'âge l'avait rendu somnolent.

Après une lecture rapide de l'acte d'accusation, le jeune jésuite demanda si Kepler voulait revenir à la foi catholique, comme s'il connaissait la réponse, qui fut négative bien sûr. Kepler devrait donc partir dès le lendemain, avec sa famille et après avoir payé une forte amende. Celui-ci demanda qu'on sursoie d'une semaine à ce départ, puisque le lendemain il devrait observer une éclipse de Soleil, et qu'il lui faudrait ensuite consigner ses observations pour les communiquer à l'archiduc Ferdinand, dernier acte du *mathematicus* de Styrie. Un *mathematicus* qui rappela ensuite que lesdits États de Styrie lui devaient un an d'arriérés. On fit les comptes, on ouvrit un dossier, on fit quelques soustractions, puis on tomba d'accord comme dans n'importe quelle officine bancaire. Avant de se séparer, l'astronome leur recommanda, pour observer l'éclipse du lendemain, de masquer leurs yeux derrière du papier huilé et teinté de suie, selon une recette de Tycho. On se congratula. Les inquisiteurs étaient ravis d'avoir montré leur magnanimité et leur amour des arts. Kepler, lui, pourrait passer aux yeux de ses coreligionnaires pour « le ferme et vaillant martyr de Dieu » de Maestlin.

Le lendemain matin à l'aurore, il dressa sur la place du marché une tente de toile noire. Puis il pénétra dans l'hôtel de ville dès l'ouverture des bureaux. On lui remit la somme convenue, trente florins, dont il remplit sa bourse. Comme il était encombré d'un gros sac où il avait entassé son sablier et son quadrant de poche, il enfouit négligemment l'argent dans la doublure de sa cape. Autour de la tente, les badauds s'étaient attroupés. Kepler leur expliqua le principe de l'éclipse, se contentant toutefois, pour ne pas compliquer, du système ptoléméen qui, après tout, convenait tout aussi bien au phénomène. Il affirma ensuite qu'une éclipse n'annonçait pas forcément une catastrophe à Graz, mais peut-être ailleurs tout autour de la Terre où on pourrait l'observer. Il conseilla enfin de ne pas regarder fixement l'éclipse pour ne pas se brûler les yeux. Puis il avisa au premier rang un gamin à l'air astucieux, qui avait une vague ressemblance avec son frère Heinrich quand celui-ci avait dix ans. Il lui demanda, moyennant une pièce de bronze, de demeurer avec lui dans la tente afin d'y retourner le sablier.

Les gens simples qui avaient écouté son discours éprouvaient depuis toujours pour ce docteur se livrant à de mystérieux travaux une peur superstitieuse. De plus, qu'était-il allé faire à Prague, ce repaire de sorcières, de mages et de juifs dansant leur sabbat autour d'un empereur fou ?

Quand la Lune eut fini de passer devant le Soleil et fondu dans le bleu du ciel, le jeune assistant improvisé avait également disparu. Dehors, la foule s'était dispersée. Kepler replia tout son matériel et, chargé comme une bourrique, rentra à la maison, se débarrassa des piquets et de la toile dans le vestibule, puis monta dans son cabinet de travail. Il commença son petit traité sur les éclipses destiné à l'archiduc. Banalités, choses déjà cent fois écrites, une petite prédiction par là-dessus pour faire bonne mesure ? Non, il lui fallait mettre noir sur blanc cette évidence qui avait surgi dans son esprit durant l'observation : il existait une force dans la Terre qui influençait le mouvement de la Lune et qui diminuait en proportion de la distance. C'était la même force que celle qu'il avait deviné être celle du Soleil quand il avait écrit *Le Mystère cosmographique*. Telles des pierres d'aimant, les astres se repoussaient et s'attiraient, se rapprochant et s'éloignant, mais ne se heurtant jamais. Les tables lunaires de Tycho allaient sans doute étayer cette affirmation. Il commença à les consulter.

La porte s'ouvrit, Barbara entra. Depuis son retour trois semaines auparavant, elle s'était montrée pleine d'attention. Régine et elle riaient beaucoup du récit pittoresque qu'il leur faisait de son séjour à Prague ; elles lui demandaient inlassablement d'imiter Tycho ôtant et remettant son nez, ce qu'il faisait à la perfection. En revanche, son épouse lui refusait sa couche, expliquant que le voyage qu'ils feraient bientôt pourrait mettre en péril le fruit de leur accouplement. L'argument était sensé, mais Johann, dans sa longue continence forcée, en vint à regretter de n'avoir pas cédé aux avances de la cadette Brahé.

— T'a-t-on versé la somme convenue ? demanda-t-elle d'emblée.

— Trente florins, oui. Tu les trouveras dans ma cape. Mais ne va pas les dépenser comme d'habitude dans les gâteaux et la charcuterie. As-tu fait attention à ce que Régine ne fixe pas l'éclipse ?

— Je n'avais pas que ça à faire. Elle non plus.

Elle redescendit à la hâte et remonta presque aussitôt :

— Je n'ai pas trouvé ta bourse. Tu es sûr que…

Le cœur de Johann se pinça. Il chercha sur la table, souleva des papiers, fouilla ses vêtements. Rien. Le gamin, tout à l'heure, qui l'avait assisté et ne lui avait même pas demandé sa pièce. À un moment, il avait senti un frôlement…

— On m'a volé !

Barbara poussa un cri suraigu, se mit à hurler des paroles incompréhensibles, ponctuées de jurons que n'aurait pas renié un charretier. Une mousse monta à la commissure de ses lèvres, elle s'effondra sur le plancher. Son corps se tortilla comme un gros ver coupé. Johann se précipita vers elle, lui attrapa la langue pour qu'elle ne l'avalât point et tenta de la maintenir immobile. Au bout d'une éternité, elle s'apaisa. Il la tira péniblement jusqu'à la chambre et la hissa sur le lit. Elle semblait dormir.

— Ça ne lui était plus jamais arrivé, père, pendant que vous étiez absent.

La petite Régine se tenait sur le seuil. Elle avait prononcé cela comme un simple reproche. Il ne répondit pas et partit s'enfermer dans le cabinet de travail, voûté comme sous le poids d'un impossible fardeau. Il tenta de reprendre son traité, mais une vague nausée lui nouait le ventre. Quel dieu malin le brisait-il toujours dans son élan ? Pourquoi ne ressentait-il plus cette extase inspirée qui l'avait porté tout au long de la rédaction du *Mystère cosmographique* ? La retrouverait-il un jour pour découvrir ces forces qui montaient du Soleil et de la Terre et qui mouvaient les planètes ? Y aurait-il toujours des Tycho, des Maestlin, des Barbara et des voleurs de foire pour lui interdire d'aller jusqu'au bout de sa tâche, de sa soif dévorante de découverte ?

En trois jours et trois nuits, au prix d'un effort disproportionné par rapport à la facilité du travail, il acheva son petit traité sur l'éclipse. Il le dédia à l'archiduc en quelques phrases d'une banalité désespérante. Puis il se rendit au palais afin de le déposer. Il erra longtemps de bureau en bureau, teigneux, tenace, obséquieux aussi, et il finit par arracher une vingtaine de florins. Si Barbara faisait une quelconque allusion à la différence avec la somme volée, il la battrait, il se le jura. Mais il n'eut pas à le faire : depuis sa crise, le nez dans son livre de prières, elle était devenue d'une docilité muette et indolente, plus horripilante encore que ses colères insensées. Puis il se rendit à l'hôtel des postes, pour annoncer à Maestlin sa venue à Tübingen. L'y attendait une lettre de Tycho, décachetée naturellement. Les familiers de l'Inquisition ne cherchaient même plus à dissimuler leur espionnage. « Hâte-toi, aie confiance », écrivait le Danois, avant de lui affirmer que l'empereur avait enfin consenti à lui donner un poste au nouvel observatoire de son palais où arriveraient bientôt les vingt-huit instruments restés au Danemark. Le reste de la lettre était plein de témoignages d'affection bourrue, de compassion pour l'épreuve qu'avait dû être la comparution devant l'Inquisition. Kepler, qui aimait tant qu'on l'aime, aurait volontiers changé ses plans si l'autre n'avait pas cru bon de lui rappeler, en post-scriptum, qu'il lui fallait impérativement finir le pamphlet contre Ursus. Pourquoi fallait-il que cet homme-là gâche tout par seul souci d'exhiber sa puissance ?

L'ancienne maison du trésorier-payeur fut entièrement vidée de ses meubles, confiés au vieux meunier Mulleck, qui aurait également la charge de la vendre : il s'était converti au catholicisme, on ne pourrait donc pas saisir ses biens. Puis ils partirent : direction Linz d'abord, libre cité impériale concédée aux réformés ; ensuite, on verrait bien. Ratisbonne peut-être, et bien sûr Tübingen ?

Kepler refusa la belle voiture que voulait lui prêter le gouverneur Herberstein et préféra se joindre à un convoi de réformés expulsés, martyr anonyme parmi les martyrs. Les chemins de l'exode se ressemblent toujours. Même poussière, mêmes ornières, mêmes ballots, coffres, chaises et matelas entassés sur le toit des voitures des nantis, les charrettes des humbles, le dos, les bras et le crâne des indigents.

Le vieux Mulleck, que l'âge et sa conversion avaient rendu avare et méfiant, n'avait consenti à donner à sa fille qu'une gerbière grinçante, que son gendre avait couverte tant bien que mal d'une bâche. En guise d'animal de trait, un antique baudet dont la destinée aurait dû être de finir sa vie à faire tourner une meule. Au matin du 15 août – les papistes ne leur avaient laissé aucun autre choix dans la date de leur départ –, le triste cortège sortit des murs dans un silence à peine troublé par le grincement des roues et les pleurs d'un enfant. Johann tirait le baudet par la bride. Quand ils furent dans la campagne, Barbara descendit de la charrette et partit en avant, tenant Régine par la main.

— Où vas-tu ? demanda Johann un peu exaspéré. Ce n'est pas le moment d'aller cueillir des champignons.

— Ah, tu n'es qu'une bête, à la fin. Et d'ailleurs ce n'est pas la saison. Laisse-moi faire.

Il resta seul, empli de la sérénité stupide du muletier menant sa récolte à la foire. Il ne pensait à rien, vraiment à rien, et savourait intensément cette vacuité de l'âme. Barbara revint un quart d'heure plus tard, en compagnie d'un homme vêtu en riches vêtements de bourgeois en voyage. Johann le connaissait vaguement : c'était l'imprimeur des éphémérides. Il avança vers Kepler les bras tendus comme s'il allait l'embrasser, en s'exclamant d'un ton apitoyé :

— Professeur, professeur, vous, dans un tel équipage ! Je ne saurais le tolérer ! Ma voiture est la vôtre. Nous y causerons. Un de mes domestiques mènera vos bagages.

Kepler tenta bien de protester qu'il n'était qu'un banni comme les autres. Rien n'y fit, il dut obtempérer. De plus, il sentait peser sur lui le regard menaçant de Barbara.

Les quatre jours qu'il leur fallut pour rejoindre Linz auraient pu devenir un voyage d'agrément. La grosse et rapide voiture de l'imprimeur possédait toutes les commodités. Bien vite, ils laissèrent le convoi derrière eux de sorte qu'au soir, à l'auberge, ils avaient toutes les chambres qu'ils désiraient. L'imprimeur avait pour projet d'ouvrir un nouvel atelier à Linz. Il affirmait qu'un homme de la renommée de Kepler n'aurait aucun mal à y trouver la place qu'il méritait et lui proposa même de s'associer. Libraire ? Imprimeur ? Pourquoi pas, après tout ? Il serait enfin son propre maître, loin des archiducs, des empereurs, des princes danois et de leurs caprices. Et puis il observait du coin de l'œil Régine jouant sagement avec la fille de l'imprimeur, qui avait son âge ; il entendait Barbara et l'épouse de son compagnon de voyage parler de l'air du temps. La pertinence des propos de sa femme le surprit. Il est vrai qu'à Graz, il ne s'était jamais préoccupé de savoir si Barbara avait des amies, et Régine des petits camarades de jeu.

Linz était un port. Le Danube semblait s'y arrêter pour y déposer les richesses venant de Ratisbonne et charger celles qui iraient à Vienne. Le contraste avec Graz la frileuse blottie dans sa vallée émerveilla Barbara et Régine, tant ici la vie bouillonnait, comme le fleuve sur lequel elle se lovait amoureusement. La proposition de l'imprimeur prenait une meilleure forme dans la tête de Kepler.

Mais, tandis qu'il descendait de la grosse voiture, il reconnut la silhouette efflanquée du pasteur Hitzler, celui-là même avec qui il s'était heurté avec tant de violence, naguère, à Graz. Le fanatique s'avança vers lui comme s'il voulait en découdre.

— Par exemple, frère Kepler, nasilla-t-il, je te croyais à Prague en train de faire mijoter les marmites du Diable Rodolphe, en compagnie de tes amis magiciens et juifs. Ou encore à Graz, à baiser le bas de la bure du grand Inquisiteur, lui promettant de tout renier et de te vouer au culte de l'antéchrist de Rome.

Kepler le saisit par le col de son habit d'un noir douteux et cria :

— Je ne permettrai jamais à personne de douter de ma foi. Ce sont des gens comme toi, pauvre fou, qui provoquent au meurtre et à la guerre…

Barbara le saisit par le bras :

— Johann, je t'en supplie ! Partons !

Il se laissa entraîner tout en gesticulant de ses grands bras d'araignée :

— Tu as raison, je préfère encore la nouvelle Babylone de Rodolphe à cette Florence où règne cette pâle imitation du fanatique Savonarole !

Personne ne comprenait rien à ces propos désordonnés, mais ils firent grande impression sur l'imprimeur, qui le rattrapa par la manche, l'emmena lui et sa famille dans la meilleure auberge de la ville, y loua à ses frais une cabine à bord d'un navire qui remonterait le Danube jusqu'à Ulm, et lui garantit enfin qu'il réceptionnerait ses bagages, qui traînaient loin derrière.

Le lendemain, après une très mauvaise nuit de fièvre au cours de laquelle Kepler crut mourir, Barbara, Régine et lui montèrent à bord du *Neckar*, qui appareillait pour Ratisbonne, amarré à d'autres gros bateaux à fond plat qu'on appelait « les boîtes du Danube », pour se moquer de leur aspect pataud. Le long convoi s'ébranla aux premières lueurs du jour, tiré de la rive par une théorie de lourds chevaux qui seraient parfois remplacés par des hommes quand le chemin de halage ne conviendrait plus au sabot.

Les Kepler et les deux autres familles de passagers contemplèrent longtemps les manœuvres des mariniers, puis la cité de Linz qui disparut derrière un méandre du fleuve. On lia conversation. C'étaient également des réformés chassés de Styrie, mais qui avaient jugé Linz encore trop près de l'archiduc Ferdinand et avaient préféré recommencer leur vie dans un vieux pays luthérien comme le Wurtemberg. Johann fut très flatté que ces messieurs et dames l'eussent reconnu, même s'ils admiraient surtout la justesse des prédictions de ses horoscopes. Toutefois, il sentit vite derrière leurs questions insistantes qu'ils le soupçonnaient, comme le pasteur Hitzler, de s'être converti en secret, soit devant l'Inquisition, soit à Prague pour complaire à l'empereur. Sans oublier la persistante rumeur de ses sympathies aux thèses de Calvin. Il se défendit de ces calomnies avec beaucoup de vigueur, trop peut-être. Mais ils le laissèrent en paix sur ces questions-là jusqu'à la fin du voyage. Il constata par ailleurs avec une grande satisfaction que Barbara tenait fort bien son rôle d'épouse de grand savant, qui veille à sa tranquillité et à son isolement.

Quand ils étaient seuls, une fois Régine couchée dans la cabine, ils restaient longtemps côte à côte sur le pont, à contempler la belle nuit d'été. Le nom des astres et leur mouvement n'intéressaient pas Barbara. Elle préférait que son époux lui raconte son enfance et surtout, lui parle et reparle de sa mère, de ses frères et de sa sœur qu'elle allait rencontrer. Elle se fâcha quand il entama son récit avec cette irrépressible dérision dont il usait quand il s'agissait de questions personnelles. Il s'appliqua alors à être le plus neutre possible. Elle s'apitoyait, lui prenait la main, essuyait une larme en murmurant : « Pauvre femme, pauvres enfants. » Mais, en rentrant dans la cabine, elle se refusait toujours à lui, pour ne pas, disait-elle, réveiller la petite.

Le convoi remontait doucement le fleuve, sous les montagnes bleues de la forêt de Bavière, et chaque ville où ils faisaient escale, avec ses jolies maisons multicolores, semblait leur dire : « Arrêtez-vous ici. On vit bien par chez nous. » On mangeait bien, et Barbara grossissait à vue d'œil. Ah, l'audacieux mélange de brème, de barbeau et de boudin, arrosé d'alcool de poire flambé, à Passau ! Les lourds gâteaux aux noisettes de Straubing, dont on ne savait trop s'ils contenaient plus de farine, d'œufs ou de sucre, et dont elle gavait sa fille, laquelle n'avait d'yeux que pour le défilé des fêtes de la ville en mémoire de la princesse Agnès, qui se serait jadis jetée dans le fleuve après la mort de son époux. La petite Régine avait pleuré au récit de cette dramatique histoire d'amour, elle riait maintenant en voyant parader les soldats puis les bergers portant au cou leurs grosses cloches qu'ils faisaient tinter dans un vacarme assourdissant. Ah, les saucisses grillées sur leur lit de chou finement coupé servies sur le quai de Ratisbonne par les plus jolies filles du monde… Johann contemplait leur gracieux manège, tandis que Barbara jouait à sa jalouse, en tapant sa main du manche de son couteau.

— Veux-tu cesser, vilain bouc !

— Je cesserai quand la femme qui me sert d'épouse voudra bien assouvir mes instincts animaux.

Puis il emmena Régine visiter la vieille cité de Marc Aurèle, croulant sous l'histoire et les édifices religieux, tandis que Barbara remonta dans le bateau pour une sieste digestive. Ils franchirent ensuite des gorges vertigineuses. Une file d'hommes presque nus avaient remplacé les chevaux et halaient le convoi sur une étroite sente creusée à même la roche blanche. Ils chantaient, comme pour couvrir l'appel mortel de la Lorelei perchée là-haut sur la falaise. Les passagers, accoudés au bastingage, contemplaient le spectacle avec de délicieux frissons. Puis le fleuve reprit son cours rectiligne, perçant l'immense forêt bavaroise d'où jaillissait parfois un mont solitaire ou un clocher. De temps en temps, dans cette dense végétation presque bleue ou noire, s'ouvraient comme des clairières les alignements vert pâle des houblonnières enlaçant leurs hautes perches. Cette monotonie paisible n'était troublée que par le chant des oiseaux ou le claquement du fouet stimulant les chevaux de halage. La chaleur était accablante.

Tout le monde somnolait, qui dans la cabine, qui sur le pont. Le timonier lui-même ronflottait, assis à califourchon sur la barre qui semblait un monstrueux priape. Kepler avait étendu un auvent de fortune pour se protéger du soleil. En dessous, il avait dressé une tablette sur laquelle il écrivait. Il peaufina son traité sur les éclipses, Maestlin étant un lecteur autrement plus compétent que l'archiduc. Puis son esprit vagabonda. Il remontait le fleuve, il remontait à la source. Il revenait chez sa mère. Sa vraie mère, Alma mater, l'université de Tübingen.

55

Rien n'avait changé à l'auberge de Leonberg. Maman Kepler était devenue terriblement plus aigre, plus racornie. Tout dans la maison délabrée suintait la saleté, la pauvreté. Quatre ans seulement séparaient Johann de sa dernière visite. Quatre ans qui lui paraissaient un siècle. Un siècle, mais aussi des barons, un prince danois, un empereur, des palais et même la fille d'un riche meunier... Barbara eut du mal à cacher sa répugnance devant cette misère. Elle était pourtant bonne fille et chercha à faire bonne figure. De son côté, la vieille Catherine faisait des grâces, mais elle n'en était que plus pitoyable et effrayante. Elle voulait surtout plaire à la petite Régine, qui, terrorisée, se réfugiait derrière l'ample robe de sa mère. Les propos entre la belle-mère et la bru commencèrent à s'envenimer quand apparurent Marguerite et son mari, pasteur à Weil der Stadt, ainsi que Christophe, étameur également dans la cité de feu Sebald Kepler, leur grand-père. L'arrivée du frère et de la sœur de Johann fit diversion. Marguerite emmena Barbara et Régine en cuisine préparer le repas qu'elle avait apporté.

Les deux jeunes femmes s'entendirent fort bien. Cependant, dans la salle commune, les choses se gâtèrent. Il avait d'abord fallu convaincre Catherine de fermer l'auberge, et le beau-frère joua de toute son autorité de pasteur pour obtenir gain de cause et chasser les deux clients déjà installés. Puis la famille s'attabla en silence tandis qu'on entendait les rires de Barbara, Marguerite et Régine en cuisine. Quand elles en revinrent, le pasteur de Weil der Stadt dit la prière, puis :

— Johann, où en es-tu avec les choses de la religion ?

Kepler ne cacha pas son étonnement. Son beau-frère avait cinq ans de moins que lui, ils ne s'étaient jamais rencontrés auparavant, et puis, après tout, c'était lui le chef de famille. Il allait répondre sèchement que des retrouvailles familiales ne se prêtaient pas à une discussion théologique, mais l'autre poursuivit :

— Des bruits fâcheux courent sur ton compte. On dit que tu as plié devant l'Inquisition…

— Qui ça, « on » ?

— Un de mes anciens condisciples, qui prêche à Linz et semble bien te connaître.

— J'ignorais que tu avais été à la faculté d'Offenbach !

— Pas du tout, nous étions à Tübingen, tu le sais bien. Et justement, à Tübingen, le doyen Hafenreffer a laissé entendre que tu professais désormais les thèses de Calvin.

— C'est absurde ! Je ne professe rien du tout ! Sur sa demande, d'ailleurs. Je me contente de tenter de résoudre quelques problèmes physiques concernant la course des planètes.

— Il n'empêche ! Il n'y pas de fumée sans feu.

— Ah, la voilà qui revient, la fameuse formule. Que de fois l'ai-je entendue, à Prague ou à Graz ! Elle justifie tous les mensonges, toutes les rumeurs. Je ne veux plus rien entendre sur le sujet !

Il se détourna et tenta de lier conversation avec son plus jeune frère, Christophe. Celui-ci répondit dans le patois wurtembourgeois, devenu par moments incompréhensible à son aîné, que son métier ne lui donnait pas le temps de s'occuper de leur mère, que celle-ci n'en faisait qu'à sa tête et continuait d'aller cueillir des herbes dans la forêt pour en faire des potions, qu'elle n'arrêtait pas de se chamailler avec ses voisines, et que tout ça finirait mal, sur un bûcher. La vieille traita son benjamin de morveux qui n'avait pas à se mêler de ses affaires, qu'il était bien comme son voyou de père, aussi ivrogne et débauché que lui. Johann sentit monter les premiers symptômes de ses fièvres. Il lança un regard désespéré à Barbara, mais celle-ci serrait éperdument sa fille dans ses bras, comme pour la protéger de cette sorcière et de cet ivrogne qui se montraient les crocs tels deux chiens dans une cour de ferme.

Marguerite intervint d'un ton ferme :

— Christophe, maman, finissez-en avec vos disputes ! Nos chers voyageurs sont épuisés. Maman, quelle chambre leur as-tu préparée ?

— Les chambres, c'est pour les clients, pas pour la famille, répondit la vieille, hargneuse. La maison de votre enfance ne vous suffit donc plus ?

La « maison » en question n'était qu'une ancienne grange réaménagée au fond de la cour. La mère dormait dans une pièce et les enfants dans l'autre, sous les combles, au-dessus des quelques bêtes qui restaient encore. Sans écouter les récriminations maternelles, Marguerite appela le vieux valet de ferme, Hans, un demi-idiot dont le village disait qu'il servait à Catherine pour d'autres besoins que les travaux domestiques. Suivie par Johann, Barbara et Régine, Marguerite monta à l'étage jusqu'à ces deux pièces de l'auberge qu'on appelait « les appartements du prince » car, disait la légende, il y avait fort longtemps de cela, un ancêtre du grand-duc actuel y avait passé une nuit, lors d'une partie de chasse. L'endroit était propre mais sentait singulièrement le moisi. Une fois Régine couchée dans la chambre voisine, Johann se jeta aux pieds de Barbara et demanda pardon de lui avoir imposé une telle famille. Elle lui prit la tête et lui enfouit le visage au creux de sa grosse poitrine en le berçant comme un enfant.

Le lendemain soir, ils étaient installés dans la plus belle auberge de Tübingen. Tant pis pour les économies, le reste de ce que lui avait avancé Tycho et qui s'amenuisait singulièrement. Barbara exigea de souper dans la chambre. Elle craignait que dans la salle commune, Johann rencontrât une de ses anciennes connaissances devant qui elle serait passée pour une idiote. Tout en protestant qu'il lui faudrait bien tenir sa maison s'ils s'installaient ici, il en fut somme toute satisfait.

Elle ne sortit pas de la journée du lendemain, tandis que lui allait, dans sa toge de *mathematicus* des États de Styrie, rendre visite à son ancien maître. Maestlin était en cours. Une très jolie servante l'introduisit dans un petit salon où quatre femmes élégantes écoutaient les propos sans doute passionnants d'un monsieur portant beau, noyé sous les dentelles et les rubans, très province selon ce fin connaisseur de la mode qu'était Johann Kepler.

Helena Maestlin se leva et accourut à lui, lui saisit les mains en s'exclamant :

— Ah, monsieur Kepler ! Comme Michael va être heureux de vous voir après tant de temps.

Les années avaient passé et la Vénus de la septième maison en avait subi quelques affronts. Mais Johann, avec un brin de nostalgie, se dit que la passion éthérée de sa jeunesse n'était pas sans fondement. Ses trois amies, toutes femmes de professeurs, s'extasièrent alors sur *Le Mystère cosmographique* qu'elles affirmèrent toutes avoir lu. Kepler le crut. Quel auteur, même dépourvu de la plus petite once de vanité, n'y croirait-il pas ? Le causeur bellâtre jugea bon d'intervenir et s'improvisa défenseur du système de Tycho. Mal lui en prit. Johann n'eut même pas à répondre, car Mme Maestlin raconta aux jeunes femmes que Kepler, l'astronome danois et l'empereur lui-même travaillaient ensemble depuis de longs mois dans leur observatoire de Prague. Malgré son culte farouche de la vérité, Johann ne protesta pas. Après quelques explications confuses, le bellâtre s'en fut, accompagné par Helena qui tentait en vain de le retenir. Le combat de coqs n'eut pas lieu. Cependant, ces dames assaillirent le vainqueur en lui posant mille et une questions sur la vie à Prague, les favorites de l'empereur, la mode vestimentaire. Après avoir avoué son ignorance sur ces sujets, il entreprit un récit truculent de la vie quotidienne au château de Benatky.

Michael Maestlin parut enfin. Les deux amis se tombèrent dans les bras et se congratulèrent longtemps. Puis le professeur de mathématiques entraîna son ancien disciple dans son cabinet de travail. Ils commencèrent par ce genre de banalités gênées qu'échangent des amis qui ne se sont pas vus depuis longtemps et dont les chemins ont divergé. Maestlin insista pour que Barbara et Régine viennent souper le soir même. Kepler protesta que sa pauvre femme se couvrirait de ridicule devant Helena, l'autre lui répliqua qu'il ne connaissait pas sa chance d'avoir une femme sans éducation. La gêne devenait presque palpable. Pour la dissiper, Kepler entra dans le vif du sujet :

— Michael, il faut absolument que tu me trouves un emploi à Tübingen, même en dessous de ma charge à Graz. Maître d'études, assistant, qu'importe. Cela me permettra de décrocher mon doctorat en un an. Ensuite, ma foi, c'est bien le diable si je ne peux pas dénicher une chaire dans une quelconque faculté ou un collège.

— Hélas, Johann, c'est impossible. J'ai tenté de t'en informer de cent manières dans mes lettres, en évitant d'éveiller le soupçon de lecteurs indiscrets. Mais dans cette pièce dont les murs n'ont pas d'oreilles, je te le dis franchement : ni le grand-duché de Wurtemberg ni l'université de Tübingen ne veulent de toi. Tu n'as plus qu'un ami dans cette province : moi. Et cette amitié me met en péril, ainsi que ma famille. Même mon beau-père le doyen Hafenreffer ne veut pas te recevoir.

Kepler blêmit. Ses yeux s'embuèrent de larmes. Il leva les bras au ciel et s'écria :

— Mais pourquoi un tel ostracisme ? Me bannir de ma terre natale ! Je n'ai commis aucun crime, pas le moindre écrit contre la foi de mes aïeux !

Alors, posément, Maestlin énuméra un certain nombre de petits faits épars, de phrases dites ou écrites, de personnes rencontrées, de correspondants de toutes sortes et de toutes confessions. Ce n'étaient que détails dérisoires, anecdotes, ragots, ou trois mots courtois échangés avec un jésuite dans une rue de Graz, mais, mis bout à bout, cela constituait un épais dossier, dossier que d'ailleurs Maestlin avait pu consulter grâce à son beau-père le doyen, dossier accablant. Kepler n'était plus un luthérien hétérodoxe, soupçonné de quelque sympathie avec Genève, voire avec Rome, mais un esprit fort. Un athée.

— Si on m'en donne l'occasion, je pourrai me défendre de tout cela, l'expliquer, le justifier. Ainsi ma correspondance avec le chancelier Herwart…

— Mais, mon pauvre Johann, personne ne voudra t'entendre. Tu leur fais peur, comprends-tu, tu leur fais peur car tu es libre. Moi, je ne suis qu'un chien couchant, comme Magini à Bologne, comme John Graig à Édimbourg... Devant le temple ou la cathédrale, nous rampons. Quant à Galilée, à Padoue, ils finiront bien par le museler, lui aussi, si ce n'est déjà fait. Mais toi, ils n'osent pas, alors ils te chassent, ils te condamnent à l'errance. Quand bien même tu te convertirais pour aller trouver refuge en Bavière, crois bien que ton chancelier Herwart et sa clique de jésuites auront tôt fait de te jeter dehors ou dans les flammes au moindre aboiement disgracieux. Il ne te reste qu'un asile sûr, qu'un seul protecteur : à Prague.

— Tycho, un protecteur ? Tu plaisantes !

— Qui te parle de Tycho ? C'est un homme fini, Tycho. Il n'est plus rien. Benatky est fermé. Ses vingt-six instruments enfin arrivés ont été installés dans l'enceinte du palais impérial. Rodolphe exige de l'avoir toujours avec lui. Tycho n'est plus rien, puisque Tycho n'est plus son propre maître. Il a besoin de toi. Sans toi, ses observations ne sont plus que ruines.

— Tu laisses donc entendre que mon ultime protecteur serait l'empereur lui-même ?

— Comment le pourrait-il, le pauvre homme, lui qui ne peut se protéger lui-même de ses démons, de ses conseillers, de ses mages, de ses parasites...

— Eh bien, toi qui m'écrivais que tu n'y connaissais rien aux choses de la politique ! Alors c'est qui, mon protecteur ?

— Eh bien, ton protecteur est une entité qui n'existe plus, ou peut-être seulement sous la forme d'un tas de fumier. Mais c'est sur ce tas de fumier que tu pourras t'épanouir en toute liberté : le Saint Empire romain germanique.

56

Le vieux lion perdait ses dents et ses griffes. À cinquante-cinq ans, Tycho avait gardé en apparence toute la superbe du grand seigneur. Mais sa corpulence, son port droit et altier, sa voix forte, son appétit ne faisaient qu'illusion. Il souffrait. De petites douleurs assaillaient son corps, un mal à l'oreille, un élancement dans un orteil, et surtout des irritations autour de son nez. Ces petits maux le laissaient en paix quand il était en société, mais ils semblaient se liguer contre lui quand il était seul. Et il devenait de plus en plus seul.

Longomontanus l'avait abandonné. Chargé d'aller chercher les vingt-six instruments restants au Danemark et de les escorter jusqu'à Benatky, il les accompagna à Rostock et revint à Copenhague. De là, il annonça que le roi Christian l'avait nommé son astronome personnel, en agrémentant sa lettre de reproches que Tycho aurait pu croire sortis de la bouche de Kepler.

Quand le convoi venu du Danemark ne fut plus qu'à dix jours de marche, le grand chambellan de l'empereur, que Tycho soupçonnait d'avoir fomenté les complots contre lui à la cour, se déplaça en personne à Benatky, toujours en chantier. Il lui annonça l'inéluctable auquel Tycho ne voulait pas croire : les instruments astronomiques obtenus après de longues démarches diplomatiques, puis acheminés à grands frais, seraient installés non pas ici mais à Prague, dans l'enceinte du palais. Tycho en restait le légitime propriétaire, mais ce serait la couronne qui en aurait l'usufruit. Benatky n'avait donc plus de raison d'être. Il ne protesta même pas. C'en était fini de son rêve de reconstituer Uraniborg en terre de Bohême, de devenir à la fois le doge et l'astronome d'une nouvelle Venise.

Il crut retrouver un peu d'allant quand il lui fallut reconstruire son observatoire sur la colline du Hradschin, autour du palais qu'on lui avait prêté, la résidence Curtius. Avec l'aide d'un architecte il en dressa les plans, à sa démesure. Il les montra à l'empereur, sûr d'obtenir son accord tant son influence sur lui était grande. Mais Rodolphe refusa net. Il ne voulait pas du vacarme provoqué par un chantier dans ce havre de paix propice à l'art, à la poésie et à la magie que devait être son refuge. Jadis, quand il avait installé à Prague la capitale de l'empire, il avait rêvé de construire sur cette colline du Hradschin un nouvel Escurial plus vaste encore que celui dans lequel il avait passé son enfance. Mais dès que résonnèrent les premiers coups de pioche, il avait ordonné qu'on cessât tout. Sa Majesté Rodolphe II de Habsbourg ne serait jamais un bâtisseur. À cause du bruit.

Tycho fit donc installer tant que bien que mal ses grosses machines sur sa terrasse, dans les jardins, là où cela ne nuirait pas à la tranquillité de Sa Majesté. Comme pour se venger, il lui rédigea des horoscopes de plus en plus sombres. Pourtant, les Turcs battaient en retraite et le couteau du régicide se faisait attendre. Mais l'empereur y croyait, et ses accès de mélancolie se multipliaient. À la cour, désormais, on appelait l'astronome « le mauvais génie de Sa Majesté ». Il y en avait pourtant d'autres, et de pires. Ce qu'on ignorait, c'était que Tycho se servait à lui-même des prédictions aussi fatales qu'à son maître. Quand, le 15 août, on lui apprit la mort d'Ursus, il se contenta de répondre qu'il le retrouverait bientôt. En enfer, ajouta-t-il.

Quant à sa maisonnée, elle partait à vau-l'eau. Ses fils Tyge et Jorgen désertaient le palais Curtius : Prague offrait tant de tentations. Les filles, à l'exception d'Élisabeth, ne sortaient jamais du domaine impérial, sauf quand elles étaient invitées dans la résidence d'été de tel ou tel à une partie de campagne ; mais elles étaient de toutes les fêtes, de tous les bals de la colline impériale, donc chaque soir, chaque nuit. On chuchotait même que l'empereur, qui collectionnait les jolies femmes avec autant de frénésie que les œuvres d'art, aurait connu dans les bras des filles de son *mathematicus* des émois qui n'avaient rien d'euclidien ou de copernicien. Mme Brahé, dans les cuisines ou par ses chambrières, recevait souvent les échos de leur conduite déréglée. Malgré la peur qu'elle avait gardée de cet homme qui l'avait violée et achetée au temps de son enfance, elle décida de l'alerter. Tycho lui répondit que si c'était le seul moyen de leur trouver un parti, eh bien, qu'on les laisse s'amuser. Il lui restait Élisabeth, la discrète, la vertueuse, la savante Élisabeth.

Tengnagel avait vu dans l'installation à Prague une victoire personnelle. Il avait suffisamment intrigué pour cela dans les couloirs du palais, allant même jusqu'à laisser entendre qu'il pourrait bien se convertir au catholicisme si cela était nécessaire, puis entraîner les Brahé avec lui. Naturellement, nul ne se souciait, à la cour, des professions de foi d'un aussi veule personnage, dont on se servit comme d'un espion auprès de Tycho en lui faisant miroiter une vague charge dans la magistrature. Il crut être arrivé à ses fins et se présenta devant Tycho, prétextant une affaire importante à lui exposer.

— Maître, lui dit-il d'une voix solennelle, cela fera bientôt sept ans que je me suis mis à votre service. Ma vie en a été illuminée. Vous avez remplacé pour moi le père que je n'ai jamais connu.

Tycho ébaucha un bâillement. Quand il était roi de l'île de Venusia, il considérait le chevalier saxon comme une sorte de ministre des affaires courantes, un chambellan, voire un confident quand son humeur mélancolique s'assombrissait. Tengnagel avait ce rare talent de savoir écouter. Mais maintenant que le seigneur danois côtoyait chaque jour des personnes de son rang, il ne considérait plus l'obscur hobereau que comme un secrétaire, un membre de sa domesticité et rien de plus.

— Que veux-tu, vieux Franz, une augmentation de ta pension ? Je ne peux pas. J'ai déjà assez de mal à arracher la mienne au Trésor, tu le sais bien.

— Maître, il ne s'agit pas du tout de cela. Rester à vos côtés est pour moi le plus beau des salaires. C'est à mon père que je m'adresse aujourd'hui et non à mon seigneur. Père, j'aime.

— Eh bien, voilà une bonne nouvelle, répondit un Tycho parfaitement indifférent. Tu as mon accord pour convoler en justes noces. Quand me présentes-tu l'heureuse fiancée ?

— C'est que… Il s'agit de votre fille Élisabeth.

Surpris, Tycho se dressa sur son siège. Il balança un instant entre la colère et le rire. Il choisit le mépris :

— Voyons, mon garçon, ce n'est pas raisonnable. Un Tingangel, s'unir à une Brahé !

À ce moment, un laquais entra et annonça :

— M. et Mme Kepler sollicitent une audience.

— Enfin lui ! Non, ne le fais pas monter. Je vais aller l'accueillir moi-même. Kepler, enfin ! Juste un conseil, chevalier. Ne songe plus à épouser ma fille. Trop petit, mon ami. Je te donne une semaine de congé. Va te nettoyer la tête dans les bordels de la ville.

Les retrouvailles entre Tycho et Kepler parurent chaleureuses à Barbara. En serrant son maigre mari contre son cœur, le gros homme évoquait irrésistiblement à la jeune femme les images des livres pieux de son enfance, celles du père retrouvant le fils prodigue. Et quand Tycho s'inclina devant elle pour lui baiser la main en évitant toutefois que son nez la frôle, puis qu'il lui tourna un joli compliment sur sa beauté, elle estima que Johann, cette langue de vipère, avait été méchant avec ce vieux et charmant gentilhomme. Elle répondit par une révérence et une formule de politesse passe-partout, tout en s'amusant du coin de l'œil de l'inquiétude de son époux qui avait tellement peur qu'elle profère une bêtise.

Tycho ne laissa le soin à personne de mener les Kepler à l'appartement qui leur était réservé. Johann s'en montra très satisfait. Barbara eut du mal à cacher sa déception. Pour elle qui n'avait connu que la belle propriété de son père puis la grande maison de son second mari le trésorier-payeur, l'endroit parut sombre, étroit et sale. Puis les deux astronomes partirent visiter l'observatoire, sur la terrasse. Barbara resta dans l'appartement avec une femme de chambre pour organiser leur installation. Elle attendait également la venue de Mme Brahé. Johann lui avait raconté l'union de Tycho avec Christine, petite paysanne danoise effacée dans l'ombre de son seigneur de mari, et il persuada

Barbara qu'elle s'en ferait rapidement une amie. L'illusion fut de courte durée.

Une grande femme maigre et couverte de bijoux entra dans l'appartement comme un tourbillon, suivie par une demi-douzaine de domestiques. Elle examina Barbara de la tête aux pieds, puis lui posa une question d'une voix suraiguë, dans un allemand que Barbara ne comprit pas. À tout hasard, Mme Kepler répondit qu'elle était fort bien installée, mais que l'on était début octobre et demanda à se procurer du bois de chauffage. Mme Brahé la regarda d'un air étonné, et se mit à parler d'une voix encore plus forte et plus rapide. Les yeux de Barbara s'écarquillèrent, sa bouche s'entrouvrit. Elle se mit à crier : « Bûches, froid, feu ! » en mimant ces mots. Christine haussa les épaules, tourna les talons et sortit, en lançant un ordre à l'un de ses serviteurs avec qui Barbara réglerait désormais les questions domestiques. Mais Mme Brahé n'appela plus désormais Mme Kepler que « la grosse vache », et Mme Kepler, Mme Brahé « la vieille pie ».

Il lui fallait pourtant bien transformer ces quatre pièces sinistres en un foyer offrant à Régine une vie normale pour une fillette de dix ans. N'était restée avec l'escorte de Mme Brahé qu'une chambrière. Elle ne parlait que la langue de Bohême, mais, par gestes, les deux femmes finirent par se comprendre. D'ordinaire si impatiente avec les domestiques, Barbara se laissa faire et bientôt les malles furent vidées et rangées, puis la chambrière disparut avec le linge sale. La mère et la fille restèrent seules. Elles avaient froid, faim, peur aussi de ces grands portraits d'hommes accrochés aux murs et qui semblaient les suivre partout du regard : Ptolémée, Albategnius, Regiomontanus, Copernic… Des grincements, des bruits sourds, des pas, le murmure de la pluie contre les fenêtres noires. Un tintement de cloche, au loin.

La porte s'ouvrit brutalement. La lumière d'un chandelier les éblouit un instant.

— Que faites-vous dans le noir, mes pauvres chéries ? Nous allons bientôt souper !

Barbara crut reconnaître la voix de Mme Brahé, qui aurait enfin retrouvé un langage compréhensible. Quand ses yeux se furent habitués à la lumière, elle eut un moment de frayeur : c'était bien elle mais, par un étrange sortilège, elle avait rajeuni de vingt ans. Elle ne fut rassurée que quand la nouvelle venue se présenta comme la fille aînée de Tycho, Madeleine. Les deux jeunes femmes rirent très fort de cette méprise. Madeleine couvrit Régine de baisers en la déclarant « la plus jolie meunière du monde ». Elle expliqua ensuite comment l'on procédait au palais Curtius : heures des repas au son de la cloche, et autres cérémonials quotidiens comme celui du prêche, qui se déroulait dans l'ancienne chapelle. Elle leur promit que demain elle leur ferait visiter le palais, puis, quand le temps le permettrait, les jardins de plantes des Indes, et la ménagerie où étaient emprisonnés les bêtes féroces et les singes de l'empereur.

Elles apparurent, main dans la main, dans une jolie pièce bien chauffée. Ce n'était pas du tout comme Johann l'avait raconté à Barbara, tout au contraire. Trois tables rondes avaient été dressées. Autour de l'une d'entre elles, Tycho et Kepler avaient une discussion très animée avec quatre messieurs, dont les uns semblaient être de nobles personnages, les autres des docteurs.

Un serviteur l'emmena vers la deuxième table, présidée par Mme Brahé, tandis que Madeleine conduisit

Régine vers la troisième table, ce qui déplut à Barbara qui n'aimait pas être séparée de sa fille. Heureusement, de la place qu'on lui avait désignée, elle pouvait avoir un œil sur elle, tandis que de la sienne Kepler surveillait son épouse. Dans son patois épouvantable, Mme Brahé la présenta aux quatre autres dames, qui étaient les épouses des convives de Tycho. Puis, jusqu'à la fin du souper, elle se tut. Les autres voisines, en revanche, parlaient un allemand qui était celui des livres. Elles paraissaient fort savantes et la questionnèrent sur les idées qu'avait son mari sur la marche des étoiles. Avec le temps, Barbara en avait acquis quelques connaissances, mais elle préféra jouer à la sotte en racontant qu'elle ne s'était jamais intéressée à ces choses. Puis on l'interrogea sur la situation à Graz. Elle n'eut pas besoin des mimiques de son mari pour décider d'être prudente : il s'agissait des choses de la religion. Elle fut vite rassurée quand elle sut que toutes ces dames étaient de confession luthérienne. Elle put donc raconter les brimades et les persécutions que leurs coreligionnaires subissaient en Styrie, en noircissant quelque peu le tableau pour mieux capter l'attention de ses auditrices. Elle n'en demeurait pas moins attentive à l'autre table, où Régine semblait capter toutes les attentions des filles de Tycho et du chevalier Franz Tengnagel.

Il n'y eut plus de repas de cette sorte. Kepler avait en effet convaincu Tycho qu'il s'agissait là d'une perte de temps et qu'il valait mieux consacrer leur énergie, pour l'un à l'observation, pour l'autre au calcul. Le ciel, selon lui, ne pouvait plus attendre, en cette fin d'année de jubilé qui serait peut-être fatale. Il jouait des peurs de son hôte, comme celui-ci de celles de l'empereur. C'est ainsi qu'il obtint que les appartements qu'il occupait seraient comme les siens propres, où il vivrait en famille, sans avoir d'autres obligations envers Tycho et les siens que celles que lui donnait son travail de premier assistant astronome. Christine et Barbara détermineraient les quantités en bois, en pain et en vin dont aurait besoin ce deuxième foyer du palais Curtius, sans compter une servante. Tycho accepta tout sans aucune difficulté. Il était comme un roi nu que l'on a dépossédé de tous ses pouvoirs, hormis sa couronne. Ne restait plus à l'empereur de l'astronomie que son vrai domaine et ses vrais joyaux : le ciel et ses étoiles.

Kepler et lui travaillèrent de façon ininterrompue, quand le ciel le permettait. Le jour, on observait le Soleil, on notait soigneusement son mouvement apparent et sa situation dans son orbite, en ascension droite et déclinaison, dans sa distance par rapport au globe terrestre. On faisait la même chose la nuit pour les six planètes : altitude, azimuth et les variations approximatives de leur éclat. L'ombre ronde et l'ombre mince allaient ainsi, de salle en salle, de terrasse en terrasse, suivies par une théorie d'aides chargés de manœuvrer les énormes instruments. Ils n'échangeaient que de rares propos, des chiffres, l'essentiel, comme les officiers d'un navire, de quart de nuit. Mais si un voyageur égaré dans le parc voyait ces silhouettes se mouvoir sur les toits, il hâtait le pas, non sans s'être signé auparavant.

Ainsi s'acheva l'an 1600, puis débuta le siècle sans qu'aucun signe d'une prochaine fin des temps se soit produit. Même le meilleur devin n'aurait pu prévoir, en ce 15 mars 1601, la mort du meunier Mulleck, à Graz. Sauf son médecin, bien sûr, dont une lettre avait alerté Kepler que son beau-père était au plus mal. Et les nobles amis qu'il gardait encore en Styrie lui demandaient de venir au plus tôt avant que les jésuites et la Sainte Inquisition fassent main basse sur le gros héritage du défunt.

Feignant d'ignorer que de toute façon il arriverait trop tard, Kepler demanda un congé à Tycho afin que Barbara et lui se rendent au chevet du mourant et assistent à ses funérailles. Et, comme toujours quand il ne s'agissait pas de leur collaboration astronomique, celui-ci fit des difficultés. Mais cette fois, il avait d'autres raisons. Tycho avait pris ses renseignements. Il savait que le meunier possédait de nombreux biens, et que si par malheur Kepler réussissait à les réaliser, il n'aurait plus besoin de lui. Il lui échapperait, comme lui avait échappé jadis son ami de Wittenberg Scultetus, en reprenant la prospère brasserie familiale et la charge de bourgmestre de sa bonne ville de Görlitz. Depuis, l'honorable Schultz n'avait plus rien fait de bon. Et Tycho imaginait qu'il en serait de même pour un Kepler, certes vivant de ses rentes à Weil der Stadt ou à Leonberg, mais définitivement perdu pour la philosophie de la nature. Il savait surtout qu'une fois son assistant disparu, il serait définitivement seul, et que nul autre que Kepler ne pourrait mettre en forme toute une vie d'observations.

Il commença par sermonner paternellement son assistant : Barbara, selon lui, n'était pas en état de faire un tel voyage. Sa fille aînée Madeleine lui avait rapporté qu'à l'annonce de l'agonie de son père, la pauvre femme avait sombré dans un désespoir qui faisait craindre pour sa raison. Cette subite sollicitude pour autrui parut étrange à Kepler, qui argumenta qu'aller se recueillir sur la dépouille paternelle et voir une dernière fois son pays natal serait pour son épouse le meilleur des remèdes. Et il lui précisa que la présence de Barbara à Graz pourrait faciliter les questions de succession. Tycho ne céda pas : ou bien Kepler partirait seul, ou il ne partirait pas.

— Comme ça, crut-il bon d'ajouter, je serai sûr que tu reviendras.

57

Kepler s'absenta de Prague durant quatre mois, dont trois semaines pour le voyage aller et retour. Il avait demandé instamment à Barbara de lui donner régulièrement de ses nouvelles et de l'informer de la façon dont on la traitait au palais Curtius.

Au début, elle n'eut pas à se plaindre. Madeleine s'était instaurée sa grande amie et confidente. Mais surtout, la fille aînée des Brahé lui tenait la chronique de sa famille, sans rien cacher de ses petits secrets. Elle mettait une sorte de hargne à dépeindre sa mère, âpre régisseuse d'un patrimoine que son obscure naissance n'aurait jamais dû lui laisser espérer ; ses frères, Tyge qu'elle traitait d'imbécile débauché, Jorgen de fourbe sournois, et ses trois sœurs qui constituaient le sérail d'un Tengnagel qu'elle haïssait plus que tout. En revanche, elle idolâtrait son père et le plaignait : consacrant sa vie à l'étude et à la philosophie, l'œil toujours dans les étoiles, il ne pouvait saisir les turpitudes de ces charognards. Elle dépeignait sa bonté, sa candeur, son aveuglement aussi à ne pas voir la seule personne qui l'aimait d'un amour sincère : elle-même, Madeleine. Barbara trouvait bien des ressemblances entre le prince danois et feu le meunier de Graz. Alors, ces deux femmes solitaires pleuraient dans les bras l'une de l'autre en se prodiguant des caresses de moins en moins innocentes.

Mais ce ne fut pas de là que vint le scandale. Depuis qu'il avait été obligé de s'installer à Prague, chaque mois, Tycho ordonnait à sa famille en passe de se disloquer de se réunir au complet, les quatre filles et les deux garçons. Aucun encore n'était marié, la noblesse praguoise répugnant à donner ses rejetons à une race dont la mère n'était qu'une paysanne, même pas mariée religieusement, et le père un être ayant commerce avec le diable et qui ne devait sa fortune qu'à un empereur dont la raison et le trône étaient de moins en moins assurés. De plus, la réputation de débauche des Tychonides n'était plus à faire.

Le conseil de famille de mai se tint deux semaines après le départ de Kepler en Styrie. En contemplant sa lignée qui attendait debout, de l'autre côté de la table, le seigneur danois pensa soudain que ce rituel qu'il avait imposé était inutile. Sa vie n'était pas parmi ces gens qui lui étaient devenus étrangers, mais là-haut, à observer la course de ce beau soleil de printemps. Kepler lui manquait.

— Bon, alors, de quoi allez-vous vous plaindre, cette fois-ci ? grogna-t-il faute de mieux.

Son épouse Christine se lança dans une diatribe contre les demandes réitérées de Mme Kepler en chauffage et en pain, par l'intermédiaire de Madeleine, qui n'avait pas à se mêler de ce genre d'histoires. L'aînée répliqua aigrement qu'elle ne voulait pas que Barbara et Régine meurent de faim et de froid. Pour les faire taire, Tycho poussa une sorte de rugissement. Élisabeth demanda la parole. Il s'apaisa et se fit tout miel. La beauté, la douceur, l'intelligence et le savoir de sa troisième fille compensaient quelque peu les déceptions amères que lui avaient apportées ses deux garçons.

— Père, je dois me marier, dit-elle de sa voix grave et posée.

— Mais, Lisa, c'est aussi mon vœu le plus cher et il n'y a pas de jour où je ne cherche à la cour le parti qui te conviendrait.

— Vous n'avez pas compris, père. Je *dois* me marier. Je suis *obligée* de me marier.

— Je ne comprends pas.

Comme toujours quand il était dans un grand embarras, Tycho porta la main vers son nez, puis se retint de l'ôter. Mme Brahé intervint alors, osant pour la première fois élever la voix devant son mari :

— Bien sûr que vous ne comprenez pas. Vous n'avez jamais compris. Vous ne voulez pas voir ce que tout le monde sait à la cour et à la ville. Votre fille, cette hypocrite, toujours les yeux baissés sur les livres, fait la bête à deux dos depuis des années avec votre âme damnée, votre Tingangel. Alors, ce qui devait arriver est arrivé. Il l'a engrossée d'un petit bâtard !

— Mais, Franz et moi, nous nous aimons ! s'exclama une Élisabeth très théâtrale.

Cela ne suffit pas à arrêter le flot de paroles de sa mère, qui débondait ainsi vingt-huit ans de silence et de servitude :

— Et votre cher Tingangel, comme si vos filles ne lui avaient pas suffi, a tenté de jeter aussi son dévolu sur leur mère. Quant à vos garçons, n'en parlons pas ! Ce démon les a entraînés dans la pire des débauches !

— Parlez pour Tyge, mère, protesta Jorgen. Car moi, jamais personne n'a pu me détourner de l'étude. Je n'ai jamais suivi Tengnagel dans ses turpitudes.

Son aîné s'esclaffa :

— Ah ça oui ! Quand on ne peut pas, on dit qu'on ne veut pas !

Tycho sentit comme un stylet lui transpercer la fosse nasale. Il se leva, étourdi, et sortit de la salle en courant aussi vite que son poids le lui permettait. Il ferma derrière lui toutes les portes de son observatoire. Pendant sept jours et sept nuits, il n'en redescendit pas, refusant toute visite, en la seule compagnie du plus vieux et du plus fidèle de ses serviteurs, Mats, qui l'avait suivi partout, durant tous ses voyages, au temps de sa jeunesse. Quand il réapparut enfin, dépenaillé, puant le vin, il décréta devant sa maisonnée une nouvelle fois réunie que les noces entre sa fille et le chevalier Franz Tengnagel auraient lieu le 17 juillet, date à laquelle les conjonctions astrales seraient le plus favorables. Personne n'osa lui objecter qu'Élisabeth serait alors enceinte de six mois, et que sa grossesse serait évidente.

Les deux seules victimes de ces événements furent Barbara et Régine Kepler. Elles avaient perdu leur alliée Madeleine, qui avait jugé prudent de se faire discrète en attendant que l'orage passe. S'abattit alors sur la mère et la fille une pluie de restrictions en tous genres. Ainsi, la femme de chambre qui leur était allouée ne vint plus. Il est vrai que nombre de domestiques disparaissaient du palais Curtius, fuyant la tyrannie de Christine Brahé, une tyrannie sans frein depuis qu'elle avait dénoncé la conduite de ses filles et que son mari se désintéressait totalement de la bonne marche de sa maisonnée.

C'en était bien fini, cette fois, de la vie de Venusia ou de Benatky, aussi parfaitement réglée que les horloges astronomiques de l'observatoire. Tandis que le maître se cloîtrait dans son laboratoire et Christine dans ses cuisines, Tengnagel et Tyge avaient investi salons de réception et salle de bal, où ils organisaient des fêtes baptisées par eux-mêmes « orgies romaines » et où se donnait rendez-vous tout ce que Prague connaissait de noblesse dévoyée. Et Dieu sait si la capitale de l'empire en connaissait, en ce temps-là !

Cependant, seule, Barbara survivait obstinément, pour sa fille. Elle qui n'avait jamais osé sortir seule de l'enceinte du domaine impérial, elle s'aventura dans ces rues tortueuses, parmi une foule puante de mendiants, de lépreux et d'infirmes, serrant contre elle une Régine épouvantée. Il fallait bien se nourrir en dépensant, au marché, le peu d'argent qui lui restait. Au retour d'une de ces expéditions, Régine tomba malade. Elle grelottait de fièvre. Inutile de chercher un médecin dans cette maison qui sombrait. Et pas de bois pour la réchauffer. On était pourtant au mois de juin. Puisant dans tout ce qui lui restait de courage, elle partit dans les couloirs du palais, prête à affronter « la veille pie ». La porte de ses appartements était close. Une servante lui annonça que Madame ne pourrait pas la recevoir car elle était indisposée. Barbara l'implora de lui donner quelques bûches. Prise de pitié, la brave fille lui indiqua à voix basse la direction du cellier. Et elle ajouta en dissimulant son rire derrière sa main :

— Il n'y a bien que vous, Madame, qui ne maraude pas dans cette maison de fous.

Alors, Barbara devint une voleuse. Elle chaparda du bois et du pain. Après tout, elle ne faisait que récupérer son dû, et elle ne prenait jamais plus que les quantités notifiées sur le papier que lui avait laissé son mari, signé de la main de Tycho. En revanche, elle prit goût à ce jeu défendu, et de passage aux cuisines ou à la cave, elle ne pouvait s'empêcher d'enfouir sous ses robes un morceau de cochonnaille ou une bouteille de vin.

Elle n'en parla pas dans les lettres qu'elle envoya à son mari, mais s'y plaignit du traitement que Christine Brahé lui faisait subir. Kepler envoya alors à Tycho, depuis Graz, une lettre très sèche lui rappelant sa promesse de prendre soin de Barbara. Il y ajoutait un certain nombre d'observations sur la courbure de la Terre qu'il avait relevées lors de ses randonnées en montagne. Tycho prit bonne note de celles-ci, mais pas du reste.

Kepler revint à Prague à la mi-août. Sa bataille pour obtenir l'héritage de son beau-père avait été une demi-victoire. Grâce à son ami le baron Herberstein, il avait arraché le montant de la dot de Barbara ainsi que le produit de la vente de la maison du trésorier-payeur. Ces biens, qui étaient ceux de Barbara, avaient été confisqués par l'Église catholique, puisque ni elle ni son époux ne s'étaient convertis, mais ils firent l'objet d'un marché entre les deux parties. En revanche, les nombreuses propriétés de Mulleck, qui avait renié sa foi réformée, auraient dû revenir à sa fille, comme il l'avait stipulé dans son testament. Il s'agissait de moulins, d'une minoterie et de terres à blé. Bref, de la sève même de la province : le pain. Qu'un étranger, hérétique de surcroît, mît la main sur le cœur même de leur subsistance, et toute la paysannerie styrienne se soulèverait. La bataille procédurière fut longue, car tout ce qui touchait à la fois à la farine et à la religion était l'objet d'un labyrinthe de lois, de décrets, de coutumes anciennes et nouvelles. En plus, le plaideur, durant son long séjour, restait toujours sous la menace d'un procès pour hérésie. Mais « le petit chien », comme il aimait à s'appeler, ne lâcha pas son os facilement. Enfin, au bout de trois mois, il estima en être arrivé à un compromis raisonnable. Il partit donc de ce « pays de voleurs » avec dans sa bourse l'équivalent d'une année de ce qu'il était censé gagner à Prague, sans oublier des objets en tout genre d'une liste que lui avait confiée Barbara, allant de la poupée borgne au vase de nuit en passant par le coffret à bijoux. Vide, bien entendu.

Naturellement, il n'était pas satisfait de lui-même. Il n'avait pas gagné la partie. Et, durant le voyage de retour, il remâcha ses erreurs et ses ignorances en droit. S'il avait su, il aurait pu… Il se promit d'étudier le droit, qui n'était jamais qu'une série de théorèmes et d'équations simples, de règles à connaître par cœur, noyées sous un jargon facile à décoder. Un jeu, en somme.

58

Tycho avait assisté, l'après-midi, en compagnie de l'empereur et d'une bonne partie de la cour, à la première dissection en public d'un cadavre humain, par son ami le doyen de la faculté de médecine de Prague : le professeur Jessenius. À la fin de la leçon d'anatomie, Rodolphe, en proie à une profonde mélancolie, avait désiré s'isoler au lieu de débattre de cette séance avec l'aréopage de savants et d'artistes qui l'entourait toujours. Kepler, trop sensible, avait dû quitter l'amphithéâtre au premier coup de scalpel. Or, c'était avec lui que Tycho aurait aimé philosopher sur le sujet. Depuis le retour de son assistant, un mois après le mariage très discret d'Élisabeth et de Tengnagel, il ne pouvait plus se passer de lui, goûtant sa conversation plus que tout au monde, d'accord sur tout, sauf bien sûr l'héliocentrisme, auquel il résistait farouchement. Il arrivait à l'improviste dans l'appartement de Johann, s'invitait à table, couvrait Barbara et Régine de cadeaux et d'attentions, veillant à ce qu'elles ne manquent de rien. Et quand l'empereur le convoquait, ce qui arrivait de plus en plus souvent, il forçait Kepler à l'accompagner, malgré le peu de goût que celui-ci avait pour le cérémonial.

L'amphithéâtre se vidait. On n'osait se regarder, comme si on avait participé à un crime ou à une orgie.

Le cadavre disséqué avait été emporté, mais des traces de sang et quelques viscères maculaient encore le dallage. Machinalement, Tycho répondait aux saluts que chacun lui faisait en silence. On se serait cru à des funérailles. Tengnagel s'approcha de lui.

— Ne crois-tu pas que tu ferais mieux d'être aux côtés de ma fille, lui dit-il sans aménité, alors qu'elle peut accoucher d'un moment à l'autre ? Mais tu t'en fiches, hein, maintenant que tu as obtenu ce que tu voulais de moi ! Disparais de ma vue.

Son gendre ne se le fit pas dire deux fois. Tycho sortit à son tour de l'amphithéâtre. Il n'avait aucune envie de rentrer au palais Curtius affronter cette famille qui l'avait trahi. Dans le couloir, deux hommes bavardaient avec animation. Il connaissait le baron Rosenberg et le conseiller Minkowitz, deux proches de l'empereur, qui encourageaient Rodolphe à soutenir sans compter les arts et la philosophie, l'appelant nouvel Auguste et nouveau Mécène. Ils avaient contribué à l'obtention de la considérable pension dont Tycho jouissait. Il ne comprenait d'ailleurs pas très bien pourquoi ces gens qui ne s'intéressaient pas aux choses du savoir l'avaient soutenu. Mais qu'importait ! C'étaient de joyeux compagnons qui sauraient le sortir de sa morosité.

La résidence du baron Rosenberg étant à deux pas de la faculté de médecine, c'est là qu'ils choisirent de faire leurs agapes. Naturellement la conversation tourna autour de la leçon d'anatomie. Et plus leur ivresse avançait, plus leurs propos tombaient dans la scatologie la plus macabre. Le jeu était de couper l'appétit et d'augmenter la soif des deux autres convives.

— Seigneur Tycho, bafouilla le conseiller impérial Minkowitz, vous qui savez tant de choses, croyez-vous que les rouleaux de boudin que nous avons dans le ventre sont plus longs chez ceux qui ont le plus d'appétit ?

— C'est vraisemblable, répondit Tycho en se tapant sur la panse, et mes intestins, mes boudins comme vous dites, doivent mesurer au bas mot cent coudées.

— Si c'est le cas, intervint le baron, vous devez produire des merdes considérables.

— Ça, ce n'est pas si sûr ! Les deux chiens que m'avait offerts le roi d'Écosse, et qui vient d'être couronné roi d'Angleterre sous le nom de Jacques Ier, étaient des molosses. Mais Pollux, la femelle, faisait d'énormes crottes, tandis que Castor, le mâle, n'en faisait que de ridiculement petites.

— Pollux ? Drôle de nom pour une chienne ! Ce serait donc une question de sexe ?

— Peut-être. J'ai marché l'autre fois dans la merde d'une levrette de Sa Majesté. Eh bien, croyez-moi, messieurs, la mer Noire, en comparaison, n'est jamais qu'un canal de Benatky !

Le baron Rosenberg s'esclaffa en se tapant les mains sur les cuisses. Le conseiller Minkowitz, perplexe, continuait sa pensée :

— Mais alors, si vos tripes sont plus grosses et plus longues que les autres, non seulement votre contenance est plus grande que celle de la plupart des humains, mais votre temps de continence également. Contenance, continence, c'est amusant, n'est-ce pas ? Ah, ah ! Contenance, continence !

— Je vais vous le prouver, monsieur le conseiller. Abandonnons ce tokay, qui ne convient qu'aux femmelettes et aux Italiens. Je vous parie, messieurs, une coucherie avec ma fille Cécile contre un tonneau de vin français que je peux boire coup sur coup six pintes de bonne bière de mon ami Scultetus, et que je reste ensuite une heure en contenant mon eau !

— Six pintes ? Une heure sans pisser ? C'est impossible ! s'exclama le baron. Vous allez éclater ! Je m'y refuse.

— Pourquoi, grinça Tycho, ma chaste Cécile ne vous convient-elle pas ? Les préférez-vous un peu plus expérimentées, comme Sophie la sage ? Élisabeth n'est pas disponible actuellement, à moins que la leçon d'anatomie vous ait donné des idées d'aller de votre instrument explorer le ventre d'une parturiente ! Mais j'ai mieux encore ! Faute de Cythère, que diriez-vous d'un voyage à Lesbos ? Mon aînée Madeleine vous y conviera. Désolé, monsieur le baron, de ne pouvoir vous offrir ma femme. Une paysanne encore crottée… D'ailleurs, elle ne vaut rien dans le déduit. Croyez-moi, je sais de quoi je parle.

Il se leva de sa chaise en vacillant et hurla vers le plafond :

— Seigneur, Seigneur ! Quel crime ai-je commis pour que Tu me dotes d'une telle lignée de barbares ?

Puis il s'effondra, la tête entre ses bras croisés, et se mit à sangloter. Jugeant qu'il était temps de faire partir ses invités, le baron Rosenberg vint lui tapoter l'épaule :

— La journée a été éprouvante, cher ami, allons nous reposer.

Tycho se redressa, le nez de travers, frappa du poing contre la table et lança :

— Ah non ! Je vous ai lancé un défi, je le tiendrai. Six pintes, une heure sans pisser.

Deux laquais roulèrent un tonneau qu'ils dressèrent devant Tycho. Il refusa les grosses chopes en faïence aux délicats dessins bleus pour en choisir une en étain, car son père, expliqua-t-il, n'utilisait que cela. Il en arracha le couvercle, qui l'aurait gêné. La salle s'était remplie de la domesticité du baron venue assister à l'exploit. Il ne laissa le soin à personne de remplir la chope, la tenant en biais sous le robinet pour qu'il y ait le moins de mousse possible. Durant un long moment, son visage disparut presque derrière le récipient. Ne bougeaient que ses joues et son double menton. Il reposa la chope en poussant un gros soupir. Sa moustache rousse était ourlée de neige. Il renouvela l'opération cinq autres fois. Enfin, sous les applaudissements, il se rejeta au fond de son siège en soufflant. Le conseiller Minkowitz regarda l'horloge et annonça qu'il était 20 h 30.

— Trente-deux, précisa Tycho. Si nous soupions ? Cet exercice m'a donné faim.

Ils soupèrent donc, et copieusement. Tycho ne but que du vin rouge, expliquant doctement que c'était la moins diurétique des boissons. Les deux autres émirent de petits sifflements qui se voulaient d'admiration, mais qui ressemblaient plutôt au murmure d'une fontaine. Tycho ne fut pas dupe :

— On ne triche pas, messieurs. Veuillez arrêter ces bruits incitatifs.

Ils se goinfrèrent pendant une heure. Puis, par défi, Tycho attendit encore cinq minutes avant de se diriger vers le laquais porteur d'un seau d'aisance. Rien ne vint. Tycho se mit à siffler, les autres l'imitèrent, de sorte que la maison du baron Rosenberg finit par ressembler à une volière. Il se sentait ballonné, une vague douleur lui pesait dans les reins. Il décida de rentrer seul, à pied, par les jardins, estimant que cette belle nuit d'octobre lui ferait le plus grand bien.

— Et puis, ajouta-t-il, un sycomore ou quelque autre essence rapportée des Indes inspireront ma vessie. Adieu, messieurs.

La voûte céleste était nette de tout nuage. Elle étincelait de toutes ses étoiles. L'ivresse de Tycho se dissipa d'un coup. Il se morigéna de perdre son temps à des jeux stupides avec des imbéciles, alors que sa place était là-haut, dans son observatoire. Son envie d'uriner devenait douloureuse. Faute de sycomore, il essaya sous un orme. En vain. Il songea que la Lune était en conjonction avec Saturne. La façade du palais Curtius était plongée dans l'obscurité. Seule la fenêtre de l'appartement de Kepler était éclairée. Tycho se dit en souriant que son assistant était en train de se colleter avec Mars. Il monta avec peine les marches du perron en se tenant à la rampe, et s'aperçut qu'il avait oublié le bâton d'Euclide chez le baron. Jamais ça ne lui était arrivé auparavant. Il eut peur. C'était un signe. Il allait mourir.

— À moi, au secours, n'y a-t-il donc personne ici pour me servir ?

Le concierge apparut en haut du perron, un chandelier à la main. Il avait l'habitude de voir son maître dans cet état, aussi le prit-il sous son bras et l'entraîna-t-il jusqu'à sa chambre. Quand il l'eut couché, cet excellent serviteur estima qu'il pouvait en faire de même, remettant à demain l'ordre que Tycho lui avait bredouillé plusieurs fois alors qu'il le hissait jusqu'à son lit, d'aller chercher sa canne chez le baron Rosenberg. Il s'en allait fermer les portes du palais avec le sentiment du devoir accompli quand il entendit hurler :

— Du sang ! Je pisse du sang ! Un médecin, vite !

Le concierge revint précipitamment dans la chambre pour contempler le pitoyable spectacle d'un Tycho sans nez, nu et debout devant le vase de nuit. Poussé par la curiosité, le concierge regarda le fond du vase. Il y avait effectivement un filament rosâtre au centre d'une minuscule flaque d'urine.

Dix minutes après, toute la famille fut à son chevet. On finit par trouver dans la ville basse un médecin des pauvres qui, très fier d'avoir à soigner un aussi haut personnage, le purgea et le saigna d'abondance. Tycho ne put fermer l'œil de la nuit, tant les douleurs qu'il ressentait dans la vessie étaient atroces.

En fin de matinée, l'empereur alerté fit dépêcher auprès de lui ses trois meilleurs médecins personnels, dont Thadeus Hajek, qui connaissait bien Tycho pour l'avoir rencontré jadis à Ratisbonne, puis visité à Venusia, et enfin dans le Holstein.

Hajek ne put pas grand-chose de plus, sinon de recommander au malade une diète totale, modérée seulement par un bouillon léger une fois par jour. La douleur s'apaisa un peu dans la journée quand, un peu gêné, le baron Rosenberg lui rapporta le bâton d'Euclide, que Tycho n'avait cessé de réclamer. Par crânerie et pour montrer à son visiteur que ce n'était qu'un malaise passager sans rapport avec leur beuverie de la veille, il commanda qu'on leur serve un pâté et du vin. Les médecins poussèrent les hauts cris, mais Tengnagel, qui n'avait pas quitté le chevet de son beau-père bien que celui-ci ne lui ait pas adressé la parole, soutint que la faim était la preuve du rétablissement de leur patient, et les congédia.

Kepler n'apprit la maladie de Tycho qu'à midi, alors qu'il se rendait comme d'habitude à l'observatoire observer le Soleil à son zénith. Il accomplit sa tâche, puis rentra chez lui se restaurer et, vers 15 heures, décida d'aller aux nouvelles. Il trouva porte close. Devant elle, les médecins de l'empereur, furieux, l'informèrent de la situation : en ne respectant pas la diète qu'ils lui avaient prescrite, Tycho était en train de se tuer. Et Kepler songea que Tengnagel l'y aidait diablement.

Il leur conseilla d'alerter l'empereur. Lui-même partit chercher Jessenius, car il savait que Tengnagel ne pourrait lui refuser l'entrée : le doyen connaissait trop de choses sur lui. Quand les deux hommes revinrent, ils entrèrent sans difficulté dans la chambre. Mais le mal était fait. Tycho, nu, allongé sur le dos, la face violacée autour du trou noir de son nez, gémissait doucement en se tenant le ventre. Le souvenir de son premier enfant mort transperça la mémoire de Kepler. Seule Madeleine était à son chevet. Au fond de la pièce, assis autour d'une tablette, Tengnagel et Rosenberg vidaient une bouteille de vin. Jessenius leur ordonna de sortir.

— Et lui ? demanda Tengnagel en désignant Kepler.

— J'ai besoin du professeur pour m'assister. Allez vous saouler ailleurs.

Tycho était inconscient. L'anatomiste le palpa un peu partout, tandis que Kepler l'aidait à retourner son patient. Enfin :

— Tous ses organes partent à vau-l'eau. Le foie et la vessie sont durs comme de la roche. Le cœur bat trop vite. Il n'y a plus grand-chose à faire, sinon soulager ses douleurs avec des concoctions de graines de pavot.

— Absurde ! fit une grosse voix. Depuis quand un dépeceur de cadavres se mêle-t-il de soigner les vivants ?

Thadeus Hajek et les médecins de l'empereur étaient revenus en force. Ils étaient six, maintenant, sans compter leurs aides et leurs étudiants. Très vite, la chambre fut transformée en arène romaine, où les gladiateurs s'envoyaient à la face les âmes d'Hippocrate, de Galien, de Celse et de Paracelse, les humeurs sèches contre les humeurs humides, sans oublier quelques planètes, Mercure, Jupiter et Saturne surtout. Kepler jugea qu'en ce qui le concernait, la plus belle preuve de courage serait la fuite. Dans le vestibule, en plus de toute la domesticité inquiète pour leur emploi si le maître venait à disparaître, la famille Brahé n'était représentée que par Madeleine. Elle interrogea Kepler qui ne lui répondit que par un signe d'impuissance. Il ne restait plus qu'à attendre.

L'agonie dura douze jours. Les premiers temps, Tycho, qui ne pouvait trouver le sommeil tant la douleur était vive, réclamait en secret, la nuit, des « petits plats » comme il disait, que Tengnagel lui servait avec diligence. La fièvre le prit. Puis le délire. Kepler venait tous les jours prendre des nouvelles, mais le chevet du mourant lui était interdit. Seule sa famille y avait accès, ainsi que les médecins. Car ils étaient tous revenus au palais Curtius, Tyge, Jorgen, Cécile. Seules Christine et Élisabeth manquaient à l'appel : l'épouse de Tengnagel et sa mère s'étaient retirées à la campagne pour l'accouchement.

Enfin, dans la nuit du 23 au 24 octobre, vers 4 heures du matin, on tambourina à la porte de Kepler. C'était Madeleine.

— Il vous réclame, dit-elle d'une petite voix.

Il la suivit, ensommeillé, le long des couloirs qu'éclairait le chandelier du domestique.

— Cela fait une semaine qu'il n'arrête pas de vous demander. Hélas, ce bon à rien de Tyge, qui pose désormais au chef de famille, mais qui n'est qu'un jouet entre les mains de ce maudit chevalier, s'oppose à votre présence, arguant que vous allez vous disputer une nouvelle fois et que cela risque d'être fatal à notre père.

— Mais alors, pourquoi cette nuit ?

— Sa fièvre est tombée d'un coup il y a une heure. Il nous a parlé d'une voix claire et nette et nous a ordonné de vous appeler. Tengnagel a émis quelques objections, mais vous connaissez mon père, quand il veut quelque chose, il l'obtient.

Il régnait dans la chambre une atmosphère moite imprégnée d'odeurs aigres que ne parvenaient pas à cacher les bougies parfumées. Assis et adossé à des coussins, Tycho eut un large sourire en voyant arriver son assistant. Il n'avait pas son nez, et sa face, d'un rouge violacé, en semblait encore plus ronde.

— Sortez tous, dit-il d'une voix ferme. M. Kepler et moi avons à causer.

La douzaine de personnes présentes, y compris ses fils et le docteur Hajek, obéirent. Une fois la porte refermée derrière eux, il désigna à Kepler un petit fauteuil près du lit.

— Je suis heureux de voir, Tycho, que tu te rétablis.

— Ne dis pas de sottises, mon ami. Si tu avais étudié un peu de médecine au lieu de ton fatras théologique, tu aurais diagnostiqué ce qu'on appelle l'euphorie moribonde. Ne proteste pas et laisse-moi parler. Je n'ai que peu de temps. J'ai eu des torts envers toi. Un grand tort : celui de ne pas t'avoir fait confiance. Celui d'avoir gardé par-devers moi toutes les observations qui risquaient d'abonder dans le sens de ta théorie et de nuire au système de Tycho. Je les retenais comme je retiens mon urine. En somme, je meurs par où j'ai péché.

Il eut un pâle sourire qui se transforma en grimace de douleur :

— Ça va revenir, ça va revenir, grinça-t-il. Je souffre, nom de Dieu, je souffre.

— Ne jure pas, supplia Kepler en lui posant la main sur le front.

— As-tu fait l'horoscope de la journée qui vient ? Non ? Qu'importe ! Il me faut aller vite, maintenant. Ma canne… Mon bâton d'Euclide… Je te le lègue. C'est tout ce que je peux faire pour toi. Non, autre chose. Hier, enfin, je ne sais plus, l'autre jour, le conseiller Barwitz est venu me voir, au nom de l'empereur. Il m'a juré que tu me succéderas comme *mathematicus* impérial. Aïe ! Mon ventre !

— Calme-toi, Tycho, repose-toi…

— Kepler, j'ai fait un rêve cette nuit… Je voyais Atlas, désolé, contempler un monde dont ton Copernic avait rompu les cercles et les anneaux, moi j'avais pris sa place et m'étais mis sous le globe terrestre de façon à le porter sur mon dos, tandis que Ptolémée, criant et gesticulant, cherchait à empêcher que cette motte de terre en forme de sphère ne s'abîme dans le néant… Le néant, tu entends ?

— Ne te tracasse pas ainsi, Tycho.

— Le bâton d'Euclide… Tu en connais le secret. Maestlin a dû te le révéler… Brave Maestlin… Quel gâchis… Que de temps avons-nous perdu… Enfin, tu es là, toi. Notre fils, à tous deux… Hâtons-nous. Ils attendent derrière, les vautours. Ils tremblent que je te lègue ma fortune. Ils ignorent, ces ânes, que cette fortune est là, dans cette canne. Mais pas seulement…

Péniblement, il sortit de dessous son oreiller une petite clé d'or.

— Ils ne vont pas attendre que je sois sous terre… Ils vont fouiller partout, dans mon cabinet, ils vont démonter mes meubles, ouvrir mes matelas… Mais là-haut, ils ne chercheront pas. Sur le socle du grand quart de cercle, j'ai creusé moi-même une niche. Tout y est. Trente-huit ans à scruter les cieux. Toute une vie. Ma vie… Sois franc, Kepler, ma vie a-t-elle été utile à quelque chose ? Non, ne réponds pas ! Je viens de trouver un très beau vers, parfaitement composé : *Ne frus-*

tra vixisse videar. « Que je ne semble pas avoir vécu en vain. » Fais en sorte, mon fils, que je ne paraisse pas avoir vécu en vain. Appelle-les, maintenant. Les tables… Achève-les, publie-les ! Moi, je vais enfin savoir si c'est moi qui avais raison, ou Copernic. Ou toi.

Quand tous furent entrés, il annonça sa décision de donner sa canne à Kepler et prit même le soin de leur demander leur avis. Seul Tyge fit la grimace : le sceptre lui échappait. Mais comme Tengnagel, grand seigneur, concédait le présent à cet obscur tâcheron, l'aîné des Brahé ne pouvait faire mieux. Ou pire.

En guise d'adieu, tandis que Kepler se retournait sur le seuil, appuyé sur la tête de sphinx en vieil ivoire qui servait de pommeau, Tycho lui répéta :

— *Ne frustra vixisse videar.* Que je ne semble pas avoir vécu en vain.

Épilogue

Sir Askew reposa la plume dans l'encrier, satisfait de lui-même. Il jugea la première partie de son roman pas trop encombrée de mathématiques, ni de considérations philosophiques sur l'Histoire et le destin du monde. C'était long, certes, mais la vie de deux hommes aussi prodigieux que Kepler et Tycho méritait bien cela.

Il reprit la plume et écrivit en grandes majuscules, sur la page de garde : « *Le trésor de Tycho, ou comment Johann Kepler réussit à s'emparer des milliers d'observations célestes recueillies par Tycho Brahé, observations qui lui permirent de dresser une nouvelle carte de l'univers, comme on le verra dans la deuxième partie du présent ouvrage. Raconté par un voyageur anglais qui eut l'honneur de rencontrer les deux plus grands astronomes des temps modernes.* » Il se leva et s'installa dans sa chaise longue, reposa la nuque contre le dossier, étendit ses jambes sur les coussins, décidé à prendre un peu de repos avant de relire une ultime fois la deuxième partie intitulée : « *L'œil de Galilée, ou comment Johann Kepler...* » Il s'endormit. Dans son rêve, Tycho et Kepler manœuvraient un grand sextant. Cela se passait à Uraniborg, dans l'île de Hven, ou Venusia, qui sonnait mieux pour un roman. Il avait oublié de décrire cette scène. Il fallait... Il se réveilla en sursaut.

— Je suis idiot, murmura-t-il. Kepler n'est jamais allé là-bas.

Il essaya de se rendormir. Mais l'image d'un Kepler en visite au Danemark continuait de le hanter. Machinalement, il tourna la tête vers la table où il avait déposé son manuscrit. Un jeune garçon roux d'une douzaine d'années, le front posé sur ses deux mains en visière, était en train de lire son œuvre. Le vieux gentleman se leva le plus discrètement possible. Précaution inutile ! L'enfant, plongé dans sa lecture, semblait s'être absenté du monde. Sir Askew posa sa main sur son épaule et dit d'une voix grondeuse :

— Qu'est-ce que tu fais là, toi ?

Le garçon leva la tête, pas même surpris, et répondit :

— Eh bien, je lisais, pardi !

— J'entends bien, mais... Qui es-tu d'abord ?

— Isaac, le fils d'une de vos nièces, Mme Smith, la femme du recteur de North Witham.

— Ah ? Et comment es-tu entré dans le parc ?

L'enfant haussa les épaules, comme si cette question était stupide :

— Une brèche, dans le mur. Pourquoi on ne nous apprend pas tout ça, à l'école ? Tout ce que vous racontez dans votre livre...

— Tu vas à l'école, toi ?

— Bien sûr. Même que l'année dernière, quand vous avez inspecté le collège de Grantham, vous m'avez félicité et donné cinq pence pour mes bonnes notes en calcul.

Sir Askew se souvint vaguement de ce collégien capable de faire mentalement des divisions à trois chiffres. Comme Kepler enfant, en somme, songea le vieil homme. Mais il le trouva quand même fort insolent, et répondit sèchement à la question du garnement :

— Ce ne sont pas des lectures pour les enfants.

— Je ne parlais pas des histoires avec des hommes et des femmes qui font des choses. Ce sont les voyous qui racontent ça à l'école. C'est dégoûtant. Ce qui m'intéresse, c'est comment les savants ont découvert que la Terre était ronde, comment ils calculent la distance entre les planètes, leur vitesse, et tout le reste, quoi…

Ce garçon semblait d'une intelligence remarquable. Quel contraste avec sa nombreuse progéniture de cancres ! Soudain, sir Askew, sans savoir pourquoi, fut sûr que c'était à propos de cet enfant que la voix mystérieuse entendue sur le chemin, naguère, avait ordonné : « Dis-leur tout, dis-leur la vérité. Témoigne ! »

— Ça non plus ne me paraît pas de ton âge. C'est bien trop compliqué. Il faut pour cela remonter à très longtemps, au temps des Grecs. Veux-tu que je te raconte une belle légende de cette époque-là, qui exprime bien mieux la vérité que le plus sérieux des mémoires, Isaac Smith ?

— Pas Smith, m'sieur ! Le recteur Barnabas n'est que mon beau-père. Moi, je m'appelle Newton.

— Eh bien, Isaac Newton, je vais te raconter la légende du bâton d'Euclide.

ANNEXES

1. Table des personnages principaux

Tous les personnages qui traversent ce livre sont pris tels quels à l'histoire et aux chroniques, à l'exception de quelques comparses, et bien sûr du narrateur, John Askew, inventé pour les besoins du récit et que nous retrouverons dans les autres volumes de la série. Ce personnage fictif s'inspire toutefois des bien réels Sir Henry Wotton (1568-1639), diplomate anglais, ambassadeur à la République de Venise, espion à ses heures et scientifique amateur, qui rencontra Kepler en 1620, lui proposa de venir se réfugier en Angleterre et promut l'œuvre de Galilée dans son pays natal ; Richard Hakluyt (1552-1616), diplomate anglais et homme d'affaires, cofondateur de la Compagnie de Virginie ; ou encore Thomas Hobbes (1588-1679), philosophe, voyageur et scientifique amateur, également fondateur de la Compagnie de Virginie.

Contrairement à la vie de Copernic, les vies de Tycho Brahé et de Johann Kepler sont extrêmement bien documentées, grâce aux nombreuses et savantes biographies qui leur sont consacrées[1], mais aussi et surtout grâce à

---

1. Pour Tycho, voir par exemple **P. Gassendi**, *Vies de Tycho Brahé, Copernic, Peurbach et Regiomontanus*, La Haye, 1655, reprint Albert Blanchard, 1996 ; **J. L. E. Dreyer**, *Tycho Brahé : A Picture of Scientific Life and Work in the Sixteenth Century*, Adam and Charles Black, Edinburgh, 1890 ; **A. Koestler**, *Les Somnambules, essai sur l'histoire des conceptions de l'univers*, Calmann-Lévy,

leurs propres et volumineux écrits[1], dont leurs lettres et leurs autobiographies permettent au romancier-historien de se mettre littéralement « dans leur peau ».

Les brèves notices biographiques qui suivent sont celles, véridiques, des personnages principaux apparaissant dans le roman. Elles sont destinées aux lecteurs curieux de faire la part entre la réalité historique et l'invention romanesque.

Bär, Nicolas Reimers, dit **Ursus** (1551-1600), fils de porcher devenu astronome, puis mathématicien impérial de Rodolphe II. Rival de Tycho Brahé, il accusa ce dernier de lui avoir volé son système du monde géohéliocentrique, et réciproquement. Le système d'Ursus était toutefois plus élaboré que celui de Tycho, car il admettait la rotation de la Terre sur elle-même. Ursus

---

1960 ; **V. E. Thoren**, *The Lord of Uraniborg : a Biography of Tycho Brahé*, Cambridge University Press, 1990 ; **J. R. Christianson**, *On Tycho's Island : Tycho Brahé, Science, and Culture in the Sixteenth Century*, Cambridge University Press, 2000 ; **Mary Gow**, *Tycho Brahé : Astronomer*, Enslow Pub., 2002.

Pour Kepler, voir par exemple M. Caspar, *Kepler*, trad. anglaise par C. D. Hellman, New York, Dover, 1993 ; **G. Simon**, *Kepler astronome astrologue*, Gallimard, 1979 ; **A. Koestler**, *op. cit.* ; **F. Hallyn**, *La Structure poétique du monde : Copernic, Kepler*, Paris, Seuil, 1987 ; **J. V. Field**, *Kepler's Geometrical Cosmology*, Chicago University Press, 1988 ; **W. Pauli**, *Le Cas Kepler*, Albin Michel, 2002.

1. **Tychonis Brahé Dani**, *Opera Omnia* (en latin), vol. 1-15 (1913-1929), éd. J.L.E. Dreyer.

Johann Kepler, *Gesammelte Werke*, vol. 1-22, Munich : C.H. Beck (1938-2002).

Johannes Kepler, *Life and Letters*, ed. C. Baumgardt (préface d'Albert Einstein), New York, Philosophical Library, 1951.

Une petite partie seulement est traduite en français, le lecteur curieux trouvera les références en catalogue.

tomba ensuite en disgrâce, fut remplacé par Tycho comme mathématicien impérial et mourut presque aussitôt de chagrin. Kepler, mêlé malgré lui à cette querelle, fut obligé par son employeur Tycho de composer un ouvrage contre Ursus post mortem.

Batto (Battus), Levinus (1545-1591), professeur de médecine à Rostock. Disciple de Paracelse, il transmit à son élève Tycho Brahé l'intérêt pour la médecine et l'alchimie.

Bille, puissante famille de la haute noblesse danoise. **Beate** (1526-1605) fut l'épouse d'Otto Brahé et la mère de Tycho. Son frère **Steen** (1527-1586) fut grand chambellan du roi Frédéric II; il permit au jeune Tycho d'installer son premier observatoire et un laboratoire d'alchimie au monastère d'Herrevad.

Brahé, puissante famille de la haute noblesse danoise. **Otto** (1518-1571), père naturel de Tycho, fut le conseiller privé du roi Frédéric II. **Jorgen** (1515-1565), frère aîné d'Otto et père adoptif de Tycho, fut grand amiral de la flotte danoise et mourut en sauvant le roi Frédéric de la noyade. **Tycho** (1546-1601) eut onze frères et sœurs, parmi lesquels **Steen** (1547-1620), **Axel** (1550-1616) et **Jorgen** (1554-1601) occupèrent des fonctions importantes à la cour; sa sœur aînée **Élisabeth** (1545-1563) mourut jeune, **Sophie** (1556-1643) l'assista dans ses observations astronomiques et fut considérée comme l'une des femmes les plus savantes de son temps. **Christine**, née Jorgensdatter (1549-1604), fille de paysan et épouse morganatique de Tycho, survécut trois ans à son mari et fut enterrée auprès de lui. Elle lui donna huit enfants : **Tyge** (1581-1627) et **Jorgen** (1583-1640) ne tinrent pas les promesses que leur père avait placées en eux, Tyge s'occupant des finances et Jorgen d'alchimie et de médecine ; ses filles

Madeleine (1574-1620), **Sophie** (1578-1655) et **Cécile** (1580-1640) eurent une jeunesse quelque peu délurée, tandis qu'**Élisabeth** (1579-1613), mise enceinte par le secrétaire de Tycho, Franz Tengnagel, dut épouser ce dernier dans la quasi-clandestinité.

Bruno, Giordano (1548-1600), philosophe et théologien italien. Influencé par les travaux de Copernic et de Nicolas de Cues, il voulut démontrer la pertinence d'un univers infini peuplé d'une quantité innombrable de mondes identiques au nôtre. Accusé d'hérésie par l'Inquisition, il fut brûlé vif au terme de huit années de procès.

Christian IV (1577-1648), roi du Danemark et de Norvège. Fils de Frédéric II, il succéda au trône à la mort de son père en 1588, mais n'atteignit sa majorité qu'en 1596. Influencé par ses conseillers, il retira fiefs et pensions à Tycho, lequel quitta pour toujours le Danemark en 1597. Après l'expatriation de Tycho, Christian IV accorda la propriété de l'île de Hven à une maîtresse, qui fit raser Uraniborg et Stjerneborg, les deux temples consacrés à la science.

Danzay, Charles de (1515-1589), ambassadeur protestant de Charles IX de France auprès du roi Frédéric II du Danemark. Ami de Tycho Brahé, il posa la première pierre d'Uraniborg.

Digges, Thomas (1546-1595), astronome anglais, publia en 1576 une « Parfaite description des orbes célestes » soutenant le système héliocentrique de Copernic, et présentant pour la première fois un diagramme où les étoiles sont distribuées dans un espace infini.

Ferdinand II de Habsbourg (1578-1637), archiduc d'Autriche, roi de Bohême, puis empereur du Saint

Empire romain germanique en 1619. Champion de la Contre-Réforme, il favorisa la création de couvents et collèges jésuites. Son fanatisme religieux et sa haine du protestantisme provoqueront la guerre de Trente Ans. Il fut le principal responsable des ennuis de Johann Kepler, en ordonnant la fermeture de l'école luthérienne de Graz et en lançant les persécutions contre les réformés en Styrie. Plus tard, avec son cousin Matthias, frère de Rodolphe, il complota à la déchéance de ce dernier, ce qui provoqua le départ de Kepler de Prague.

Frédéric Ier (1557-1608), duc de Wurtemberg. Il consolida le dogme luthérien et, en despote éclairé, il renforça l'instruction pour le bien du peuple, ce qui permit au jeune roturier Johann Kepler d'obtenir une bourse d'études.

Frédéric II (1534-1588), roi du Danemark et de Norvège. Il établit la domination du Danemark sur la Baltique, créant une marine qui mit fin à l'hégémonie de la Hanse, et construisit la forteresse de Kronborg, à Elseneur, qui servit de cadre à la pièce de Shakespeare, *Hamlet*. Protecteur de Tycho Brahé, il lui octroya généreusement fiefs et pensions, dont l'île de Hven et le canonicat de Roskilde.

Galilée ou Galileo Galilei (1564-1642), physicien et astronome italien. Il jeta les fondements des sciences mécaniques, effectua les premières observations télescopiques et défendit opiniâtrement la conception copernicienne de l'univers. Il resta toujours méfiant envers le génie de Kepler, avec qui il eut une curieuse correspondance.

Gassendi, Pierre (1592-1655), mathématicien, philosophe et astronome français. Auteur de la première biographie de Tycho Brahé, publiée en 1655.

Guillaume IV (1532-1592), comte (ou landgrave) de Hesse-Kassel, dit « le Sage » en raison de sa politique de conciliation entre les calvinistes et les luthériens, et pour ses travaux en botanique et en astronomie. Aidé d'excellents astronomes comme Christophe Rothmann et Jost Burgi, il fit construire de nombreux instruments sur la terrasse de son palais, effectua des observations de qualité et entretint une relation amicale, bien qu'orageuse, avec Tycho Brahé.

Hafenreffer, Matthias (1561-1619), théologien, doyen de l'université de Tübingen, favorisa l'obtention d'une bourse pour le jeune Kepler.

Hainzel, Paul (1527-181), astronome allemand, maire d'Augsbourg. En 1569, lui et son frère **Jean-Baptiste** aidèrent le jeune Tycho Brahé à construire un grand quadrant.

Hajek, Thadeus, dit Hagecius (1525-1600), humaniste, astronome et médecin personnel de l'empereur Rodolphe II. On lui doit la venue de Tycho Brahé à Prague.

Herberstein, baron Sigismond Herbert von (?-1620), gouverneur des État de Styrie, issu de la plus grande famille de Graz, dont le superbe château porte encore le nom de Herberstein. Luthérien par conviction, catholique par politique, il fut ami et protecteur de Kepler, avec qui il eut une abondante correspondance.

Hitzler, Daniel (1576-1635), pasteur à Tübingen, luthérien fanatique et ennemi juré de Kepler, il excommunia publiquement ce dernier. En 1623, il publia un traité de musicologie, deux ans après *L'Harmonie du monde* de Kepler…

Hoffman, baron Johann Friedrich (XVIe-XVIIe siècle), conseiller aulique de l'empereur Rodolphe à Graz. Il étudia l'astronomie sous la direction d'Ursus, employa Valentin Otho comme astrologue personnel. Catholique, copernicien, grand admirateur et protecteur de Kepler, il emmena ce dernier à Prague, et l'hébergea lors de sa brouille avec Tycho.

Hohenburg, George Herwart von (1554-1622), historien, mathématicien, grand chancelier de Bavière. Protecteur de Kepler, avec qui il eut une abondante correspondance.

Ichor, nom latinisé de Gotblut (dates inconnues), élève de Kepler à Graz. C'est grâce à son assoupissement durant le célèbre cours de mathématiques du 9 juillet 1595 que Kepler eut l'illumination du *Mystère cosmographique*. Ichor se prétendit plus tard plus mauvais élève en astronomie qu'il ne le fut réellement, et s'exila à Lisbonne. En réalité, devenu écrivain, il publia la deuxième biographie autorisée de Kepler.

Jacques Ier d'Angleterre (1566-1625). Fils de Marie Stuart, d'abord roi d'Écosse sous le nom de Jacques VI, puis d'Angleterre à partir de 1603. À l'occasion de son mariage avec Anne du Danemark, il visita en 1590 l'île de Hven, habita une semaine au palais d'Uraniborg, fit de magnifiques présents à Tycho Brahé et composa des vers en son honneur.

Jeppe, nain difforme, serviteur et « bouffon » de Tycho Brahé à Uraniborg, dont l'existence est attestée dans la biographie de Pierre Gassendi.

Jessenius, Jan Jesensky, dit (1566-1621), médecin, philosophe et homme politique. Professeur d'anatomie à l'université de Wittenberg, puis doyen de l'université de Prague, il effectua la première dissection publique d'un corps humain en 1600, en présence de l'empereur Rodolphe. C'est lui qui prononça l'oraison funèbre de

Tycho, mentionnant la rétention d'urine comme cause de sa mort. Activiste protestant, il fut emprisonné après la chute des Habsbourg, et Ferdinand II ordonna son exécution avec 26 autres nobles de Bohême.

Kepler, famille plutôt misérable du Wurtemberg, « tas de fumier » sur lequel poussa la rose **Johann** (1571-1630). **Sebald** (1522-1596), le grand-père paternel, fut pelletier et bourgmestre de Weil der Stadt, alcoolique et débauché selon le portrait qu'en fit Johann. **Heinrich** (1547-après 1589), le père, fut aubergiste et mercenaire. Également alcoolique et violent, il abandonna plusieurs fois sa famille, et de façon définitive en 1589. **Catherine** Kepler, née Guldenmann (1547-1622), femme d'Heinrich et mère de Johann, fut élevée par une tante qui fut brûlée vive comme sorcière. Elle-même fut aubergiste et accusée de sorcellerie. Outre Johann, elle enfanta **Christophe**, **Heinrich** et **Marguerite**. **Barbara** Kepler, née Mulleck ou Müller (1573-1611), épousa Johann en 1597 à l'âge de vingt-quatre ans, après avoir déjà été deux fois veuve. Sa fille **Regina**, issue d'un premier mariage, fut élevée par le couple. Barbara eut avec Johann cinq enfants, dont deux moururent au berceau.

Kraus, Martin, dit Crusius (1526-1607), intellectuel, humaniste, professeur de grec et d'hébreu à l'université de Tübingen. Disciple favori de Melanchthon, il joua un rôle déterminant dans le choix de Johann Kepler d'opter pour le calvinisme.

Leovitius, Cyprianus (1524-1574), mathématicien et astrologue, auteur d'éphémérides utilisées par Tycho Brahé, qu'il invita en 1568 dans sa maison de Lauingen. Rival de Nostradamus, il calcula le retour du Christ pour 1584, annoncant avec trop de zèle l'imminence du Jugement dernier…

Longomontanus, Christian Sörensen, dit (1562-1647). Astronome talentueux, assistant de Tycho pendant huit ans à Uraniborg puis à Prague. Chargé de déterminer l'orbite de Mars, il abandonna volontiers le problème à Kepler dès l'arrivée de ce dernier à Benatky, puis s'enfuit à Copenhague, où il fut nommé par le roi Christian IV professeur de mathématiques et d'astronomie. Il exposa les systèmes de Ptolémée, de Copernic et de Tycho avec la pensée de les concilier dans son ouvrage *Astronomia danica* (1622), où, comme Ursus, il admit la rotation de la Terre autour de son axe.

Maestlin, Michael (1550-1631), astronome et mathématicien allemand. Il étudia la théologie et les mathématiques à Tübingen et se mit à voyager en Italie, où il prononça, en faveur du système de Copernic, un discours qui décida Galilée à abandonner définitivement le système de Ptolémée. Après son retour d'Italie, il enseigna l'astronomie à Tübingen. Quoique partisan déclaré du système de Copernic, il enseigna néanmoins l'immobilité de la Terre, « à cause de sa position officielle de professeur », comme lui-même le donna à entendre dans son *Epitome astronomiae* (1582). Il se livra particulièrement à l'étude des comètes, écrivit sur la nova de 1572, et donna la première véritable explication de la lumière cendrée de la Lune, en l'attribuant au reflet de la Terre éclairée par le Soleil. Maestlin fut le maître et mentor de Kepler, et c'est là son plus beau titre de gloire. Il parut d'ailleurs le reconnaître lui-même en déclarant que, « avant Kepler, les savants n'avaient attaqué l'astronomie que par-derrière ».

Magini, Giovanni Antonio (1555-1617), professeur d'astronomie et de mathématiques à Bologne, astrologue et cartographe, publia des éphémérides en 1582 et 1599. Il entretint une correspondance avec Kepler, Tycho Brahé et Galilée.

Otho, Valentin (1561-1613), mathématicien allemand. Il vint en 1575 à Wittenberg s'offrir à Rheticus pour l'aider dans ses travaux, hérita l'année suivante de ses papiers, notamment du manuscrit inachevé de sa trigonométrie avec tables, qu'il termina et publia en 1596. Il fut notamment l'astrologue du baron Hoffman. À sa mort, on retrouva dans ses affaires le manuscrit original des *Révolutions* de Copernic.

Oxe, puissante famille de la haute noblesse danoise. **Inger** (?-1592) fut l'épouse de Jorgen Brahé et la mère adoptive de Tycho.

Parsberg, Manderup (1546-1625), noble danois, camarade d'études de Tycho, coupa le nez de ce dernier lors d'un duel en décembre 1566. Il devint plus tard un politicien influent, membre du Rigsraad.

Pratensis, Joan Feldman, dit (1543-1576), médecin paracelsien, professeur à l'université de Copenhague, proche ami de Tycho, qui fut très affecté par sa mort brutale.

Ramée, Pierre de la, dit **Ramus** (1515-1572), savant humaniste français. Converti au calvinisme, il critiqua sévèrement l'enseignement scolastique dispensé en Sorbonne. Après divers voyages en Europe où il rencontra notamment Tycho Brahé chez le landgrave Guillaume de Hesse-Kassel, il revint à Paris et fut massacré lors de la Saint-Barthélemy.

Rantzau, comte Heinrich von (1564-1614), savant humaniste allemand qui, après l'expatriation de Tycho Brahé en 1597, l'invita à s'installer avec sa famille dans sa citadelle de Wandsbeck, aux portes de Hambourg. Il négocia avec l'Électeur de Cologne, favori de l'empereur, et avec Jean Barwitz, membre du cabinet privé de Rodolphe, la nomination de Tycho à Prague.

Reinhold, Erasmus junior (1538-1592), astronome et médecin allemand, fils d'Erasmus Reinhold senior (1511-1553), le célèbre auteur des Tables astronomiques pruténiques calculées d'après les observations de Copernic. Erasmus junior publia des almanachs astronomiques, et Tycho Brahé lui rendit visite à Saalfeld.

Rheticus, Joachim (1514-1574). Georg Joachim von Lauchen, surnommé Rheticus (le Rhétien), astronome, mathématicien, cartographe, médecin suisse. Après l'exécution de son père à Feldkirch, il étudia les mathématiques à Zurich et à Wittenberg, où, soutenu par Melanchthon, il professa durant deux années (1537-39). Il se rendit ensuite auprès de Copernic, à Frauenburg, aida l'illustre astronome, dont il fut le seul disciple, dans les calculs de ses *Révolutions*, l'incita à les publier, en revit lui-même les épreuves et propagea les nouvelles idées à travers son propre ouvrage, *Narratio Prima* (1540). Après la mort de Copernic, il mena une vie instable, ponctuée par des scandales et des affaires de mœurs. En fin de carrière il gagna sa vie comme médecin de cour, en Pologne puis en Hongrie. Avec son élève Valentin Otho, il travailla à de nouvelles tables trigonométriques.

Rodolphe II de Habsbourg (1552-1612), petit-fils de Charles Quint, roi de Bohême et de Hongrie, puis empereur du Saint Empire romain germanique de 1576 à 1612. Protecteur des arts et des sciences (Arcimboldo, Tycho Brahé, Kepler) mais introverti et mélancolique, sujet à des accès de folie. Féru d'ésotérisme, il s'entoura d'une cour de mages, alchimistes et astrologues. Son incapacité à régner fut le prélude à la guerre de Trente Ans.

Rothmann, Christophe (1550-1608), astronome officiel du landgrave Guillaume IV de Hesse-Kassel, entretint une correspondance avec Tycho, et lui rendit visite à Uraniborg en 1590.

Schultz, Bartholomé, dit Scultetus (1540-1614). Camarade d'études de Tycho Brahé à Leipzig, il initia ce dernier à l'astronomie pratique, aux mathématiques, à la géographie, à la cartographie, l'art de la navigation et la construction d'instruments. Issu d'une prospère famille de brasseurs de Gorlitz, il retourna dans sa ville natale dont il devint maire, et entretint une intéressante correspondance avec Tycho.

Tengnagel, Franz Gansneb von Camp (1576-1622), noble de Westphalie, « intendant » de Tycho à partir de 1595 à Hven, Wandsbeck et Prague. Intrigant, il épousa sa fille Élisabeth Brahé après l'avoir mise enceinte. À la mort de Tycho, il mena une carrière politique auprès des Habsbourg.

Vedel, Anders Sorensen (1542-1616), précepteur du jeune Tycho chargé (sans y parvenir) de le détourner de l'astronomie. Poète, auteur de la première traduction en langue vulgaire (1575) de l'épopée fondatrice du Danemark, *La Geste danoise* du moine Saxo Grammaticus (1140-1206).

Walkentrop ou Valkendorf, Christoffer (1525-1601), sénateur, conseiller influent du roi Christian IV. Il fut l'un des instigateurs de la disgrâce de Tycho Brahé, après une dispute à propos de deux dogues anglais que le roi Jacques VI d'Écosse avait offerts à Tycho. Plus tard, Laplace dira de lui : « *Son nom, comme celui de tous les hommes qui ont abusé de leur pouvoir pour arrêter le progrès de la raison, doit être livré au mépris de tous les âges.* »

Wittich, Paul (1546-1586), mathématicien et astronome, proche de Scultetus, Rothmann et Hagecius. Compagnon d'études de Tycho à Wittenberg, il séjourna quatre mois à Uraniborg en 1580, enseigna à Breslau et travailla à Kassel pour le landgrave Guillaume IV. Partisan d'un système du monde géo-héliocentrique, il inspira Tycho sans que celui-ci en fasse mention.

2. Les sytèmes du monde selon Ptolémée, Copernic et Tycho Brahé

Les astronomes ont depuis toujours bâti des « systèmes du monde » pour tenter de rendre compte des mouvements célestes et de l'organisation générale de l'univers, en fonction des connaissances de leur temps.

Les diagrammes ci-dessous illustrent le système géocentrique de Ptolémée, le système héliocentrique de Copernic et le système géo-héliocentrique de Tycho Brahé, qui ont été en compétition jusqu'au milieu du XVIIe siècle, avant que ne triomphe la vision héliocentrique. Ils sont extraits d'un ouvrage de l'Anglais Edward Sherburne, *Of the Cosmical System*, Londres, 1675. On notera qu'ils supposent tous un univers fini, enclos par une ultime sphère, celle des « étoiles fixes ». Le passage du monde clos à l'espace infini sera une révolution post-copernicienne, due à Thomas Digges, Giordano Bruno, René Descartes et Isaac Newton. Les astres sont représentés par leurs symboles :

Terre	⊕
Lune	☽
Soleil	☉
Mercure	☿
Vénus	♀
Mars	♂
Jupiter	♃
Saturne	♄
Etoiles fixes	✪

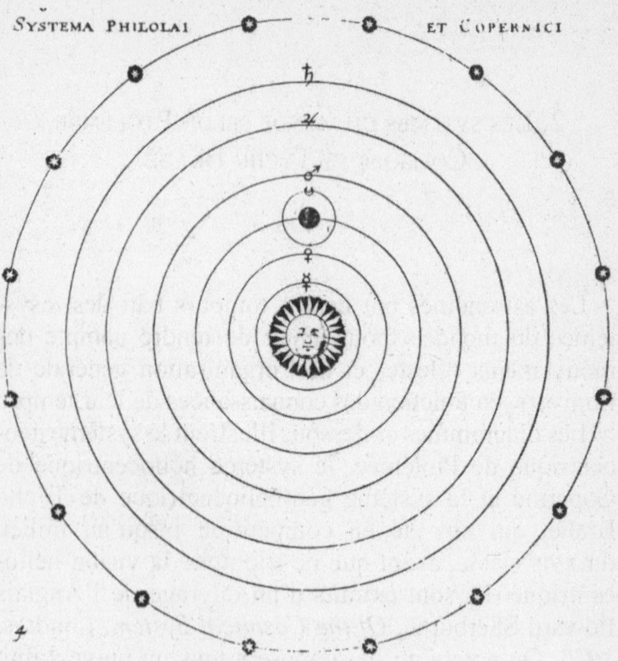

Système de Ptolémée

Terre – Lune – Mercure – Vénus –
Soleil – Mars – Jupiter – Saturne –
Étoiles fixes – Premier Moteur

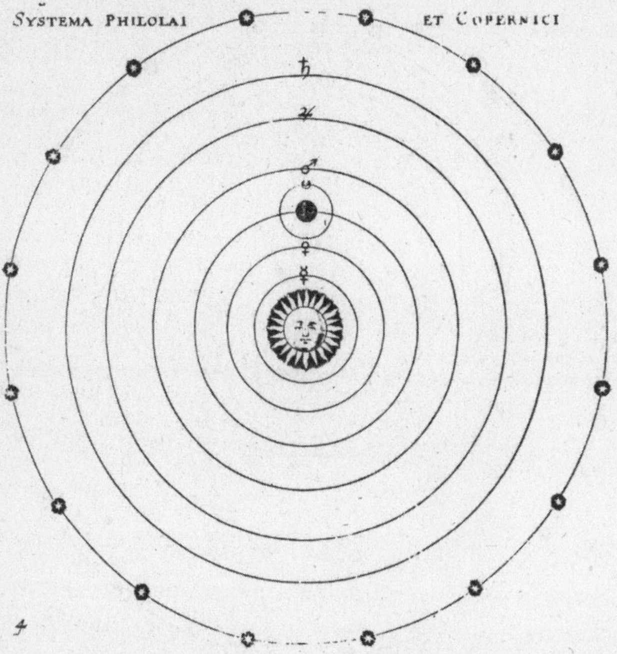

Système de Copernic
Soleil – Mercure – Vénus – Terre (Lune tournant autour d'elle) – Mars – Jupiter – Saturne – Étoiles fixes

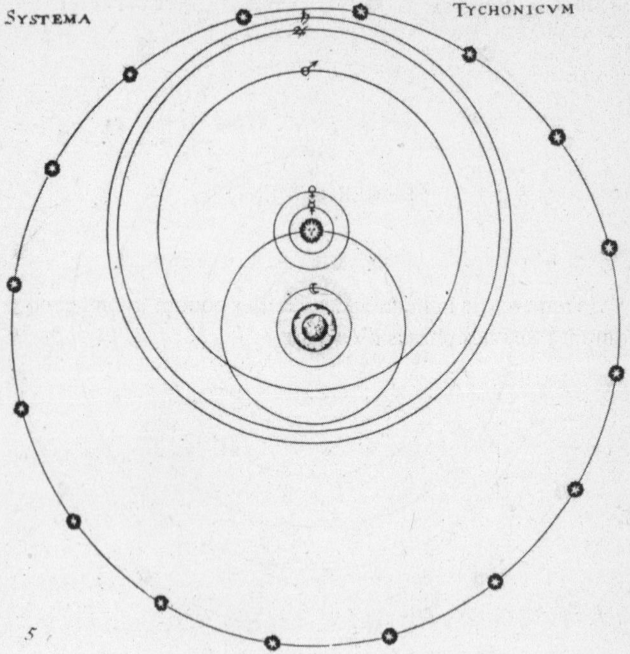

Système de Tycho Brahé
Terre – Lune – Soleil / Mercure – Vénus – Mars – Jupiter – Saturne (tournant autour du Soleil) – Étoiles fixes

REMERCIEMENTS

Je remercie la Fondation des Treilles pour m'avoir hébergé durant l'une des phases d'écriture.

Du même auteur :

Les Trous noirs, Le Seuil, 1992.
Noir soleil, Le Cherche-Midi, 1993.
La Physique et l'infini, Flammarion, 1994.
Les Poètes et l'Univers, Le Cherche-Midi, 1996.
Figures du Ciel, avec M. Lachièze-Rey, Le Seuil, BNF, 1998.
Éclipses, les rendez-vous célestes, avec S. Brunier, Bordas, 1999.
Le Rendez-vous de Vénus, Lattès, 1999, Le Livre de Poche, 2001.
L'Univers chiffonné, Fayard, 2001, 2e édition Gallimard, 2005.
Le Bâton d'Euclide, Lattès, 2002, Le Livre de Poche, 2005.
Le Feu du ciel, Le Cherche-Midi, 2002.
Itinéraire céleste, Le Cherche-Midi, 2004.
L'Invention du big bang, Le Seuil, 2004.
De l'infini... : mystères et limites de l'Univers, avec M. Lachièze-Rey, Dunod, 2005.
Le Destin de l'Univers, Fayard, 2006.

Les Bâtisseurs du ciel
1. Le Secret de Copernic, Lattès, 2006.

Composition réalisée par ASIATYPE

Achevé d'imprimer février 2009 en Allemagne par
GGP Media GmbH
Pößneck (07381)
Dépôt légal 1re publication : février 2009
LIBRAIRIE GÉNÉRALE FRANÇAISE
31, rue de Fleurus – 75278 Paris Cedex 06

31/2646/3